国家出版基金项目
NATIONAL PUBLICATION FOUNDATION

国家出版基金项目
NATIONAL PUBLICATION FOUNDATION

工程结构优化设计基础

Introduction to Optimum Design of Engineering Structures

程耿东 ◎编著

大连理工大学出版社
Dalian University of Technology Press

图书在版编目(CIP)数据

工程结构优化设计基础 / 程耿东编著. —大连：大连理工大学出版社，2012.8(2020.8 重印)

ISBN 978-7-5611-7028-1

Ⅰ.①工… Ⅱ.①程… Ⅲ.①工程结构—结构设计 Ⅳ.①TU318

中国版本图书馆 CIP 数据核字(2012)第 139999 号

大连理工大学出版社出版

地址：大连市软件园路 80 号　邮政编码：116023

发行：0411-84708842　邮购：0411-84708943　传真：0411-84701466

E-mail：dutp@dutp.cn　URL：http://dutp.dlut.edu.cn

大连图腾彩色印刷有限公司印刷　大连理工大学出版社发行

幅面尺寸：147mm×210mm　印张：11.375　字数：255 千字

2012 年 8 月第 1 版　2020 年 8 月第 4 次印刷

责任编辑：刘新彦　王　伟　责任校对：碧　海

封面设计：冀贵收

ISBN 978-7-5611-7028-1　定　价：35.00 元

本书由大连市人民政府资助出版

The published book is sponsored
by the Dalian Municipal Government

再版说明

在钱令希先生的帮助下,1973年我得以回到大学校园,又是在钱令希先生指导下,有幸进入结构优化的研究领域。1978～1980年,在丹麦技术大学完成了"弹性实心薄板的优化设计"博士论文,研究结构优化从此成为我的学术生涯的主要方向。1982年,应结构优化知识推广、普及及教学的需要,开始编写《工程结构优化设计基础》,并于1983年由水利电力出版社出版。

转眼之间,30年过去。30年间,结构优化理论和方法都有了迅猛的发展,研究和应用的领域大大扩展,希望了解和学习结构优化的人群也不断扩大,因此,应大连理工大学出版社之邀再版此书。再版时,我对原书作了少量修改,增加了我本人相对熟悉的一些新方法,并将原书修改为6章:结构优化设计的基本概念;准则设计法;数学规划法;线性规划和二次规划;序列近似规划法;结构优化的若干方法和技巧。但由于篇幅及这本书的目标所限,必然挂一漏万，请读者见谅。在第6章撰写过程中，王希诚教授、李兴斯教授提出了宝贵意见。

谨以本书的再版表达我对钱令希先生的感激和敬慕之心。

于大连理工大学

2012年5月

前　言

结构优化设计是计算力学的一个分支，它致力于研究系统地和高效率地改进结构设计的方法，以达到帮助工程结构设计人员设计出既经济又可靠的工程结构的目的。

本书着重介绍工程结构优化设计的基本概念、理论和常用方法，并充分注意反映最近几年来国内外结构优化研究的新成就和新动向。全书共分 5 章：结构优化的基本概念；准则设计法；数学规划法；线性规划与二次规划；数学规划法和准则法的结合。各章均有许多例题，其中部分选材于书末参考文献。每章的最后还附有少量习题。章节的这种安排是为了较全面地向读者介绍结构优化中的两大方法：规划法和准则法。在叙述准则法时力争突出这个方法的数学基础，在介绍规划法时着重强调那些在结构优化中常用的方法，并逐步引导读者注意这两个方法的结合。在内容取舍上还注意和钱令希教授的专著《工程结构优化设计》相配合，尽可能提供学习该专著所需的基础知识。

不仅仅在本书撰写过程中，而且在笔者近年来学习和研究计算结构力学的过程中，钱令希教授一直给予悉心的指导和热诚的鼓励。本书内容的安排参考了1979年钱令希为大连工学院力学研究所研究生开设该课程时的提纲。在修改书稿的过程中，孙焕纯副教授抽出了宝贵的时间对书稿进行了仔细的审阅，提出了许多宝贵的意见。隋允康、李兴斯同志对本书的内容亦提供了一些见解。笔者在此向钱令希教授、孙焕纯副教授、隋允康和李兴斯同志表示衷心的感谢。

于大连理工大学

1983年2月

目　录

1

结构优化设计的基本概念

在生产、生活和国防中，人们需要建造各式各样的结构物，例如航天航空的空间站和大型客机，横渡重洋的巨型油轮和航空母舰，水利工程中的闸、坝、厂房，城市中的高楼大厦、桥梁和地铁等等。设计这些结构时，工程师们总是希望把它们设计得尽可能地“优”。从这个意义上看，对工程师们来说，结构优化设计并不是一个陌生的课题。可是，要做出“优化”设计，必须首先回答两个问题：一是设计“优劣”的判据；二是是否具备按判据评定结构“优劣”的工具。这就需要了解结构应该满足的性能，掌握“分析”设计性能的手段。一个实际结构物的分析常常需要复杂、冗长的计算。20 世纪 60 年代前，由于缺乏高速的计算工具进行结构分析，也由于缺乏系统的方法指导结构设计的改进，结构优化设计是依靠人们世世代代累积起来的经验，以进化的方式缓慢地进行。20 世纪 60 年代以来，电子计算机的出现，有限元方法和数学规划理论的发展，使得人们不仅有了强大的结构分析工具，而且有了一套系统的方法来改进设计和优化设计。结构优化设计这一领域就得到了迅速发展，成为计算力学的一个重要分支。随着我国经济实力的增长，自主设计、创新设计受到国家和企业的重视，结构优化设计的理论和应用出现了迅猛发展的局面。

1.1 设计变量、约束条件和目标函数

一个结构设计的“优”和“劣”，总是以某一指标来衡量的，这个指标就是结构优化设计问题的**目标函数**，随问题不同目标函数不同。航天航空工业中的飞行器，一般地说，重量便是目标函数。如果飞行器设计超重，不仅仅消耗燃料多，运行费用高，而且会使飞行器飞不到要求的高度、速度和距离，被生产商或用户否决；土木工程中的楼房，建造成本常常比重量更重要，通常以成本为目标函数；机械工业中的许多零部件设计，常常是以应力集中系数为目标函数，因为降低了应力集中，结构的抗疲劳和断裂能力就可提高，结构的使用寿命也就得到延长。还有大量的实际问题，我们同时要实现数个目标优化，例如，为了保护乘员、车辆及道路行人的公共安全，对汽车设计的要求不仅是成本低，产生的污染少，降低单位公里的油耗，还希望具有高的耐撞性。这类问题称为**多目标优化**。

为了使结构设计得尽可能优，工程师们总是掌握一些设计参数，通过适当地调整它们来改进设计。例如，设计飞机的机翼和机身时，蒙皮的厚度和横隔框的尺寸均可以由设计人员在一定范围内调整；再如，设计拱坝时，拱圈的厚度、拱坝的上下游面曲线形状，也属于可调整之列。这一类设计人员希望调整的参数称为**设计变量**。前面提到的目标函数就是以设计变量为变量的函数。与设计变量相对，一个结构的设计中，有很多参数不允许修改。例如，高层建筑的层高、层数和使用面积往往是由业主决定；飞行器将采用材料的许用应力、弹性模量等都是给定的。这些量，称为**指定参数**。在结构设计中，除了设计变量和指定参数之外，还有一类性态变量，

例如结构在给定荷载作用下的应力、位移，结构的自振频率、失稳临界荷载，高层建筑在风荷载下的层间位移等，这类变量的特点是设计人员不能直接控制、修正它们，只有通过修改设计变量才能改变它们。这类变量也是设计变量的函数，但是这种函数关系往往是隐式的。

工程师虽然对设计变量可以进行修改和调整，但是这种修改和调整是受到各种各样限制的。例如，为了减轻机翼重量而降低蒙皮厚度时，不允许蒙皮因为应力过高而发生破坏；再如，减少桁架式吊车梁中的杆件断面积时，不应该使吊车梁刚度降低过多而导致挠度太大。这些对设计变量的限制统称为**约束条件**。

这样，一个工程结构优化设计问题的解决包括了以下四个步骤：首先，要明确所要解决的工程结构设计问题的目标、设计变量和约束，提出优化问题；其次，为了用数学方法求解优化问题，我们要给出目标、约束的数学列式或计算方法，建立优化问题的数学模型；然后，根据所需解决的工程优化问题的特点，采用合适的方法，寻求设计变量的最优值，使之既满足约束条件又使目标函数最优；最后，在得到优化结果后，我们要更全面地考察优化结果的正确性和可行性。下面举例进一步说明设计变量、约束条件和目标函数等基本概念，并结合简单的结构设计问题对它们进行讨论。

例 1[1] 考虑如图 1-1 所示的由两根钢管在 F 点铰支组成的两杆平面桁架。在 F 点，结构受到垂直荷载 $2P$。约定管壁厚度固定为 t，半跨长度固定为 B。设计的要求是选择钢管的平均直径 D 和桁架的高度 H 以达到重量最小。要求这些杆子既不发生塑性变形又不失稳。给定外荷载 $P = 15\ 000$ kgf，$B = 75$ cm，$t = 0.25$ cm，材料的弹性模量 $E = 2.1 \times 10^6\ \mathrm{kg/cm^2}$，密度 $\rho = 0.007\ 8\ \mathrm{kg/cm^3}$，屈服应力 $\bar{\sigma} = 7\ 030\ \mathrm{kg/cm^2}$。由于制造的原因，对于 D 和 H 有最大值和最小值的限制，它们是 $\underline{D} = 3.0$ cm，$\overline{D} = 6.5$ cm，$\underline{H} = 40$ cm，$\overline{H}$

$=75$ cm(以后我们用字母下带横杠表示该字母所代表的量的下界,字母上带横杠表示相应量的上界)。

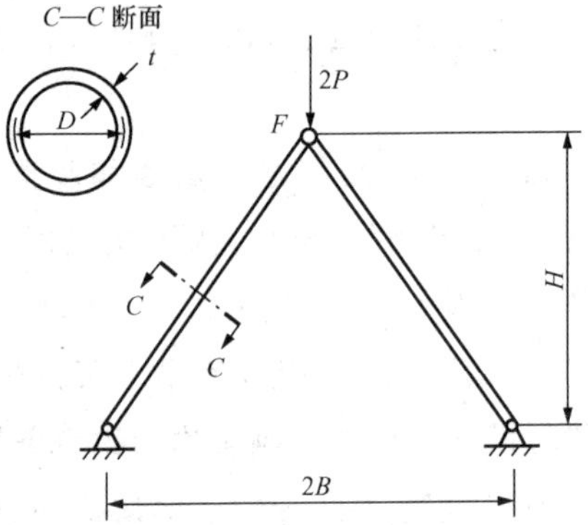

图 1-1

该问题中的指定参数为 $B,t,E,\rho,\bar{\sigma},\underline{D},\bar{D},\underline{H}$ 和 $\bar{H}$,设计变量为 D 和 H。该问题的目标函数是结构的重量,设计受到的约束条件为:圆管杆件中的压应力应该小于或等于压杆稳定的欧拉临界应力 σ_{cr};圆管杆件中的压应力应小于或等于材料的屈服应力 $\bar{\sigma}$;管子的平均直径 D 和桁架的高度 H 受到上、下界的限制。利用设计变量和指定参数,目标函数圆管的重量可表示成

$$W = 2\rho AL = 2\pi\rho Dt(B^2 + H^2)^{\frac{1}{2}} \tag{1}$$

其中,L 为杆长,$L=(B^2+H^2)^{\frac{1}{2}}$;杆件面积 $A \approx \pi Dt$。

圆管杆件中的压应力为

$$\frac{P(B^2+H^2)^{\frac{1}{2}}}{\pi tDH}$$

两端铰支压杆失稳时的欧拉临界应力 σ_{cr} 为

$$\sigma_{cr} = \frac{\pi^2 EJ}{L^2 A} = \frac{\pi^2 ED^2}{8(B^2+H^2)}$$

式中,$J \approx \dfrac{\pi D^3 t}{8}$ 为圆管断面的惯性矩。

归纳起来,问题可以提成:

求最优的 D 和 H,使目标函数最小,即

$$\min W = 2\pi\rho Dt(B^2 + H^2)^{\frac{1}{2}}$$

s. t. (约束条件 subject to 的缩写)

$$\frac{P(B^2+H^2)^{\frac{1}{2}}}{\pi tDH} \leqslant \frac{\pi^2 ED^2}{8(B^2+H^2)} \tag{2}$$

$$\frac{P(B^2+H^2)^{\frac{1}{2}}}{\pi tDH} \leqslant \bar{\sigma} \tag{3}$$

$$\underline{D} \leqslant D \leqslant \overline{D} \tag{4}$$

$$\underline{H} \leqslant H \leqslant \overline{H} \tag{5}$$

将前面给出的指定参数代入这些公式中,可以把问题写得更具体。

例 2 在 $x = \pm l$ 处简支的梁(图 1-2)受到分布荷载 $P(x)$ 的作用而发生弯曲,挠度记为 $y(x)$。梁的弹性模量 E,密度 ρ,梁的长度 $2l$ 和体积 V 均是给定的。要求确定最优的梁的断面积分布 $A(x)$,使梁中点的挠度尽可能地小。

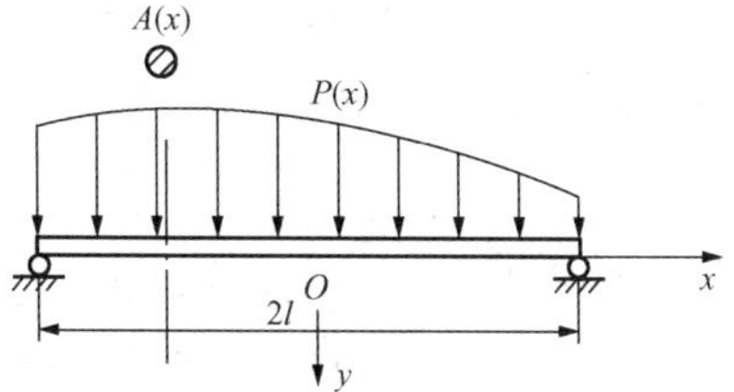

图 1-2

由问题的提法可看出,该问题的设计变量是断面积 $A(x)$,目标函数是梁中点的挠度,约束条件为:一是制作梁的材料体积应为 V;二是梁中点的挠度应当和荷载 $P(x)$,梁的断面积 $A(x)$ 及梁的材料性质通过材料力学中建立的物理关系联系起来。下面我们写出这个问题的数学形式。

取如图 1-2 所示的坐标轴 Ox,梁的挠度 $y(x)$ 向下为正,中点

挠度用 $y(0)$ 表示，梁的体积可以由梁的断面积 $A(x)$ 沿梁长积分求得，即

$$V=\int_{-l}^{l}A(x)\mathrm{d}x \tag{1}$$

这个问题可以写成：

求断面积 $A(x)$，$-l\leqslant x\leqslant l$，使 $y(0)$ 最小，并满足约束条件

$$\int_{-l}^{l}A(x)\mathrm{d}x=V \tag{2}$$

其中，挠度 $y(x)$ 和断面惯性矩 $J(x)$ 通过梁的微分方程相联系，微分方程的边界条件是在 $x=\pm l$ 处，梁的挠度 $y(x)$ 及弯矩 $M(x)$ 应该为零：

$$\begin{cases}\dfrac{\mathrm{d}^2}{\mathrm{d}x^2}\left[EJ(x)\dfrac{\mathrm{d}^2y(x)}{\mathrm{d}x^2}\right]=P(x)\\ y(x)\big|_{x=\pm l}=0,M(x)\big|_{x=\pm l}=EJ(x)\dfrac{\mathrm{d}^2y(x)}{\mathrm{d}x^2}\bigg|_{x=\pm l}=0\end{cases} \tag{3}$$

为使问题确定起见，还应该在断面积 $A(x)$ 和断面惯性矩 $J(x)$ 之间建立一个关系，为此，我们需要给定梁的断面形状及其变化规律。例如，如果规定梁的断面形状沿梁长是相似变化的，则有

$$J(x)=\alpha A^2(x)$$

式中　α——依赖于断面几何形状的给定常数。

在建立了目标函数、约束条件和设计变量这三个基本要素的基础上，我们再介绍一些与这些要素有关的结构优化中常用的名词与概念。

1. 分布参数的结构优化与集中参数的结构优化

在例 1 中，设计变量是两个描写结构尺寸的变量 D 和 H，或者

用向量的语言，设计变量是一个二维向量①$(D,H)^{\mathrm{T}}$。一般情况下，设计变量可以是n个变量$x_1,x_2,\cdots,x_n$。为了叙述方便，通常用一个列向量$\boldsymbol{x}$来代表这n个变量，$\boldsymbol{x}=(x_1,x_2,\cdots,x_n)^{\mathrm{T}}$。设计变量是有限维向量的这一类优化问题称为**集中参数的结构优化**问题。在例 2 中，设计变量是一个描写材料在空间分布的函数，这一类优化问题称为**分布参数的结构优化**问题。在很多情况下，对分布参数的结构优化问题，我们先用有限元法对所研究的力学模型加以离散化，然后优化离散化的力学模型。以例 2 为例，我们要先将梁分成n个有限单元，认为每个单元内断面积为常数。设计变量就是由这n个单元的断面积组成的向量。问题近似化归为集中参数的结构优化问题。但是，分布参数优化理论研究的成果说明，的确存在一些问题，通过离散化进行优化得到的结果并不足以反映原问题的特点。

2. 设计变量的层次

在上面的两个例题中，设计变量D和$A(x)$都是描写杆件横断面尺寸的，类似性质的设计变量还有板的厚度、膜的厚度，这类变量的优化称为**尺寸优化**，是本书研究的重点。设计变量还可以是表示结构几何形状的，例如，可以取桁架、刚架等结构的各个节点的坐标为设计变量。例 1 中的设计变量H就属于这样的一类设计变量，修改这些变量时，结构的形状发生变化，这类优化问题称为**形状优化**。为了照明、通风、安装附加设备、减轻重量及美观，在结构上经常会开一些孔洞，孔洞的形状影响孔边的应力分布。优化孔的形状，即优化孔边曲线的形状，也属于形状优化。更高一级的设计变量是结构的拓扑，例如，给定了一个桁架的节点布置，优化设计的任务可以是确定哪些节点之间应该有杆件相连。对于板壳结构，

---

① 本书中凡提到向量，均指列向量。为了节省篇幅，一律写成行向量的形式，并在其右上方加上转置记号 T。

开孔可以减轻结构的重量，但往往削弱结构的刚度，需要研究是否可以开孔及开多少个孔，这类问题称为**拓扑优化**。最后，结构类型和材料选择也都可以成为设计变量。例如，为了传递一组荷载到支承上，可以在拱、梁和桁架等不同结构类型中进行优选。十分明显，随设计变量的层次的升高，优化所得结构的效率也会提高，但相应地，优化的难度和工作量会增加很多。

3. 离散设计变量和连续设计变量

在例1中，圆管的直径 D 允许取从 2.0 cm 到 7.0 cm 之间的任意值，例如，可以取 2.13 cm，这样一种设计变量称为**连续设计变量**。生产实际中，圆管都是从工厂中成批按行业规定的规格或标准生产的，其直径也许只有在 2.0，2.5，3.0，… 有限个不同的尺寸中进行选择，只能从有限个离散值中取值的设计变量称为**离散设计变量**。在很多情况下，离散设计变量优化问题给出的结果更符合工程实际，但是，优化问题求解的难度大大增加，需要采用专门的方法[2]。

4. 约束条件

结构优化问题中受到的约束条件可以分成两类。第一类是直接加在设计变量上的**尺寸约束**。如例1中式(4)和式(5)对 D 和 H 的约束。这种尺寸上的约束往往来源于工业生产中工艺技术上的要求，例如，按照现有的生产能力，不可能生产太细或太粗的管子。由于这类约束是直接加在设计变量上，所以往往以**显式**出现，比较容易处理；另一类约束是加在结构性态变量上的，例如对结构节点位移、杆件应力、结构自振频率和结构失稳临界力允许取值范围的约束，称为**性态约束**。例1中的式(2)和式(3)，即分别对杆件临界力和应力的约束，就是性态约束。在这个例子中，由于结构十分简单，可以求出杆件在外荷载下的应力及欧拉临界应力的显式，因此约束是**显式**的。在一般情况下，结构的性态变量都以**隐式**依赖于设计变量，它们之间的关系要通过求解结构静力学或动力学方程求得，需要十分昂贵的结构分析。在很多实际的结构优化问题中，隐式约束是求解时遇到的最大困难之一。

对性态变量和设计变量所加的约束绝大部分以不等式形式出现，称为**不等式约束**。但是，也有一部分约束是以等式形式出现的，如例2中的式(2)就是一个**等式约束**。一般地说，两类约束都可能存在。

本书将研究集中参数的结构优化问题，根据上面介绍的设计变量和约束条件表示方法，集中参数的结构优化问题可以提成：

$$\left.\begin{aligned} &\min_{\boldsymbol{x}} f(\boldsymbol{x}) \\ &\text{s.t.}\ \ h_j(\boldsymbol{x}) \leqslant 0, j = 1,2,\cdots,m \\ &\qquad g_k(\boldsymbol{x}) = 0, k = 1,2,\cdots,K \end{aligned}\right\} \tag{1-1}$$

在工程结构优化问题中，约束 $h_j(\boldsymbol{x})$ 和 $g_k(\boldsymbol{x})$ 往往是非线性的。这种非线性构成求解的主要困难，因而设法把这些约束线性化就变得很重要。

1.2 结构优化问题的几何表示和凸性

集中参数的结构优化设计问题中，设计变量用向量表示，记作 $\boldsymbol{x} = (x_1, x_2, \cdots, x_n)^{\mathrm{T}}$。如果建立一个 n 维空间，这个空间中的每一个坐标轴代表设计变量的一个分量，则设计变量 $\boldsymbol{x}$ 可以用这个空间中的一个点来表示。这样的空间称为**设计空间**。例如，图1-3所示的三杆桁架，有三个设计变量，设计空间就是三维空间。通常，设计变量的个数远大于三个，设计空间就是一个高维空间。高维空间的概念比较抽象，但建立在二维、三维空间上的很多几何概念可以很容易地推广到高维空间中去。

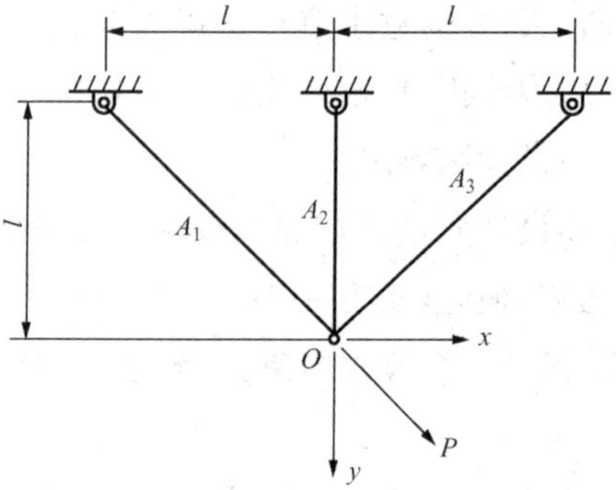

图 1-3

在设计空间中，$f(\boldsymbol{x}) = c$，$g_k(\boldsymbol{x}) = c$ 及 $h_j(\boldsymbol{x}) = c$（见式(1-1)），其中 c 为常数，代表一些曲面。特别地，目标函数 $f(\boldsymbol{x}) = c$ 的曲面称为**目标函数等值面**；$h_j(\boldsymbol{x}) = 0$ 和 $g_k(\boldsymbol{x}) = 0$ 的曲面称为**约束曲面**。不等式约束，例如 $h_j(\boldsymbol{x}) \geqslant 0$，要求设计点落在约束曲面 $h_j(\boldsymbol{x}) = 0$ 的一侧。等式约束的几何意义是要求设计点落在这个约束曲面上。在本书的以下章节，为叙述简洁起见，往往不考虑等式约束。这是因为从理论上来说，一个等式约束 $g_k(\boldsymbol{x}) = 0$ 等价于两个不等式约束：$g_k(\boldsymbol{x}) \geqslant 0$ 和 $g_k(\boldsymbol{x}) \leqslant 0$。当然，实际求解时等式约束和不等式约束应该采用不同的处理方法，差别是很大的。

对于最优设计问题(1-1)，工程师可以根据经验提出一个设计方案 $\boldsymbol{x}^{(0)}$，如果它满足所有的约束条件，则称这个设计是**可行的**；反之，如果它违反其中的任何一个约束，则称为**不可行设计**。工程师们希望得到最优设计，得不到最优设计时，也希望得到一个可行设计。所有可行设计点的集合构成**可行域**。显然，可行域的边界是由约束曲面 $h_j(\boldsymbol{x}) = 0$ 包围而成的。图 1-4 给出在二维设计空间中约束曲面、可行域的几何表示。构成可行域边界的一段一段的约束曲面的总体，我们称为**复合约束曲面**。

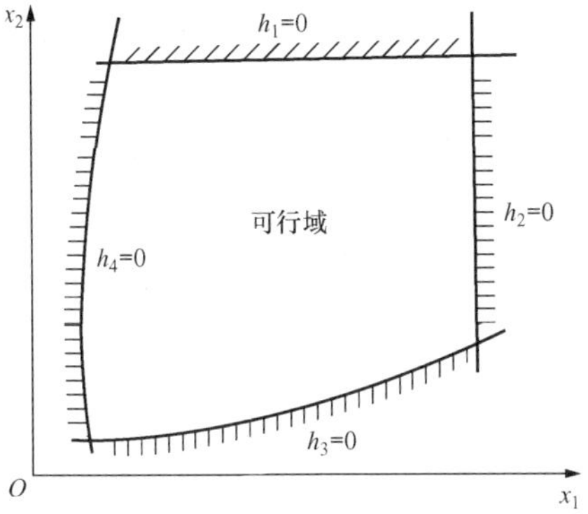

图 1-4

最优设计问题(1-1) 的可行解 $\boldsymbol{x}^*$ 称为局部最优解，如果在 $\boldsymbol{x}^*$ 的邻域内找不到比 $\boldsymbol{x}^*$ 更优的可行解。用数学的语言来说，可行解 $\boldsymbol{x}^*$ 是局部最优解的定义为：

如果存在一个足够小的正数 $\varepsilon > 0$，使得对于满足 $|\boldsymbol{x}-\boldsymbol{x}^*|$①$\leqslant \varepsilon$ 和所有约束条件的任意一个 $\boldsymbol{x}$，都有 $f(\boldsymbol{x}^*) \leqslant f(\boldsymbol{x})$，则称 $\boldsymbol{x}^*$ 是一个局部最优解。例如，图 1-5 中的点 B 就是局部最优解。该图中的平行斜线，如 W_B 和 W_C 表示的是重量的等值面(线)，且 $W_C < W_B$。

如果在可行解 $\boldsymbol{x}^*$ 处的目标值 $f(\boldsymbol{x}^*)$ 比所有可行解的目标值都小(至少不大于)，则我们把 $\boldsymbol{x}^*$ 称为最优设计问题(1-1) 的全局最优解。例如，图 1-5 中的 C 点就是一个全局最优解。显然，全局最优解也一定是局部最优解。但是，局部最优解在全局范围内可能并不是最优的。结构优化的任务当然希望找到全局最优解，遗憾的是只有对凸规划等比较特殊的问题，才容易找到全局最优解，一般情

① 符号 $|\boldsymbol{x}-\boldsymbol{x}^*|$ 表示 $\boldsymbol{x}$ 和 $\boldsymbol{x}^*$ 之间的距离。用它们的分量来表示，即 $|\boldsymbol{x}-\boldsymbol{x}^*| = [(x_1 - x_1^*)^2 + (x_2 - x_2^*)^2 + \cdots + (x_n - x_n^*)^2]^{\frac{1}{2}}$。

况下，绝大多数最优化算法给出的只是局部最优解。在实际工作中，如果能把现行的设计改进一大步，工程师们往往就很满意了。至于是否全局最优，这虽然在理论上非常具有挑战性，但往往不是工程设计人员最关心的问题。

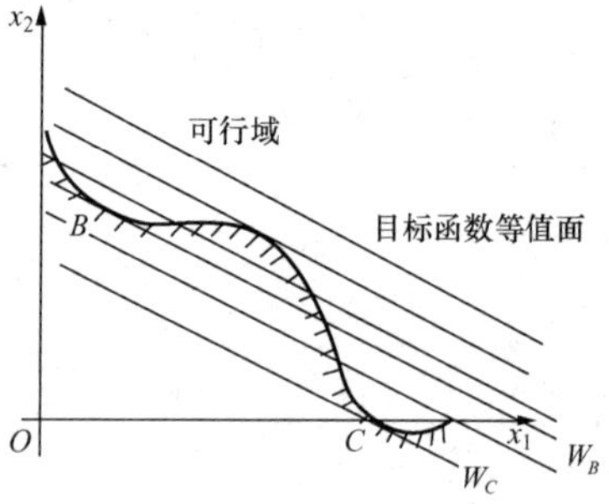

图 1-5

本节介绍的这些几何概念，下一节介绍图解法时还要结合例题进一步具体化。

下面我们介绍在结构优化中十分重要的凸规划概念。为此先引进凸域和凸函数的定义。

凸域　在 n 维空间中的区域 S 里，如果取任意两点 $\boldsymbol{x}_1$ 和 $\boldsymbol{x}_2$，连结这两点的线段也属于区域 S，则该区域称为凸域。图 1-6(a) 给出凸域的一个例子。图 1-6(b) 的图形不满足这个性质，则是一个非凸域。

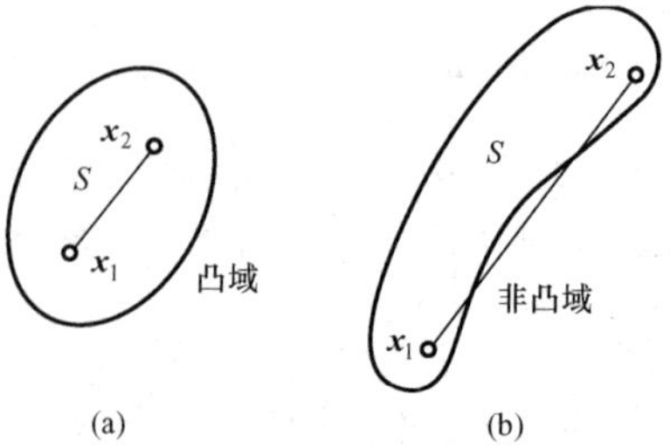

图 1-6

由解析几何可知,连结 $\boldsymbol{x}_1$ 和 $\boldsymbol{x}_2$ 的线段上任意一点 $\boldsymbol{x}$ 可以表示成:

$$\boldsymbol{x} = \alpha\boldsymbol{x}_1 + (1-\alpha)\boldsymbol{x}_2 \tag{1-2}$$

其中,$0 \leqslant \alpha \leqslant 1$。当 $\alpha = 0$ 时,$\boldsymbol{x}$ 和 $\boldsymbol{x}_2$ 重合;当 $\alpha = 1$ 时,$\boldsymbol{x}$ 和 $\boldsymbol{x}_1$ 重合;当 $0 < \alpha < 1$,$\boldsymbol{x}$ 处于 $\boldsymbol{x}_1$ 和 $\boldsymbol{x}_2$ 之间。

基于式(1-2),凸域 S 的定义也可以表示为对区域 S 中的任意两个点 $\boldsymbol{x}_1$ 和 $\boldsymbol{x}_2$,有

$$\boldsymbol{x} = \alpha\boldsymbol{x}_1 + (1-\alpha)\boldsymbol{x}_2 \in S^{①}, \quad 0 \leqslant \alpha \leqslant 1$$

在凸域概念的基础上,我们可以定义凸函数。

凸函数 如果函数 $f(\boldsymbol{x})$ 定义在 n 维空间的凸域 S 上,且对 S 中的任意两点 $\boldsymbol{x}_1$,$\boldsymbol{x}_2$ 和任意常数 α,$0 \leqslant \alpha \leqslant 1$,有

$$f[\alpha\boldsymbol{x}_1 + (1-\alpha)\boldsymbol{x}_2] \leqslant \alpha f(\boldsymbol{x}_1) + (1-\alpha)f(\boldsymbol{x}_2) \tag{1-3}$$

则 $f(\boldsymbol{x})$ 称为 S 上的凸函数。

如果我们把上列凸域取成实数轴,$f(x)$ 是一元函数,作出 $y = f(x)$ 的图形(图 1-7),并在实数轴上任取两点 x_1 和 x_2,定义 $y_1 = f(x_1)$ 和 $y_2 = f(x_2)$,再在图上画出 $A(x_1, y_1)$ 和 $B(x_2, y_2)$ 两点,则对任给的 α,$0 < \alpha < 1$,$\alpha x_1 + (1-\alpha)x_2$ 表示界于 x_1 和 x_2 间的一个点,$f[\alpha x_1 + (1-\alpha)x_2]$ 为该点的函数值,而 $\alpha f(x_1) + (1-\alpha)f(x_2)$ 是连结 A,B 的线段在同一点处的纵坐标。式(1-3) 表示线段 AB 应当在曲线 $y = f(x)$ 的上方。如果在式(1-3) 中,对于两个不同的 $\boldsymbol{x}_1$,$\boldsymbol{x}_2$ 和任意的 α,$0 < \alpha < 1$,小于号是严格满足的,则 $f(\boldsymbol{x})$ 称为**严格凸函数**。反之,如果将式(1-3) 中的小于等于号换成大于等于号,我们就得到了凹函数的定义。显然,如果 $f(\boldsymbol{x})$ 是凸函数,则 $-f(\boldsymbol{x})$ 是凹函数。在图 1-7 中我们给出了凸函数、凹函数和非凸非凹函数的例子。

---

① 符号 $\in$ 表示属于,$\boldsymbol{x} \in S$ 读作 $\boldsymbol{x}$ 属于 S。

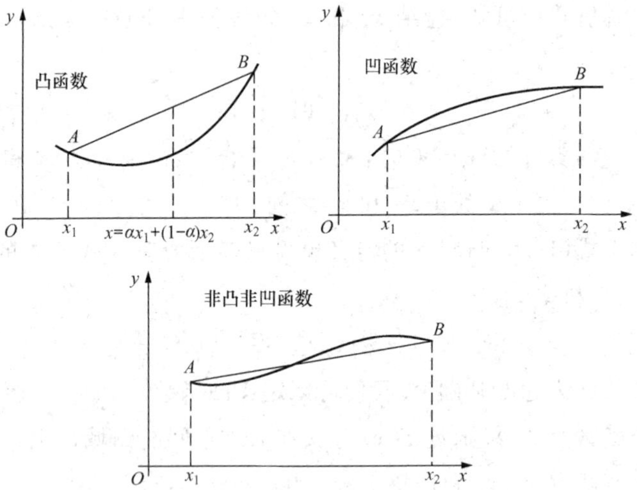

图 1-7

凸函数和凸域是有联系的。事实上，设约束函数 $h_i(\boldsymbol{x})(i=1,2,\cdots,m)$ 是定义在 $\mathbf{R}^n$ 上的凸函数，则由约束条件：$h_i(\boldsymbol{x})\leqslant 0(i=1,2,\cdots,m)$ 定义的可行域是凸域。这一点，我们可简单地证明如下：

设 $\boldsymbol{x}_1$ 和 $\boldsymbol{x}_2$ 是任意的两个可行点，即

$$h_i(\boldsymbol{x}_1)\leqslant 0,\quad i=1,2,\cdots,m$$

$$h_i(\boldsymbol{x}_2)\leqslant 0,\quad i=1,2,\cdots,m$$

则对任意的 $\alpha,0\leqslant\alpha\leqslant 1$，由于 $h_i(\boldsymbol{x})$ 是凸函数，有

$$h_i[\alpha\boldsymbol{x}_1+(1-\alpha)\boldsymbol{x}_2]\leqslant\alpha h_i(\boldsymbol{x}_1)+(1-\alpha)h_i(\boldsymbol{x}_2)\leqslant 0$$

可见 $\alpha\boldsymbol{x}_1+(1-\alpha)\boldsymbol{x}_2$ 也是可行点，这就说明可行域是凸域。

凸函数的例子很多，这里给出几个：

(1) $f(x)=|x|$；

(2) $f(x)=x^2-2x$；

(3) $f(x)=-\sqrt{x},x>0$；

(4) $f(x_1,x_2)=2x_1^2+x_2^2-2x_1x_2$。

特别是线性函数，例如 $f(x)=4x+6$，都是凸函数。一般地，如

果多元函数 $f(x_1, x_2, \cdots, x_n)$ 是二次可微的，其二阶导数组成的矩阵(称为海森矩阵)

$$\nabla^2 f = \begin{pmatrix} \dfrac{\partial^2 f}{\partial x_1^2} & \dfrac{\partial^2 f}{\partial x_1 \partial x_2} & \cdots & \dfrac{\partial^2 f}{\partial x_1 \partial x_n} \\ \dfrac{\partial^2 f}{\partial x_2 \partial x_1} & \dfrac{\partial^2 f}{\partial x_2^2} & \cdots & \dfrac{\partial^2 f}{\partial x_2 \partial x_n} \\ \vdots & \vdots & & \vdots \\ \dfrac{\partial^2 f}{\partial x_n \partial x_1} & \dfrac{\partial^2 f}{\partial x_n \partial x_2} & \cdots & \dfrac{\partial^2 f}{\partial x_n^2} \end{pmatrix}$$

如果在整个区域 S 上都是半正定的，则 $f(x_1, x_2, \cdots, x_n)$ 是凸函数。

对于式(1-1) 的结构优化问题，如果可行域是凸域，目标函数是凸函数，则称问题(1-1) 为凸规划问题。

对于凸规划问题，局部极小值也就是全局极小值。下面我们用反证法来说明这一点。

设 $\boldsymbol{x}_1$ 和 $\boldsymbol{x}_2$ 是 $f(\boldsymbol{x})$ 在可行域 S 上的两个局部极小点，且具有不同的目标值 $f(\boldsymbol{x}_1)$ 和 $f(\boldsymbol{x}_2)$。假定 $f(\boldsymbol{x}_1) < f(\boldsymbol{x}_2)$(如果 $f(\boldsymbol{x}_2) < f(\boldsymbol{x}_1)$，下面的证明只需要略作修改)，由于 S 是凸域，对任给的常数 $\alpha(0 \leqslant \alpha \leqslant 1)$，$\boldsymbol{x}_\alpha = \alpha \boldsymbol{x}_1 + (1-\alpha)\boldsymbol{x}_2$ 属于 S，也是可行解；另外，由于 $f(\boldsymbol{x})$ 是凸函数，对 $\alpha \neq 0$ 有 $f(\boldsymbol{x}_\alpha) \leqslant \alpha f(\boldsymbol{x}_1) + (1-\alpha) f(\boldsymbol{x}_2) < f(\boldsymbol{x}_2)$，后一个小于号是由 $f(\boldsymbol{x}_1) < f(\boldsymbol{x}_2)$ 而推出的。但是，只要 α 取得足够小，$\boldsymbol{x}_\alpha$ 就属于 $\boldsymbol{x}_2$ 的邻域，这就是说，在 $\boldsymbol{x}_2$ 的任意一个小邻域内都可找到一点 $\boldsymbol{x}_\alpha$，使得 $f(\boldsymbol{x}_\alpha) < f(\boldsymbol{x}_2)$，这和 $f(\boldsymbol{x})$ 在 $\boldsymbol{x}_2$ 处取局部极小值矛盾。这样，不可能存在两个不同的局部极小点，从而完成了这一命题的证明。

但要注意，上面的论证并不排斥存在目标值相同的多个局部极小点。

1.3 求解结构优化问题的途径

为了求得最优设计，一个十分自然的想法是对所有可能的设计，逐个地来检查它是否可行，如果可行，则进一步比较它们的目标值，从中选出最优的。这样的方法是**枚举法**。但是，即使对十分简单的1.1节的例1，由于D和H可以取界于最小和最大值之间的**任意值**，所以也无法**穷尽**所有可能的设计。作为一个近似的处理方法，可以让设计变量D和H从初值开始，分别以一定的步长，例如以ΔD和ΔH增长，直到最大值为止，即

$$D_i = \underline{D} + \Delta D(i-1) \leqslant \overline{D}, \quad i = 1,2,\cdots$$

$$H_j = \underline{H} + \Delta H(j-1) \leqslant \overline{H}, \quad j = 1,2,\cdots$$

然后计算设计变量为D_i，H_j的设计，检查其可行性和比较它们的目标值，从中选出最优的设计。这个方法叫**网格法**。它的优点是简单。表1-1，1-2，1-3就是对例1用网格法计算的结果，ΔD取成0.5 cm，ΔH取成2.5 cm。其中表1-1列出了在这些网格点上按例1式(2)或(3)左端算出的杆件压应力，把这些应力和题中给出的屈服应力$\bar{\sigma}=7\,030\ \mathrm{kg/cm^2}$比较，可见在该表中虚线左侧的网格点违反例1中的约束条件式(3)，因而相应设计是不可行的。表1-2中给出了按例1式(2)右端计算的压杆稳定的欧拉临界应力，把它们和表1-1中的杆件的压应力比较，可见该表中虚线左侧的设计破坏例1中的稳定约束式(2)或应力约束式(3)，是不可行设计。这样，可行设计就限于表1-2中虚线右侧的区域。计算这些可行设计的重量，见表1-3，彼此之间进行一下比较可以看出最优设计是$D=5.0$，$H=50.0$，相应重量为5.52(表中用 * 标出)。网格法的缺点是它只适用于最简单的问题。网格太疏，还有漏去最优点的危险，如果希望提高最优解的精度，可以加密网格，但计算量将快速增加。对于三个以上设计变量的问题，计算工作量将增长更快。

表 1-1 圆管杆件中的压应力 单位：kg/cm^2

H \ D	3.0	3.5	4.0	4.5	5.0	5.5	6.0	6.5
75.0	9 003	7 717	6 752	6 002	5 402	4 911	4 502	4 155
72.5	9 160	7 851	6 870	6 107	5 496	4 996	4 580	4 228
70.0	9 330	7 997	6 998	6 220	5 598	5 089	4 665	4 306
67.5	9 517	8 157	7 137	6 344	5 710	5 191	4 758	4 392
65.0	9 720	8 332	7 290	6 480	5 832	5 302	4 860	4 486
62.5	9 944	8 524	7 458	6 630	5 967	5 424	4 972	4 590
60.0	10 191	8 735	7 643	6 794	6 115	5 579	5 695	4 704
57.5	10 463	8 969	7 848	6 976	6 278	5 707	5 232	4 829
55.0	10 765	9 227	8 074	7 177	6 459	5 872	5382	4 969
52.5	11 101	9 515	8 326	7 401	6 661	6 055	5 551	5 124
50.0	11 477	9 937	8 608	7 651	6 886	6 260	5 738	5 297
47.5	11 898	10 199	8 924	7 932	7 139	6 490	5 949	5 492
45.0	12 374	10 606	9 280	8 249	7 424	6 749	6 187	5 711
42.5	12 913	11 068	9 685	8 609	7 748	7 043	6 456	5 960
40.0	13 528	11 595	10 146	9 019	8 117	7 379	6 764	6 244

表 1-2 圆管杆件的稳定欧拉临界应力 单位：kg/cm^2

H \ D	3.0	3.5	4.0	4.5	5.0	5.5	6.0	6.5
75.0	2 073	2 821	3 685	4 663	5 757	6 966	8 291	9 730
72.5	2 143	2 917	3 810	4 821	5 952	7 202	8 571	10 060
70.0	2 215	3 015	3 938	4 985	6 154	7 446	8 862	10 400
67.5	2 290	3 117	4 071	5 153	6 362	7 698	9 161	10 751
65.0	2 367	3 222	4 208	5 326	6 576	7 956	9 469	11 113
62.5	2 446	3 330	4 349	5 504	6 795	8 223	9 786	11 484
60.0	2 528	3 440	4 493	5 687	7 021	8 496	10 110	11 866
57.5	2 611	3 553	4 641	5 874	7 252	8 775	10 443	12 256
55.0	2 696	3 669	4 792	6 065	7 488	9 060	10 782	12 654
52.5	2 782	3 787	4 946	6 260	7 728	9 351	11 128	13 060
50.0	2 870	3 906	5 102	6 457	7 972	9 646	11 479	13 472
47.5	2 959	4 027	5 260	6 657	8 218	9 944	11 834	13 889
45.0	3 048	4 149	5 419	6 858	8 467	10 245	12 192	14 309
42.5	3 138	4 271	5 578	7 060	8 716	10 546	12 551	14 730
40.0	3 227	4 393	5 737	7 261	8 965	10 847	12 909	15 150

表 1-3　　桁架总重量　　（最优设计用 * 标出）

H \ D	3.0	3.5	4.0	4.5	5.0	5.5	6.0	6.5
75.0	3.90	4.55	5.20	5.85	6.50	7.15	7.80	8.45
72.5	3.83	4.77	5.11	5.75	6.39	7.03	7.67	8.31
70.0	3.77	4.40	5.03	5.66	6.28	6.91	7.54	8.17
67.5	3.71	4.33	4.95	5.56	6.18	6.80	7.42	8.04
65.0	3.65	4.26	4.86	5.47	6.08	6.69	7.31	7.90
62.5	3.59	4.19	4.78	5.38	5.98	6.58	7.18	7.78
60.0	3.53	4.11	4.71	5.30	5.88	6.47	7.06	7.65
57.5	3.47	4.05	4.63	5.21	5.79	6.37	6.95	7.53
55.0	3.42	3.99	4.56	5.13	5.70	6.27	6.84	7.41
52.5	3.37	3.93	4.49	5.05	5.61	6.17	6.73	7.29
50.0	3.31	3.87	4.42	4.97	*5.52	6.07	6.63	7.18
47.5	3.26	3.81	4.35	4.89	5.44	5.98	6.53	7.07
45.0	3.21	3.75	3.29	4.82	5.36	5.89	6.43	6.97
42.5	3.17	3.70	4.22	4.75	5.28	5.81	6.34	6.87
40.0	3.12	3.65	4.17	4.69	5.21	5.73	6.25	6.77

对于例 1 这样的简单问题，除了网格法外还可采用**图解法**。就是在设计空间中作出可行域和目标函数等值面，再从图形上找出既在可行域内（或其边界上），又使目标值最小的设计点的位置。图 1-8 中给出了例 1 的图解法，在该图中横坐标表示设计变量 D，纵坐标为设计变量 H，约束曲面（这里是曲线）共有 6 条，它们分别是

$$\Gamma_1: D = 3.0\ \text{cm}$$

$$\Gamma_2: D = 6.5\ \text{cm}$$

$$\Gamma_3: H = 40\ \text{cm}$$

$$\Gamma_4: H = 75\ \text{cm}$$

$$\Gamma_5: \frac{P(B^2 + H^2)^{\frac{1}{2}}}{\pi t D H} = \frac{\pi^2 E D^2}{8(B^2 + H^2)}$$

$$\Gamma_6: \frac{P(B^2 + H^2)^{\frac{1}{2}}}{\pi t D H} = \bar{\sigma}$$

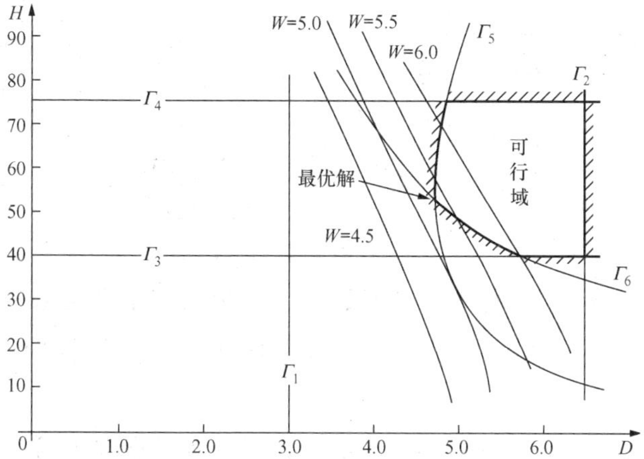

图 1-8

这些约束曲线形成了可行域的边界——复合约束曲面(曲线),图 1-8 在其不可行的一侧打上了斜线。图 1-8 还给出了重量分别为 4.5,5.0,5.5 和 6.0 的等值线。由图 1-8 可见,最优解是 Γ_5 和 Γ_6 的交点,联立求解这两条曲线的方程给出最优解 $H^* = 52.2$, $D^* = 4.76$, $W^* = 5.32$。一般情况下,最优点可能出现在约束曲面与目标函数等值面的切点上,也可能出现在可行域内部。显然,这样的解法很直观,但由图解法得到的解往往很粗糙。对于设计变量多于三个的问题,图解法就很难使用了。

除了图解法和网格法,对简单问题有时还可采用**解析法**求出闭合形式的解。一旦得到闭合形式的解,就可以对最优解的性质、最优解和指定参数的关系等进行深入的分析。但是对工程实际中遇到的大部分结构优化问题,由于问题的复杂性,以上这三种方法都很难实施,只能采用数值方法迭代求解。其迭代的一般步骤如图 1-9 所示。由于作一次结构分析花费时间很多,所以研究的努力方向是尽可能减少结构重分析的次数。在此前提下,减少优化处理(重设计)的工作量也很重要。

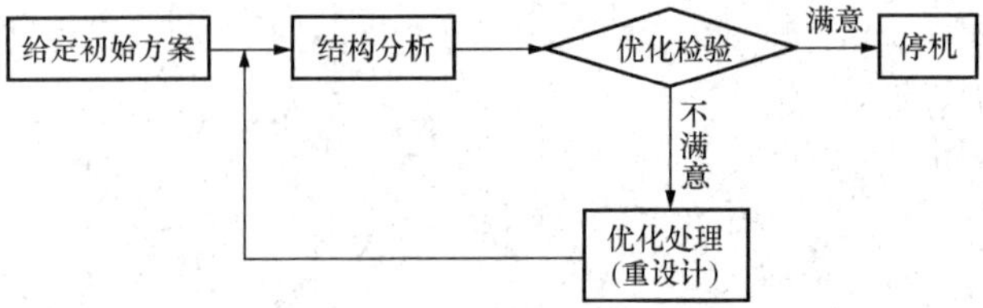

图 1-9

从 20 世纪 60 年代初期开始，在结构优化领域这类基于迭代的数值优化方法大体上沿着两条道路发展：数学规划法和准则设计法。

数学规划法是 20 世纪 50 年代前后蓬勃发展起来的一个数学分支。大体来说，它研究形如式(1-1) 这样的非线性规划问题的求解方法及理论。根据设计变量、约束条件和目标函数的不同特点，存在着许多不同的求解方法，形成了数学规划法中的不同分支。将工程结构优化问题提成形如式(1-1) 的非线性规划问题是史密特(Schmit) 等人对结构优化设计的一个重大贡献[3]，由于提法的数学化，就可以采用数学规划法中各种成熟的方法和理论。这个方法的特点可以一般化地描述为从一个初始设计 $\boldsymbol{x}^{(i)}$ 出发，对结构进行分析，利用分析得到的信息按照某种方法决定一个可以使目标函数减少且满足某种要求的探索方向 $\boldsymbol{d}^{(i)}$，然后再决定沿这个方向应当前进的探索步长 $\alpha^{(i)}$，得到一个改进的设计：

$$\boldsymbol{x}^{(i+1)} = \boldsymbol{x}^{(i)} + \alpha^{(i)} \boldsymbol{d}^{(i)} \tag{1-4}$$

对于得到的新设计 $\boldsymbol{x}^{(i+1)}$，检查某种约定的收敛准则，如果不满足，则以 $\boldsymbol{x}^{(i+1)}$ 为出发点重新进行分析和设计。根据问题(1-1) 的特点研究出决定 $\boldsymbol{d}^{(i)}$ 及 $\alpha^{(i)}$ 的许多不同方法，例如单纯形法、最速下降法、牛顿法 ……，这些方法都曾先后被尝试用来求解结构优化设计问题。

准则设计法是从满应力准则设计方法发展起来的，在工程界中使用十分广泛。满应力准则适用于只受到应力约束控制的结构优化问题，它基于人们的直觉：如果结构中的每个构件都达到满应力，这些构件的材料就被得到充分的利用，由它们组成的结构重量就应该最小。在 20 世纪 60 年代，满应力准则被推广用来考虑其他约束条件，例如位移及稳定临界荷载、频率等约束，此时的准则是按一定方式定义的某种虚应变能应当在结构内各点取常数。用准则设计法求解结构优化问题时，我们从一个初始设计 $\boldsymbol{x}^{(i)}$ 出发，按照迭代公式：

$$\boldsymbol{x}^{(i+1)} = c^{(i)} \boldsymbol{x}^{(i)} \tag{1-5}$$

来得到一个改进的设计 $\boldsymbol{x}^{(i+1)}$。迭代公式(1-5)是依据采用的准则来构造的，因而所谓改进的设计也就是满足准则更好的设计。如果新设计 $\boldsymbol{x}^{(i+1)}$ 以足够的精度满足上面提出的准则，则迭代结束，$\boldsymbol{x}^{(i+1)}$ 便是要求的最优设计，否则再重复以上的计算过程。

下面对这两个方法作一比较。数学规划法中的很多算法以严格的数学理论和精心研究的计算方法为基础，具有相当广泛的适应性。但是，这类一般性方法不可能充分考虑结构优化问题的特点。随着设计变量的增加，要求的迭代次数急剧增加，计算工作量增加很快，这就使得在相当长的时间内，数学规划法的使用只限于较简单的问题。随着计算机能力的提高和数学规划法研究的进展，数学规划法求解规模也在不断增大。另一方面，传统的准则设计法缺乏严格的数学理论，显得粗陋，但实际使用经验表明，迭代次数与设计变量个数基本上无关，稳定在一个比较合理的数字上。

但是，20 世纪 80 年代前后，结构优化数值方法的研究取得了多项重要的进展[4]，其中之一是数学规划法和准则设计法出现逐步统一的趋势。作为准则设计法，人们发现可以利用数学规划中的最优化准则严格地推导出使用的准则来，进一步，为了解决准则设计法遇到的区分有效和无效约束、区分主动和被动变量的困难，可以采用数学规划法中许多已经成熟的方法。另一方面，作为数学规划法，为了提高它的求解效率，人们发现需要充分利用结构优化问题的特点，利用传统的准则设计法中引进的各种近似。这样，20 世纪 80 年代出现了将这两种方法相结合的混合法[5-7]，如史密特和弗劳雷(Fleury) 等人研究的混合法，我国以钱令希教授[8,9] 为首倡导的序列二次规划法。这些方法吸收了准则设计法和规划法两者的优点，至今仍被广泛应用。沿着这个方向发展，Svanberg[10] 提出了移动渐近线方法(MMA：Method of Moving Asymptopic)，这个方法的软件现在被结构优化的研究工作广泛采用。与数学规划法迅速发展相应，准则法也继续在一些涉及非线性动力响应等的优化问题中找到应用。

随着计算机软硬件技术和计算科学的进步，还出现了一类启发式方法。例如，模拟生物进化的遗传算法[11]，模拟金属凝固过程的模拟退火算法[12]，模拟蚂蚁群体觅食的蚁群算法[13]，模拟乐队演奏的和谐算法，等等。这类算法的适应性广泛，可以将商用的结构分析软件作为黑箱使用，因此降低了编程工作量，但计算工作量非常大。

不同工程领域的工程结构具有不同特点，它们的优化问题往往具有不同的特点，考虑这些特点发展出不同的方法，读者可以参考相关的教材和专著，如文献[14] ~ [18]。

习　题

1. 考虑两端简支、中心受压的圆管柱(图 1-10)。柱长 l，材料弹性常数 E，密度 ρ 及外荷载 P 均已给定。要求设计圆管尽可能地轻，但在外荷载 P 的作用下不发生局部失稳，不发生总体欧拉失稳，断面上的应力不超过许用应力 $\bar{\sigma}$。取 D 和 t 为设计变量，D 是平均直径，约定 $D \gg t$。壁厚 t 不得小于 $\underline{t}$，管壁直径 D 不得大于 $\overline{D}$。

(1) 写出目标函数的数学表达式。

(2) 写出全部约束条件(局部失稳临界应力采用式(2-3) 且取 $K_C = 0.4$)。

(3) 用横坐标表示 D，纵坐标表示 t，在图上画出目标函数等值线、约束曲面(线) 及可行域，并找出最优解。作图时取用的具体数据为

$$l = 1\,000\ \text{cm}, E = 2.1 \times 10^6\ \text{kg/cm}^2$$

$$P = 10\,000\ \text{kgf}, \rho = 7.85 \times 10^{-3}\ \text{kg/cm}^3$$

$$\overline{\sigma} = 2\,400\ \text{kg/cm}^2, \underline{t} = 0.05\ \text{cm}$$

$$\overline{D} = 40\ \text{cm}$$

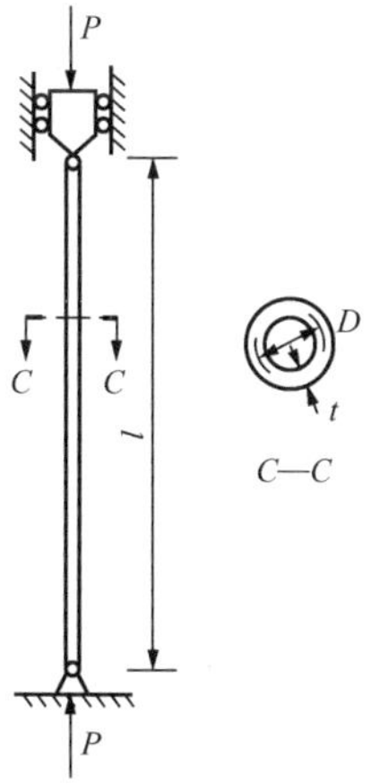

图 1-10

注意作图时 D 和 t 轴的单位取成不同大小。

(4) 如果把最小壁厚 $\underline{t}$ 规定为 0.2 cm，结论怎样？

2. 根据凸函数的定义证明在 $-\infty < x < +\infty$ 上 $f(x) = x^2$ 是凸函数，$g(x) = x^3$ 是非凸非凹函数。

3. 考虑如图 1-11 所示的端部受到集中力 P 作用的阶梯形悬臂梁，材料的弹性常数 E、密度 ρ 和许用应力 $\overline{\sigma}$，外荷载 P 及梁长 l 均已给定。要求设计高度 h_1 和 h_2 使梁最轻。规定梁端点 A 的位移不得超过 $\overline{u}_A$，梁的宽度 b 沿梁长是均匀的。试建立形如式(1-1) 的结构优化问题提法。

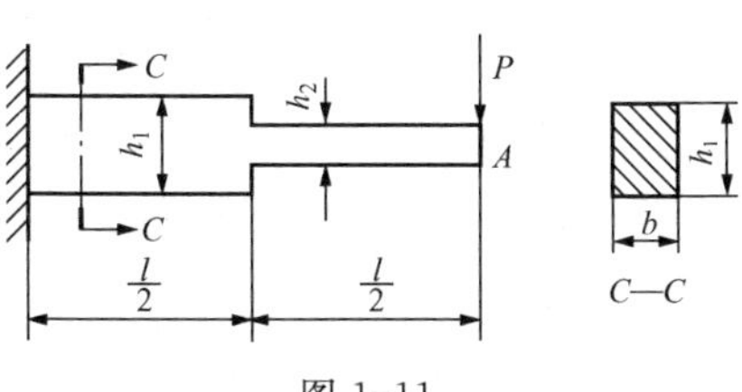

图 1-11

2

准则设计法

准则设计法是工程结构优化中的一类十分重要的方法。由于它的简单和有效性，它被广泛地用来求解实际问题，对于其他非结构优化问题的求解，也具有重要的参考价值。本章从最简单的同步失效准则设计和满应力设计开始，逐步介绍基于库 - 塔克条件的理性准则设计法。

2.1 同步失效准则设计

同步失效准则设计[19] 是20世纪50年代前后，吉拉特(Gerard)和湘利(Shanley) 等为了适应航空工业对结构优化的要求而提出的方法，主要适用于受压元件的横断面尺寸优化。它的基本思想可以概括为：在荷载等外部环境作用下，能使所有可能发生的破坏模式同时发生的结构是最优的结构。下面我们以受纯弯曲的圆管梁的设计为例来说明这个准则的基本思想。

根据材料力学的知识可知，承受弯曲的弹性梁断面上正应力分布是线性的，因此，外侧纤维比接近中心的纤维将更有效地发挥作用。自然，一个较优的梁应当尽量将材料集中到外侧，工字梁、圆管梁均属此种类型。

我们考虑设计一根重量最轻的圆管梁。假定梁的断面是均匀的，设计变量取成圆管的直径 D 和壁厚 t。梁受到加在两端的弯矩 M_b（图 2-1）。对于弯矩不均匀分布的实际问题，可以将下面得到的优化设计近似地应用于弯矩 M_b 作用的断面。

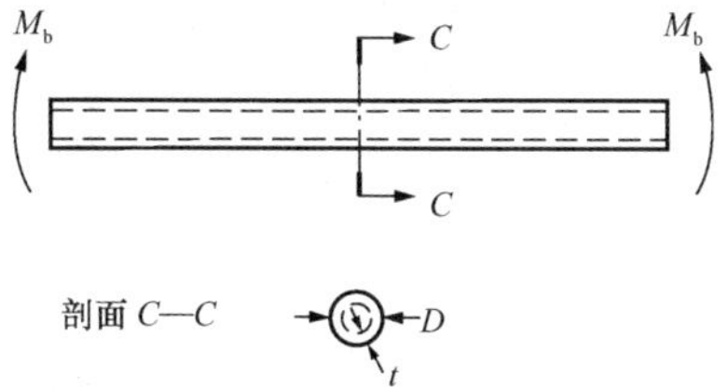

图 2-1

这个问题中的目标函数取成单位长度的梁重量，即

$$\rho A = \rho \pi D t \rightarrow \min \tag{2-1}$$

控制这个设计的主要要求是：梁断面上的最大应力不超过许用应力 $\bar{\sigma}$，即

$$\sigma_A = \frac{M_b D/2}{I} = \frac{M_b D/2}{\frac{\pi D^3 t}{8}} = \frac{4M_b}{\pi D^2 t} \leqslant \bar{\sigma} \tag{2-2}$$

式中，I 为断面惯性矩，式(2-2) 取用 I 值时假定壁是薄的，即 $t \ll D$。

另外，由于梁的一侧纤维受压，可能发生局部失稳，为简单起见，这种情况下的局部失稳临界应力可按在均匀轴压力下圆管的局部失稳公式计算：

$$\sigma_A \leqslant K_C E \frac{t}{D} \tag{2-3}$$

式中，K_C 为屈曲系数，其理论值为 1.212。由于材料和几何尺寸的不完善，实际上的失稳荷载远低于理论预测值。试验表明，偏于保

守的估计下应取 $K_C = 0.40$。

一般地说，对于固定的 D 值，如果管壁厚度 t 较大，梁可能因为断面上的最大应力超过许用应力 $\bar{\sigma}$ 而破坏；但是，如果管壁厚度 t 很小，也可能因为管壁局部失稳而破坏。凭直觉，如果选择合适的设计 D,t，使得这两种破坏同时出现，材料就充分发挥了作用，这样的设计是最轻的设计。使得这两种破坏同时出现的 D,t 应该满足

$$\begin{cases} \dfrac{4M_b}{\pi D^2 t} = K_C E\,\dfrac{t}{D} \\ \dfrac{4M_b}{\pi D^2 t} = \bar{\sigma} \end{cases} \tag{2-4}$$

联合求解式(2-4) 可得

$$t = \left(\frac{4\,\bar{\sigma} M_b}{\pi K_C^2 E^2}\right)^{\frac{1}{3}}, \quad D = \left(\frac{4K_C E M_b}{\pi \bar{\sigma}^2}\right)^{\frac{1}{3}} \tag{2-5}$$

由此求得的目标值为

$$\rho A = \frac{4^{\frac{2}{3}}\pi^{\frac{1}{3}}\rho M_b^{\frac{2}{3}}}{K_C^{\frac{1}{3}} E^{\frac{1}{3}} \bar{\sigma}^{\frac{1}{3}}} \tag{2-6}$$

将 $K_C = 0.40$ 代入，简化得

$$\rho A = 5.00\left(\frac{\rho}{E^{\frac{1}{3}}\bar{\sigma}^{\frac{1}{3}}}\right) M_b^{\frac{2}{3}} \tag{2-7}$$

由式(2-7) 可见，最优的目标值除了依赖于外荷载 M_b 外，以因子 $\rho(E\bar{\sigma})^{-\frac{1}{3}}$ 依赖于材料，我们把这个因子称为**材料指标**，即在同一弯矩下如有不同材料可以选择，便应选择该指标低的材料。另外，如果梁长为 l，则最优梁的重量为

$$W_{opt} = 5.00\left(\frac{\rho}{E^{\frac{1}{3}}\bar{\sigma}^{\frac{1}{3}}}\right) M_b^{\frac{2}{3}} l \tag{2-8}$$

式中，W_{opt} 为最优设计的重量，下标 opt 是英文最优(optimum) 的缩写。定义重量指标为 W_{opt}/l^3，则

$$W_{opt}/l^3 = 5.00\left(\frac{\rho}{E^{\frac{1}{3}}\bar{\sigma}^{\frac{1}{3}}}\right)(M_b/l^3)^{\frac{2}{3}} \tag{2-9}$$

式中，M_b/l^3 称为荷载指标，是由该构件的工作环境决定的。

例 1 设计一根长为 l，承受轴向压力为 P 的 H 形截面柱。

该问题中的设计变量是 t,h,k_1,k_2，它们的几何意义如图 2-2 所示。目标函数是重量最小。

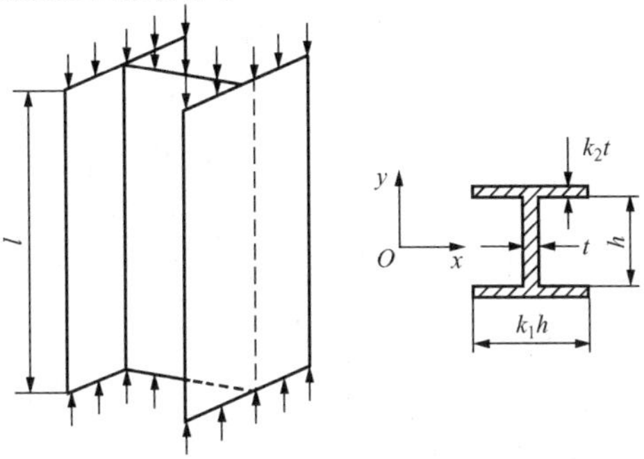

图 2-2

该柱的可能破坏模式有如下五个：柱的总体欧拉失稳（注意可以在两个方向上失稳）、腹板的局部失稳、翼缘的局部失稳和杆应力超过许用应力。

腹板和翼缘的局部失稳都是采用受轴向力作用的板的失稳公式：

$$\sigma_l = K_P \eta_T^{\frac{1}{2}} E(t/b)^2 \tag{1}$$

式中 t—— 板厚；

b—— 受力边板的宽度；

η_T—— 切线模量比；

K_P—— 屈曲系数，它依赖于端部支撑条件和边长比 a/b，a 是沿轴力方向的板的长度，当 $a/b > 1$ 时，K_P 仅和端部支撑条件有关。

在利用式(1) 计算腹板发生局部失稳的临界应力（记作 σ_{lf}）时，将腹板的边界条件看作是沿两纵边简支，可查得 $K_P = 3.62$，该式中的 b 应为腹板高度 h，t 即为腹板的厚度 t；当利用式(1) 计算翼缘的局部失稳临界应力（记作 σ_{lw}）时，翼缘的一条纵边是自由的，另一条纵边是翼缘和腹板的交界。由于腹板对翼缘的支撑作用，近似地认为这条边界是简支的，这种支撑条件下 $K_P = 0.385$，而此时式(1)中的 t 是翼缘厚度 $k_2 t$，b 则是翼缘宽度 $k_1 h$ 的一半。于是，腹板和翼缘均不发生局部失稳的约束条件可以写成

$$\sigma_A \leqslant \sigma_{\mathrm{lf}} = 3.62\eta_{\mathrm{T}}^{\frac{1}{2}} E\left(\frac{t}{h}\right)^2 \tag{2}$$

$$\sigma_A \leqslant \sigma_{\mathrm{lw}} = 0.385\eta_{\mathrm{T}}^{\frac{1}{2}} E\left(\frac{k_2 t}{k_1 h/2}\right)^2 \tag{3}$$

再考虑欧拉屈曲模式。显然的要求是两个方向应该同时失稳，因而断面在两个方向的惯性矩应相等，即

$$I_{xx} = I_{yy} \text{ 或} \frac{th^3}{12} + 2(k_1 h)(k_2 t)\left(\frac{h}{2}\right)^2 = \frac{2k_2 t(k_1 h)^3}{12}$$

由此可得

$$1 + 6k_1 k_2 = 2k_1^3 k_2 \tag{4}$$

欧拉失稳应力为

$$\sigma_E = \frac{\pi^2 \eta_{\mathrm{T}} E}{\left(\frac{cl}{r}\right)^2} \tag{5}$$

式中，c 取决于 H 形截面柱两端的支撑条件；r 为回转半径，在目前问题中

$$r^2 = \frac{I_{yy}}{A} = \frac{k_1^3 k_2}{6(1 + 2k_1 k_2)} h^2 \tag{6}$$

因而欧拉失稳条件可以写成

$$\sigma_A \leqslant \sigma_E = \frac{\pi^2 \eta_{\mathrm{T}} E k_1^3 k_2 h^2}{6c^2 l^2 (1 + 2k_1 k_2)} \tag{7}$$

最后，杆应力不应超过许用应力，即

$$\sigma_A \leqslant \bar{\sigma} \tag{8}$$

目标值是

$$W = \rho A l = \rho \frac{P}{\sigma_A} l = Pl/(\sigma_A/\rho) \to \min \tag{9}$$

由于 Pl 是完全由荷载和构件所处环境决定的给定常数，因此可以采用如下目标来代替式(9)：

$$\sigma_A/\rho \rightarrow \max \tag{10}$$

这样，我们的问题归结为在约束条件(2)，(3)，(4)，(7) 和(8)下，求设计变量 k_1，k_2，t 和 h，使目标(10) 最大化的最优设计问题。

按照同步失效准则，最优设计应当使腹板的局部失稳和翼缘的局部失稳同时发生，即应当有

$$\sigma_{\mathrm{lw}} = \sigma_{\mathrm{lf}} \tag{11}$$

将式(2) 和式(3) 代入式(11)，可以求得

$$k_2 = 1.533k_1 \tag{12}$$

联立式(12) 和式(4)，得

$$k_{1\mathrm{opt}} = 1.762, \quad k_{2\mathrm{opt}} = 2.702 \tag{13}$$

为了求得最优的 h 和 t，可再次利用同步失效准则：杆件内的压应力 σ_A 应当刚好使腹板(或翼缘) 的局部失稳和总体欧拉失稳同时发生。数学上，这就是令不等式约束(2) 和(7) 均取等号，即

$$\sigma_A = 3.62\eta_{\mathrm{T}}^{\frac{1}{2}} E(t/h)^2 \tag{14}$$

$$\sigma_A = \frac{\pi^2 \eta_{\mathrm{T}} E k_1^3 k_2 h^2}{6c^2 l^2 (1 + 2k_1 k_2)} \tag{15}$$

其中

$$\sigma_A = \frac{P}{A} = \frac{P}{th(1 + 2k_1 k_2)} \tag{16}$$

为了运算方便，我们把 σ_A 改写成

$$\sigma_A = \frac{P}{(1 + 2k_1 k_2) h^2 (t/h)} \tag{17}$$

从式(14) 中解出 t/h，从式(15) 中解出 h，代入式(17) 并利用式(13) 可以求出

$$\sigma_A = \frac{E^{\frac{3}{5}} 3.62^{\frac{1}{5}} \pi^{\frac{4}{5}} \eta_{\mathrm{T}}^{\frac{1}{2}}}{6^{\frac{2}{5}} c^{\frac{4}{5}}} \left(\frac{P}{l^2}\right)^{\frac{2}{5}} \left[\frac{k_1^3 k_2}{(1 + 2k_1 k_2)^2}\right]^{\frac{2}{5}}$$

$$= 0.704\frac{E^{\frac{3}{5}}\eta_{\mathrm{T}}^{\frac{1}{2}}}{c^{\frac{4}{5}}}\left(\frac{P}{l^2}\right)^{\frac{2}{5}} \tag{18}$$

把 σ_A 的值代入式(15)及式(14)，即可进一步求出最优的 h 和 t，即

$$h_{\mathrm{opt}} = 0.552\frac{P^{\frac{1}{5}}c^{\frac{3}{5}}l^{\frac{3}{5}}}{E^{\frac{1}{5}}\eta_T^{\frac{1}{4}}} \tag{19}$$

$$t_{\mathrm{opt}} = 0.244\frac{P^{\frac{2}{5}}c^{\frac{1}{5}}l^{\frac{1}{5}}}{E^{\frac{2}{5}}\eta_T^{\frac{1}{4}}} \tag{20}$$

当然，上面得到的最优设计只适用于 $\sigma_A \leqslant \bar{\sigma}$ 的情形。

如果由式(18)求得的 $\sigma_A > \bar{\sigma}$，断面积的压应力 σ_A 就只能取成许用应力 $\bar{\sigma}$。压应力决定后，断面积及重量也就决定了，这就不存在最轻设计的问题了。在给定断面积条件下，k_1，k_2，t 和 h 有多种取法，只要不破坏约束条件(2)，(3)，(4)和(7)。

需要注意的是，在上面的讨论中，我们将由式(18)求出的 σ_A 和许用应力 $\bar{\sigma}$ 进行比较，根据它们大小的不同得到了两类不同的设计。一类设计使柱在两个方向上的总体欧拉失稳、腹板的局部失稳、翼缘的局部失稳这四个破坏模式同时发生，但柱断面的应力不应超过许用应力；另一类设计是柱断面应力达到许用应力而破坏。这两类设计都没有能使五个破坏模式同时发生，这是因为这里讨论的问题只有四个设计变量，但是有五个破坏模式，它们不可能同时发生，除非设计的给定参数，包括荷载 P，材料性质 E，$\bar{\sigma}$，η_{T} 和构件工作环境 l，c 满足

$$\bar{\sigma} = 0.704\frac{E^{\frac{3}{5}}\eta_{\mathrm{T}}^{\frac{1}{2}}}{c^{\frac{4}{5}}}\left(\frac{P}{l^2}\right)^{\frac{2}{5}} \tag{21}$$

我们才能设计出五种破坏模式同时产生的 H 形截面柱。实际问题很难刚好满足这一要求。

当 $\sigma_A \leqslant \bar{\sigma}$ 时，σ_A 由式(18)决定，因此式(10)中的目标值 $\frac{\sigma_{\mathrm{A}}}{\rho}$ 依赖

于因子$\left(\frac{P}{l^2}\right)^{\frac{2}{5}}$和$\frac{E^{\frac{3}{5}}}{\rho}$。其中，代表荷载环境的因子是$P/l^2$，称为荷载指标。和式(2-9)中的$M_b/l^3$是同样的概念。因子$E^{3/5}/\rho$代表材料特性，称为材料指标。和式(2-7)中的材料指标$\frac{\rho}{E^{\frac{1}{3}}\sigma^{\frac{1}{3}}}$作一比较，读者可看出不同荷载下，材料指标是不同的。根据材料指标，工程师可以比较不同材料的优劣而选用最合理的材料。

吉拉特、湘利和斯潘特(Spunt)等利用上列方法[19]，结合设计规范对工程实践中经常遇到的各种基本构件在拉伸、压缩和弯曲荷载下求出了最优设计，例如他们优化了平的波纹板构成的宽柱、受到弯曲作用的加筋圆柱壳、最小耗费的钢筋混凝土梁、加筋蒙皮和夹层板等。这些结果十分便于工程师使用。另一方面，由于他们大量地研究、优化了不同的结构元件，综合这些结果也就得到了不同结构元件之间的比较。例如在承受轴向压力的圆管、方管及H形断面柱三者之中，圆管是可以给出最优目标值(即最小重量)的一种结构形式。

如前面已指出，在湘利等的方法中，把最优的目标值表示成材料指标、荷载指标的显函数是非常有意义的。直接的好处是工程师为了设计结构元件和决择应使用材料时，不必关心纷繁的各种数据，而只要计算这些指标，由它们便可作出最优抉择。这种表示的另一个意义是有助于把这些元件的优化结果处理成一个“黑箱”，安装到复杂结构的优化计算过程中。而对于一些简单的结构，优化过程仍然可以解析地进行。

同步失效准则设计有许多明显的缺点。由于要用解析表达式进行代数运算，同步失效准则设计只能用来处理十分简单的元件优化；当约束数大于设计变量数时，必须设法确定哪些破坏模式应当同时发生才给出最优设计，这通常是一件十分困难的工作；当约束数和设计变量数相等时，使用同步失效准则设计虽然方便，但一般地说，并不能保证这样求得的解是真正的最优解。因此工程中遇到的大量结构优化问题仍然要依靠更合适的数值方法才能求解。但是，同步失效准则设计对于建立这些数值方法提供了十分有益的思想：用一个准则来代替原来的最优化问题。事实上，回顾前面求解的优化问题，实际求解过程中目标函数并不出现，**寻求的只是满足同步失效准则的解**。从这个意义上来说，如果把整个桁架看作一个元件，把桁架中的每一根杆的破坏看作一种可能的破坏模式，则下面将要讨论的满应力设计就可以从同步失效准则设计推广而得。

2.2　满应力设计及其推广

2.2.1　满应力设计

满应力设计是结构优化各种算法中最简单、最易为工程技术人员接受的一种算法，适用于受到应力约束的结构。我们以受到应力约束的桁架重量最小化问题为例来介绍这个算法。

桁架重量最小化问题在数学上可以提成：

求最优的桁架杆件断面积 $A_i(i=1,2,\cdots,n)$，使得桁架的重量

$$W=\sum_{i=1}^{n}\rho_i A_i l_i \tag{2-10}$$

最小，而且桁架的各杆应力满足应力约束：

$$\underline{\sigma}_i \leqslant \sigma_{ij} \leqslant \overline{\sigma}_i(i=1,2,\cdots,n;j=1,2,\cdots,J) \tag{2-11}$$

式中　ρ_i, A_i, l_i—— 分别为第 i 号杆的密度、断面积和杆长；

σ_{ij}—— 第 i 号杆在工况 j 下的应力；

$\underline{\sigma}_i$—— 第 i 号杆的压缩许用应力(代数值)；

$\overline{\sigma}_i$—— 第 i 号杆的拉伸许用应力。

桁架结构节点的几何位置、材料性质以及外荷载均已给定，共有 J 个不同工况的外荷载。

工程师们解决这个问题的传统方法是将上列优化问题的求解归结为寻求一个满应力设计。所谓满应力设计是指：桁架中的每一根杆件至少在一种工况下应力达到其许用应力。如用数学语言来描述，则可说成满应力设计是这样的一组 A_i，在外荷载作用下，对每一个 i 都有

$$\max_{j\in J}\{\sigma_{ij}/\sigma_i^a\} = 1 \tag{2-12}$$

式中 σ_i^a 定义为

$$\sigma_i^a = \begin{cases} \overline{\sigma}_i, & \sigma_{ij} \geqslant 0 \\ \underline{\sigma}_i, & \sigma_{ij} < 0 \end{cases} \tag{2-13}$$

集合 J 定义为 $J = \{1,2,\cdots,J\}$，记号 $j \in J$ 表示工况 j 是给定的工况 $1,2,\cdots,J$ 中的某一个。

式(2-12)的意义是对 i 号杆依次计算各个工况 $j(j = 1,2,\cdots,J)$ 下的实际应力与许用应力的比值 σ_{ij}/σ_i^a，再从中挑选出比值最大的(下面称为最临界的)一个。这个最大的值应当为 1。式(2-13)的意义是如果 σ_{ij} 是压应力，则 σ_i^a 是压缩许用应力；如果 σ_{ij} 是拉应力，则 σ_i^a 是拉伸许用应力。

和同步失效准则设计对比一下便可看出，只要我们把每一根杆件的应力达到其许用值看作整个桁架的一种可能的破坏形式，满应力设计便是同步失效准则设计。满应力设计是否就是最小重量设计呢?直观上来看，如果找到了一个满应力设计，那么每根杆都充分发挥了它的作用，结构不可改进，即结构是最轻的设计。这种直观论证的错误我们在下面可以看到。另外，值得注意的一点是在满应力设计的问题提法中，目标函数并不出现，这种寻求一个满足某种准则的设计而暂且不管目标函数的做法是准则设计的特点。

2.2.2 应力比法

工程中寻求满应力结构的传统方法是从一个比较合理的初始方案，即比较合理的初始断面积分布出发，利用结构分析的算法求出在各个外荷载作用下桁架各杆的应力。然后，对每一根杆件，求出不同工况下的应力和该杆许用应力的比值$\frac{\sigma_{ij}^{(k)}}{\sigma_i^a}$，从中求出最大值$\xi_i = \max\limits_{j \in J}\left\{\frac{\sigma_{ij}^{(k)}}{\sigma_i^a}\right\}$，如果该值大于1，则说明该杆现有断面积太小，应该放大ξ_i倍；反之，如果该值小于1，则说明该杆现有断面积太大，应该按ξ_i比例缩小。这样，就得到了一个改进的、比较合理的设计。新设计的杆件断面积不同于原来的设计，因此每根杆的应力需要重新计算，如果这些新的应力还没有达到满应力，则可以重复上面的算法，直到前后两次的断面积变化很小就可结束这个迭代。

把上面的叙述用框图来描写，如图2-3所示。

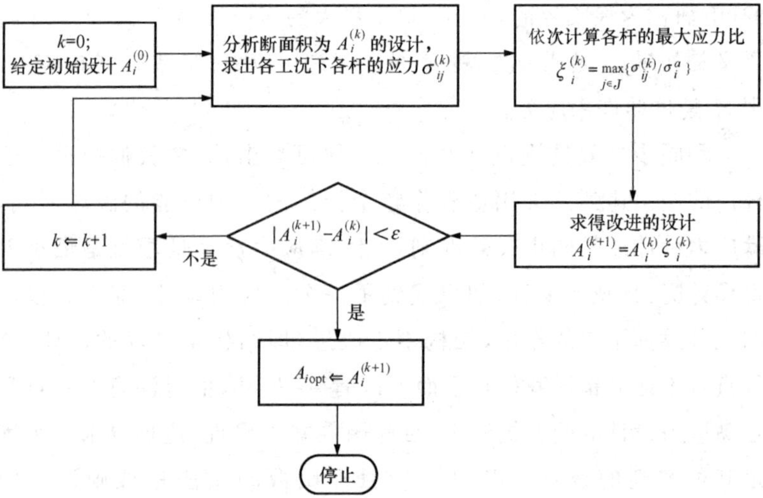

图 2-3

需要说明的是，判别收敛与否这一框中的 ε 是由用户事先指定的一个小量。而这里用的这个收敛判别准则是最简单的一个，可以采用更复杂的。框图中的 k 是迭代次数。

稍加分析可见，由应力比 ξ_i 求改进的断面积 $A_i^{(k+1)}$ 的方法实质上是**假定桁架各杆的内力 s_{ij} 是不随断面积的变化而变化的**。

因为，如果第 k 次设计的内力 $s_{ij}^{(k)}$ 和第 $k+1$ 次设计的内力 $s_{ij}^{(k+1)}$ 一样，且要求 $A_i^{(k+1)}$ 达到满应力，则有

$$A_i^{(k+1)} = \frac{s_{ij}^{(k+1)}}{\sigma_i^a} = \frac{s_{ij}^{(k)}}{\sigma_i^a} = \frac{\sigma_{ij}^{(k)} A^{(k)}}{\sigma_i^a} = \xi_i^{(k)} A_i^{(k)} \qquad (2\text{-}14)$$

式中，下标 j 是指最临界的工况号。

我们知道，对于静定桁架，各杆的内力可以仅仅利用节点的平衡方程来决定，与杆件的断面积无关。因此，断面积改变不会引起内力的重分布，第 i 号杆的断面积改变只引起第 i 号杆的应力发生变化，上面所做的假定是精确满足的，因此上面的迭代方法运用于静定结构时只要一次计算便可收敛。对超静定结构，断面积变化一般会引起内力重分布，上面这个假定的力学意义可说成将结构**暂时静定化**。下面我们给出一个静定桁架满应力设计的例题。

例 2 如图 2-4 所示的七杆静定桁架，各杆均由相同材料制成，$\rho = 0.002\,7\ \text{kg/cm}^3$，$l = 100\ \text{cm}$，拉伸许用应力为 $\bar{\sigma} = 2\,000\ \text{kg/cm}^2$，压缩许用应力为 $\underline{\sigma} = -1\,400\ \text{kg/cm}^2$。结构受到两种工况的作用，第一种工况是在 A 点受到垂直向下的荷载 $P_1 = 10\,000\ \text{kgf}$，第二种工况是在 B 点受到水平向右的拉力 $P_2 = 15\,000\ \text{kgf}$。试进行满应力设计。

解 由于是静定桁架，断面内力和断面积无关，各杆的内力均已给出在图 2-4(b) 和(c) 上。其具体数值见表 2-1。

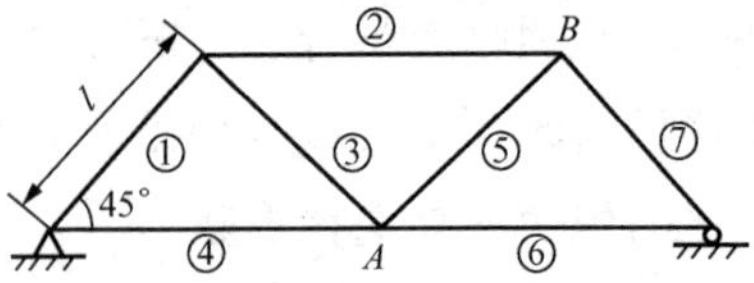

(a)

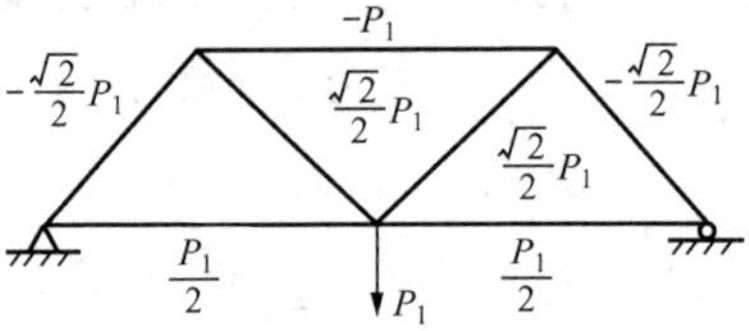

(b) 工况 1

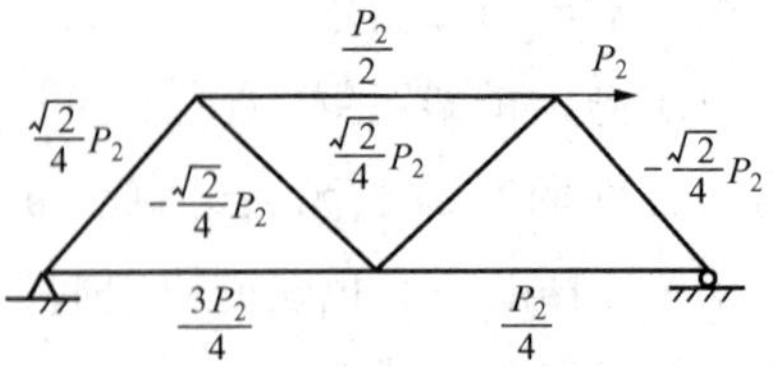

(c) 工况 2

图 2-4

表 2-1　　　　各杆的内力　　　　单位：kgf

工况 \ 杆号	1	2	3	4	5	6	7
1	−7 071	−10 000	7 071	5 000	7 071	5 000	−7 071
2	5 303	7 500	−5 303	11 250	5 303	3 750	−5 303

对于静定桁架，初始设计的断面积实质上并无关系。但是为明确起见，不妨假定其初始断面积为 $A_1 = A_2 = A_3 = A_4 = A_5 = A_6 = A_7 = 1\ \text{cm}^2$。这时的应力值在数值上就和表 2-1 中的内力一致，所差的只是单位换成了kg/cm^2。由表 2-2 可见，5 号杆，6 号杆和 7 号杆的断面积都应由工况 1 决定，4 号杆则应由工况 2 决定。但是，由于拉压应力的许用值不同，例如 3 号杆就不能光依靠内力来决定，而要求应力比，表 2-2 给出了各杆的应力比 $\xi_{ij} = \sigma_{ij}/\sigma_i^a$。

表 2-2　　各杆的应力比

工况＼杆号	1	2	3	4	5	6	7
1	5.051*	7.143*	3.536	2.5	3.536*	2.5*	5.051*
2	2.6515	3.75	3.789*	5.625*	2.6515	1.875	3.788

注：* 表示起控制作用的应力比。

由于各杆的初始面积都选成 1 cm^2，所以改进的设计是：

$$A_1 = 5.051\ cm^2, A_2 = 7.143\ cm^2, A_3 = 3.789\ cm^2$$

$$A_4 = 5.625\ cm^2, A_5 = 3.536\ cm^2, A_6 = 2.5\ cm^2$$

$$A_7 = 5.051\ cm^2$$

由于内力是不随断面积变化而变化的，所以上列设计便是满应力设计。其相应的重量为

$$\begin{aligned} W &= 0.0027 \times 100 \times (5.051 + 7.143\sqrt{2} + 3.789 + \\ &\quad 5.625\sqrt{2} + 3.536 + 2.5\sqrt{2} + 5.051) \\ &= 10.535 \end{aligned}$$

对于超静定桁架，由于桁架的内力不能只用节点平衡方程求得，还要利用协调关系才能决定，杆件断面积的重分布因而会引起内力的重分布。这时，满应力设计就不能只进行一次迭代而求得，需要反复迭代多次才能求得。迭代重复的次数和断面积改变时内力变化的程度有关。大部分实际工程中采用的桁架属于正常型，即断面积变化引起的内力变化很小，将桁架结构暂时静定化得到的各根杆件的内力能够很好地近似实际的内力，满应力设计需要的迭代次数很少。但也存在少数结构，称为交感型结构，只要其中一根杆的断面积变化就会引起内力的严重重分布。对于这样的结构，迭代次数就会很多。需要指出，静定化的近似方法不仅对大部分正常类型的桁架结构给出高精度的近似，对框架、板等结构也给出高精度的近似。这一特点成为结构优化中一些高效算法的基础。

下面我们给出几个例子以说明采用应力比的满应力设计。

例 3 三杆超静定桁架，其几何尺寸如图 2-5 所示。材料常数为 $\underline{\sigma}=-1\ 500\ \text{kg/cm}^2$，$\bar{\sigma}=2\ 000\ \text{kg/cm}^2$，$\rho=0.1\ \text{kg/cm}^3$。结构受到的荷载有三种工况：

工况 1：$P_1=2\ 000\ \text{kgf}$，$P_2=0$，$P_3=0$

工况 2：$P_1=0$，$P_2=2\ 000\ \text{kgf}$，$P_3=0$

工况 3：$P_1=0$，$P_2=0$，$P_3=2\ 000\ \text{kgf}$

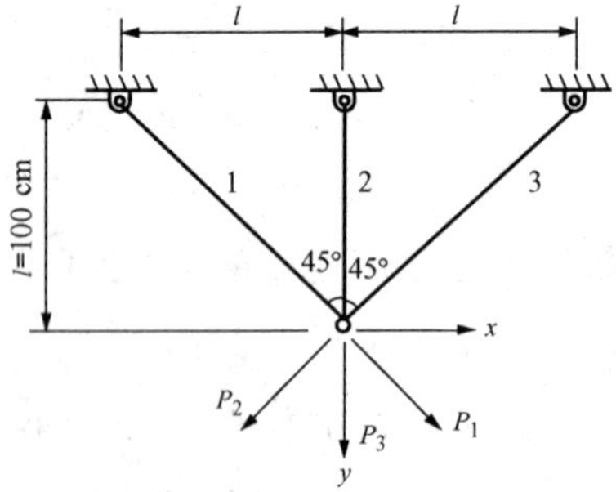

图 2-5

注意工况 1 和工况 2 是对称的，且工况 3 作用在结构的对称线上，所以最优设计也是对称的，亦即 $A_1=A_3$。利用这一结果，这一问题的数学提法可以写成：

求最优的 A_1，A_2，

$$\min W=10(2\sqrt{2}A_1+A_2) \tag{1}$$

s.t. 1 号杆在工况 1 下的应力

$$\sigma_{11}=\frac{P_1(A_2+\sqrt{2}A_1)}{\sqrt{2}A_1^2+2A_1A_2}\leqslant 2\ 000 \tag{2}$$

2 号杆在工况 1 下的应力

$$\sigma_{21}=\frac{P_1\sqrt{2}A_1}{\sqrt{2}A_1^2+2A_1A_2}\leqslant 2\ 000 \tag{3}$$

3 号杆在工况 1 下的应力

$$\sigma_{31}=\frac{-P_1A_2}{\sqrt{2}A_1^2+2A_1A_2}\geqslant -1\ 500 \tag{4}$$

1 号杆在工况 3 下的应力

$$\sigma_{13} = \frac{P_3}{\sqrt{2}A_1 + 2A_2} \leqslant 2\ 000 \tag{5}$$

2 号杆在工况 3 下的应力

$$\sigma_{23} = \frac{2P_3}{\sqrt{2}A_1 + 2A_2} \leqslant 2\ 000 \tag{6}$$

由对称性得

$$\sigma_{33} = \sigma_{13}, \quad \sigma_{11} = \sigma_{32}, \quad \sigma_{21} = \sigma_{22}, \quad \sigma_{31} = \sigma_{12} \tag{7}$$

以上给出的应力表达式是用结构力学中的位移法求出的。除这些应力约束外，还有断面积非负的约束：

$$A_1 \geqslant 0, \quad A_2 \geqslant 0$$

选取初始设计为 $A_1 = A_2 = 1.0$，按图 2-3 便可进行迭代。下面给出第一次迭代的计算细节。

第一次迭代时，$A_1^{(0)} = A_2^{(0)} = 1.0$，由式(2) ～ (7) 可求出：

$$\sigma_{11} = 1\ 414, \quad \sigma_{21} = 828.4, \quad \sigma_{31} = -585.8$$

$$\sigma_{12} = -585.8, \quad \sigma_{22} = 828.4, \quad \sigma_{32} = 1\ 414$$

$$\sigma_{13} = 585.8, \quad \sigma_{23} = 1\ 172, \quad \sigma_{33} = 585.8$$

由此得

1 号杆的最大应力比为

$$\xi_1^{(0)} = \max\left\{\frac{1\ 414}{2\ 000}, \frac{-585.8}{-1\ 500}, \frac{585.8}{2\ 000}\right\} = 0.707$$

2 号杆的最大应力比为

$$\xi_2^{(0)} = \max\left\{\frac{828.4}{2\ 000}, \frac{828.4}{2\ 000}, \frac{1\ 172}{2\ 000}\right\} = 0.586$$

由于对称性，3 号杆应取成同 1 号杆同样的应力比。根据应力比法中修改断面积的公式(2-14)，下一次迭代的断面积应为

$$A_1^{(1)} = A_1^{(0)}\xi_1^{(0)} = 0.707, \quad A_2^{(1)} = A_2^{(0)}\xi_2^{(0)} = 0.586$$

这样进行下去，便得到表 2-3 所示的迭代历史。

表 2-3　　例 3 的应力比法迭代历史

迭代次数 k	$A_1^{(k)}$	$A_2^{(k)}$	$\xi_1^{(k)}$	$\xi_2^{(k)}$	$W^{(k)}$
0	1.0	1.0	0.707	0.586	38.28
1	0.707	0.586	1.033	0.921	25.86
2	0.730	0.540	1.02	0.947	26.05
3	0.745	0.511	1.012	0.965	26.18
4	0.754	0.493	1.008	0.975	26.26
5	0.760	0.481	1.005	0.981	26.31
6	0.764	0.472	1.004	0.988	26.33
⋮	⋮	⋮	⋮	⋮	⋮
	0.773	0.453	1.000	1.000	26.39

最终得到的满应力设计为 $A_{1\text{opt}} = 0.773$，$A_{2\text{opt}} = 0.453$，最轻重量为 26.39。对这个设计，1 号杆（3 号杆）在工况 1（2）下、2 号杆在工况 3 下实现满应力。在设计空间中观察，这个设计点落在约束曲线（2）和（6）的交点上。可以验证，这样得到的设计的确就是最轻设计。

例 4　仍考虑例 3 中的三杆桁架设计，所有数据相同，只是作用在桁架上的荷载只有工况 1 和 2，没有垂直荷载这一工况（即工况 3）。

选取初始设计为 $A_1 = A_2 = 1.0$，按图 2-3 得到的迭代历史见表 2-4。

表 2-4　　例 4 的应力比法迭代历史

迭代次数 k	$A_1^{(k)}$	$A_2^{(k)}$	$\xi_1^{(k)}$	$\xi_2^{(k)}$	$W^{(k)}$
0	1	1	0.707	0.414	38.28
1	0.707	0.414	1.095	0.774	24.14
2	0.774	0.320	1.054	0.815	25.1
3	0.816	0.262	1.034	0.842	25.7
4	0.844	0.221	1.025	0.865	26.1
⋮	⋮	⋮	⋮	⋮	⋮
	1.00	0.00			28.28

注：表中 $W^{(k)} = 10 \times (2\sqrt{2}A_1 + A_2)$。

最终得到的满应力设计为

$$A_1 = 1.0, \quad A_2 = 0.0, \quad W = 28.28$$

这是一个静定结构。原结构中的 2 号杆被淘汰了。画出该问题的设计空间(图 2-6),应力比法的迭代途径是 0 — 1 — 2 — 3 — 4 — ……,最后收敛到满应力设计点 D。而最优点是点 C,它所相应的设计变量值可由曲线 $\sigma_{11} = 2\ 000$ 和目标函数等值面的切点来求得。

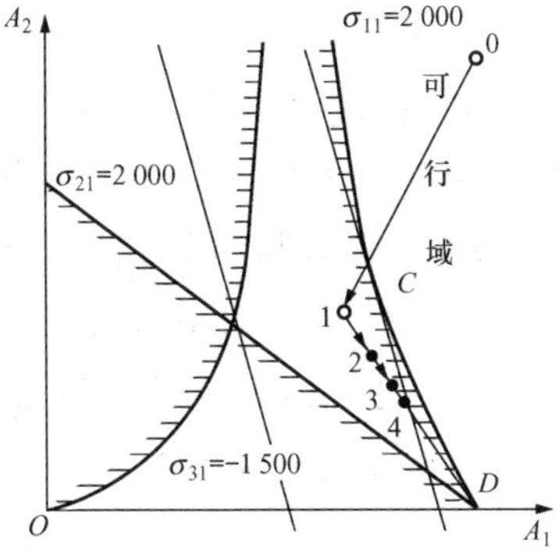

图 2-6

曲线 $\sigma_{11} = 2\ 000$ 的斜率为

$$\frac{dA_2}{dA_1} = \frac{\sqrt{2}}{(1 - 2A_1)^2}(2A_1 - 2A_1^2 - 1)$$

目标函数等值线的斜率为

$$\frac{dA_2}{dA_1} = -2\sqrt{2}$$

在切点处两个斜率应相等,由此求得最优设计应为

$$A_1 = \frac{6 + \sqrt{12}}{12} = 0.789, \quad A_2 = \frac{\sqrt{6}}{6} = 0.408$$

相应最优重量为

$$W = 10 \times (\sqrt{2} + 3\sqrt{6}/6) = 26.39$$

比较满应力设计和最优设计,可以十分明显地看到如下几点:

(1) 在例 4 中,满应力设计并不是最优设计,但是两者的目标值

却相差很小。在这个最优设计(0.789,0.408)中,只有1号杆在工况1下,3号杆在工况2下是满应力的,而2号杆则在任何一个工况下都未达到满应力。

(2) 应力比的迭代算法通常产生一系列不可行设计点,它们逐渐地逼近各应力约束曲线(曲面)的交点。

(3) 由于最优点是目标函数等值面和复合约束曲面的切点(在复合约束曲面有角点处例外),所以从数学上看,只要改变各杆所用材料的密度的相对比值,便可改变目标函数等值面的倾斜程度,从而移动切点的位置,发生和满应力点不同的关系。在本例中,如果取1号、3号杆的密度为$\rho=0.1$,但2号杆的密度为ρ_2,则当$\rho_2\geqslant 0.2$时,切点移动到D点,最轻设计和满应力解一致,而当$\rho_2<0.2$时,两者不一致。产生这种现象的原因很简单:满应力算法中重量根本不起作用,因而杆件密度的差别不能影响满应力设计,但它会影响最轻设计。

上面改变材料密度的做法看来是相当人为的,我们也可以改变各杆的许用应力的相对比值来研究满应力设计和最优设计的关系。下面是一个由弗劳雷给出的实例。

例5 考虑应力约束优化如图2-7所示的十杆桁架。除8号杆外,所有杆的许用应力均为1 758 kg/cm^2,我们来观察8号杆许用应力的变化对满应力设计和最轻设计关系的影响。所用设计数据均给出如下:

材料为铝,许用应力1 758 kg/cm^2(除8号杆外),弹性模量7.03×10^5 kg/cm^2,密度0.027 68 kg/cm^3,最小断面积0.645 2 cm^2,荷载P为4.536×10^4 kgf,长度l为914.4 cm。

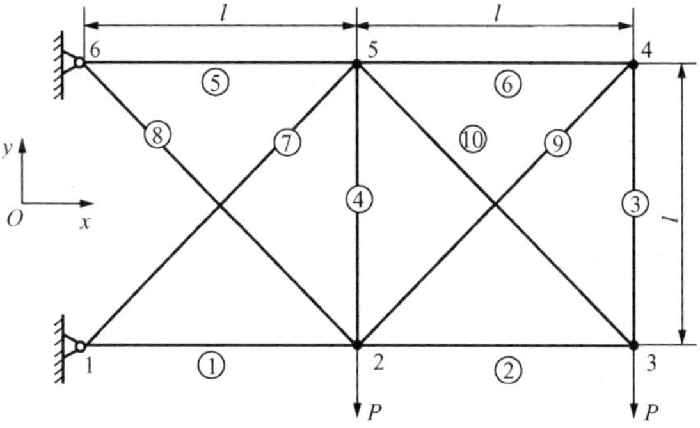

图 2-7

由图 2-8 可以看出，当 8 号杆许用应力比较低时，特别是低于 2 637 kg/cm² 时，满应力设计和最优设计是一致的。当 8 号杆的许用应力大于 2 637 kg/cm² 时，满应力设计和最优设计不再一致。在满应力设计中，8 号杆只取最小断面积，而最优设计中，8 号杆的应力达不到满应力，保持在 2 637 kg/cm² 不变。同时，有相当一个范围（8 号杆许用应力在 2 637 kg/cm² ～ 3 164 kg/cm²），满应力设计收敛非常缓慢。以上结果由数值计算求得。

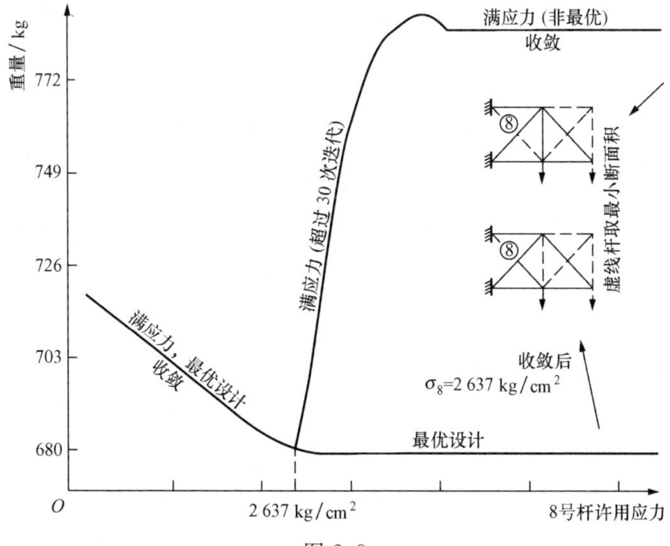

图 2-8

注意满应力设计中应力比计算公式，可以看出，如果一根杆的许用应力低，则满应力设计倾向于增大它的面积。相反，如果它的许用应力高，则满应力设计倾向于减小它的面积。这里8号杆的最后尺寸便反映了满应力设计的这一特点。这种倾向当然是不合理的，在具有相同密度的材料中，应该采用那些许用应力高的材料，以降低结构的重量。

2.2.3 应力比法的若干改进

1. 应力比法公式的修正

应力比法公式(2-14)的导出是假定杆件断面积的变化不引起内力重分布，但实际上除了静定结构外，内力是会随断面积改变而重分布的。一般地，当结构中某一杆件断面积加大时，它所能承受的内力就会增加，或通俗地说，能者多劳。按照这样的想法，我们可把式(2-14)(为了清楚起见，以下我们将 ξ_i 的上标 k 省略)

$$A_i^{(k+1)} = \xi_i A_i^{(k)}, \quad \xi_i = \frac{\sigma_{ij}^{(k)}}{\sigma_i^a}$$

修改为

$$A_i^{(k+1)} = \xi_i^{\eta} A_i^{(k)} \tag{2-15}$$

式中，η 是松弛因子，由经验来决定。对于许用应力是常数的情况，通常取 $\eta > 1$，一般不超过1.4。对于许用应力不是常数(如后面要提到的压杆稳定许用应力)的情况，η 应小于1。实践表明，上列松弛因子的引入可以加速应力比法的收敛，并可防止出现迭代发散或振荡的现象。

2. 齿行法

上面的例子说明单纯的应力比迭代格式是有缺点的，由于它完全无视重量，最轻设计可以从我们面前“滑”过去。由于它的中间点一般是不可行设计，给工程实际应用也带来困难。所以，一个自然的改进措施是希望能得到一些可行的中间点，但是又不增加额外的分析工作量。在桁架这一类结构刚度和设计变量成正比的结构中,可以采用**射线步**来实现可行性调整。所谓射线步,是将所有设计变量同时乘上一个常数 ξ,即

$$A_i^{\mathrm{n}} = \xi A_i^{\circ} \tag{2-16}$$

对所有的 i 进行这样调整后①,作为单根杆件的刚度阵 $\boldsymbol{k}_i$,有

$$\boldsymbol{k}_i^{\mathrm{n}} = \xi \boldsymbol{k}_i^{\circ} \tag{2-17}$$

而把单元刚度阵拼凑而成结构总刚度阵 $\boldsymbol{K}$ 时,有

$$\boldsymbol{K}^{\mathrm{n}} = \sum_{i=1}^{m} \boldsymbol{k}_i^{\mathrm{n}} = \sum_{i=1}^{m} \xi \boldsymbol{k}_i^{\circ} = \xi \boldsymbol{k}^{\circ} \tag{2-18}$$

式中,上标 n 和 o 分别指新设计(new)与旧设计(old);m 为单元总数。单元刚度阵 $\boldsymbol{k}_i$ 认为是已经用补充零行、零列的方法使其增广到与总刚度阵 $\boldsymbol{K}$ 具有同一阶数。

利用位移法求解桁架结构时,结构节点位移 $\boldsymbol{d} = (d_1, d_2, \cdots, d_N)^{\mathrm{T}}$ 可以表示为

$$\boldsymbol{Kd} = \boldsymbol{q} \quad \text{或} \quad \boldsymbol{d} = \boldsymbol{K}^{-1}\boldsymbol{q} \tag{2-19}$$

式中 $\boldsymbol{q} = (q_1, q_2, \cdots, q_N)^{\mathrm{T}}$ 是外加在桁架上的节点力。式中,N 表示结构的总自由度数。这样,射线步前后的新旧设计的位移有关系:

$$\boldsymbol{K}^{\circ}\boldsymbol{d}^{\circ} = \boldsymbol{q} = \boldsymbol{K}^{\mathrm{n}}\boldsymbol{d}^{\mathrm{n}} = \xi \boldsymbol{K}^{\circ}\boldsymbol{d}^{\mathrm{n}}$$

或

$$\boldsymbol{d}^{\circ} = \xi \boldsymbol{d}^{\mathrm{n}}, \quad \boldsymbol{d}^{\mathrm{n}} = \boldsymbol{d}^{\circ}/\xi \tag{2-20}$$

这就说明所有的位移按同一比例缩小了 ξ 倍。应力可由位移求得,取出桁架中典型杆件 i,其应力为

$$\sigma_i = \frac{E_i}{l_i}\boldsymbol{B}_i\boldsymbol{d} \tag{2-21}$$

---

① 不熟悉有限元的读者可越过这一段论证。事实上,从结构力学可知,当所有杆件的断面积按同一比例放大 ξ 倍,相对刚度比不变,则内力不变,应力按 ξ 比例缩小。

式中，下标 i 指出相应量为第 i 号杆的；$\boldsymbol{B}_i$ 是一个只依赖于杆端节点坐标的矩阵，它把总位移向量 $\boldsymbol{d}$ 和 i 号杆两端位移差联系起来，对给定的 i 号杆是与断面积无关的常数阵。

由式(2-21) 可得

$$\sigma_i^{\mathrm{n}} = \frac{E_i}{l_i}\boldsymbol{B}_i\boldsymbol{d}^{\mathrm{n}} = \frac{E_i}{l_i}\boldsymbol{B}_i\ \frac{1}{\xi}\boldsymbol{d}^{\circ} = \frac{1}{\xi}\sigma_i^{\circ} \tag{2-22}$$

也就是说，在所有杆件的断面积按同一比例放大 ξ 倍时，应力按 ξ 比例缩小。由此可发现，当桁架杆件断面积按射线步变化时，无论是静定还是非静定桁架，杆件内力都保持不变。由于这一特点，我们有更多的理由期盼在结构优化的一些问题中采用静定化假定可以给出应力、位移等力学量的高精度近似。

现在来说明如何利用射线步。设有一个设计 $A_i^{(k)}$，相应的各杆在各工况下的应力为 $\sigma_{ij}^{(k)}$，求出最大应力比为

$$\xi = \max_{i\in I}\max_{j\in J}\{\sigma_{ij}^{(k)}/\sigma_i^a\},\quad I = \{1,2,\cdots,m\},\quad J = \{1,2,\cdots,J\} \tag{2-23}$$

采用这个应力比去遍乘所有杆的断面积 $A_i^{(k)}$，得到一个新的设计

$$A_i^{(k')} = A_i^{(k)} \cdot \xi \quad (i = 1,2,\cdots,m)$$

按照上面讲的理由，对于设计 $A_i^{(k')}$ 的结构，我们已经不必采用结构分析的方法去寻求各杆应力了，只要把相应于 $A_i^{(k)}$ 的应力 $\sigma_{ij}^{(k)}$ 同时除以 ξ 即可。由式(2-23) 中 ξ 的取法可见，所有杆件的应力 $\sigma_{ij}^{(k)}$ 将都是可行的，而且最临界的应力恰好等于许用应力。

在设计空间中(图 2-9)，如果 $\xi > 1$，射线步就将设计点 A 沿着通过原点的射线从不可行域移动到和最临界的应力约束的交点 B；如果 $\xi < 1$，射线步就将过分保守的设计点 C 从可行域拉到最临界的应力约束边界上的 D 点。

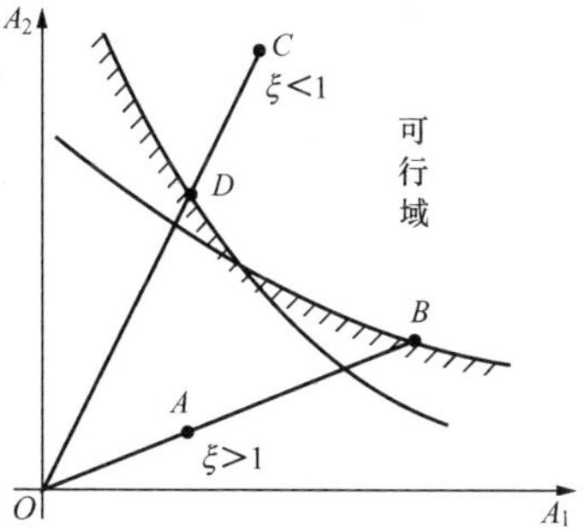

图 2-9

将射线步结合到满应力设计的应力比法中，就得到齿行法。具体计算过程是在对给定的设计进行应力分析后，立即采用射线步将设计点拉到最临界的约束曲面上，得到一个可行设计。对这个可行设计计算结构的重量并和前一次的可行设计的重量比较，决定迭代是否应该中止。如果前一次的可行设计较轻，则迭代应该停止；如果这次的可行设计较轻，则执行一步满应力，得到一个新设计。然后对这个设计重复上面的工作。值得注意的是，由于射线步后得到的可行设计的最临界应力恰巧等于许用应力，在从该可行设计出发走满应力步时，应力刚好为许用应力的那根杆件的断面积已不必再修改，反映到设计空间里，设计点的这次移动是垂直于某一坐标轴的（相应面积不变动）。这样，设计点在设计空间里走着一条类似于齿形的路径，这个方法因而被称为**齿行法**。

我们把上面叙述的算法归纳成图 2-10 所示的框图。在这个框图中的第一框，我们给结构重量赋了一个很大的初值（10^{16}），这是为了在第一次迭代时可以比较得到的可行设计的重量。

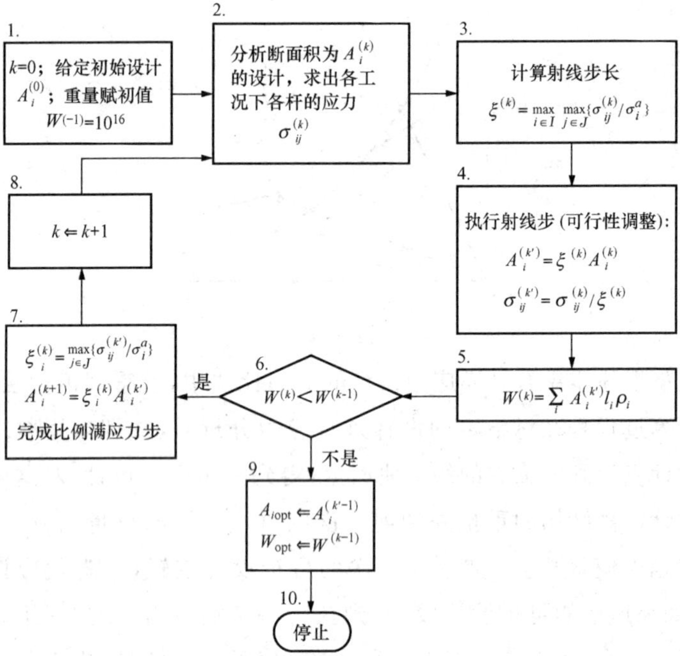

图 2-10

下面我们仍以例 4 的三杆桁架为例来说明齿行法的执行过程。初始设计取 $A_1^{(0)}=A_2^{(0)}=1.0$。第一次迭代的计算过程为

(1) 分析初始设计,求出各杆应力(见例 3)。

$$\sigma_{11}=1\,414,\quad \sigma_{21}=828.4,\quad \sigma_{31}=-585.8$$

$$\sigma_{12}=\sigma_{31},\quad \sigma_{22}=\sigma_{21},\quad \sigma_{32}=\sigma_{11}$$

(2) 计算各杆的应力比及最大应力比。

1 号杆:

$$\xi_1^{(0)}=0.707$$

2 号杆:

$$\xi_2^{(0)}=0.414$$

最大应力比为

$$\xi = \max\{\xi_1^{(0)}, \xi_2^{(0)}\} = 0.707$$

(3) 射线步。将各杆面积同时乘以 ξ,得可行设计

$$A_1^{(0')} = 0.707, \quad A_2^{(0')} = 0.707$$

这个设计的各杆应力为

$$\sigma_{11}^{(0')} = 1\ 414/0.707 = 2\ 000$$

$$\sigma_{21}^{(0')} = 828.4/0.707 = 1\ 171.5$$

$$\sigma_{31}^{(0')} = -585.8/0.707 = -828.4$$

其中 $\sigma_{11}^{(0')}$ 是最临界的。

(4) 由于这是第一次迭代,暂不比较重量。直接走满应力步。

$$\xi_1^{(0)} = \sigma_{11}^{(0')}/2\ 000 = 1$$

$$\xi_2^{(0)} = \sigma_{21}^{(0')}/2\ 000 = 0.585$$

$$A_1^{(1)} = \xi_1^{(0)} A_1^{(0')} = 0.707$$

$$A_2^{(1)} = \xi_2^{(0)} A_2^{(0')} = 0.585 \times 0.707 = 0.414$$

由此,进入迭代的第二步。整个迭代的历史见表 2-5。由表 2-5 可见,只经过两次迭代,由齿行法就得到了和精确的最优解($A_1 = 0.789, A_2 = 0.408, W = 26.39$) 相差很小的解:

$$A_1 = 0.774, \quad A_2 = 0.453, \quad W = 26.42$$

表 2-5　　例 4 用齿行法的迭代历史

迭代次数 k	$A_1^{(k)}$	$A_2^{(k)}$	$\xi_1^{(k)}$	$\xi_2^{(k)}$	ξ	$A_1^{(k')}$	$A_2^{(k')}$	$\xi_1^{(k)}$	$\xi_2^{(k)}$	W
0	1	1	0.707	0.414	0.707	0.707	0.707	1	0.586	27.07
1	0.707	0.414	1.095	0.774	1.095	**0.774**	**0.453**	1	0.707	**26.42**
2	0.774	0.320	1.054	0.815	1.054	0.816	0.337	1	0.773	26.45

和表 2-5 相应的设计点在设计空间中的移动情况如图 2-11 所示,其中从 0 到0′、从 1 到1′ 和从 2 到2′ 是射线步,而从0′ 到 1,从1′ 到 2 是满应力步。

分析齿行法的计算过程,可见整个算法已经不能完全说成是

一种准则法。事实上，射线步所完成的是第 3 章将介绍的数学规划方法中的可行性调整，而每次通过比较目标值来决定迭代的进行方式也是数学规划方法所特有的。齿行法用于桁架优化的成功使我们初次看到了规划法和准则法结合的优点。

齿行法得到的结果虽然已经很满意，但还可以作进一步的修改。在修改的齿行法中，我们对原齿行法中每次走满应力步的步长大小加以控制，不允许步长跨得太大。具体地说，代替齿行法框图第七框中的公式 $A_i^{(k+1)} = \xi_i^{(k)} A_i^{(k')}$ 的新设计点 $A_i^{(k+1)}$ 由下式给出：

$$A_i^{(k+1)} = \alpha \xi_i^{(k)} A_i^{(k')} + (1-\alpha) A_i^{(k')}$$

其中，$0 < \alpha \leqslant 1$ 为一给定常数，$\alpha = 1$ 时便是正常的满应力步。反映到图 2-11 上，走满应力步时，我们不是一下子从$1'$ 走到 2 点，而是只走到$1'$ 和 2 的连线上的某一中间点 $\tilde{2}$，然后，再从这点走射线步。所以，说得形象一点，α 的作用是让步长走得小一点。当然，α 取得小一点，搜索到最优解的可能就大一点，但迭代次数会增加。

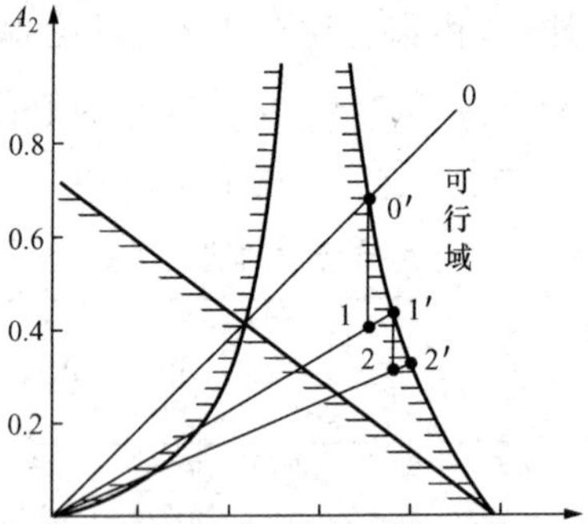

图 2-11

3. 压杆的局部稳定的处理[20]

在前面的计算公式中，我们假定单根杆的拉、压许用应力可以不同，但都是常数。实际结构的设计，压杆的许用应力主要是由压杆的局部失稳来控制，而在我国设计规范中考虑稳定的压杆许用

应力公式为(取绝对值)

$$\underline{\sigma} = m\varphi\bar{\sigma} \tag{2-24}$$

式中 $\bar{\sigma}$—— 拉伸许用应力;

m—— 工作系数,取 0.9 ;

φ是杆件细长比 $\lambda = \dfrac{L}{r}$ 和材料弹性模量 E 的函数,$0 \leqslant \varphi \leqslant 1$。($r$ 是断面积的回转半径,$r = \sqrt{J/A}$。)

计算 φ 时,要先求出回转半径 r,但 r 依赖于杆件的截面积 A 和惯性矩 J,所以$\underline{\sigma}$ 将不是固定的,随迭代进程而改变,应记作$\underline{\sigma}^{(k)}$。在采用上面的迭代格式时,如果在第 k 次迭代时用$\underline{\sigma}^{(k)}$ 来计算应力比 ξ,实践表明,结果将出现振荡。为了解决这个问题,可以用曲线拟合方法得到一个容许压应力$\underline{\sigma}$ 和截面积 A 的近似关系式:

$$\underline{\sigma} = aA^{b} \tag{2-25}$$

式中,系数 a 和 b 与钢种、截面类型和细长比等有关,其取法细节参见文献[20]。

采用应力比法的基本假定,仍然是内力不随断面积改变而重分布,故可以求出适用于压杆的应力比迭代公式为

$$A_i^{(k+1)} = \frac{s_{ij}^{(k+1)}}{\underline{\sigma}^{(k+1)}} = \frac{s_{ij}^{(k)}}{\underline{\sigma}^{(k+1)}} = \frac{\sigma_{ij}^{(k)} A_i^{(k)}}{a\,(A_i^{(k+1)})^{b}}$$

由此得

$$(A_i^{(k+1)})^{b+1} = \frac{\sigma_{ij}^{(k)}}{a\,(A_i^{(k)})^{b}}(A_i^{(k)})^{b+1} = \xi(A_i^{(k)})^{b+1}$$

或

$$A_i^{(k+1)} = \xi^{\eta} A_i^{(k)} \tag{2-26}$$

式中 j—— 最临界的应力约束号码;$\eta = \dfrac{1}{b+1}$;$\xi = \dfrac{\sigma_{ij}^{(k)}}{\underline{\sigma}^{(k)}}$。

利用式(2-26) 进行满应力步,迭代的收敛情况就比较令人满意。

在实际工程结构的优化中,特别如航空结构的优化中,受压元

件的许用应力往往很难写成设计变量的显函数，上面给出的方法也就很难应用。这种情况下就需要研究特殊的方法来实现满应力步。例如，可以采用**逐步增量法**。所谓逐步增量法，是让设计变量逐步由小变大地试算，每假定一个设计变量的值，就求出它的许用应力，再和当前内力比较（注意，内力认为是不变的），检查是否达到满应力，如不是则继续改变设计变量的值，直到满足为止。由于实际问题中遇到的设计变量往往是离散型的，即只能取行业制定的标准尺寸中的值，这样的逐步增量法不仅不会使工作量增加很大，而且适应了离散设计变量的要求。除了逐步增量法外，还可将在内力不变下达到满应力这一条件看作一个非线性方程，采用以后要介绍的**一维搜索法**来求出它的根。

2.2.4 满应力法的评价

满应力法的缺点是显然的。满应力解可以不存在，纵然存在，也不一定是最优解。运用应力比法进行迭代，算法也可能不收敛，产生振荡。

但是，满应力法也有很多优点。对大多数工程实用结构，满应力解往往很接近最优解：应力比法的算法很简单，很容易在普通的结构分析程序上增加一段程序来实现；对一般正常的工程结构，往往只要很少几次迭代，便可求得一个显著改进的设计，而且所需要的迭代次数与结构杆件的数目（设计变量数）无关。这一点对大型结构优化特别重要，因为对大型结构每迭代一次要耗费的工作量是惊人的。权衡它的优缺点，对于只受到应力约束的结构优化问题，人们还是十分乐于采用它，尽管已经有了很多复杂、精致的优化方法。

实际中，许多工程优化问题受到的不仅仅是应力约束，还有位移和频率约束。此时，一种十分有效的做法是将应力约束用应力比法来处理，其他约束则采用更为复杂的准则或数学规划的方法来处理，所以，应力比方法仍然被许多大型结构优化程序所采用。

上面介绍的满应力法是针对桁架结构的，这种结构中，作为设计变量的断面积和刚度成正比。处于平面应力状态的膜结构，如果取厚度作为设计变量，设计变量也和刚度成正比，前面介绍的应力比法和射线步均可以直接地推广过去。对于弯曲元件 —— 梁、柱、板组成的结构，刚度和设计变量(取成梁、柱的断面积或板的厚度)的关系比较复杂，但是，仍然可以采用推广了的、带有一定近似性质的满应力步和射线步来寻求满应力设计。在钱令希教授的专著[20] 及文集[21] 中，对这些做法有专门的论述。

更重要的是，根据工程结构的特点采用一种准则来近似求解原来的最优化问题，满应力法的这一基本思想在结构优化中得到了广泛的应用和推广。本节下面要介绍的分部优化法，本章其余各节要介绍的处理多工况、多约束的优化方法都可以看成是满应力法的推广。

2.2.5 分部优化法

上面已经指出，满应力法的基本思想可以概括为用求解一种准则来近似求解原来的最优化问题。除此之外，桁架设计的满应力法还可以解释为一种分部优化法，即将整个桁架的设计归结为组成桁架的每一根杆件的设计，最优设计是要求每根杆件都达到其最优状态 —— 满应力状态。这样一种分部优化的方法很容易推广到其他结构的设计。具体的做法是：先根据经验或参照已有设计资料提出一个初始设计方案，并利用有限元法或其他方法对该结构设计方案在各种工况下进行结构整体分析，求出它的内力分布，然后把结构拆开成若干子结构或若干部分，根据刚才求得的各部分的受力状态进行分部优化，修改各部分的设计变量，将各部分重新拼合得到新的结构方案，这样就是一次循环或迭代。接着继续进行下一次的循环或迭代，直至收敛。

现在，我们把分部优化运用到由圆管梁组成的三跨连续梁上(图 2-12)。设圆管梁的三跨是等长的，在中间跨的中点受到一个集中荷载 P，由于对称性，有四个设计变量：1 号梁(3 号梁)的 t_1，D_1；2 号梁的 t_2，D_2。

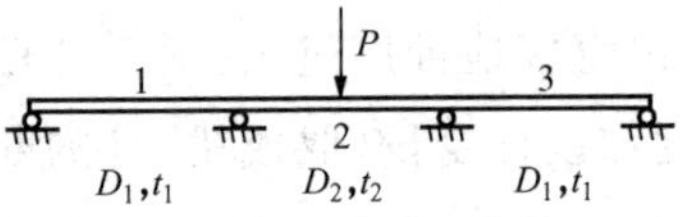

图 2-12

分部优化法的做法是对给定的 $D_1^{(k)}$，$t_1^{(k)}$ 和 $D_2^{(k)}$，$t_2^{(k)}$，得到各根梁的截面惯性矩 $J_1^{(k)}$，$J_2^{(k)}$，然后求出集中荷载下各梁受到的最大弯矩 $M_{1\max}^{(k)}$，$M_{2\max}^{(k)}$。有了弯矩，我们就可以利用式(2-5) 确定出最优的 $D_1^{(k+1)}$，$t_1^{(k+1)}$，$D_2^{(k+1)}$，$t_2^{(k+1)}$，同时计算其重量，研究其收敛性。如此迭代下去。

具体计算时，给定了 J_1 和 J_2 后可求得

$$M_{1\max} = \frac{3}{4}\,\frac{PlJ_1}{(4J_2 + 6J_1)}$$

$$M_{2\max} = \frac{Pl}{(4J_2 + 6J_1)}\left(J_2 + \frac{3}{4}J_1\right)$$

利用式(2-5) 圆管梁弯曲的优化结果可知最佳的 t，D 分别为

$$t = \left(\frac{4\bar{\sigma}M}{\pi 0.4^2 E^2}\right)^{1/3}, \quad D = \left(\frac{1.6EM}{\pi\bar{\sigma}^2}\right)^{1/3}$$

相应的 J 为

$$J = \frac{\pi}{8}D^3 t = 0.4\,\frac{E^{\frac{1}{3}}M^{\frac{4}{3}}}{\bar{\sigma}^{5/3}}$$

整个连续梁的重量由式(2-8) 可得

$$W = \rho\, l\,\frac{5.00}{E^{\frac{1}{3}}\bar{\sigma}^{\frac{1}{3}}}(2M_{1\max}^{\frac{2}{3}} + M_{2\max}^{\frac{2}{3}})$$

如果采用的原始数据为

$$\rho = 0.007\,83\ \text{kg/cm}^3, \quad E = 2\,110\,000\ \text{kg/cm}^2$$

$$\bar{\sigma} = 10\,546 \text{ kg/cm}^2, \quad l = 100 \text{ cm}, \quad P = 1\,000 \text{ kgf}$$

其迭代历史见表 2-6，如果我们限制壁厚不小于 0.1 mm，从表 2-6 可得分部优化最优解为

$$J_1 = 0.223 \text{ cm}^4, \quad J_2 = 6.68 \text{ cm}^4$$

$$t_1 = 0.113 \text{ cm}, \quad D_1 = 2.56 \text{ cm}$$

$$t_2 = 0.258 \text{ cm}, \quad D_2 = 5.98 \text{ cm}$$

表 2-6　　圆管连续梁的优化

迭代次数 k	J_1	J_2	M_1	M_2	W
1	10.00	10.00	7 500	17 500	0.041 59
2	1.482 3	4.587 5	4 080.6	20 919	0.020 06
3	0.658 4	5.82	1 813.5	23 187	0.017 69
4	**0.223 3**	**6.675 8**	**597.2**	**24 403**	**0.015 47**
5	0.057 77	7.1468	131.8	24 868	0.013 70
⋮	⋮	⋮	⋮	⋮	⋮
	0	7.38			0.011 94

上面举出的由圆管梁组成的连续梁的优化只是分部优化的一个极为简单的应用。分部优化这一优化策略可以运用于更为复杂的结构。进一步说，现存的几乎所有大型结构优化工作都采用了分部优化的策略。例如，优化一架飞机的机翼时，我们就把它和机身分割开来，将整机分析得到的机身和机翼联结处的作用力看作已知的边界条件来分析和优化机翼。由于机翼刚度的改变对这些力的影响，在一般情况下就不加以考虑了。再如，优化一个高层建筑时，我们往往把地基条件看作是给定的，单独地优化上部的建筑物，不考虑地基应如何优化。

分部优化这一优化策略是否可以使用和使用成功的程度主要取决于结构的各个部分联系的强弱和约束的性质。钱令希教授在专著[20]中把应力约束、局部稳定约束等称为局部性约束，把对位移、频率、整体稳定等的约束称为整体性约束。对局部性约束，一般地，分部优化的方法效果很好。但是对整体性约束，分部优化的方

法往往会遇到困难，因此要研究更好的方法。

2.3 受约束最优化问题的库-塔克必要条件

在上节中我们介绍了满应力设计，对于只受到应力约束的结构优化问题，这种方法是十分有效的。但是，实际中遇到的结构优化问题，除了受到应力约束外，往往还受到频率、位移等类约束。20世纪70年代末期，冯卡亚(Venkayya)等人提出了类似于满应力准则的一些能量准则，用来处理这类约束下的优化问题，其效果也是很好的。从2.4节开始，我们将介绍这些准则。这些准则与满应力准则不同，它们不再基于直觉，而是基于受约束最优化问题的库-塔克必要条件，因此，通常称它们为理性的最优化准则。本节中，我们将从回顾高等数学中的极值必要条件开始，介绍受约束优化问题的库-塔克必要条件。

2.3.1 一元函数的无约束优化

最简单的优化问题是一元函数 $f(x)$ 的无约束极值问题，即寻求最优的 $x(-\infty < x < +\infty)$，使 $f(x)$ 取极小。由微积分学可知，如果函数 $f(x)$ 在 x^* 处可微，则 $f(x)$ 在 x^* 处取局部极小的必要条件是

$$\frac{\mathrm{d}f}{\mathrm{d}x}(x^*) = 0 \tag{2-27}$$

式(2-27)的几何意义是：在极小点处曲线 $f(x)$ 的切线应当平行于表示自变量 x 的坐标轴(图2-13中的点 a)。但是，这个条件仅必要而不充分。观察图2-13，除了点 a，在点 b 和点 c 处，条件(2-27)也均满足。但是在点 c 处，函数 $f(x)$ 取局部极大；在点 b 处，函数 $f(x)$ 既不取局部极大也不取局部极小。为了区分它们，需要运用极小值的

充分条件，即如果函数 $f(x)$ 在 x^* 处有直到二阶的导数且满足式(2-27)，则函数 $f(x)$ 在 x^* 处取局部极小的充分条件为

$$\frac{\mathrm{d}^2 f}{\mathrm{d}x^2}(x^*) > 0 \tag{2-28}$$

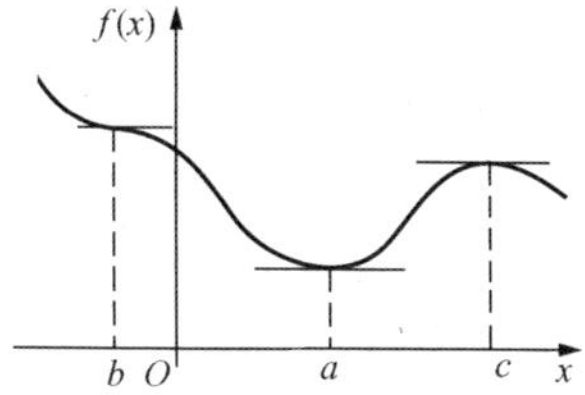

图 2-13　局部极小的必要条件

在以后各章中我们会看到，一元函数的极值问题虽然简单，但在结构优化中却是经常要用到；条件(2-27)可以用来求极小值，但并不能解决全部实际问题。在实际中，大量遇到的 $f(x)$ 形式非常复杂，无法求出其导数。有时 $f(x)$ 甚至是不可微的。因此，我们将在以后介绍确定极值点的数值方法。

2.3.2　多元函数的无约束优化、梯度及海森矩阵

通常的结构优化问题中设计变量远多于一个，所需解决的是多元函数的极值问题。为了研究这个问题，我们先回顾一下梯度的概念。

一个多元函数 $f(\boldsymbol{x})$，$\boldsymbol{x}=(x_1,x_2,\cdots,x_n)^{\mathrm{T}}$，如果在 $\boldsymbol{x}$ 处可微，就可求出其所有偏导数 $\frac{\partial f}{\partial x_1},\frac{\partial f}{\partial x_2},\cdots,\frac{\partial f}{\partial x_n}$，它们排列起来组成的列向量称为梯度向量，记作 ∇f，即 $\nabla f \equiv \left(\frac{\partial f}{\partial x_1},\frac{\partial f}{\partial x_2},\cdots,\frac{\partial f}{\partial x_n}\right)^{\mathrm{T}}$。根据偏导数定义，在给定点 $\boldsymbol{x}$ 处 $\nabla f(\boldsymbol{x})$ 的各个分量 $\frac{\partial f}{\partial x_1},\frac{\partial f}{\partial x_2},\cdots,\frac{\partial f}{\partial x_n}$ 分别表示函数 $f(\boldsymbol{x})$ 在 $\boldsymbol{x}$ 处沿 $x_1,x_2,\cdots,x_n$ 方向的变化速度。事实上，给定了函数 $f(\boldsymbol{x})$ 在 $\boldsymbol{x}$ 处的梯度 ∇f 后，就可以求得 $f(\boldsymbol{x})$ 在从 $\boldsymbol{x}$ 出发的任

一方向 $\boldsymbol{l}$($\boldsymbol{l}$ 为单位向量) 上的方向导数,$\boldsymbol{l}=(\cos\theta,\sin\theta)^{\mathrm{T}}$。

$$\frac{\partial f}{\partial l}=\frac{\partial f}{\partial x_1}\cos\theta+\frac{\partial f}{\partial x_2}\sin\theta=\nabla^{\mathrm{T}}f\cdot\boldsymbol{l}=|\nabla f|\cos\alpha \qquad (2\text{-}29)$$

式中　α—— ∇f 与 $\boldsymbol{l}$ 方向的夹角;

　　$|\nabla f|$—— 梯度向量∇f 的长度。

由图 2-14 可见,沿从点 x_A 出发的不同 $\boldsymbol{l}$,函数 f 的变化速度也不同。如果∇f 与 $\boldsymbol{l}$ 同向,$\alpha=0$,$\frac{\partial f}{\partial l}$ 取最大值,这说明梯度方向是函数 f 增长最快的方向。如果∇f 与 $\boldsymbol{l}$ 垂直,$\alpha=90°$,$\frac{\partial f}{\partial l}=0$,说明和梯度垂直的方向是函数变化速度为零的方向,亦即函数等值面的切线方向。如果方向 $\boldsymbol{l}_1$ 和 $\boldsymbol{l}_2$ 是相反方向($\boldsymbol{l}_2=-\boldsymbol{l}_1$),则可见$\frac{\partial f}{\partial l_1}=-\frac{\partial f}{\partial l_2}$,换言之,如果沿 $\boldsymbol{l}_1$ 方向函数 f 是递增的,则沿其反方向 f 是递减的。

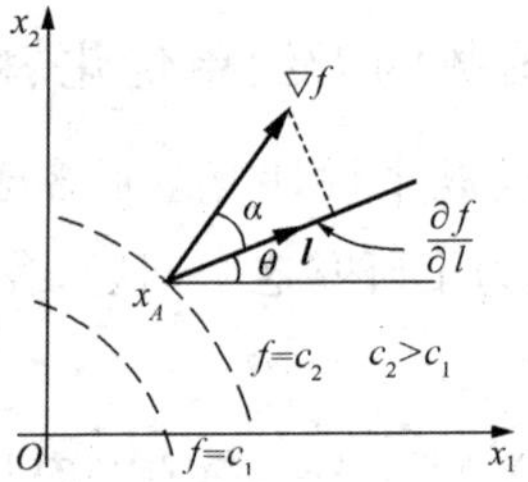

图 2-14　函数等值面、梯度与方向导数

回到 $f(\boldsymbol{x})$ 的极值问题。如果 $f(\boldsymbol{x})$ 在 $\boldsymbol{x}^*$ 处取极小,则沿从 $\boldsymbol{x}^*$ 出发的任一方向 $\boldsymbol{l}$,$\frac{\partial f}{\partial l}$ 都不应小于零,但也不应大于零。后者是因为如果沿 $\boldsymbol{l}$ 方向$\frac{\partial f}{\partial l}$ 大于零,则沿其反方向$\frac{\partial f}{\partial l}$ 小于零。这样,如果 $f(\boldsymbol{x})$ 在 $\boldsymbol{x}^*$ 可微,则 $f(\boldsymbol{x})$ 在 $\boldsymbol{x}^*$ 处取极小的必要条件是

$$\nabla f(\boldsymbol{x}^*)=\boldsymbol{0} \qquad (2\text{-}30)$$

但是条件(2-30)也只是必要的,并不充分。如果 $f(\boldsymbol{x})$ 在 $\boldsymbol{x}^*$ 处有直到二阶的导数且满足条件(2-30),则 $f(\boldsymbol{x})$ 在 $\boldsymbol{x}^*$ 处取极小的充分条件是 $f(\boldsymbol{x})$ 在 $\boldsymbol{x}^*$ 处的二阶导数所组成的矩阵——海森矩阵 $\boldsymbol{H}$ 是正定的。在第1章中已介绍过,海森矩阵的定义是

$$\boldsymbol{H} = \nabla^2 f = \begin{pmatrix} \dfrac{\partial^2 f}{\partial x_1^2} & \dfrac{\partial^2 f}{\partial x_1 \partial x_2} & \cdots & \dfrac{\partial^2 f}{\partial x_1 \partial x_n} \\ \dfrac{\partial^2 f}{\partial x_2 \partial x_1} & \dfrac{\partial^2 f}{\partial x_2^2} & \cdots & \dfrac{\partial^2 f}{\partial x_2 \partial x_n} \\ \vdots & \vdots & & \vdots \\ \dfrac{\partial^2 f}{\partial x_n \partial x_1} & \dfrac{\partial^2 f}{\partial x_n \partial x_2} & \cdots & \dfrac{\partial^2 f}{\partial x_n^2} \end{pmatrix}$$

按照线性代数中正定矩阵的定义,如果对任意的非零向量 $\boldsymbol{Y} = (Y_1, Y_2, \cdots, Y_n)^{\mathrm{T}}$,始终有

$$\boldsymbol{Y}^{\mathrm{T}} \boldsymbol{H} \boldsymbol{Y} > 0 \tag{2-31}$$

则矩阵 $\boldsymbol{H}$ 是正定的。除了直接按这个定义来判别矩阵的正定性外,还可以采用其他方法。例如,根据西尔维斯特(Sylvester)定理,如果矩阵

$$\boldsymbol{H} = \begin{pmatrix} h_{11} & h_{12} & \cdots & h_{1n} \\ h_{21} & h_{22} & \cdots & h_{2n} \\ \vdots & \vdots & & \vdots \\ h_{n1} & h_{n2} & \cdots & h_{nn} \end{pmatrix}$$

的所有主子式的行列式值大于零,即

$$h_{11} > 0, \quad \begin{vmatrix} h_{11} & h_{12} \\ h_{21} & h_{22} \end{vmatrix} > 0, \begin{vmatrix} h_{11} & h_{12} & h_{13} \\ h_{21} & h_{22} & h_{23} \\ h_{31} & h_{32} & h_{33} \end{vmatrix} > 0, \cdots, |\boldsymbol{H}| > 0 \tag{2-32}$$

则矩阵 $\boldsymbol{H}$ 是正定的,这个条件同时也是必要的。

例 6 $f(x, y) = y^2 - 3x^2 y + 4x^2$ 的极小点应满足的必要条件

为

$$\frac{\partial f}{\partial x}=-6xy+8x=0$$

$$\frac{\partial f}{\partial y}=-3x^2+2y=0$$

这组方程的解为

$$A:\begin{cases}x=0\\y=0\end{cases}\qquad B:\begin{cases}x=\dfrac{2\sqrt{2}}{3}\\y=\dfrac{4}{3}\end{cases}\qquad C:\begin{cases}x=-\dfrac{2\sqrt{2}}{3}\\y=\dfrac{4}{3}\end{cases}$$

检查充分条件：

$$\boldsymbol{H}=\nabla^2 f=\begin{bmatrix}8-6y & -6x\\-6x & 2\end{bmatrix}$$

$\boldsymbol{H}\big|_A=\begin{bmatrix}8 & 0\\0 & 2\end{bmatrix}$正定，点 A 是局部极小点，$f_{\min}=0$。

$\boldsymbol{H}\big|_B=\begin{bmatrix}0 & -4\sqrt{2}\\-4\sqrt{2} & 2\end{bmatrix}$和$\boldsymbol{H}\big|_C=\begin{bmatrix}0 & 4\sqrt{2}\\4\sqrt{2} & 2\end{bmatrix}$ 均非正定，点 B 和点 C 不是局部极小点。

2.3.3 受到等式约束的多元函数的优化，拉格朗日乘子法

考虑

$$\left.\begin{array}{l}\min f(\boldsymbol{x}),\quad \boldsymbol{x}=(x_1,x_2,\cdots,x_n)^{\mathrm{T}}\\ \text{s.t. } g_k(\boldsymbol{x})=0,\quad k=1,2,\cdots,m\end{array}\right\}\tag{2-33}$$

这个问题的一个直接解法是把 m 个等式约束看作 m 个方程组，利用它们把 n 个设计变量中的 m 个，例如 $x_1,x_2,\cdots,x_m$，用其余 $n-m$ 个来表示，然后把函数关系 $x_1=x_1(x_{m+1},x_{m+2},\cdots,x_n)$，$x_2=x_2(x_{m+1},x_{m+2},\cdots,x_n)$，…，代入目标函数 $f(\boldsymbol{x})$ 中，$f(\boldsymbol{x})$ 就只依赖于

$x_{m+1}, x_{m+2}, \cdots, x_n$，问题成为无约束的，而且这个无约束优化问题的未知变量只有 $n-m$ 个，问题的维数降低，求解这个无约束问题往往比求解原问题更容易。这个方法称为**降维法**。如果 $g_k(\boldsymbol{x})=0(k=1,2,\cdots,m)$ 这组方程或其一部分能够显式求解，这是一个应该优先考虑的简化方法。但是，在实际中 $g_k(\boldsymbol{x})=0(k=1,2,\cdots,m)$ 这组方程往往不易求得解析解。

在微积分学中，上列问题是用拉格朗日乘子法来求解的。在这个方法中，对每一个约束 $g_k=0$ 引入一个相应的拉格朗日乘子 λ_k，构造拉格朗日函数：

$$L(\boldsymbol{x},\boldsymbol{\lambda})=f(\boldsymbol{x})+\sum_{k=1}^{m}\lambda_k g_k(\boldsymbol{x}) \tag{2-34}$$

这里 $\boldsymbol{\lambda}=(\lambda_1,\lambda_2,\cdots,\lambda_m)^{\mathrm{T}}$。

可以证明，在关于 f 和 g_k 的可微性作一定假定后，原问题的极值点应该满足下列必要条件：

$$\left.\begin{aligned}
&\frac{\partial L(\boldsymbol{x},\boldsymbol{\lambda})}{\partial x_i}=\frac{\partial f(\boldsymbol{x})}{\partial x_i}+\sum_{k=1}^{m}\lambda_k\frac{\partial g_k(\boldsymbol{x})}{\partial x_i}=0, \quad i=1,2,\cdots,n\\
&\frac{\partial L(\boldsymbol{x},\boldsymbol{\lambda})}{\partial \lambda_k}=g_k(\boldsymbol{x})=0, \qquad\qquad\qquad k=1,2,\cdots,m
\end{aligned}\right\} \tag{2-35}$$

引进记号$\nabla\boldsymbol{g}$ 表示向量 $\boldsymbol{g}-(g_1,g_2,\cdots,g_m)^{\mathrm{T}}$ 的各分量的梯度排成的矩阵

$$\nabla\boldsymbol{g}=\begin{pmatrix}
\dfrac{\partial g_1}{\partial x_1} & \dfrac{\partial g_1}{\partial x_2} & \cdots & \dfrac{\partial g_1}{\partial x_n}\\
\dfrac{\partial g_2}{\partial x_1} & \dfrac{\partial g_2}{\partial x_2} & \cdots & \dfrac{\partial g_2}{\partial x_n}\\
\vdots & \vdots & & \vdots\\
\dfrac{\partial g_m}{\partial x_1} & \dfrac{\partial g_m}{\partial x_2} & \cdots & \dfrac{\partial g_m}{\partial x_n}
\end{pmatrix}$$

则方程组(2-35)可以写成更简洁的形式：

$$\left.\begin{aligned}\nabla_x L = \nabla f + \nabla^{\mathrm{T}} \boldsymbol{g}\boldsymbol{\lambda} = \mathbf{0}\\ \boldsymbol{g} = \mathbf{0}\end{aligned}\right\} \tag{2-36}$$

条件(2-36)也只是必要条件，为了验证这样的解是极小点，还要检查充分条件，但这里不再介绍。下面举一个例题来说明拉格朗日乘子法的应用。

例7　求 x_1, x_2，

$$\left.\begin{aligned}&\min\ f(x_1, x_2) = (x_1 - 3)^2 + (x_2 - 2)^2\\ &\text{s.t.}\ \ x_1 + x_2 = 6\end{aligned}\right\}$$

构造拉格朗日函数：

$$L = (x_1 - 3)^2 + (x_2 - 2)^2 + \lambda(x_1 + x_2 - 6)$$

极小点应满足的必要条件为

$$\frac{\partial L}{\partial x_1} = 2(x_1 - 3) + \lambda = 0$$

$$\frac{\partial L}{\partial x_2} = 2(x_2 - 2) + \lambda = 0$$

$$\frac{\partial L}{\partial \lambda} = x_1 + x_2 - 6 = 0$$

从这组方程中可以解出

$$x_1 = \frac{7}{2}, x_2 = \frac{5}{2}, \lambda = -1, f = 0.5$$

简单的验证可以证明该解给出了 f 的局部极小点。由于这个问题简单，也可先从约束方程中求出 $x_1 = 6 - x_2$，再将其代入 f 中，得

$$f = (3 - x_2)^2 + (x_2 - 2)^2$$

f 的无条件极值给出

$$\frac{\mathrm{d}f}{\mathrm{d}x_2} = -2(3 - x_2) + 2(x_2 - 2) = 0$$

它给出和拉格朗日乘子法同样的结果。

最优化必要条件(2-35)或(2-36)具有十分明显的几何意义。

如前所述，在设计空间里 $g_k(\boldsymbol{x})=0$ 及 $f(\boldsymbol{x})=c$ 都可以想象为超曲面，而 ∇g_k 及 ∇f 就是这些超曲面的法线。最优解应满足 $g_k(\boldsymbol{x})=0(k=1,2,\cdots,m)$，这一条件表示最优点应当落在这些约束曲面的交面(交线或交点)上。而条件 $\nabla f+\nabla^{\mathrm{T}}\boldsymbol{g}\boldsymbol{\lambda}=\boldsymbol{0}$ 表示目标函数等值面法线 ∇f 应该落在约束曲面的法线 ∇g_k 所张成的空间中，成为这些约束梯度向量 $\nabla^{\mathrm{T}}\boldsymbol{g}$ 的线性组合，组合系数就是拉格朗日乘子。图2-15中，目标函数 $f(x_1,x_2,x_3)$ 受到两个等式约束 $g_1(x_1,x_2,x_3)=0$ 和 $g_2(x_1,x_2,x_3)=0$。最优点落在 $g_1=0$ 和 $g_2=0$ 这两个曲面的交线上，而且在最优点处，∇f 和 ∇g_1，∇g_2 线性相关，在目前的三维设计空间中，这三个向量应当共面。

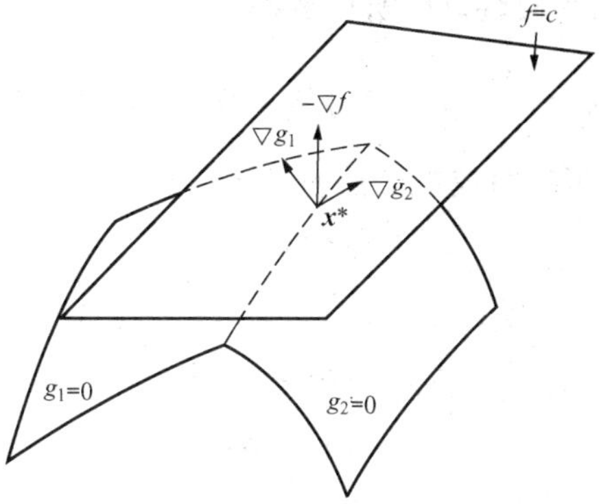

图 2-15

2.3.4 受到不等式约束的多元函数优化

结构优化中大量遇到的约束是不等式约束，例如结构中的应力不允许超过强度极限，很多结构的频率必须大于某一指定值。考虑结构优化中经常遇到的这类问题：

$$\left.\begin{array}{ll}\min\ f(\boldsymbol{x}), & \boldsymbol{x}=(x_1,x_2,\cdots,x_n)^{\mathrm{T}}\\ \text{s.t.}\ h_j(\boldsymbol{x})\leqslant 0, & j=1,2,\cdots,m\end{array}\right\}\tag{2-37}$$

这个问题的最优化必要条件称为库－塔克条件，它可以叙述为

如果 $\boldsymbol{x}^*$ 是问题(2-37)的极小点,即

$$\min_{\boldsymbol{x}} f(\boldsymbol{x}) = f(\boldsymbol{x}^*)$$

且 $h_j(\boldsymbol{x}^*) \leqslant 0, j = 1,2,\cdots,m$,如果在 $\boldsymbol{x}^*$ 处有效的约束的梯度线性独立,则应当有

$$\frac{\partial f(\boldsymbol{x}^*)}{\partial x_i} + \sum_{j=1}^{m} \lambda_j^* \frac{\partial h_j}{\partial x_i}(\boldsymbol{x}^*) = 0, \quad i = 1,2,\cdots,n \tag{2-38a}$$

$$h_j(\boldsymbol{x}^*) \leqslant 0, \quad j = 1,2,\cdots,m \tag{2-38b}$$

$$\lambda_j^* h_j(\boldsymbol{x}^*) = 0, \quad j = 1,2,\cdots,m \tag{2-38c}$$

$$\lambda_j^* \geqslant 0, \quad j = 1,2,\cdots,m \tag{2-38d}$$

如果和等式约束时类似,对每一个约束 $h_j(\boldsymbol{x}) \leqslant 0$ 引入一个拉格朗日乘子,然后构造拉格朗日函数:

$$L(\boldsymbol{x},\boldsymbol{\lambda}) = f(\boldsymbol{x}) + \sum_{j=1}^{m} \lambda_j h_j(\boldsymbol{x}) = f(x) + \boldsymbol{\lambda}^{\mathrm{T}} \boldsymbol{h}(x)$$

则条件(2-38)可以写成更简洁的形式:

$$\nabla_x L(\boldsymbol{x}^*, \boldsymbol{\lambda}^*) = \mathbf{0} \tag{2-39a}$$

$$\nabla_\lambda L(\boldsymbol{x}^*, \boldsymbol{\lambda}^*) = \boldsymbol{h}(\boldsymbol{x}^*) \leqslant \mathbf{0} \tag{2-39b}$$

$$(\boldsymbol{\lambda}^*)^{\mathrm{T}} \boldsymbol{h}(\boldsymbol{x}^*) = 0 \tag{2-39c}$$

$$\boldsymbol{\lambda}^* \geqslant \mathbf{0} \tag{2-39d}$$

其中,$\boldsymbol{\lambda}^* = (\lambda_1^*, \lambda_2^*, \cdots, \lambda_m^*)^{\mathrm{T}}, \boldsymbol{h} = (h_1, h_2, \cdots, h_m)^{\mathrm{T}}$。

$$\nabla_x L(\boldsymbol{x}^*, \boldsymbol{\lambda}^*) = \begin{cases} \dfrac{\partial f}{\partial x_1}(\boldsymbol{x}^*) + \displaystyle\sum_{j=1}^{m} \lambda_j^* \dfrac{\partial h_j}{\partial x_1}(\boldsymbol{x}^*) \\ \dfrac{\partial f}{\partial x_2}(\boldsymbol{x}^*) + \displaystyle\sum_{j=1}^{m} \lambda_j^* \dfrac{\partial h_j}{\partial x_2}(\boldsymbol{x}^*) \\ \vdots \\ \dfrac{\partial f}{\partial x_n}(\boldsymbol{x}^*) + \displaystyle\sum_{j=1}^{m} \lambda_j^* \dfrac{\partial h_j}{\partial x_n}(\boldsymbol{x}^*) \end{cases}$$

下面给出一个例题以熟悉一下这些记号。

例 8

$$\left.\begin{aligned}&\min\ f(x_1,x_2)=3x_1+x_2\\&\text{s.t.}\ h_1(x_1,x_2)=x_1^2+x_2^2-25\leqslant 0\\&\qquad h_2(x_1,x_2)=x_1-x_2-1\leqslant 0\end{aligned}\right\}$$

对不等式约束引入拉格朗日乘子 λ_1 和 λ_2，构造拉格朗日函数：

$$L(x_1,x_2,\lambda_1,\lambda_2)=3x_1+x_2+\lambda_1(x_1^2+x_2^2-25)+\lambda_2(x_1-x_2-1)$$

库-塔克条件要求最优解 (x_1^*,x_2^*) 应满足

$$\left.\begin{aligned}&\frac{\partial L}{\partial x_1}=3+2\lambda_1^*x_1^*+\lambda_2^*=0\\&\frac{\partial L}{\partial x_2}=1+2\lambda_1^*x_2^*-\lambda_2^*=0\end{aligned}\right\}\qquad \text{对应于(2-38a) 或(2-39a)}$$

$$\left.\begin{aligned}&\frac{\partial L}{\partial \lambda_1}=(x_1^*)^2+(x_2^*)^2-25\leqslant 0\\&\frac{\partial L}{\partial \lambda_2}=x_1^*-x_2^*-1\leqslant 0\end{aligned}\right\}\qquad \text{对应于(2-38b) 或(2-39b)}$$

$$\left.\begin{aligned}&\lambda_1^*h_1(x_1^*,x_2^*)=\lambda_1^*[(x_1^*)^2+(x_2^*)^2-25]=0\\&\lambda_2^*h_2(x_1^*,x_2^*)=\lambda_2^*(x_1^*-x_2^*-1)=0\end{aligned}\right\}$$

对应于(2-38c) 或(2-39c)

$$\lambda_1^*\geqslant 0,\quad \lambda_2^*\geqslant 0\qquad \text{对应于(2-38d) 或(2-39d)}$$

观察这些条件，式(2-38a) 和 $h_j(\boldsymbol{x})$ 为等式约束时的条件是一样的，式(2-38b) 只是恢复了原问题(2-37) 中的不等式约束条件。主要的特点在式(2-38c) 和式(2-38d)，它们等价于

$$\lambda_j^*\geqslant 0,\quad \text{如果}\ h_j(\boldsymbol{x}^*)=0,\quad j=1,2,\cdots,m \tag{2-40a}$$

$$\lambda_j^*=0,\quad \text{如果}\ h_j(\boldsymbol{x}^*)<0,\quad j=1,2,\cdots,m \tag{2-40b}$$

$h_j(\boldsymbol{x}^*)=0$ 意味着 $\boldsymbol{x}^*$ 落在第 j 号约束上，这样的约束称为有效约束。由式(2-40a) 可见，此时相应的拉格朗日乘子应当非负；$h_j(\boldsymbol{x}^*)<0$ 意味着 $\boldsymbol{x}^*$ 未落在第 j 号约束上(这样的约束称为无效约束)，由式(2-40b) 可见，它所相应的拉格朗日乘子为零。和(2-38a) 联系起来，可以把式(2-38a) 说成在最优点 $\boldsymbol{x}^*$，目标函数的负梯度是在

点 $\boldsymbol{x}^*$ 处的**有效约束**梯度的**非负**线性组合。和等式约束时的必要条件比较,需要强调这两点差别:对等式约束下的优化问题,一是全部约束的梯度都出现在这一组合中,二是对拉格朗日乘子并无非负要求,因而目标函数的梯度只是约束梯度的线性组合。

由于库-塔克条件的重要性,下面给一简单的证明。

先考虑极小值问题:

$$\left.\begin{aligned}&\min f(\boldsymbol{x}),\quad \boldsymbol{x}=(x_1,x_2,\cdots,x_n)^{\mathrm{T}}\\&\text{s.t.}\ \ x_i\geqslant 0,\quad i=1,2,\cdots,n\end{aligned}\right\}\tag{2-41}$$

设已求得最优点 $\boldsymbol{x}^*$,则在点 $\boldsymbol{x}^*$ 邻域内可将目标函数作泰勒展开:

$$f(\boldsymbol{x}^*+\Delta\boldsymbol{x})=f(\boldsymbol{x}^*)+\sum_{i=1}^{n}\frac{\partial f}{\partial x_i}(\boldsymbol{x}^*)\Delta x_i+e\tag{2-42}$$

式中　$\Delta\boldsymbol{x}=(\Delta x_1,\Delta x_2,\cdots,\Delta x_n)^{\mathrm{T}}$;

　e—— 向量 $\Delta\boldsymbol{x}$ 长度的高阶小量。

因为 $\boldsymbol{x}^*$ 是问题(2-41)的最优点,所以对满足约束 $\boldsymbol{x}^*+\Delta\boldsymbol{x}\geqslant\boldsymbol{0}$ 的 $\Delta\boldsymbol{x}$ 应该有

$$f(\boldsymbol{x}^*)\leqslant f(\boldsymbol{x}^*+\Delta\boldsymbol{x})\tag{2-43}$$

注意,$\boldsymbol{x}^*+\Delta\boldsymbol{x}\geqslant\boldsymbol{0}$ 表示不等式左侧向量的所有分量均大于等于零。根据式(2-42),由式(2-43)可以得到

$$\sum_{i=1}^{n}\frac{\partial f}{\partial x_i}(\boldsymbol{x}^*)\Delta x_i+e\geqslant 0\tag{2-44}$$

选取特殊的 $\Delta\boldsymbol{x}=(0,0,\cdots,\Delta x_j,\cdots,0)^{\mathrm{T}}$,则条件(2-44)可以写成

$$\frac{\partial f}{\partial x_j}(\boldsymbol{x}^*)\Delta x_j+e\geqslant 0\tag{2-45}$$

下面分成两种情形来讨论:

(1) 如果 $\boldsymbol{x}^*$ 的第 j 个分量 $x_j^*>0$,则对充分小的 Δx_j,不论是正还是负,均有 $x_j^*+\Delta x_j\geqslant 0$,因此无论 Δx_j 正负,式(2-45)均应该成立。由于 e 是高阶小量,如果 $\dfrac{\partial f}{\partial x_j}(\boldsymbol{x}^*)$ 不等于零,则总可选择适当

符号的 Δx_j，使式(2-45)不满足，因此

$$\frac{\partial f}{\partial x_j}(\boldsymbol{x}^*) = 0, \quad 如果\ x_j^* > 0 \tag{2-46a}$$

(2) 如果 $\boldsymbol{x}^*$ 的第 j 个分量 $x_j^* = 0$，则只有对正的 Δx_j 才满足 $x_j^* + \Delta x_j \geqslant 0$，所以式(2-45)只需对所有正的充分小的 Δx_j 满足，因此

$$\frac{\partial f}{\partial x_j}(\boldsymbol{x}^*) \geqslant 0, \quad 如果\ x_j^* = 0 \tag{2-46b}$$

条件(2-46a)和(2-46b)就是问题(2-41)的最优化必要条件。这些条件的合理性也可以从图2-16中看出。在图2-16(a)中，$f(x)$的最小点 $\boldsymbol{x}^*$ 的第 j 个分量 $x_j^* > 0$，函数 $f(\boldsymbol{x})$ 在这里的切线应该水平，$\frac{\partial f}{\partial x_j}(\boldsymbol{x}^*) = 0$；在图2-16(b)中，$f(\boldsymbol{x})$ 的最小点 $\boldsymbol{x}^*$ 的第 j 个分量 $x_j^* = 0$，函数 $f(\boldsymbol{x})$ 在这里的切线可以水平或向上，即$\frac{\partial f}{\partial x_j}(\boldsymbol{x}^*) \geqslant 0$。

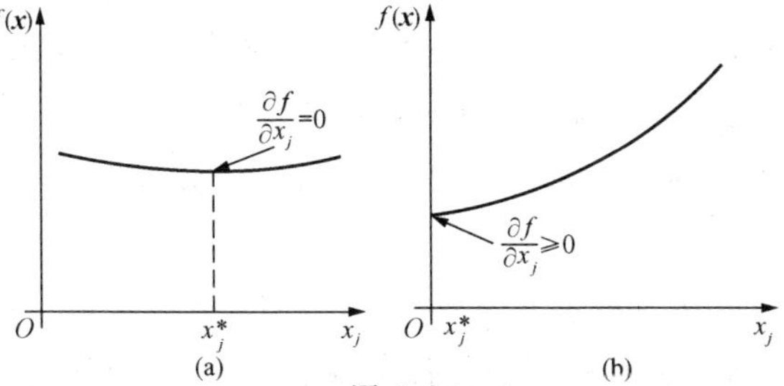

图 2-16

现在回到原问题(2-37)。对每一个不等式约束 $h_j(\boldsymbol{x}) \leqslant 0$ 引入一个松弛变量 $s_j \geqslant 0$，将它转化为

$$h_j(\boldsymbol{x}) + s_j = 0, \quad j = 1,2,\cdots,m$$

原问题(2-37)转化为

$$\min\ f(\boldsymbol{x}) \tag{2-47a}$$

$$\text{s.t.}\ h_j(\boldsymbol{x}) + s_j = 0, \quad j = 1,2,\cdots,m \tag{2-47b}$$

$$s_j \geqslant 0, \quad j = 1,2,\cdots,m \tag{2-47c}$$

构造拉格朗日函数：

$$L(\boldsymbol{x},\boldsymbol{s},\boldsymbol{\lambda}) = f(\boldsymbol{x}) + \sum_{j=1}^{m}\lambda_j[h_j(\boldsymbol{x}) + s_j]$$

其中，$\boldsymbol{s} = (s_1,s_2,\cdots,s_m)^{\mathrm{T}}$。利用式(2-35)可以给出对 $\boldsymbol{x}$ 及 $\boldsymbol{\lambda}$ 的最优化必要条件：

$$\frac{\partial L}{\partial x_i} = \frac{\partial f}{\partial x_i}(\boldsymbol{x}^*) + \sum_{j=1}^{m}\lambda_j^* \frac{\partial h_j}{\partial x_i}(\boldsymbol{x}^*) = 0,\ i = 1,2,\cdots,n \tag{2-48a}$$

$$\frac{\partial L}{\partial \lambda_j} = h_j(\boldsymbol{x}^*) + s_j^* = 0,\quad j = 1,2,\cdots,m \tag{2-48b}$$

由于 s_j 受到约束 $s_j \geqslant 0$，所以对 s_j 的最优化必要条件要依据式(2-46)，即

$$\frac{\partial L}{\partial s_j} = \lambda_j^* = 0,\quad \text{如果 } s_j^* > 0,\quad j = 1,2,\cdots,m$$

$$\frac{\partial L}{\partial s_j} = \lambda_j^* \geqslant 0,\quad \text{如果 } s_j^* = 0,\quad j = 1,2,\cdots,m$$

再利用式(2-47b)，上列条件也可以写成：

$$\lambda_j^* = 0,\ \text{如果 } h_j(\boldsymbol{x}^*) < 0,\quad j = 1,2,\cdots,m \tag{2-48c}$$

$$\lambda_j^* \geqslant 0,\ \text{如果 } h_j(\boldsymbol{x}^*) = 0,\quad j = 1,2,\cdots,m \tag{2-48d}$$

这些条件也就是库-塔克条件对拉格朗日乘子的特殊要求(2-38c)和(2-38d)，它们和(2-48a)、(2-48b)一起也就是我们要证明的库-塔克条件。

如前所述，库-塔克条件的几何意义是：在最优点，目标函数的负梯度应该为所有有效约束梯度的非负线性组合。这里对非负线性组合作一几何解释。为简单起见，我们讨论三元函数 $f(x_1,x_2,x_3)$ 的极值问题，而且受到的约束中，$h_1(x_1,x_2,x_3) \leqslant 0$ 和 $h_2(x_1,x_2,x_3) \leqslant 0$ 是有效的。按照上面的叙述，最优点 $\boldsymbol{x}^* = (x_1^*,x_2^*,x_3^*)^{\mathrm{T}}$ 应该落在约束曲面 $h_1(x_1,x_2,x_3) = 0$ 和 $h_2(x_1,x_2,x_3) = 0$ 的交线上，而且 ∇f 和 ∇h_1，∇h_2 应该共面，我们把这个平面记作 M 平面。图 2-17 给出了 M 平面和这些曲面的交线及相应的梯度向量。根据梯度的定义，∇h_1 指向 h_1 增加的方向，∇h_2

指向 h_2 增加的方向，所以有如图 2-17 所示的可行域。设想设计点从 $\boldsymbol{x}^*$ 出发作微小的移动，则只有移动是朝交叉阴影所示区域才是不破坏约束的，才是可行的移动。

现在再来看目标函数。目标函数梯度 ∇f 垂直于目标函数等值面且指向目标函数增加最快的方向，负梯度 $-\nabla f$ 方向则指向目标函数减小最快的方向。过 $\boldsymbol{x}^*$ 的目标函数等值面的切平面 P，把整个空间划分成两部分：由 $\boldsymbol{x}^*$ 出发，往正梯度所在部分作微小移动时，目标值将增加；往负梯度所在部分作微小移动时，目标值将降低（图 2-18）。我们要求目标函数极小，所以只有负梯度所在一侧，才是可以使用的，或称可用的。

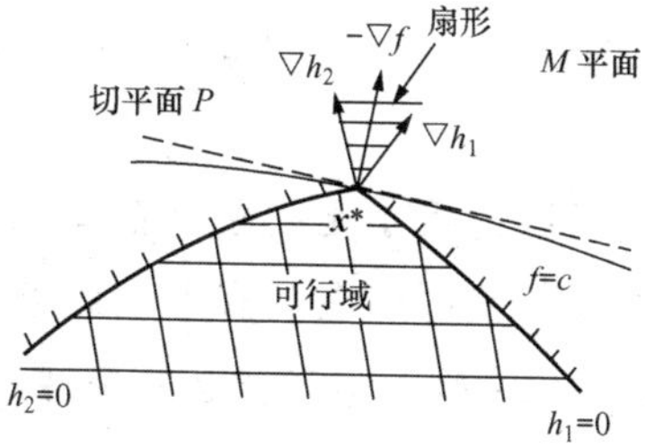

图 2-17

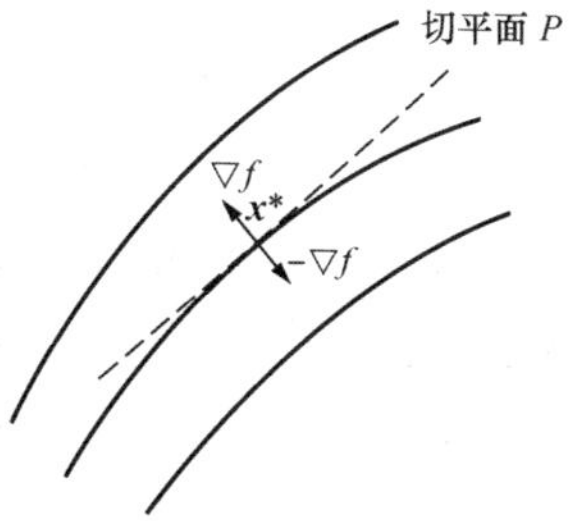

图 2-18

现在回到可能的极值点 $\boldsymbol{x}^*$。过该点作出目标函数等值面与 $-\nabla f$ 方向，存在两种可能。第一种可能是 $-\nabla f$ 落在 ∇h_1 和 ∇h_2 所张成的扇形之外（图 2-19）。过 $\boldsymbol{x}^*$ 作出与 $-\nabla f$ 垂直的 P 平面，从 $\boldsymbol{x}^*$ 出发往 P 平面的 $-\nabla f$ 所在一侧移动时，目标函数可以降低，但是，这一侧有一部分区域是可行域，在图 2-19 中，这样的区域打上了交叉阴影，这样，从 $\boldsymbol{x}^*$ 出发往交叉阴影区域作微小的移动时，既可以降低目标函数

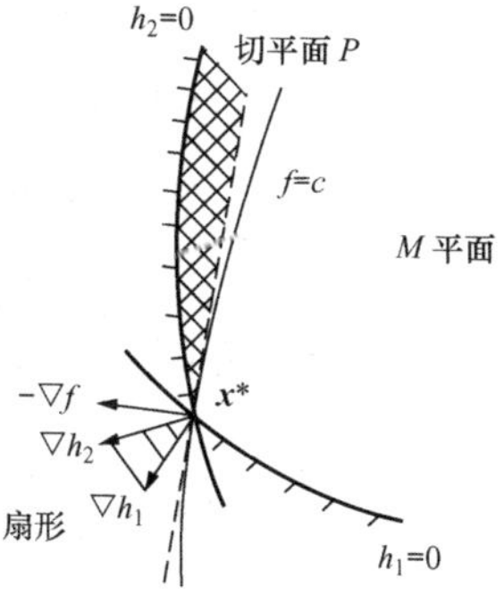

图 2-19

又不违反约束，显然，这意味着点 $\boldsymbol{x}^*$ 不是最优的。

第二种可能是 $-\nabla f$ 落在∇h_1 和∇h_2 张成的扇形内(图 2-17)，此时，作出和 $-\nabla f$ 垂直的过 $\boldsymbol{x}^*$ 的目标函数等值面的切平面 P，P 平面将空间分成两个区域，从 $\boldsymbol{x}^*$ 出发往包含 $-\nabla f$ 的一侧移动可使目标函数值降低，然而这一侧的任何一点都不落在可行域内。从 $\boldsymbol{x}^*$ 出发作微小移动后得到的新点 $\boldsymbol{x}^n$ 只有两种可能：一是 $\boldsymbol{x}^n$ 不可行；二是 $\boldsymbol{x}^n$ 可行但目标值增加。显然 $\boldsymbol{x}^*$ 就是一个局部极小点。

综合以上分析可见，要使 $\boldsymbol{x}^*$ 成为局部极小点，在 $\boldsymbol{x}^*$ 处的$-\nabla f$ 向量一定要落在∇h_1 和∇h_2 构成的扇形锥内，或用代数的语言来说，$-\nabla f$ 一定要是∇h_1 和∇h_2 的非负线性组合。这就是最优化必要条件(2-38)中，作为线性组合的系数——拉格朗日乘子必须是非负的理由。

由于含有等式约束的多变量函数的极小化问题已在 2.3.3 小节中讨论过，把它们简单地合并进来，就得到在既有等式约束又有不等式约束时多变量函数极小化的库-塔克最优化必要条件，它可叙述如下：

设 $\boldsymbol{x}^*$ 是问题：

$$\left.\begin{aligned} &\min\ f(\boldsymbol{x}), \quad \boldsymbol{x} = (x_1, x_2, \cdots, x_n)^{\mathrm{T}} \in \mathbf{R}^n \\ &\text{s. t.}\ h_j(\boldsymbol{x}) \leqslant 0, \quad j = 1,2,\cdots,m \\ &\qquad g_k(\boldsymbol{x}) = 0, \quad k = 1,2,\cdots,K \end{aligned}\right\} \tag{2-49}$$

的局部极小值，那么存在非负的 $\lambda_1, \lambda_2, \cdots, \lambda_m$ 及 $\mu_1, \mu_2, \cdots, \mu_K$，使得

$$\left\{\begin{aligned} &\nabla f(\boldsymbol{x}^*) + \sum_{j=1}^{m} \lambda_j \nabla h_j(\boldsymbol{x}^*) + \sum_{k=1}^{K} \mu_k \nabla g_k(\boldsymbol{x}^*) = \mathbf{0} \\ &\lambda_j h_j(\boldsymbol{x}^*) = 0, h_j(\boldsymbol{x}^*) \leqslant 0, \lambda_j \geqslant 0, j = 1,2,\cdots,m \\ &g_k(\boldsymbol{x}^*) = 0, \quad k = 1,2,\cdots,K \end{aligned}\right. \tag{2-50}$$

需要注意的是，和等式约束 $g_k(\boldsymbol{x}) = 0$ 相伴随的拉格朗日乘子 μ_k 的

符号是任意的。

2.3.5 库-塔克条件的应用举例

从原则上说，为了求解问题(2-49)，我们可以建立其库-塔克条件(2-50)，再求出满足这些条件的全部库-塔克点，从中挑选出所有局部极小点。下边我们仍以本节的例8为例来说明这种做法。为了读者阅读方便，将该问题的库-塔克条件重新列出(最优解 $\boldsymbol{x}^*$ 的上标 * 省略)：

$$3 + 2\lambda_1 x_1 + \lambda_2 = 0 \tag{1}$$

$$1 + 2\lambda_1 x_2 - \lambda_2 = 0 \tag{2}$$

$$x_1^2 + x_2^2 - 25 \leqslant 0 \tag{3}$$

$$x_1 - x_2 - 1 \leqslant 0 \tag{4}$$

$$\lambda_1(x_1^2 + x_2^2 - 25) = 0 \tag{5}$$

$$\lambda_2(x_1 - x_2 - 1) = 0 \tag{6}$$

$$\lambda_1 \geqslant 0 \tag{7}$$

$$\lambda_2 \geqslant 0 \tag{8}$$

由于包含不等式约束(7)和(8)，所以只能就各种情形依次讨论：

(1) 设两个约束均有效，即约束(3)和(4)均以等号满足，从中可求得两个解：$x_1 = 4, x_2 = 3$ 和 $x_1' = -3, x_2' = -4$。代入式(1)，式(2)可以分别求得

$$\lambda_1 = -\frac{2}{7}, \quad \lambda_2 = -\frac{5}{7}$$

$$\lambda_1' = \frac{2}{7}, \quad \lambda_2' = -\frac{9}{7}$$

它们均违反拉格朗日乘子非负的要求，不满足库-塔克条件；

(2) 设两个约束均无效，即 $\lambda_1 = \lambda_2 = 0$，但方程(1)和(2)矛盾，无解；

(3) 设两个约束中约束(3)有效，约束(4)无效，即 $\lambda_2 = 0$，式

(1),(2) 和(3) 给出方程组：

$$\begin{cases} 3+2\lambda_1 x_1 = 0 \\ 1+2\lambda_1 x_2 = 0 \\ x_1^2+x_2^2-25=0 \end{cases}$$

求解得到 $x_1=-\dfrac{3\sqrt{10}}{2}$,$x_2=-\dfrac{\sqrt{10}}{2}$,$\lambda_1=\dfrac{\sqrt{10}}{10}$,它们满足约束(4),所以这是一个满足库 - 塔克条件的解,目标值为 $-5\sqrt{10}$;

(4) 设约束(4) 有效,约束(3) 无效,即 $\lambda_1=0$。但式(1),(2) 和(4) 给出的方程组是矛盾的,无解。

所以,仅有的满足库 - 塔克条件的点为 $x_1=-\dfrac{3\sqrt{10}}{2}$,$x_2=-\dfrac{\sqrt{10}}{2}$,目标值为 $-5\sqrt{10}$。通过作出设计空间中的约束曲线及目标函数等值线(图 2-20) 可见,该点的确是极小点,它是目标函数等值线和圆 $x_1^2+x_2^2-25=0$ 的切点。

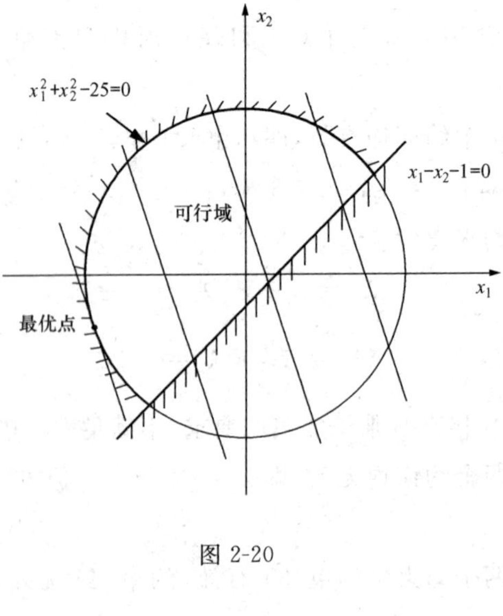

图 2-20

例 9

$$\left.\begin{aligned}&\min\ (x_1-3)^2+(x_2-2)^2\\&\text{s.t.}\ \ x_1^2+x_2^2\leqslant 5\\&\qquad x_1+2x_2\leqslant 4\\&\qquad -x_1\leqslant 0\\&\qquad -x_2\leqslant 0\end{aligned}\right\}$$

这个问题的可行域如图 2-21 所示。从图中可见最优点为(2,1)，在该点有效的约束为第 1 和第 2 个约束。下面验证库 - 塔克条件。

目标函数梯度为$\nabla f=(2x_1-6,2x_2-4)^{\mathrm{T}}$。

第 1 个约束梯度为$\nabla h_1=(2x_1,2x_2)^{\mathrm{T}}$。

第 2 个约束梯度为$\nabla h_2=(1,2)^{\mathrm{T}}$。

在点(2,1)处，这些梯度分别为$\nabla f=(-2,-2)^{\mathrm{T}}$，$\nabla h_1=(4,2)^{\mathrm{T}}$，$\nabla h_2=(1,2)^{\mathrm{T}}$，可以找到拉格朗日乘子$\lambda_1=\dfrac{1}{3}$和$\lambda_2=\dfrac{2}{3}$，使

$$\begin{pmatrix}-2\\-2\end{pmatrix}+\frac{1}{3}\begin{pmatrix}4\\2\end{pmatrix}+\frac{2}{3}\begin{pmatrix}1\\2\end{pmatrix}=\begin{pmatrix}0\\0\end{pmatrix}$$

满足库 - 塔克条件。从图 2-21 也可看到，在该点目标函数的负梯度指向圆心(3,2)，恰好落在约束梯度∇h_1和∇h_2组成的扇形内。

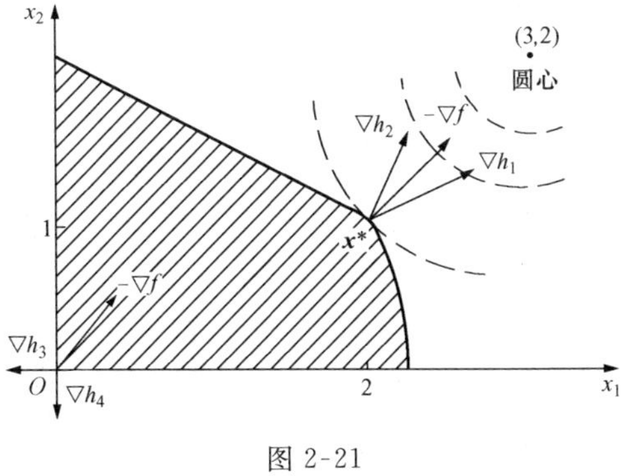

图 2-21

我们还可以校核一下图2-21中的点(0,0)是否局部最优。在该点处，$\nabla f=(-6,-4)^{\mathrm{T}}$，$\nabla h_3=(-1,0)^{\mathrm{T}}$，$\nabla h_4=(0,-1)^{\mathrm{T}}$，如果要写成 $-\nabla f=\lambda_3\nabla h_3+\lambda_4\nabla h_4$，可求得 $\lambda_3=-6$，$\lambda_4=-4$，违反库-塔克条件，因而该点不是局部极小。

从以上的解题过程来看，尽管库-塔克条件形式上看来十分简洁，但运用时困难很多，除了经常要面临求解非线性方程组的困难外，还有更严重的困难：确定哪些约束是有效的，哪些是无效的。当约束很多时，其有效约束和无效约束的可能的组合数量随约束数的增长而迅速增长。在下面各节中，我们会更清楚地看到这一点，结构优化研究工作的一个重要问题也就是要研究简便地区分有效和无效约束的方法，而准则法一般也只应用于只有一个或两个约束条件的简单情形。

2.3.6 结构优化中经常使用的库-塔克条件形式

如前面所介绍的，结构优化中常用的设计变量是断面尺寸或节点位置，对这些设计变量所加的限制中，除了对描写结构性态的应力、位移、频率的约束条件外，还往往对结构断面尺寸的最大值和最小值有所规定。这样，结构优化问题可以写成：

求 $\boldsymbol{x}^*$，$\boldsymbol{x}=(x_1,x_2,\cdots,x_n)^{\mathrm{T}}\in\mathbf{R}^n$，

$$\left.\begin{aligned}&\min\ f(\boldsymbol{x})\\&\text{s.t.}\ h_j(\boldsymbol{x})\leqslant 0,\quad j=1,2,\cdots,m\\&\qquad x_i\geqslant \underline{x}_i,\quad i=1,2,\cdots,n\\&\qquad x_i\leqslant \overline{x}_i,\quad i=1,2,\cdots,n\end{aligned}\right\}\tag{2-51}$$

将尺寸约束改写成：

$$\underline{x}_i-x_i\leqslant 0,\quad i=1,2,\cdots,n$$
$$x_i-\overline{x}_i\leqslant 0,\quad i=1,2,\cdots,n$$

然后构成拉格朗日函数：

$$L(\boldsymbol{x},\boldsymbol{\mu},\boldsymbol{\alpha},\boldsymbol{\beta}) = f(\boldsymbol{x}) + \sum_{j=1}^{m}\mu_j h_j(\boldsymbol{x}) + \sum_{i=1}^{n}\alpha_i(\underline{x}_i - x_i) + \sum_{i=1}^{n}\beta_i(x_i - \bar{x}_i)$$

运用前面给出的库-塔克条件(2-38),特别注意到 $\alpha_i \geqslant 0,\beta_i \geqslant 0(i = 1,2,\cdots,n)$,可以得到极小点 $\boldsymbol{x}^*$ 处应满足

$$\left.\begin{array}{l} \dfrac{\partial f(\boldsymbol{x}^*)}{\partial x_i} + \displaystyle\sum_{j=1}^{m}\mu_j \dfrac{\partial h_j(\boldsymbol{x}^*)}{\partial x_i}\begin{cases} = 0 & \text{当}\ \underline{x}_i < x_i^* < \bar{x}_i \\ \geqslant 0 & \text{当}\ x_i^* = \underline{x}_i \\ \leqslant 0 & \text{当}\ x_i^* = \bar{x}_i \\ & (i = 1,2,\cdots,n) \end{cases} \\ \mu_j h_j = 0,\mu_j \geqslant 0,h_j \leqslant 0 \quad (j = 1,2,\cdots,m) \end{array}\right\} \tag{2-52}$$

在准则法和本书后面几章介绍的算法中,广泛地应用这一最优化必要条件来构造寻求最优解的迭代算法。

最后,对一般的受约束最优化问题(2-37),库-塔克条件只是局部最优的必要条件。但是如果问题(2-37)是凸规划问题,则数学上可以证明,库-塔克条件是必要又充分的。对于凸规划问题,局部最优同时也是全局最优,所以对凸规划问题,库-塔克条件是给出全局最优解的充分必要条件。

2.4 受到单个位移约束的优化准则法

2.4.1 问题提法

考虑在单工况作用下,受到单个位移约束且以桁架各杆断面积为设计变量的桁架最小重量设计问题。它可以表述为

求最优的 $A_i(i = 1,2,\cdots,n)$,使得桁架重量

$$W = \sum_i \rho_i A_i l_i \tag{2-53}$$

最小，而且桁架的某节点指定方向的位移

$$u_j \leqslant \bar{u}_j \tag{2-54}$$

式中　$\bar{u}_j$—— 该位移的上界。

断面积 A_i 要求满足

$$A_i \geqslant \underline{A}_i, \quad i = 1, 2, \cdots, n \tag{2-55}$$

桁架的几何尺寸、材料性质和外荷载都已给定。

2.4.2　用杆件断面积给出的位移表达式

首先，我们用材料力学中的莫尔公式来写出位移表达式。假定在外荷载作用下桁架各杆的内力为 s_i，又设在与位移 u_j 相应的单位虚荷载 $\boldsymbol{q}_j^v = (q_{j1}^v, q_{j2}^v, \cdots, q_{jN}^v)^{\mathrm{T}}$ 作用下的各杆内力为 s_{ji}^v，这里 N 是整个桁架的自由度数，上标 v 表示该量与虚荷载有关，则根据材料力学的莫尔公式，位移 u_j 为

$$u_j = \sum_i \frac{s_i s_{ji}^v l_i}{E_i A_i} \tag{2-56}$$

单位虚荷载 $\boldsymbol{q}_j^v$ 的确定方式是假定在给定的外荷载 $\boldsymbol{q} = (q_1, q_2, \cdots, q_N)^{\mathrm{T}}$ 作用下，结构发生了真实的节点位移 $\boldsymbol{d} = (d_1, d_2, \cdots, d_N)^{\mathrm{T}}$，而虚荷载 $\boldsymbol{q}_j^v$ 在 $\boldsymbol{d}$ 上作的功数值上等于位移 u_j，即

$$u_j = \boldsymbol{d}^{\mathrm{T}} \boldsymbol{q}_j^v = \boldsymbol{q}_j^{v\mathrm{T}} \boldsymbol{d} \tag{2-57}$$

根据这样的定义，如果 u_j 刚好是桁架某一节点在给定坐标方向上的位移，则相应的虚荷载 $\boldsymbol{q}_j^v$ 为

$$\boldsymbol{q}_j^v = (0, 0, \cdots, 0, 1, 0, \cdots, 0)^{\mathrm{T}}$$

式中，单位 1 所在位置是该受约束位移在总位移向量中的位置。

如果 u_j 是桁架某一节点在一个和坐标轴方向不一致方向上的位移，则虚荷载 $\boldsymbol{q}_j^v$ 为

$$\boldsymbol{q}_j^v = (0, 0, \cdots, 0, \cos\alpha, \sin\alpha, 0, \cdots, 0)^{\mathrm{T}}$$

式中，$\cos\alpha$ 是该指定方向和坐标轴方向夹角的方向余弦。

如果 u_j 是两个节点的相对位移，则

$$\boldsymbol{q}_j^v=(0,0,\ \cdots,0,\ -1,0,\cdots,0,1,0,\ \cdots,0)^{\mathrm{T}}$$

以图2-22所示桁架为例，该问题有12个位移自由度，位移向量$\boldsymbol{d}=(u_1,v_1,u_2,v_2,u_3,v_3,u_4,v_4,u_5,v_5,u_6,v_6)^{\mathrm{T}}$，若约束是加在$v_3$上的，则虚荷载$\boldsymbol{q}_j^v$为

$$\boldsymbol{q}_j^v=(0,0,0,0,0,1,0,0,0,0,0,0)^{\mathrm{T}}$$

若位移约束是加在4号节点上的$\boldsymbol{d}_4$方向，如图2-22所示，$\boldsymbol{d}_4$和x坐标轴的夹角是$-45°$，则虚荷载$\boldsymbol{q}_j^v$为

$$\boldsymbol{q}_j^v=(0,0,0,0,0,0,\frac{\sqrt{2}}{2},\ -\frac{\sqrt{2}}{2},0,0,0,0)^{\mathrm{T}}$$

如果对位移的约束条件以相对位移的形式出现：

$$v_1-v_3\leqslant\bar{v}$$

式中，$\bar{v}$为给定位移界限，则虚荷载$\boldsymbol{q}_j^v$为

$$\boldsymbol{q}_j^v=(0,1,0,0,0,\ -1,0,0,0,0,0,0)^{\mathrm{T}}$$

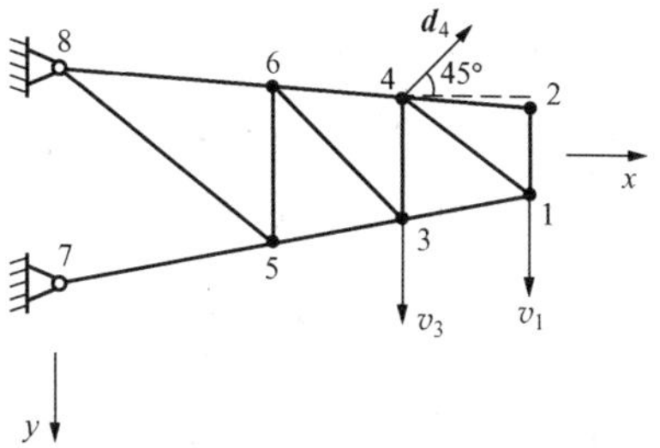

图 2-22

由于桁架结构中任意一个杆件的应力和杆件两端沿杆轴的相对位移成正比，如果用$\boldsymbol{d}$表示结构的总位移向量，则i杆件两端的四个位移组成的向量$\boldsymbol{d}_i$，杆件的伸长Δl和应力σ_i可分别表示为

$$\boldsymbol{d}_i=\boldsymbol{B}_i\boldsymbol{d},\quad \Delta l=\boldsymbol{C}_i\boldsymbol{B}_i\boldsymbol{d},\quad \sigma_i=\frac{EA}{l}\Delta l=\frac{EA}{l}\boldsymbol{C}_i\boldsymbol{B}_i\boldsymbol{d}$$

式中，$\boldsymbol{B}_i$是$(4\times N)$布尔矩阵，又称为定位矩阵，它由大量的零及少数几个1组成，起着从总位移向量中取出杆件位移的对号入座的作

用；$\boldsymbol{C}_i=(-\cos\alpha_i,-\sin\alpha_i,\cos\alpha_i,\sin\alpha_i)^{\mathrm{T}}$；$\alpha_i$ 为 i 杆轴线和 Ox 轴的夹角。

由此不难写出和 i 杆件应力相应的虚荷载为

$$\boldsymbol{q}_j^v=\frac{EA}{l}\boldsymbol{B}_i^{\mathrm{T}}\boldsymbol{C}_i^{\mathrm{T}}$$

根据以上的讨论可知，本节所讨论的单个位移约束可以是对单个节点位移的约束、对两个节点相对位移的约束和对某根杆件的应力约束。

上列莫尔公式(2-56)是材料力学中众所周知的，但是，利用式(2-57)和计算桁架的直接刚度法中采用的各种矩阵表达式也不难导出这个公式。为了使读者更好地理解这个公式，也便于读者在处理其他问题时推广这个公式，下面我们给出这个推导的细节。事实上，如在虚荷载 $\boldsymbol{q}_j^v$ 作用下结构的虚节点变位为 $\boldsymbol{d}_j^v$，则有

$$\boldsymbol{K}\boldsymbol{d}_j^v=\boldsymbol{q}_j^v \tag{2-58}$$

将式(2-58)代入式(2-57)中，得

$$u_j=\boldsymbol{d}^{\mathrm{T}}\boldsymbol{q}_j^v=\boldsymbol{d}^{\mathrm{T}}\boldsymbol{K}\boldsymbol{d}_j^v \tag{2-59}$$

结构的刚度阵可以由单元刚度阵迭加而得：

$$\boldsymbol{K}=\sum_{i=1}^{n}\boldsymbol{B}_i^{\mathrm{T}}\boldsymbol{k}_i\boldsymbol{B}_i \tag{2-60}$$

式中，$\boldsymbol{k}_i$ —— 4×4 的单元刚度矩阵，形为

$$\boldsymbol{k}_i=\left(\frac{EA}{l}\right)_i\begin{pmatrix}-\cos\alpha_i\\-\sin\alpha_i\\\cos\alpha_i\\\sin\alpha_i\end{pmatrix}(-\cos\alpha_i,-\sin\alpha_i,\cos\alpha_i,\sin\alpha_i)$$

$$=\frac{E_iA_i}{l_i}\boldsymbol{C}_i\boldsymbol{C}_i^{\mathrm{T}}$$

$$= \frac{E_i A_i}{l_i} \begin{pmatrix} \cos^2\alpha_i & \cos\alpha_i \sin\alpha_i & -\cos^2\alpha_i & -\cos\alpha_i\sin\alpha_i \\ \cos\alpha_i\sin\alpha_i & \sin^2\alpha_i & -\cos\alpha_i\sin\alpha_i & -\sin^2\alpha_i \\ -\cos^2\alpha_i & -\cos\alpha_i\sin\alpha_i & \cos^2\alpha_i & \cos\alpha_i\sin\alpha_i \\ -\sin\alpha_i\cos\alpha_i & -\sin^2\alpha_i & \sin\alpha_i\cos\alpha_i & \sin^2\alpha_i \end{pmatrix} \tag{2-61}$$

将式(2-61) 代入式(2-60),得

$$\boldsymbol{K} = \sum_{i=1}^{n} \boldsymbol{B}_i^{\mathrm{T}} \frac{E_i A_i}{l_i} \boldsymbol{C}_i \boldsymbol{C}_i^{\mathrm{T}} \boldsymbol{B}_i$$

再代入式(2-59),得

$$u_j = \boldsymbol{d}^{\mathrm{T}} \boldsymbol{K} \boldsymbol{d}_j^v = \sum_{i=1}^{n} \left(\boldsymbol{d}^{\mathrm{T}} \boldsymbol{B}_i^{\mathrm{T}} \boldsymbol{C}_i \frac{E_i A_i}{l_i} \right) \cdot \frac{l_i}{E_i A_i} \left(\frac{E_i A_i}{l_i} \boldsymbol{C}_i^{\mathrm{T}} \boldsymbol{B}_i \boldsymbol{d}_j^v \right)$$

不难说明

$$\boldsymbol{d}^{\mathrm{T}} \boldsymbol{B}_i^{\mathrm{T}} \boldsymbol{C}_i \frac{E_i A_i}{l_i} = s_i, \quad \frac{E_i A_i}{l_i} \boldsymbol{C}_i^{\mathrm{T}} \boldsymbol{B}_i \boldsymbol{d}_j^v = s_{ji}^v$$

这样就得到了莫尔公式(2-56)。

对静定结构,s_i,s_{ji}^v 都是不随断面积变化的量。定义 $\tau_{ij} = \frac{s_i s_{ji}^v}{E_i} l_i$,它也是不随断面积变化的常数。利用 τ_{ij},可以记位移 u_j 为

$$u_j = \sum_i \frac{\tau_{ij}}{A_i}, \qquad \tau_{ij} = \frac{s_i s_{ji}^v}{E_i} l_i \tag{2-62}$$

至此,可以把优化问题(2-53),(2-54),(2-55) 写成:求最优的 $A_i (i = 1, 2, \cdots, n)$,使得桁架重量

$$W = \sum_i \rho_i A_i l_i$$

最小,而且

$$u_j = \sum_i \frac{\tau_{ij}}{A_i} \leqslant \bar{u}_j, A_i \geqslant \underline{A}_i, i = 1, 2, \cdots, n \tag{2-63}$$

2.4.3 单个位移约束下的最优化准则

问题(2-63) 在准则法中的传统解法是依据一个直觉的最优化

准则,这个准则是满应力准则的推广,并且可以在数学上得到论证。这里,我们就不再从直觉的角度来建立这个准则,而是根据上节的受约束优化问题的库-塔克必要条件,严格地推导这些准则。

由于只有一个位移约束,总可以假定它是临界约束(或有效约束),即

$$u_j = \sum_i \frac{\tau_{ij}}{A_i} = \bar{u}_j \tag{2-64}$$

事实上,如果在最优解处位移约束不起作用,最优点一定是 $A_i = \underline{A}_i (i = 1,2,\cdots,n)$。这样,对于带有等式约束(2-64)的目标函数 W 的极小化问题,可引入拉格朗日乘子 λ,建立拉格朗日函数:

$$L = \sum_i \rho_i A_i l_i + \lambda \left(\sum_i \frac{\tau_{ij}}{A_i} - \bar{u}_j \right) \tag{2-65}$$

为了利用库-塔克条件,需要对拉格朗日函数求导:

$$\frac{\partial L}{\partial A_k} = \rho_k l_k - \lambda \frac{\tau_{kj}}{A_k^2} + \lambda \sum_i \frac{\partial \tau_{ij}}{\partial A_k} \frac{1}{A_i} \tag{2-66}$$

其中,最后的一项为零。事实上,

$$\sum_i \frac{\partial \tau_{ij}}{\partial A_k} \frac{1}{A_i} = \sum_i \frac{s_i l_i}{E_i A_i} \frac{\partial s_{ji}^v}{\partial A_k} + \sum_i \frac{s_{ji}^v l_i}{E_i A_i} \frac{\partial s_i}{\partial A_k} \tag{2-67}$$

对于静定桁架,由于内力分布是不依赖于断面积的,所以 $\frac{\partial s_{ji}^v}{\partial A_k}$ 和 $\frac{\partial s_i}{\partial A_k}$ 都为零。对于静不定结构,每一个单项(对一个 i 和一个 k),这些值不一定为0,但 $\left\{\frac{\partial s_i}{\partial A_k}\right\}$ 对给定的 k 构成一个自平衡力系。这是因为

$$\left\{\frac{\partial s_i}{\partial A_k}\right\} = \lim_{\Delta A_k \to 0} \frac{\{s_i(\boldsymbol{A} + \Delta \boldsymbol{A}_k)\} - \{s_i(\boldsymbol{A})\}}{\Delta \boldsymbol{A}_k}$$

其中,$\boldsymbol{A} = (A_1, A_2, \cdots, A_n)^{\mathrm{T}}$,$\Delta \boldsymbol{A}_k = (0, 0, \cdots, \Delta A_k, \cdots, 0)^{\mathrm{T}}$。注意向量 $\Delta \boldsymbol{A}_k$ 的所有分量都为零,除了在第 k 根杆的位置上得到增量

ΔA_k。虽然$\{s_i(\boldsymbol{A}+\Delta\boldsymbol{A}_k)\}$和$\{s_i(\boldsymbol{A})\}$是断面积分别为$\boldsymbol{A}+\Delta\boldsymbol{A}_k$及$\boldsymbol{A}$的两个不同结构的内力，但都是同样的外力作用下产生的。换句话说，都是和同样的一组节点荷载平衡的。由此，两者之差是和零外力相平衡的力系。把$\left\{\dfrac{s_{ji}^v l_i}{E_i A_i}\right\}$看作一组虚荷载下产生的虚位移，根据虚功原理，它在自平衡力系$\left\{\dfrac{\partial s_i}{\partial A_k}\right\}$上作功应为零，于是式(2-67)的第二项为零，类似地第一项也为零，所以我们有

$$\frac{\partial L}{\partial A_k}=\rho_k l_k-\lambda\frac{\tau_{kj}}{A_k^2} \tag{2-68}$$

其中，等式右端第二项就是位移对断面积A_k的灵敏度

$$\frac{\partial u_j}{\partial A_k}=-\frac{\tau_{kj}}{A_k^2} \tag{2-69}$$

按照上节给出的库-塔克条件，可得到$\boldsymbol{A}$为最轻设计应该满足的必要条件：

$$\rho_k l_k-\lambda\frac{\tau_{kj}}{A_k^2}=\mu_k,\mu_k h_k=0,\mu_k\geqslant 0,h_k\leqslant 0,k=1,2,\cdots,n \tag{2-70}$$

式中，$h_k=\underline{A}_k-A_k$。

式(2-70)是单个位移约束下的最优化准则，它也可以写成：

$$\begin{aligned}&\rho_k l_k-\lambda\frac{\tau_{kj}}{A_k^2}=0,\quad \text{如果 } A_k>\underline{A}_k,\quad k=1,2,\cdots,n\\&\rho_k l_k-\lambda\frac{\tau_{kj}}{A_k^2}\geqslant 0,\quad \text{如果 } A_k=\underline{A}_k,\quad k=1,2,\cdots,n\end{aligned} \tag{2-71}$$

在根据它们构造迭代算法前，我们先来讨论一下式(2-71)的特点及其物理意义。

2.4.4　最优化准则的物理意义

回顾式(2-71)的推导过程可见，对于主动变量，即$A_k>\underline{A}_k$，我

们有

$$\frac{\partial W}{\partial A_k}+\lambda\frac{\partial u_j}{\partial A_k}=0 \tag{2-72}$$

或者可写成

$$-\frac{\partial u_j}{\partial A_k}\Big/\frac{\partial W}{\partial A_k}=\frac{1}{\lambda}=\text{常数} \tag{2-73}$$

分子$\left(-\dfrac{\partial u_j}{\partial A_k}\right)$为当$A_k$有单位增值时，变位$u_j$的减小，即结构的刚度收益，分母$\dfrac{\partial W}{\partial A_k}$为当$A_k$有单位增值时，结构重量支出。所以优化准则可以说成：**在最轻结构设计中，每个主动变量（断面尺寸不取下界）有单位变化时，其引起的结构整体的（刚度收益／重量支出）应彼此相等，都等于一个统一的常数**。也可以概括地说，最轻结构中，主动变量都被调整到具有相等的优化效率。

直接利用式(2-71)还可以给出另一种解释。由式(2-71)可知，对主动变量有

$$\left(\frac{\tau_{kj}}{A_k}\right)\Big/\rho_k l_k A_k=\frac{1}{\lambda}=\text{常数} \tag{2-74}$$

利用式(2-62)可知该式分子为

$$\tau_{kj}/A_k=\frac{s_k s_{jk}^{v}}{E_k A_k}l_k\equiv e_{kj} \tag{2-75}$$

它表示k号杆的虚变形$\dfrac{s_{jk}^{v}l_k}{E_k A_k}$在实内力$s_k$上作的虚功，称为$k$号杆的虚应变能，记作$e_{kj}$；而式(2-74)的分母为$k$号杆重量。这样，式(2-74)可解释为最轻结构中，相应于每个主动变量的杆件中的比虚应变能（即单位重量中的虚应变能）都相等，为一常数。

式(2-74)作为比虚应变能的意义还可以从另一个角度来看。如所熟知，由结构总刚度阵$\boldsymbol{K}$和位移$\boldsymbol{d}$构成的二次齐式（差一个倍数2，以后我们不再指出）

$$\boldsymbol{d}^{\mathrm{T}}\boldsymbol{K}\boldsymbol{d}$$

是整个结构的应变能。和它类比，可以十分自然地定义整个结构相应于 u_j 位移的虚应变能为

$$\boldsymbol{d}^{\mathrm{T}}\boldsymbol{K}\boldsymbol{d}_j^v$$

上式又可写成由各单元贡献之和：

$$\sum_{k=1}^{n}\boldsymbol{d}^{\mathrm{T}}\boldsymbol{k}_k\boldsymbol{d}_j^v \tag{2-76}$$

这里我们假定单元刚度矩阵 $\boldsymbol{k}_k$ 已经放大到和结构总刚度阵 $\boldsymbol{K}$ 同一阶。于是，$\boldsymbol{d}^{\mathrm{T}}\boldsymbol{k}_k\boldsymbol{d}_j^v$ 也就是每个单元的虚应变能，但是对比前面的推导可知

$$\boldsymbol{d}^{\mathrm{T}}\boldsymbol{k}_k\boldsymbol{d}_j^v=\frac{\tau_{kj}}{A_k} \tag{2-77}$$

这就是我们把 τ_{kj}/A_k 叫做单元的虚应变能的理由。

回顾满应力设计时的满应力准则，这里的准则可以说成满虚应变能准则，这个“满”的标准就是上面提到的常数。

2.4.5 柔度最小的结构优化设计

在外荷载 $\boldsymbol{q}$ 作用下桁架结构的节点发生位移 $\boldsymbol{d}$，外荷载 $\boldsymbol{q}$ 在结构变形过程中所作的功 w 为 $w=\frac{1}{2}\boldsymbol{q}^{\mathrm{T}}\boldsymbol{d}$，利用作用在结构上的外荷载 $\boldsymbol{q}$ 和发生的位移 $\boldsymbol{d}$ 满足

$$\boldsymbol{K}\boldsymbol{d}=\boldsymbol{q} \tag{2-78}$$

可以推出

$$w=\frac{1}{2}\boldsymbol{q}^{\mathrm{T}}\boldsymbol{d}=\frac{1}{2}\boldsymbol{d}^{\mathrm{T}}\boldsymbol{K}\boldsymbol{d} \tag{2-79}$$

由于外荷载 $\boldsymbol{q}$ 是给定的，w 度量了结构变形的能力。同样的外力作用在杆件截面积不同的两个桁架结构上，w 值大的结构就是较柔的结构。因此，在结构优化中，定义在给定外荷载下结构的柔度或柔顺性为 $\boldsymbol{q}^{\mathrm{T}}\boldsymbol{d}$。结构柔度越小，结构刚度就越大。

在给定作用在结构上的外荷载和结构材料体积的条件下，使桁架结构柔度最小的设计可以表示为

求最优的 $A_i, i = 1,2,\cdots,n$。

$$\left.\begin{aligned} &\min f = \boldsymbol{q}^{\mathrm{T}}\boldsymbol{d} \\ &\text{s. t.} \sum_j \rho_j A_j l_j = W \\ &A_i \geqslant \underline{A}_i, i = 1,2,\cdots,n \end{aligned}\right\} \tag{2-80}$$

该式中的目标函数为柔度，它和式(2-57)非常相似，只需将式(2-57)中的虚荷载 $\boldsymbol{q}_j^v$ 用真实的荷载 $\boldsymbol{q}$ 代替，在此之后，我们可以重复上面的讨论，得到

$$f = \boldsymbol{q}^{\mathrm{T}}\boldsymbol{d} = \sum_i \frac{s_i^2 l_i}{E_i A_i} \tag{2-81}$$

式中，s_i 为外荷载下结构中第 i 根杆的内力。按式(2-62)及(2-69)，柔度对杆件断面积 A_k 的灵敏度为

$$\frac{\partial f}{\partial A_k} = -\frac{s_k^2 l_k}{E_k A_k^2} \tag{2-82}$$

按式(2-71)，最优化准则可以写为

$$\begin{aligned} &\rho_k l_k A_k - \lambda \frac{s_k^2 l_k}{E_k A_k} = 0, \text{如果 } A_k > \underline{A}_k, k = 1,2,\cdots,n \\ &\rho_k l_k A_k - \lambda \frac{s_k^2 l_k}{E_k A_k} \geqslant 0, \text{如果 } A_k = \underline{A}_k, k = 1,2,\cdots,n \end{aligned} \tag{2-83}$$

由于 $\delta_k = \dfrac{s_k l_k}{E_k A_k}$ 是杆件 k 在内力 s_k 下的伸长，而 $\dfrac{s_k^2 l_k}{E_k A_k} = s_k \delta_k$ 是该杆的变形能的两倍，所以对于每个主动变量的杆件，最优断面积满足如下准则：

$$\frac{\left(\dfrac{s_k^2 l_k}{E_k A_k}\right)}{\rho_k l_k A_k} = \frac{1}{\lambda}, \text{ 如果 } A_k > \underline{A}_k, k = 1,2,\cdots,n \tag{2-84}$$

该准则的物理意义是对于桁架结构中每个主动变量的杆件，单位

重量材料中贮存的应变能，或比应变能，都等于一个统一的常数。

对于刚架、平面和三维弹性问题，最小化结构柔度的优化设计问题也可以构造类似的数学列式，进行类似的推导，而最优设计满足的准则具有相同的物理意义。在一些启发式算法中，等应变比能准则被介绍为不需计算灵敏度的算法。但是，从上面的分析我们可见，对于线性弹性结构，柔度的灵敏度计算很方便，基于灵敏度的理性最优化准则就是等应变比能设计。

2.5 基于最优准则的迭代法

在 2.3 节中，利用库 - 塔克条件，我们导出了受到单个位移约束时重量最小的桁架设计应当满足的最优化准则。对于任意给定的一个初始设计方案，我们可以利用这个准则来判断它是否是一个优化设计。如果它不满足最优化准则，则应该采用迭代的方法来逐步修改这个设计，使其逐渐满足最优化准则。本节将介绍准则法中经常采用的迭代方法。为了把问题说清，我们从最简单的静定桁架优化设计入手，逐步阐明主动变量和被动变量的区分及超静定结构的优化方法。

2.5.1 静定桁架的优化设计

对于静定桁架，杆件内力和杆件断面积无关，τ_{kj} 为常数，式 (2-71) 实际上可以看作是最优断面积应当满足的二次方程式，可以从中解出：

$$
\begin{aligned}
A_k &= \sqrt{\lambda}\sqrt{\frac{\tau_{kj}}{\rho_k l_k}}, &\quad \text{如果} \sqrt{\lambda}\sqrt{\frac{\tau_{kj}}{\rho_k l_k}} \geq \underline{A}_k \\
A_k &= \underline{A}_k, &\quad \text{如果} \sqrt{\lambda}\sqrt{\frac{\tau_{kj}}{\rho_k l_k}} \leq \underline{A}_k
\end{aligned}
\tag{2-85}
$$

仔细观察式(2-85) 之后可以发现，该式并不是真正的显式，其中的

λ 是一个未知的常数，为了确定它，应该利用位移约束条件：

$$\bar{u}_j = \sum_{k=1}^{n} \frac{\tau_{kj}}{A_k} \tag{2-86}$$

式(2-85) 和(2-86) 合在一起共 $n+1$ 个方程，恰巧有 $n+1$ 个未知量 λ 和 $A_k(k=1,2,\cdots,n)$，形式上是恰当的，但是要求解它们却并不容易。原因是我们暂时还不知道计算 A_k 时应采用式(2-85) 中的哪一个式子。用准则法中的术语来说，是应当确定 A_k 是主动变量还是被动变量，即应当对变量的主、被动进行划分。这里所谓 A_k 是主动变量是指 A_k 满足

$$A_k > \underline{A}_k$$

对于 $A_k = \underline{A}_k$ 的变量，则称为被动变量。

(1) 假定所有的断面积下界 $\underline{A}_k = 0$，或者假定所有的最优断面积都是主动变量，则有

$$\rho_k l_k = \lambda \frac{\tau_{kj}}{A_k^2}, \quad k = 1,2,\cdots,n \tag{2-87}$$

在式(2-87) 两侧各乘上 A_k，再对 k 求和，得

$$W^* = \sum_{k=1}^{n} \rho_k l_k A_k = \lambda \sum_{k=1}^{n} \frac{\tau_{kj}}{A_k} = \lambda \bar{u}_j \tag{2-88}$$

因此

$$\lambda = W^* / \bar{u}_j > 0 \tag{2-89}$$

故由式(2-85) 可知

$$A_k = \sqrt{\frac{W^*}{\bar{u}_j}} \sqrt{\frac{\tau_{kj}}{\rho_k l_k}} \tag{2-90}$$

将 A_k 代入式(2-88) 可求得

$$W^* = \frac{1}{\bar{u}_j} \left(\sum_{k=1}^{n} l_k \sqrt{\frac{s_k s_{jk}^v \rho_k}{E_k}} \right)^2 \tag{2-91}$$

如果各杆具有相同的 E 和 ρ，则可化简为

$$W^* = \frac{\rho}{\bar{u}_j E} \left(\sum_{k=1}^{n} l_k \sqrt{s_k s_{jk}^v} \right)^2 \tag{2-92}$$

W^* 是最优重量，一旦求得后便可由式(2-90) 求得 A_k，这就得到了最轻设计的解析解。但是，如果由式(2-90) 得到的断面积 A_k 小于断面积下界$\underline{A}_k$，则上列解并非最优解。

例 10 如图 2-23 所示的静定桁架在节点 2 和 3 受到集中荷载 P，如果结构的所有杆是由相同材料制成的，求出当有位移约束 $u_3 \leqslant \bar{u}$ 时的最轻设计。假定只要求杆的断面积不为零。

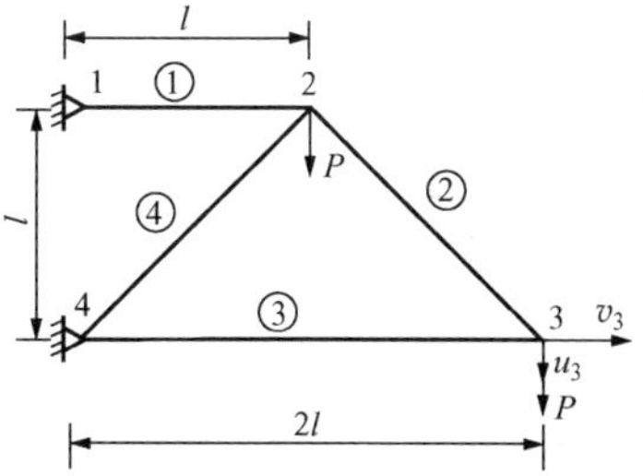

图 2-23

解 由静力平衡可以求出各杆在真实荷载下的内力为

$$s_1 = 3P, \quad s_2 = \sqrt{2}P$$

$$s_3 = -P, \quad s_4 = -2\sqrt{2}P$$

在 u_3 方向加上单位虚荷载后，各杆的虚内力为

$$s_{j1}^v = 2, \quad s_{j2}^v = \sqrt{2}, \quad s_{j3}^v = -1, \quad s_{j4}^v = -\sqrt{2}$$

代入式(2-92) 求得最优重量

$$W^* = 86.08 \frac{\rho l^2 P}{E\bar{u}}$$

代入式(2-90)，得

$$A_1^* = 22.73 \frac{Pl}{E\bar{u}}, \quad A_2^* = 13.12 \frac{Pl}{E\bar{u}}$$

$$A_3^* = 9.28 \frac{Pl}{E\bar{u}}, \quad A_4^* = 18.56 \frac{Pl}{E\bar{u}}$$

由于得到的断面积都不为零，因此按上列方法得到的解是问题的最优解。

(2) 如果一部分断面积(或全部)有不为零的下界$\underline{A}_k$,则虽然可以假定所有的最优断面积是主动变量,然后按上面顺序计算,但计算的结果可能和这个假定违背。这主要有两个原因,一是按式(2-90) 算出的 A_k 小于$\underline{A}_k$;二是在式(2-90) 中 $\tau_{kj} < 0$,不能求得 A_k。此时,表明有一部分断面积应当不是主动变量,而应取其下界值,亦即是被动变量,此时如何划分主、被动变量就成了问题关键。事实上,如设主、被动变量的划分已知,不失一般性,约定主动变量为前n'个,其余是被动的,则

$$\rho_k l_k = \lambda \frac{\tau_{kj}}{A_k^2}, \quad k = 1,2,\cdots,n' \tag{2-93}$$

$$\rho_k l_k \geqslant \lambda \frac{\tau_{kj}}{(\underline{A}_k)^2}, \quad k = n'+1, n'+2, \cdots, n \tag{2-94}$$

在式(2-93) 两端乘上 A_k,再对 k 从 1 到n'求和,得

$$\sum_{k=1}^{n'} \rho_k l_k A_k = \lambda \sum_{k=1}^{n'} \frac{\tau_{kj}}{A_k} \tag{2-95}$$

由于

$$\sum_{k=1}^{n'} \rho_k l_k A_k + \sum_{k=n'+1}^{n} \rho_k l_k \underline{A}_k = W^* \tag{2-96}$$

$$\sum_{k=1}^{n'} \frac{\tau_{kj}}{A_k} + \sum_{k=n'+1}^{n} \frac{\tau_{kj}}{\underline{A}_k} = \bar{u}_j \tag{2-97}$$

再定义被动变量对重量的贡献为 W^p,对位移的贡献为 u_j^p,即

$$\sum_{k=n'+1}^{n} \rho_k l_k \underline{A}_k = W^p, \quad \sum_{k=n'+1}^{n} \frac{\tau_{kj}}{\underline{A}_k} = u_j^p \tag{2-98}$$

式(2-95) 可写成

$$W^* - W^p = \lambda(\bar{u}_j - u_j^p) \tag{2-99}$$

然后,由式(2-93) 可知

$$A_k = \sqrt{\lambda} \sqrt{\frac{\tau_{kj}}{\rho_k l_k}} = \sqrt{\frac{W^* - W^p}{\bar{u}_j - u_j^p}} \sqrt{\frac{\tau_{kj}}{\rho_k l_k}}, \quad k = 1,2,\cdots,n' \tag{2-100}$$

代回式(2-96),得

$$W^{*} = \frac{1}{\bar{u}_j - u_j^p}\left(\sum_{k=1}^{n'} \sqrt{\tau_{kj}\rho_k l_k}\right)^2 + W^p \tag{2-101}$$

有了 W^*,就又可利用式(2-100) 解出 $A_k(k=1,2,\cdots,n')$,得到最优设计。

综上所述可见,对断面积有下界且受到单个位移约束的静定桁架,为了求出最优设计,主要困难是区分主、被动变量。一旦区分正确,便可精确求出解来。

如何区分主、被动变量呢?显然,$\tau_{kj}<0$ 的杆件 k 应是被动变量,这除了因为 $\tau_{kj}<0$ 时无法由式(2-100) 求 A_k 外,还因为由式(2-69)

$$\frac{\partial u_j}{\partial A_k} = -\frac{\tau_{kj}}{A_k^2} > 0$$

特别对静定桁架,τ_{kj} 是常数,有

$$\left.\frac{\partial u_j}{\partial A_k}\right|_{A_k=\underline{A}_k} = -\frac{\tau_{kj}}{\underline{A}_k^2} > 0$$

即随断面积增加,位移增加,因而断面积要取下界。但是 $\tau_{kj}>0$ 的量也可以是被动变量,主要由式(2-100) 算出的 A_k 是否大于$\underline{A}_k$ 决定。但是,为了利用式(2-100),又要预先划分好主、被动变量。所以,需要一个迭代的过程来完成这个划分。这个迭代过程可归纳成下列算法。

受到单个位移约束和断面积下限约束的静定桁架最小重量设计算法为

(1) 进行结构分析,求出实荷载及虚荷载下的内力分布及 τ_{kj};

(2) 对杆件的主、被动划分作一初始假定;

(3) 计算被动杆对重量及位移的贡献 W^p,u_j^p(式(2-98));

(4) 计算“最优”重量 W^*(式(2-101));

(5) 计算“最优”断面积 A_k(式(2-100));

(6) 按照(5) 的计算结果重新划分主、被动杆件，将得到的新划分和上次的划分比较。如果相同，则结束迭代；如果不同，则采用新的划分并返回(3)。

在上面描述算法时，我们将最优二字加上了引号，是因为只是迭代到最后得到的才是最优解。下面我们用一个例题来说明这个迭代过程。

例 11 所优化的桁架及其受到的荷载仍同例 10，但假定各杆的断面积有下限 $\underline{A} = 12.5\dfrac{Pl}{E\bar{u}}$。

解 根据例 10 的结果，当认为所有杆均主动时得到的 3 号杆的断面积比 $\underline{A}$ 小，应取 $A_3^* = 12.5\dfrac{Pl}{E\bar{u}}$，设其余杆均为主动杆，按式(2-98) 有

$$W^p = \rho \cdot 2l \cdot 12.5\frac{Pl}{E\bar{u}} = 25\frac{\rho Pl^2}{E\bar{u}}$$

$$u_3^p = \frac{\tau_{3j}}{\underline{A}} = \frac{P \cdot 2l \cdot E\bar{u}}{E \cdot 12.5Pl} = 0.16\bar{u}$$

按式(2-99) 和式(2-101)，有

$$\lambda = \frac{1}{(\bar{u} - u_3^p)^2}\left(\sqrt{\tau_{1j}\rho\, l_1} + \sqrt{\tau_{2j}\rho\, l_2} + \sqrt{\tau_{4j}\rho\, l_4}\right)^2 = 75.11\frac{\rho Pl^2}{E\,\bar{u}^2}$$

于是，由式(2-100) 可知

$$A_1 = \sqrt{\lambda}\sqrt{\frac{\tau_{1j}}{\rho\, l_1}} = 21.23\frac{Pl}{E\bar{u}}$$

$$A_2 = \sqrt{\lambda}\sqrt{\frac{\tau_{2j}}{\rho\, l_2}} = \sqrt{\lambda}\sqrt{\frac{2P}{E\rho}} = 12.25\frac{Pl}{E\bar{u}}$$

$$A_4 = \sqrt{\lambda}\sqrt{\frac{\tau_{4j}}{\rho\, l_4}} = \sqrt{\lambda}\sqrt{\frac{4P}{E\rho}} = 17.33\frac{Pl}{E\bar{u}}$$

得到这个结果后，我们发现 2 号杆的断面积也小于 $\underline{A}$，应为被动杆，所以重新作划分，取

$$A_2^* = A_3^* = \underline{A} = 12.5\frac{Pl}{E\bar{u}}$$

$$W^p = \rho \cdot 2l \cdot 12.5\frac{Pl}{E\bar{u}} + \rho \cdot \sqrt{2}l \cdot 12.5\frac{Pl}{E\bar{u}} = 42.68\frac{\rho Pl^2}{E\bar{u}}$$

$$u_3^p = \frac{\tau_{2j}}{A_2^*} + \frac{\tau_{3j}}{A_3^*} = \frac{2P\sqrt{2}l}{12.5Pl}\bar{u} + 0.16\bar{u} = 0.386\bar{u}$$

$$\lambda = \frac{1}{(\bar{u} - u_3^p)^2}\left[\sqrt{\tau_{1j}\rho\, l_1} + \sqrt{\tau_{4j}\rho\, l_4}\right]^2 = 73.89\frac{\rho Pl^2}{E\bar{u}^2}$$

$$A_1^* = \sqrt{\lambda}\sqrt{\frac{\tau_{1j}}{\rho\, l_1}} = 21.05\frac{Pl}{E\bar{u}},\quad A_2^* = 12.5\frac{Pl}{E\bar{u}}$$

$$A_4^* = \sqrt{\lambda}\sqrt{\frac{\tau_{4j}}{\rho\, l_4}} = 17.19\frac{Pl}{E\bar{u}},\quad A_3^* = 12.5\frac{Pl}{E\bar{u}}$$

$$W^* = 88.04\frac{\rho\, l^2 P}{E\bar{u}}$$

这个解和例10的结果比较，重量增加了，这是由于我们在这里对断面积增加了下界的约束条件。一般地，如果在原优化问题上增加一些新的约束，则问题的可行域就缩小了，优化得到的好处就会减少。

2.5.2 超静定桁架的优化设计

前面导出的最优设计点应满足的最优化准则(2-70)或(2-71)，对超静定桁架也是适用的。不同之处在于 τ_{ij} 不再是常数，而依赖于 **A**，即

$$\tau_{ij} = \tau_{ij}(\mathbf{A})$$

所以不能再把式(2-71)看作是 A_k 的一个二次方程。注意到对于大部分正常型结构，τ_{ij} 随断面积的变化缓慢，可以近似地看作为常数。或者用力学的语言来说，结构可以暂时认为是静定的。回顾满应力设计，应力比法就是采用这一假定而建立起来的。应力比法的成功在一定程度上说明了这一假定是很好的近似。采用这个假定

后，就可以把式(2-71)看作是一个迭代格式，即在第k次迭代后，假定已经有一个设计$\boldsymbol{A}^{(k)}$，利用它求得s_i，s_{ji}^v及$\tau_{ij}^{(k)}$，然后用$\tau_{ij}^{(k)}$来代替式(2-71)中的τ_{ij}，再继续推导以求得改进的$\boldsymbol{A}^{(k+1)}$。具体地说，求主动变量A_i的公式(2-100)现在应该修改为一个递推公式：

$$A_i^{(k+1)} = \frac{1}{\sqrt{\rho_i l_i}}\sqrt{\lambda^{(k)}\tau_{ij}^{(k)}} \tag{2-102}$$

在实际使用这一公式时，如果断面积具有下界约束，则还必须先假定一个主、被动变量的划分。当然，为了得到正确划分，是需要进行迭代修正的。把整个计算过程组织起来就得到下列算法。

受到单个位移约束和断面积有下限约束的桁架最小重量设计算法为

(1) 令迭代次数$k=0$，假定初始方案$\boldsymbol{A}^{(0)}$和主、被动杆件的划分$\boldsymbol{D}^{\circ}$，给定判断收敛用的小量ε。

(2) 对设计$\boldsymbol{A}^{(k)}$进行结构分析，求出实荷载及虚荷载下的内力分布s_i，s_{ji}^v，计算$\tau_{ij}^{(k)} = \dfrac{s_i s_{ji}^v l_i}{E_i}(i=1,2,\cdots,n)$。

(3) 根据$\tau_{ij}^{(k)}<0$的设计变量A_i一律属于被动变量，对主、被动变量的划分$\boldsymbol{D}^{\circ}$进行修改，得到新的划分$\boldsymbol{D}^{\mathrm{n}}$。

(4) 根据划分$\boldsymbol{D}^{\mathrm{n}}$，按式(2-98)计算$W^{p(k)}$和$u_j^{p(k)}$，按式(2-101)计算$W^{*(k)}$，按式(2-99)计算$\lambda^{(k)}$。上标$k$表示该量是第$k$次迭代求得的。

(5) 计算断面积分布$A_i(i=1,2,\cdots,n)$：

若$\tau_{ij}^{(k)} \leqslant 0$，取$A_i = \underline{A}_i$

若$\tau_{ij}^{(k)} > 0$，计算$t = \sqrt{\lambda^{(k)}\tau_{ij}^{(k)}} / \sqrt{\rho_i l_i}$

若$t > \underline{A}_i$，　取$A_i = t$

若$t \leqslant \underline{A}_i$，　取$A_i = \underline{A}_i$

在此同时也得到了一个新的划分$\boldsymbol{D}'$。

(6) 比较 $\boldsymbol{D}^{\mathrm{n}}$ 和 $\boldsymbol{D}'$，若不同，令 $\boldsymbol{D}^{\mathrm{n}} \Leftarrow \boldsymbol{D}'$，返回(4)；若相同，令 $\boldsymbol{A}^{(k+1)} \Leftarrow \boldsymbol{A}$，并将此时的划分记作 $\boldsymbol{D}^{\mathrm{o}}$。

(7) 若 $|\boldsymbol{A}^{(k+1)} - \boldsymbol{A}^{(k)}| \leqslant \varepsilon$，令 $\boldsymbol{A}'_{\mathrm{opt}} \Leftarrow \boldsymbol{A}^{(k+1)}$，$W_{\mathrm{opt}} \Leftarrow W^{*(k)}$，停止迭代；若 $|\boldsymbol{A}^{(k+1)} - \boldsymbol{A}^{(k)}| > \varepsilon$，令 $k \Leftarrow k+1$，返回(2)。

需要指出的是，上列算法的收敛性并没有得到一般的证明。从力学知识来判断，对正常型结构，“静定化”假定是比较合理的假定，上列算法就会很有效。但是，对于内力分布随断面积分布变化而剧烈变化的交感型结构，上列算法可能效率不高，甚至不收敛。幸运的是，工程实践中采用的大部分结构是属于正常型的，这就使得上列基于直观建立起来的算法可以成功地应用于工程优化。计算经验表明，对多数实际结构只要十次左右的结构分析，整个迭代计算就收敛了，而且所需的迭代次数与结构的大小无关。下面给出一个简单的例子。在这个例子中，对断面积不仅有下界约束，还有上界约束。处理上界约束的办法和下界约束是完全相似的。

例 12 考虑三杆铝桁架，$E = 7.1 \times 10^5\ \mathrm{kg/cm^2}$，$P = 10\ 000\ \mathrm{kgf}$，$l = 100\ \mathrm{cm}$，$\rho = 0.002\ 7\ \mathrm{kg/cm^3}$，荷载 P 与 x 轴的夹角是 $26°34'$(arctan 0.5)，求最优设计使重量最轻，同时满足：(1) 点 A 沿 x 方向的水平位移小于 0.8 cm；(2) 杆的断面积 A_i 满足 $1.3\ \mathrm{cm^2} \leqslant A_i \leqslant 2.5\ \mathrm{cm^2}$。

解 通过解结构方程可以导出，在荷载 P 作用下各杆的内力为

$$s_1 = \frac{P}{\sqrt{10}}\left(3 + \frac{A_1A_2 - 3A_2A_3}{Q(\boldsymbol{A})}\right)$$

$$s_2 = \frac{P}{\sqrt{5}}\left(\frac{3A_2A_3 - A_1A_2}{Q(\boldsymbol{A})}\right)$$

$$s_3 = \frac{P}{\sqrt{10}}\left(-1 + \frac{A_1A_2 - 3A_2A_3}{Q(\boldsymbol{A})}\right)$$

式中

$$Q(\mathbf{A}) = A_1A_2 + A_2A_3 + \sqrt{2}A_1A_3$$

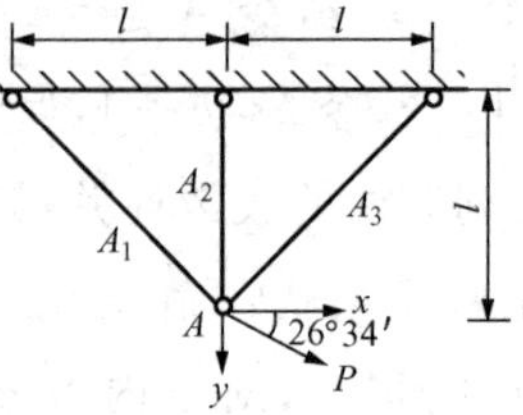

图 2-24

当相应于位移约束的单位虚荷载——单位水平力作用在 x 方向时，各杆的内力为

$$s_1^v = \frac{1}{\sqrt{2}}\left(1 - \frac{A_2A_3 - A_1A_2}{Q(\mathbf{A})}\right)$$

$$s_2^v = \frac{A_2A_3 - A_1A_2}{Q(\mathbf{A})}$$

$$s_3^v = \frac{-1}{\sqrt{2}}\left(1 + \frac{A_2A_3 - A_1A_2}{Q(\mathbf{A})}\right)$$

取 $A_1^0 = A_2^0 = A_3^0 = 4\ \text{cm}^2$ 作为初始设计，整个迭代计算过程见表 2-7。

表 2-7 中，由 $k=0$ 的 $A_1^0 = A_2^0 = A_3^0 = 4$ 的设计分析结果立即看出，2 号杆应当是被动杆。由主、被动杆的这一划分算出下一次的设计，即 $A_1^1 = 2.433, A_2^1 = 1.3, A_3^1 = 1.972$，分析这个设计发现 $\tau_2 < 0$，因此 2 号杆仍为被动杆。按照 2 号杆是被动杆，1 号和 3 号杆是主动杆，我们求出 $\sqrt{\lambda} = 1.429$ 及 $A'_1 = 2.566, A'_2 = 1.3, A'_3 = 1.757\,4$。这个结果的 A'_1 破坏约束，应取值 2.5，于是重新计算被动杆对位移的贡献(0.484) 及 $\sqrt{\lambda} = 1.486$，并由此求得 $A_1^2 = 2.5, A_2^2 = 1.3, A_3^2 = 1.827\,5$，分析这个设计后得到的下一个设计中，1、2 号杆仍为被动杆，具体的断面积是 $A_1^3 = 2.5, A_2^3 = 1.3, A_3^3 =$

1.824,这和上一次的设计已经相差很小了,停止迭代。相应的位移为 0.799 8,满足约束,其重量为 2.002 kgf,而初始设计 $A_1^0 = A_2^0 = A_3^0 = 4\ \mathrm{cm}^2$ 的重量为 4.135 kgf,重量减少一半以上,而计算只用了三次迭代。

表 2-7

k	A_1	A_2	A_3	s_1	s_2	s_3	s_1^v	s_2^v	s_3^v
0	4.0	4.0	4.0	7 634	2 620	−5 010	0.707	0	−0.707
1	2.43	1.3*	1.97	8 342	1 618	−4 307	0.741	−0.0479	−0.673
2	2.57	1.3*	1.76						
	2.5*	1.3*	1.83	8 472	1 435	−4 177	0.758	−0.072 3	−0.656
3	2.5*	1.3*	1.82	8 475	1 432	−4 175	0.759	−0.072 8	−0.656

k	τ_1	τ_2	τ_3	u	$\sqrt{\tau_1 l_1 \rho}$	$\sqrt{\tau_2 l_2 \rho}$	$\sqrt{\tau_3 l_3 \rho}$	$\sqrt{\lambda}$
0	1.08	0	0.706	0.445	0.641	0	0.519	1.45
1	1.23	−0.010 9	0.578	0.791	0.686	—	0.470	1.43
2				0.484				1.49
	1.28	−0.0146	0.546	0.799	0.699	—	0.457	1.53
3	1.28	−0.0147	0.545	0.799	0.699	—	0.456	

注:为了简洁,表中部分数据进行了四舍五入,只给出三位有效数字。表中带有 * 的量为被动变量,下面有波浪线的 0.484 是被动变量对位移的贡献 u^p。最优设计取为 $A_{1\mathrm{opt}} = 2.5\ \mathrm{cm}^2$, $A_{2\mathrm{opt}} = 1.3\ \mathrm{cm}^2$, $A_{3\mathrm{opt}} = 1.824\ \mathrm{cm}^2$, $W_{\mathrm{opt}} = 2.002\ \mathrm{kgf}$,相应位移为 0.799 8 cm。

最后要提一下的是,拉格朗日乘子 λ 的计算方法不是唯一的。以静定桁架、断面积没有下界限制($\underline{A}_i = 0$)的情形为例,λ 的计算公式除了式(2-89)外,还可将式(2-85)中 A_k 的计算公式代到位移约束(2-86)中,由此求得

$$\lambda = \frac{1}{\bar{u}_j^2}\left(\sum_{i=1}^{n} \sqrt{\tau_{ij}\rho_i l_i}\right)^2 \tag{2-103}$$

此外,还可将最优化准则(2-71)写成:

$$\frac{1}{A_i} = \lambda \frac{\tau_{ij}}{\rho_i l_i A_i^3}$$

在上式两侧同时乘上 τ_{ij},再对 i 从 1 到 n 求和,得

$$\lambda = \bar{u}_j \left(\sum_{i=1}^{n} \frac{\tau_{ij}^2}{\rho_i l_i A_i^3}\right)^{-1} \tag{2-104}$$

在超静定桁架优化的迭代计算过程中，由于计算$\lambda^{(k)}$所使用的τ_{ij}及A_i都不是最优点时的值，所以按式(2-89)、(2-103)和(2-104)求出的$\lambda^{(k)}$不是一样的，会有微小的差别。

2.6 结构响应的灵敏度分析[22,23]

在前面几节中，我们已经注意到，一个结构优化问题总是有许多对结构性能的约束条件。例如，在静力荷载下的节点位移、杆件应力和失稳临界荷载，在动力分析时的自振频率、强迫振动振幅……，它们的量值都受到约束。我们还注意到，在利用库－塔克条件建立优化准则时，需要这些响应量对设计变量的梯度，在结构优化中常常称为灵敏度或敏感度。所以本节中，将集中地给出这些灵敏度的表达式。以后在介绍数学规划法时，我们可以看到有一大类利用导数的无约束优化或约束优化方法，例如，最速下降法、逐次线性化方法和梯度投影法，这些方法往往是对结构优化最实用和最有效的。在这些方法中，目标函数及约束函数的灵敏度是必不可少的。

本节中我们先介绍结构位移、应力、振动频率及屈曲临界荷载对设计变量的灵敏度，最后我们讨论计算灵敏度的一般的数值方法：有限差分法和半解析法。

2.6.1 位移对断面积的灵敏度

在前面叙述单个位移下最轻设计问题时，我们已经得到了位移灵敏度，这里的讨论更具一般性。为了阅读方便，我们列出前面已经出现的公式时将按本节公式出现的次序重新编排。

1. 位移灵敏度的拟荷载法

桁架某节点指定方向的位移，包括节点间相对位移u_j可写成

$$u_j = \boldsymbol{d}^{\mathrm{T}}\boldsymbol{q}_j^v \tag{2-105}$$

其中 $\boldsymbol{q}_j^v$ 是和位移 u_j 相应的虚荷载，$\boldsymbol{d}$ 是在实际荷载 $\boldsymbol{q}$ 作用下的节点位移向量，满足结构的控制方程：

$$\boldsymbol{Kd} = \boldsymbol{q} \tag{2-106}$$

将式(2-105) 对断面积求导，得

$$\frac{\partial u_j}{\partial A_i} = \frac{\partial \boldsymbol{d}^{\mathrm{T}}}{\partial A_i}\boldsymbol{q}_j^v \tag{2-107}$$

由式(2-106) 可推出

$$\frac{\partial \boldsymbol{K}}{\partial A_i}\boldsymbol{d} + \boldsymbol{K}\frac{\partial \boldsymbol{d}}{\partial A_i} = \frac{\partial \boldsymbol{q}}{\partial A_i} \tag{2-108}$$

或

$$\boldsymbol{K}\frac{\partial \boldsymbol{d}}{\partial A_i} = \frac{\partial \boldsymbol{q}}{\partial A_i} - \frac{\partial \boldsymbol{K}}{\partial A_i}\boldsymbol{d} \tag{2-109}$$

我们可以看出位移向量灵敏度 $\frac{\partial \boldsymbol{d}}{\partial A_i}$ 满足的方程(2-109) 和(2-106) 是相似的，只是式(2-109) 的右端项不再是真实的外荷载 $\boldsymbol{q}$，而是

$$\frac{\partial \boldsymbol{q}}{\partial A_i} - \frac{\partial \boldsymbol{K}}{\partial A_i}\boldsymbol{d}$$

我们把这一项称为拟荷载，求解位移灵敏度的这一方法因此称为**拟荷载法**。由式(2-109) 可进一步写出

$$\frac{\partial \boldsymbol{d}}{\partial A_i} = \boldsymbol{K}^{-1}\left(\frac{\partial \boldsymbol{q}}{\partial A_i} - \frac{\partial \boldsymbol{K}}{\partial A_i}\boldsymbol{d}\right) \tag{2-110}$$

在很多实际问题中外荷载是不依赖于杆件截面积的，式(2-110) 可写成

$$\frac{\partial \boldsymbol{d}}{\partial A_i} = -\boldsymbol{K}^{-1}\frac{\partial \boldsymbol{K}}{\partial A_i}\boldsymbol{d} \tag{2-111}$$

有了式(2-110) 或(2-111) 给出的 $\frac{\partial \boldsymbol{d}}{\partial A_i}$，就可利用式(2-107) 求得位移灵敏度 $\frac{\partial u_j}{\partial A_i}$。

2. 位移灵敏度的虚荷载法

将式(2-111)代入式(2-107)，我们可以写出位移灵敏度的另一表达式

$$\frac{\partial u_j}{\partial A_i} = -\left(\boldsymbol{K}^{-1}\frac{\partial \boldsymbol{K}}{\partial A_i}\boldsymbol{d}\right)^{\mathrm{T}}\boldsymbol{q}_j^v = -\boldsymbol{d}^{\mathrm{T}}\frac{\partial \boldsymbol{K}}{\partial A_i}(\boldsymbol{K}^{-1}\boldsymbol{q}_j^v) \qquad (2\text{-}112)$$

注意上式最右端括号中的项可以看作在虚荷载 $\boldsymbol{q}_j^v$ 作用下结构的虚位移 $\boldsymbol{d}_j^v$，因此有

$$\frac{\partial u_j}{\partial A_i} = -\boldsymbol{d}^{\mathrm{T}}\frac{\partial \boldsymbol{K}}{\partial A_i}\boldsymbol{d}_j^v \qquad (2\text{-}113)$$

其中

$$\boldsymbol{K}\boldsymbol{d}_j^v = \boldsymbol{q}_j^v \qquad (2\text{-}114)$$

在写出式(2-112)时，我们利用了结构刚度阵的对称性，$\boldsymbol{K}^{\mathrm{T}} = \boldsymbol{K}$。

利用式(2-114)及式(2-113)的方法计算位移灵敏度的方法称为**虚荷载法**。

在桁架结构中，如果各根杆件的截面积都是独立的设计变量，各杆的单元刚度矩阵也就只依赖于该杆断面积，我们有

$$\frac{\partial \boldsymbol{K}}{\partial A_i} = \frac{\partial}{\partial A_i}\left(\sum_{e=1}^{n}\boldsymbol{k}_e\right) = \frac{\partial \boldsymbol{k}_i}{\partial A_i} = \frac{\boldsymbol{k}_i}{A_i} \qquad (2\text{-}115)$$

最后一个等式是因为桁架杆件的刚度矩阵 $\boldsymbol{k}_i$ 和其截面积 A_i 成正比。对于受平面应力状态的膜单元和受弯的夹层板单元，如果把设计变量取成膜的厚度或夹层板的面板厚度，则单元刚度阵和设计变量也具有同样的线性关系，上述推导仍然适用。

下面我们对计算位移灵敏度的虚荷载法和拟荷载法作一比较。采用拟荷载法计算时，对单一工况下的每一个设计变量都需要求解在拟荷载 $-\frac{\partial \boldsymbol{K}}{\partial A_i}\boldsymbol{d}$ 下的节点位移向量，以求得灵敏度 $\frac{\partial \boldsymbol{d}}{\partial A_i}$（注意，工况不同，$\boldsymbol{d}$ 不同；设计变量不同，$\frac{\partial \boldsymbol{K}}{\partial A_i}$ 也不同）。有了 $\frac{\partial \boldsymbol{d}}{\partial A_i}$，在该工况

下任何一个位移约束对设计变量的灵敏度均可以利用式(2-107)求出。这样,为了得到全部工况下所有位移约束对所有设计变量的灵敏度,需要回代求解以不同拟荷载为右端项的方程总数为

工况数×独立设计变量数

采用虚荷载法计算时,对应于每一个位移约束 u_j 有一个虚荷载 $\boldsymbol{q}_j^v$,需要求解结构方程得到虚位移;求出全部位移约束灵敏度所需回代求解方程的次数等于位移约束数。

因此,当位移约束数少于(工况数×独立设计变量数)时,虚荷载法比拟荷载法的计算工作量少。

此时,利用式(2-113)、(2-115),我们可以把采用虚荷载法计算位移灵敏度的公式写成

$$\frac{\partial u_j}{\partial A_i} = -\boldsymbol{d}^{\mathrm{T}} \frac{\boldsymbol{k}_i}{A_i} \boldsymbol{d}_j^v \tag{2-116}$$

由 2.4 节的推导可知,该式可写成

$$\frac{\partial u_j}{\partial A_i} = -\frac{\tau_{ij}}{A_i^2} = -\frac{s_i s_{ji}^v}{E_i A_i^2} l_i \tag{2-117}$$

只要获得虚荷载作用下杆件的内力 s_{ji}^v 便可计算。相比之下,按式(2-111)、(2-115)采用拟荷载法计算时,我们需要获得单元刚度阵 $\boldsymbol{k}_i$。对于很多商用有限元程序,虽然可以获得单元刚度阵 $\boldsymbol{k}_i$,但比起获得杆件内力来说,困难得多。在商用有限元程序上,实现虚荷载法计算位移灵敏度更方便些。

2.6.2　应力对断面积的灵敏度

桁架最优设计中总是存在着应力约束,因此需要求出应力对设计变量的梯度。

由结构节点的位移计算桁架结构中第 i 杆的应力的公式已在 2.4 节得到,即

$$\sigma_i = \frac{EA}{l} \boldsymbol{C}_i \boldsymbol{B}_i \boldsymbol{d} \tag{2-118}$$

以图 2-25 所示结构为例，计算 6 杆应力的公式为

$$\sigma_6 = \frac{E}{l_6}(\cos\alpha, \sin\alpha, -\cos\alpha, -\sin\alpha)\begin{pmatrix} u_4 \\ v_4 \\ u_5 \\ v_5 \end{pmatrix}$$

式中　l_6——6 号杆长度；

α——6 号杆与 x 轴夹角；

杆长度和 α 与断面积变化无关。

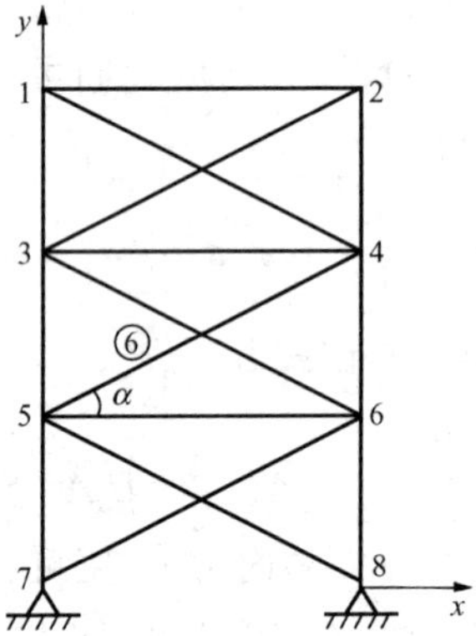

图 2-25

列向量$(u_4, v_4, u_5, v_5)^{\mathrm{T}}$可从总位移向量中用布尔矩阵提取出来。一般地，稍加变换，应力表达式(2-118) 也可写成

$$\sigma_k = \boldsymbol{t}_k^{\mathrm{T}}\boldsymbol{d} \tag{2-119}$$

以上题为例：

$$\boldsymbol{d} = (u_1, v_1, u_2, v_2, u_3, v_3, u_4, v_4, u_5, v_5, u_6, v_6)^{\mathrm{T}}$$

$$\boldsymbol{t}_k = \frac{E}{l_6}(0,0,0,\ 0,0,0,\cos\alpha, \sin\alpha, -\cos\alpha, -\sin\alpha,\ 0,0)^{\mathrm{T}}$$

因此，应力的灵敏度可以表示为

$$\frac{\partial\sigma_k}{\partial A_i} = \boldsymbol{t}_k^{\mathrm{T}}\frac{\partial\boldsymbol{d}}{\partial A_i} \tag{2-120}$$

而$\dfrac{\partial \boldsymbol{d}}{\partial A_i}$已经在前面用拟荷载法求出。自然，对比式(2-119)和式(2-105)，也可以把$\boldsymbol{t}_k$看作一个虚荷载向量，用虚荷载法来求$\dfrac{\partial \sigma_k}{\partial A_i}$：

$$\frac{\partial \sigma_k}{\partial A_i}=\frac{-\tau_{ik}}{A_i^2}=\frac{-\boldsymbol{d}^{\mathrm{T}}\boldsymbol{K}_i\boldsymbol{d}_k^v}{A_i} \tag{2-121}$$

注意，这里的虚位移$\boldsymbol{d}_k^v$是由虚荷载$\boldsymbol{t}_k$产生的。

由于应力灵敏度计算归结为位移灵敏度计算，所以前面关于虚荷载法及拟荷载法的比较，理应将应力约束包括在内。但是，在实际优化算法中，往往用满应力法近似处理应力约束，关于这一点，我们在下面还要详细介绍。

和位移灵敏度的讨论相仿，现在自然产生一个问题，如果在一个设计点$\boldsymbol{A}^\circ$处算出了内力s_k°，τ_{ik}°等，然后采用近似式

$$\tilde{\sigma}_k=\frac{s_k^\circ}{A_k} \tag{2-122}$$

$$\left(\frac{\partial \tilde{\sigma}_k}{\partial A_i}\right)=-\frac{\tau_{ik}^\circ}{A_i^2} \tag{2-123}$$

来近似任意一点的应力及其梯度，近似程度如何？再一次可以看出：对静定结构，由于s_k°及τ_{ik}°与断面积无关，由它们算得的值是精确的；对超静定结构，s_k与τ_{ik}依赖于断面积，取作常数只是一种近似，然而沿着通过原点的射线来改变设计时，s_k和τ_{ik}不变，所以，可按式(2-114)计算在射线上给出的应力的准确值，按式(2-115)计算在射线上给出的应力导数的准确值。

有了式(2-122)和式(2-123)，可以代替原应力约束（例如只考虑上界）

$$\sigma_k\leqslant\bar{\sigma}_k$$

采用两种近似方法：

$$\sigma_k\approx\frac{s_k^\circ}{A_k}\leqslant\bar{\sigma}_k \tag{2-124}$$

$$\sigma_k \approx \sigma_k^\circ + \sum_{i=1}^{n} \left(\frac{\partial \sigma_k}{\partial A_i}\right) \Big|_{A^\circ} (A_i - A_i^\circ)$$

$$= \sigma_k^\circ + \sum_{i=1}^{n} \left(\frac{-\tau_{ik}^\circ}{(A_i^\circ)^2}\right)(A_i - A_i^\circ) \leqslant \bar{\sigma}_k \qquad (2\text{-}125)$$

其中式(2-124) 是满应力法所用近似,它在射线上给出了精确值,零阶近似;而式(2-125) 是应力函数按普通泰勒展式意义下的一阶近似。这里的零阶、一阶不是在相同意义下的。事实上,将式(2-125) 截取一项所得到的零阶近似并不给出式(2-124),式(2-125) 是以内力的零阶近似为基础而得到,它的优点是对静定桁架按此式迭代只要一次便收敛。为了比较,下面建立以内力一阶展式为基础的应力近似表达式:

$$s_k \approx s_k^\circ + \sum_{i=1}^{n} \left(\frac{\partial s_k}{\partial A_i}\right) \Big|_{A^\circ} (A_i - A_i^\circ) \qquad (2\text{-}126)$$

其中,

$$\frac{\partial s_k}{\partial A_i} = \frac{\partial}{\partial A_i}(\sigma_k A_k) = \begin{cases} A_k \dfrac{\partial \sigma_k}{\partial A_i} & i \neq k \\ \sigma_k + A_k \dfrac{\partial \sigma_k}{\partial A_k} & i = k \end{cases} \qquad (2\text{-}127)$$

从而

$$s_k \approx s_k^\circ + \sum_{i=1}^{n} A_k^\circ \left(\frac{\partial \sigma_k}{\partial A_i}\right) \Big|_{A^\circ} (A_i - A_i^\circ) + \sigma_k^\circ (A_k - A_k^\circ)$$

或

$$\sigma_k \approx \frac{s_k^\circ}{A_k} + \frac{A_k^\circ}{A_k} \sum_{i=1}^{n} \left(\frac{\partial \sigma_k}{\partial A_i}\right) \Big|_{A^\circ} (A_i - A_i^\circ) + \sigma_k^\circ \left(1 - \frac{A_k^\circ}{A_k}\right) \qquad (2\text{-}128)$$

截取第一项得到对应于满应力的零阶近似,取用完整的三项得到基于内力一阶近似基础上的应力近似。由于在结构设计改变时内力相对稳定,式(2-128) 可能比式(2-125) 近似程度更高,但是,式(2-128) 不是断面积的线性函数。

上面关于应力的近似表达式的讨论说明，通过适当的函数变换，我们可以得到不同近似程度的近似表达式。对特定的结构优化问题，利用适当的变换可以构造更高效的算法。

2.6.3 结构固有频率对断面积的灵敏度

受到动力荷载的结构，固有频率的大小是十分重要的。例如，回转机器的基础结构的自振频率就要避开回转机器的工作转速，以免发生共振。下面我们给出桁架一类结构的固有频率对设计变量的灵敏度。

由结构动力学可知，结构作自由振动时，运动方程可写成：

$$\boldsymbol{M}\frac{\mathrm{d}^2\boldsymbol{D}}{\mathrm{d}t^2}+\boldsymbol{KD}=\boldsymbol{0} \tag{2-129}$$

式中 $\boldsymbol{D}=(D_1(t),D_2(t),\cdots,D_N(t))^{\mathrm{T}}$ 为结构节点随时间 t 而变的位移；

$\boldsymbol{M}$—— 结构的质量矩阵；

$\boldsymbol{K}$—— 结构的刚度矩阵；

t—— 时间。

取 $\boldsymbol{D}=\boldsymbol{d}\sin\omega t$，代入式(2-129)后可将因子 $\sin\omega t$ 消去后得

$$\boldsymbol{Kd}=\omega^2\boldsymbol{Md} \tag{2-130}$$

这是一个特征值问题，待求的自振频率 ω^2 便是特征值，$\boldsymbol{d}$ 是相应于 ω^2 的特征向量。

将式(2-130)两端对设计变量 A_i 求导，得

$$\frac{\partial\boldsymbol{K}}{\partial A_i}\boldsymbol{d}+\boldsymbol{K}\frac{\partial\boldsymbol{d}}{\partial A_i}=\frac{\partial\omega^2}{\partial A_i}\boldsymbol{Md}+\omega^2\frac{\partial\boldsymbol{M}}{\partial A_i}\boldsymbol{d}+\omega^2\boldsymbol{M}\frac{\partial\boldsymbol{d}}{\partial A_i}$$

两端乘上 $\boldsymbol{d}^{\mathrm{T}}$ 得

$$\begin{aligned}&\boldsymbol{d}^{\mathrm{T}}\frac{\partial\boldsymbol{K}}{\partial A_i}\boldsymbol{d}+\boldsymbol{d}^{\mathrm{T}}\boldsymbol{K}\frac{\partial\boldsymbol{d}}{\partial A_i}\\&=\boldsymbol{d}^{\mathrm{T}}\boldsymbol{Md}\frac{\partial\omega^2}{\partial A_i}+\omega^2\boldsymbol{d}^{\mathrm{T}}\frac{\partial\boldsymbol{M}}{\partial A_i}\boldsymbol{d}+\omega^2\boldsymbol{d}^{\mathrm{T}}\boldsymbol{M}\frac{\partial\boldsymbol{d}}{\partial A_i}\end{aligned} \tag{2-131}$$

注意到若在式(2-130)两端同时乘上$\left(\frac{\partial \boldsymbol{d}}{\partial A_i}\right)^{\mathrm{T}}$,得

$$\left(\frac{\partial \boldsymbol{d}}{\partial A_i}\right)^{\mathrm{T}} \boldsymbol{K d} = \omega^2 \left(\frac{\partial \boldsymbol{d}}{\partial A_i}\right)^{\mathrm{T}} \boldsymbol{M d}$$

代入式(2-131),得

$$\frac{\partial \omega^2}{\partial A_i} = \frac{\boldsymbol{d}^{\mathrm{T}} \dfrac{\partial \boldsymbol{K}}{\partial A_i}\boldsymbol{d} - \omega^2 \boldsymbol{d}^{\mathrm{T}} \dfrac{\partial \boldsymbol{M}}{\partial A_i}\boldsymbol{d}}{\boldsymbol{d}^{\mathrm{T}} \boldsymbol{M d}} \tag{2-132}$$

这个频率灵敏度表达式并没有涉及任何结构物或$\boldsymbol{d}$的特殊性质。如果考虑到通常在结构动力学中振形$\boldsymbol{d}$是对于$\boldsymbol{M}$归一化的,则可简化为

$$\frac{\partial \omega^2}{\partial A_i} = \boldsymbol{d}^{\mathrm{T}} \frac{\partial \boldsymbol{K}}{\partial A_i}\boldsymbol{d} - \omega^2 \boldsymbol{d}^{\mathrm{T}} \frac{\partial \boldsymbol{M}}{\partial A_i}\boldsymbol{d} \tag{2-133}$$

结构刚度阵和质量阵都可由单元刚度阵和质量阵迭加而得,$\boldsymbol{K}$和$\boldsymbol{M}$都可表示成

$$\boldsymbol{K} = \sum_{i=1}^{n} \boldsymbol{k}_i, \quad \boldsymbol{M} = \sum_{i=1}^{n} \boldsymbol{m}_i + \boldsymbol{M}_c$$

式中　$\boldsymbol{M}_c$—— 模拟集中质量块等不具有结构刚度的非结构质量。

如果$\boldsymbol{k}_i$和$\boldsymbol{m}_i$正比于设计变量A_i,有

$$\frac{\partial \omega^2}{\partial A_i} = \boldsymbol{d}^{\mathrm{T}} \frac{\partial \boldsymbol{k}_i}{\partial A_i}\boldsymbol{d} - \omega^2 \boldsymbol{d}^{\mathrm{T}} \frac{\partial \boldsymbol{m}_i}{\partial A_i}\boldsymbol{d} = \frac{1}{A_i}\left[\boldsymbol{d}^{\mathrm{T}} \boldsymbol{k}_i \boldsymbol{d} - \omega^2 \boldsymbol{d}^{\mathrm{T}} \boldsymbol{m}_i \boldsymbol{d}\right] \tag{2-134}$$

式中　$\boldsymbol{k}_i, \boldsymbol{m}_i$—— 已经放大为和结构刚度阵同阶的第$i$单元的单元刚度阵和单元质量阵;

$\boldsymbol{d}^{\mathrm{T}} \boldsymbol{k}_i \boldsymbol{d}$—— 自由振动时,结构发生相应于频率$\omega$的振形$\boldsymbol{d}$时,第$i$单元具有的最大弹性变形能;

$\omega^2 \boldsymbol{d}^{\mathrm{T}} \boldsymbol{m}_i \boldsymbol{d}$—— 第$i$单元具有的最大动能(不计非结构质量)。

2.6.4　屈曲临界荷载灵敏度

杆系结构在受到压缩荷载时,可能发生总体失稳和局部失稳。

局部失稳在优化中通常采用一些现存的近似公式来处理(见式(2-24)),总体失稳的临界荷载则应该由求解下列特征值问题来确定:

$$\boldsymbol{K}\boldsymbol{d} - \lambda \boldsymbol{S}\boldsymbol{d} = \boldsymbol{0} \tag{2-135}$$

式中 $\boldsymbol{d}$—— 失稳波型;

$\boldsymbol{S}$—— 结构几何刚度阵;

λ—— 失稳临界荷载。

采用和以前推导频率灵敏度同样的方法可以导出

$$\frac{\partial \lambda}{\partial A_i} = \frac{1}{\boldsymbol{d}^{\mathrm{T}}\boldsymbol{S}\boldsymbol{d}}\left[\boldsymbol{d}^{\mathrm{T}}\frac{\partial \boldsymbol{K}}{\partial A_i}\boldsymbol{d} - \lambda \boldsymbol{d}^{\mathrm{T}}\frac{\partial \boldsymbol{S}}{\partial A_i}\boldsymbol{d}\right] \tag{2-136}$$

式(2-136)中的$\frac{\partial \boldsymbol{K}}{\partial A_i}$可作和以前一样的化简,困难的是$\frac{\partial \boldsymbol{S}}{\partial A_i}$,这是由于 $\boldsymbol{S}$ 是决定于屈曲前结构内部的初应力,当设计改变时,初应力也发生改变,$\boldsymbol{S}$ 和 $\boldsymbol{A}$ 的关系比较复杂。

对于静定结构,因为

$$\frac{\partial \boldsymbol{S}}{\partial A_i} = \boldsymbol{0} \tag{2-137}$$

失稳临界荷载对断面积 A_i 的灵敏度可以化简为

$$\frac{\partial \lambda}{\partial A_i} = \frac{1}{\boldsymbol{d}^{\mathrm{T}}\boldsymbol{S}\boldsymbol{d}}\boldsymbol{d}^{\mathrm{T}}\frac{\partial \boldsymbol{K}}{\partial A_i}\boldsymbol{d} \tag{2-138}$$

2.6.5 结构响应灵敏度计算的有限差分法和半解析法

上面给出的桁架结构位移、应力、频率及屈曲临界荷载对断面积的灵敏度,可以推广到更为复杂的线性弹性有限元结构。对于结构的其他响应量,特别当结构响应的计算需要考虑材料非线性和几何非线性,这些响应量的灵敏度就很难写成简洁的表达式了。在这种情况下,有限差分法是最一般而又简单的方法。

采用有限差分法时,我们除了需要求出在当前设计点 $\boldsymbol{x} =$

$(x_1, x_2, \cdots, x_n)^T$ 的响应量 $R(\boldsymbol{x})$ 外，还要求出邻近点 $(x_1+\Delta x_1, x_2, \cdots, x_n)^T$，$(x_1, x_2+\Delta x_2, \cdots, x_n)^T$ 和 $(x_1, x_2, \cdots, x_n+\Delta x_n)^T$ 的响应量，然后用有限差分法求灵敏度：

$$\begin{aligned}\frac{\partial R}{\partial x_1} &\approx \frac{R(x_1+\Delta x_1, x_2, \cdots, x_n) - R(x_1, x_2, \cdots, x_n)}{\Delta x_1} \\ \frac{\partial R}{\partial x_2} &\approx \frac{R(x_1, x_2+\Delta x_2, \cdots, x_n) - R(x_1, x_2, \cdots, x_n)}{\Delta x_2}\end{aligned} \tag{2-139}$$

等等。这一方法的优点是我们可以把求解结构响应的软件作为黑箱使用，公式推导与编程工作量几乎为零。这个方法有显著的缺点。首先是对结构优化问题来说，求一次响应量就要作一次结构分析，而为了求得在一个点的灵敏度，就要作几次额外的结构分析，工作量惊人。其次，步长 Δx_i 的选择对结果的精度影响很大：步长太大，截断误差太大，计算结果不能反映灵敏度；步长太小，舍入误差会影响计算精度。合适的步长因问题而异，需要试算获得经验。

半解析法是将有限差分法和前面推导的灵敏度解析表达式结合的一种数值方法。我们可以注意到，前面给出的多个灵敏度表达式，如式(2-111)、(2-113)、(2-133) 和(2-136)，都需要单元刚度阵对设计变量的灵敏度 $\dfrac{\partial \boldsymbol{k}_i}{\partial A_i}$。对于本书中主要讨论的桁架结构，如果以杆件断面积为设计变量，单元刚度阵对设计变量的灵敏度很易求得。对于复杂的有限元结构，单元可以是梁板壳实体单元，设计变量也可以是表示单元形状的量，例如节点几何坐标，这种情况下不仅单元刚度阵复杂，而且单元刚度阵和设计变量关系复杂，单元刚度阵对设计变量的灵敏度的解析表达式复杂，难于求得解析表达式，更难于在有限元程序中编程实现。为了避免这些困难，我们可以在式(2-111)、(2-113) 等公式中，令

$$\frac{\partial \boldsymbol{k}_i}{\partial x_j} \approx \frac{\boldsymbol{k}_i(x_1, x_2, \cdots, x_j+\Delta x_j, \cdots, x_n) - \boldsymbol{k}_i(x_1, x_2, \cdots, x_n)}{\Delta x_j}$$

再利用这些解析表达式求得相应的灵敏度。

由于很多商用有限元程序可以根据用户要求提供单元刚度阵和单元质量阵，半解析法成为采用这些程序自行实现灵敏度分析的一种方法。半解析法中步长的选择也是一个有很多研究的问题，除了和有限差分法中遇到的一样的困难外，还会因为单元刚度阵的差分近似中，各个元素近似程度不同而产生非正常误差，对于细长的结构，如果在外力作用下结构中的单元发生较大的转动，误差会随采用的有限元网格的加密而增大，需要特殊的关注。[24]

2.6.6 结构响应灵敏度的应用

本节开始已经指出，在最优化准则算法和运用导数的非线性规划算法中，结构响应灵敏度都是最重要的、反复要用的量。事实上，大型结构优化算例表明，相当大的一部分时间是花在计算响应灵敏度上的。

响应灵敏度的用处并不局限于上面提到的这些。在实际设计一个结构时，完全由计算机来进行全自动优化往往是不现实的。为了比较全面地考虑约束条件，计算机程序会变得非常复杂。有很多技术细节不是由优化算法来决定的，而是依赖于工程师们的经验。更重要的是，设计是工程师的一种创造性活动，充分发挥工程师的创造性，为他们提供更好的设计工具往往和设计全自动的优化程序同等重要。因此，比较切合实际的方法是在利用计算机分析一个设计方案时，除了提供应力、变形等结构响应量的分析结果外，还应告诉工程师改进这个设计的方向。结构响应灵敏度就提供了一个改进设计的信息。它告诉工程师们，设计变量的微小调整会引起结构响应多大变化；为了不破坏约束，对设计变量的调整应有限制。工程师们然后依据自己的经验来决定如何改进设计。正因为这样，很多大型结构分析程序都具备计算响应灵敏度的功能。下面举出一个例子来说明如何利用响应灵敏度。

例 13 如图 2-26 所示的桁架结构,外荷载 $P=10^4$ kgf, $l=100$ cm, 材料的弹性模量 E 为 7.1×10^5 kg/cm²,密度 $\rho=0.0027$ kg/cm³, 材料许用拉应力为 4 000 kg/cm²,许用压应力为 2 500 kg/cm²。要求 A 点的位移 $\delta_x\leqslant0.8$ cm, $\delta_y\leqslant0.4$ cm。工程师们已给出的初始设计为 $A_1=A_2=A_3=4.0$ cm²。

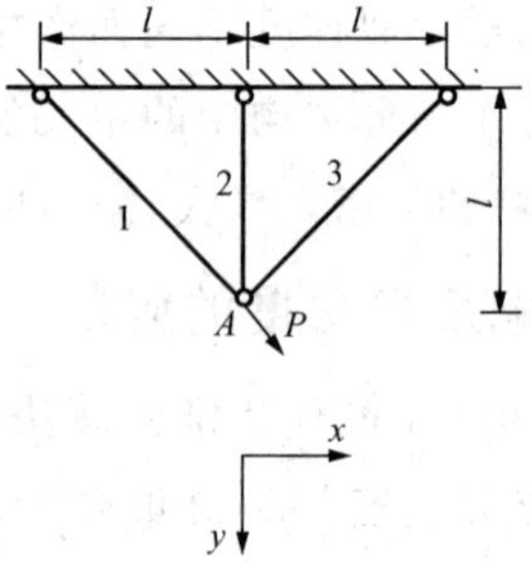

图 2-26

解 在外荷载 P 作用下各杆的内力为

$$\{s_i\}=\begin{Bmatrix}s_1\\s_2\\s_3\end{Bmatrix}=\begin{Bmatrix}P\left(1-\dfrac{A_2A_3}{Q(\mathbf{A})}\right)\\\dfrac{2PA_2A_3}{Q(\mathbf{A})}\\\dfrac{-PA_2A_3}{Q(\mathbf{A})}\end{Bmatrix}$$

式中 $Q(\mathbf{A})=A_1A_2+A_2A_3+\sqrt{2}A_1A_3$。

为了求出位移和位移灵敏度,我们采用虚荷载方法,在点 A 处加一单位水平力(沿 x 正向)时,各杆内力为

$$\{s_{1i}^v\}=\begin{Bmatrix}s_{11}^v\\s_{12}^v\\s_{13}^v\end{Bmatrix}=\begin{Bmatrix}\dfrac{1}{\sqrt{2}}\left(1-\dfrac{A_2A_3-A_1A_2}{Q(\mathbf{A})}\right)\\\dfrac{A_2A_3-A_1A_2}{Q(\mathbf{A})}\\-\dfrac{1}{\sqrt{2}}\left(1+\dfrac{A_2A_3-A_1A_2}{Q(\mathbf{A})}\right)\end{Bmatrix}$$

在点 A 处加上垂直向下的单位力时，各杆内力为

$$\{s_{2i}^v\}=\begin{Bmatrix}s_{21}^v\\ s_{22}^v\\ s_{23}^v\end{Bmatrix}=\begin{Bmatrix}\dfrac{1}{\sqrt{2}}\left(1-\dfrac{A_1A_2+A_2A_3}{Q(\boldsymbol{A})}\right)\\ \dfrac{A_1A_2+A_2A_3}{Q(\boldsymbol{A})}\\ \dfrac{1}{\sqrt{2}}\left(1-\dfrac{A_1A_2+A_2A_3}{Q(\boldsymbol{A})}\right)\end{Bmatrix}$$

将 $A_1=A_2=A_3=4.0$ 代入，求得 $Q(\boldsymbol{A})=54.63$，各杆内力为

$$s_1=7\ 071\ \text{kgf},\quad s_2=5\ 858\ \text{kgf},\quad s_3=-2\ 929\ \text{kgf}$$

各杆应力为

$$\sigma_1=1\ 768\ \text{kg/cm}^2,\quad \sigma_2=1\ 465\ \text{kg/cm}^2,\quad \sigma_3=-732\ \text{kg/cm}^2$$

都未超过许用应力。再来算位移，为此先算出虚荷载产生的内力及 τ_{ij}：

$$s_{11}^v=0.707\ 1,\quad s_{12}^v=0,\quad s_{13}^v=-0.707\ 1$$

$$s_{21}^v=0.292\ 9,\quad s_{22}^v=0.585\ 8,\quad s_{23}^v=0.292\ 9$$

$$\tau_{11}=\frac{s_1s_{11}^vl_1}{E_1}=0.996,\quad \tau_{21}=0,\quad \tau_{31}=0.413$$

$$\tau_{12}=\frac{s_1s_{21}^vl_1}{E_1}=0.413,\quad \tau_{22}=0.483,\quad \tau_{32}=-0.171$$

所以在 x 方向上的位移为

$$\frac{\tau_{11}}{A_1}+\frac{\tau_{31}}{A_3}=0.352\ \text{cm}$$

离开约束还有 0.448 cm 的裕量。而在 y 方向上的位移为

$$\frac{\tau_{12}}{A_1}+\frac{\tau_{22}}{A_2}+\frac{\tau_{32}}{A_3}=0.181\ \text{cm}$$

离开约束还有 0.219 cm 的裕量。现有的设计是一个偏于安全的设计。

下面再来计算位移灵敏度。

$$\frac{\partial\delta_x}{\partial A_1}=\frac{-\tau_{11}}{A_1^2}=-0.0625,\quad \frac{\partial\delta_x}{\partial A_2}=0,\quad \frac{\partial\delta_x}{\partial A_3}=-0.0258$$

$$\frac{\partial\delta_y}{\partial A_1}=-0.0258,\quad \frac{\partial\delta_y}{\partial A_2}=-0.0302,\quad \frac{\partial\delta_y}{\partial A_3}=0.0107$$

这些参数的意义是：如以$\frac{\partial\delta_x}{\partial A_1}$为例，$A_1$每减少 1 cm^2，δ_x会增加 0.062 5 cm。当然，应当记住这只是一种线性近似，它的适用范围不是很大。虽然无法说清这个适用范围，但工程师们仍可预计，减少 1 号杆面积是最经济的，增大 3 号杆面积对减小 y 方向位移是无益的，而且每根杆减少 1 cm^2 大约不会破坏任何一个约束。这样，工程师们就可以建议出一个新设计来，它虽然不是最优的，但总是改进的。

计算响应灵敏度的另一个用处是提供结构近似重分析的资料。我们知道，任何一个优化算法总要对结构作多次重分析，而每分析一次大型结构，工作量是惊人的。因此，在设计变量变化不大时，应尽量避免重分析，这就是本书后面要介绍的一些近似重分析技术，其中之一是利用响应灵敏度的信息。

2.7 多工况、多约束下的优化准则法

在库 - 塔克条件及结构响应灵敏度计算方法的基础上，本节讨论在多工况条件下受到多种约束的桁架类结构的优化准则法。我们先介绍多个位移约束下的准则法的方法、关键和困难，然后扼要地叙述频率约束的处理方法。

2.7.1 多个位移约束的准则法

受到多个位移约束和断面积尺寸上、下界约束的桁架最小重量设计问题可以提成为：求最优断面积 $A_i(i=1,2,\cdots,n)$，

$$\left.\begin{aligned}&\min W=\sum_{i=1}^{n}\rho_i A_i l_i\\&\text{s.t. } u_j-\bar{u}_j\leqslant 0,\ j=1,2,\cdots,J\\&\qquad \underline{A}_i\leqslant A_i\leqslant \overline{A}_i,\ i=1,2,\cdots,n\end{aligned}\right\}\tag{2-140}$$

这里的J是位移约束总数,不同工况下对同一自由度位移的约束也理解为不同的位移约束。

根据2.3节中处理带不等式约束的极值问题的库-塔克条件,可以构造拉格朗日函数:

$$L(\boldsymbol{A},\boldsymbol{\lambda})=W(\boldsymbol{A})+\boldsymbol{\lambda}^{\mathrm{T}}(\boldsymbol{u}-\bar{\boldsymbol{u}})\tag{2-141}$$

或

$$L(\boldsymbol{A},\boldsymbol{\lambda})=\sum_{i=1}^{n}\rho_i A_i l_i+\sum_{j=1}^{J}\lambda_j(u_j-\bar{u}_j)\tag{2-142}$$

库-塔克条件指出,最优的断面积A_i^*应满足

$$\left\{\begin{aligned}&\frac{\partial W}{\partial A_i}+\sum_{j=1}^{J}\lambda_j\frac{\partial u_j}{\partial A_i}\begin{cases}\geqslant 0 & 若\ A_i=\underline{A}_i\\=0 & 若\ \underline{A}_i<A_i<\overline{A}_i\\\leqslant 0 & 若\ A_i=\overline{A}_i\end{cases}\\&\qquad\qquad\qquad\qquad i=1,2,\cdots,n\\&\lambda_j(u_j-\bar{u}_j)=0,\ j=1,2,\cdots,J\\&\lambda_j\geqslant 0,\ u_j-\bar{u}_j\leqslant 0,\ j=1,2,\cdots,J\end{aligned}\right.\tag{2-143}$$

前面曾给出过位移及位移导数的显式:

$$u_j=\sum_{i=1}^{n}\frac{\tau_{ij}}{A_i},\quad \frac{\partial u_j}{\partial A_i}=-\frac{\tau_{ij}}{A_i^2}$$

另外

$$\frac{\partial W}{\partial A_i}=\rho_i l_i$$

式(2-143)可化为

$$\begin{cases} \rho_i l_i - \sum_{j=1}^{J} \lambda_j \dfrac{\tau_{ij}}{A_i^2} \begin{cases} \geqslant 0 & 若 A_i = \underline{A}_i \\ = 0 & 若 \underline{A}_i < A_i < \overline{A}_i \\ \leqslant 0 & 若 A_i = \overline{A}_i \end{cases} \\ \qquad\qquad i = 1,2,\cdots,n \\ \lambda_j \left(\sum_{i=1}^{n} \dfrac{\tau_{ij}}{A_i} - \bar{u}_j \right) = 0, j = 1,2,\cdots,J \\ \lambda_j \geqslant 0, \sum_{i=1}^{n} \dfrac{\tau_{ij}}{A_i} \leqslant \bar{u}_j, j = 1,2,\cdots,J \end{cases} \tag{2-144}$$

将式(2-144)中自由变量 $A_i(\underline{A}_i < A_i < \overline{A}_i)$ 所满足的关系加以适当的变换可求得

$$\sum_{j=1}^{J} \lambda_j \left(\frac{\tau_{ij}}{A_i} \right) / \rho_i l_i A_i = \frac{e_i}{W_i} = 1 \tag{2-145}$$

式中

$$e_i = \sum_{j=1}^{J} \lambda_j \frac{\tau_{ij}}{A_i} = \frac{s_i l_i}{E_i A_i} \sum_{j=1}^{J} \lambda_j s_{ji}^{v}$$

$$W_i = \rho_i l_i A_i$$

回忆 2.4 节，我们曾指出 $\dfrac{s_i l_i}{E_i A_i}$ 是 i 号杆在实荷载下的伸长，$\sum_{j=1}^{J} \lambda_j s_{ji}^{v}$ 可以看作虚荷载产生的虚内力，这个虚荷载是相应于位移约束 $u_j \leqslant \bar{u}_j (j = 1,2,\cdots,J)$ 的虚荷载 $\boldsymbol{q}_j^v$ 的线性组合 $\sum_{j=1}^{J} \lambda_j \boldsymbol{q}_j^v$。因此 e_i 是在 i 号杆存储的虚应变能，或虚荷载 $\sum_{j=1}^{J} \lambda_j \boldsymbol{q}_j^v$ 所产生的 i 号杆虚内力在实荷载产生的伸长上所作的虚功，而 $\dfrac{e_i}{W_i}$ 就是 i 号杆的单位重量所存储的虚应变能，或 i 号杆存储的比虚应变能。所以，式(2-145)的物理意义可以解释为：在最优结构中，所有自由变量的杆件中所存储的比虚应变都能相等。

由于 τ_{ij} 对静定结构是常数，可以把式(2-144)作进一步的变换，使得设计变量 A_i^* 用“显式”表示出来(上标 * 省略)，这就是：

主动变量：

$$A_i=\sqrt{\frac{\sum_{j=1}^{J}\lambda_j\tau_{ij}}{\rho_i l_i}},\quad 若\ \underline{A}_i^2<\frac{\sum_{j=1}^{J}\tau_{ij}\lambda_j}{\rho_i l_i}<\overline{A}_i^2 \tag{2-146a}$$

被动变量：

$$A_i=\underline{A}_i,\quad 若\frac{\sum_{j=1}^{J}\tau_{ij}\lambda_j}{\rho_i l_i}\leqslant(\underline{A}_i)^2 \tag{2-146b}$$

$$A_i=\overline{A}_i,\quad 若\frac{\sum_{j=1}^{J}\tau_{ij}\lambda_j}{\rho_i l_i}\geqslant(\overline{A}_i)^2 \tag{2-146c}$$

有效约束(又称主动约束)：

$$\lambda_j\geqslant 0,\quad 若\sum_{i=1}^{n}\frac{\tau_{ij}}{A_i}=\bar{u}_j \tag{2-146d}$$

无效约束(又称被动约束)：

$$\lambda_j=0,\quad 若\sum_{i=1}^{n}\frac{\tau_{ij}}{A_i}<\bar{u}_j \tag{2-146e}$$

上面这些式子似乎是给出了 A_i^* 的显式，实际上并非如此。和单个位移约束相似，对超静定桁架，τ_{ij} 并不是常数，该式只能作为迭代公式使用；对静定桁架，τ_{ij} 是常数，但仍然存在两个困难：区分主、被动变量，即在(2-146a ~ c)三式中取用哪个式子；区分有效、无效约束，即在(2-146d、e)两式中取用哪个式子。下面，我们给出一个静定桁架受两个位移约束的例题，来说明上列最优化准则的应用及区分有效、无效约束是一件不容易的事。

例 14 待优化的结构的几何尺寸及其受力情况如图 2-23 所示，对设计所加的约束条件有两个，其一是点 3 处的垂直位移 u_3 应不大于指定值$\bar{u}$，其二是点 3 处的水平位移$|v_3|$应不大于 $0.2\bar{u}$。假

定对断面积没有上、下界的限制。

解 如 2.5 节中已给出的，在外力作用下各杆内力为

$$s_1 = 3P, \quad s_2 = \sqrt{2}P, \quad s_3 = -P, \quad s_4 = -2\sqrt{2}P$$

和第一个位移约束（$u_3 \leqslant \bar{u}$）相应的虚荷载作用下各杆的内力为

$$s_{11}^v = 2, \quad s_{12}^v = \sqrt{2}, \quad s_{13}^v = -1, \quad s_{14}^v = -\sqrt{2}$$

和第二个位移约束（$|v_3| \leqslant 0.2\bar{u}$）相应的虚荷载作用下各杆的内力为

$$s_{21}^v = 0, \quad s_{22}^v = 0, \quad s_{23}^v = -1, \quad s_{24}^v = 0$$

利用计算位移的莫尔公式，这个桁架的最小重量设计问题可提成：

求 A_1, A_2, A_3, A_4，

$$\left.\begin{aligned} &\min W = \rho l(A_1 + \sqrt{2}A_2 + 2A_3 + \sqrt{2}A_4) \\ &\text{s.t.}\ \frac{6}{A_1} + \frac{2\sqrt{2}}{A_2} + \frac{2}{A_3} + \frac{4\sqrt{2}}{A_4} \leqslant \frac{E\bar{u}}{Pl} \\ &\qquad \frac{1}{A_3} \leqslant 0.1\frac{E\bar{u}}{Pl} \end{aligned}\right\}$$

根据目标函数和约束条件，构造拉格朗日函数为

$$L = \rho l(A_1 + \sqrt{2}A_2 + 2A_3 + \sqrt{2}A_4) +$$

$$\lambda_1\left(\frac{6}{A_1} + \frac{2\sqrt{2}}{A_2} + \frac{2}{A_3} + \frac{4\sqrt{2}}{A_4} - \frac{E\bar{u}}{Pl}\right) + \lambda_2\left(\frac{1}{A_3} - 0.1\frac{E\bar{u}}{Pl}\right)$$

库-塔克条件为

$$\begin{cases} \rho l - \dfrac{6\lambda_1}{A_1^2} = 0 \\ \sqrt{2}\rho l - \lambda_1 \dfrac{2\sqrt{2}}{A_2^2} = 0 \\ 2\rho l - \lambda_1 \dfrac{2}{A_3^2} - \lambda_2 \dfrac{1}{A_3^2} = 0 \\ \sqrt{2}\rho l - \dfrac{4\sqrt{2}\lambda_1}{A_4^2} = 0 \end{cases}$$

注意，由于我们认为 A_1, A_2, A_3 和 A_4 均为自由变量，所以上式均取等号。除上列条件外，还有

$$\begin{cases} \lambda_1\left(\dfrac{6}{A_1}+\dfrac{2\sqrt{2}}{A_2}+\dfrac{2}{A_3}+\dfrac{4\sqrt{2}}{A_4}-\dfrac{E\bar{u}}{Pl}\right)=0, \quad \lambda_1 \geqslant 0 \\ \lambda_2\left(\dfrac{1}{A_3}-0.1\dfrac{E\bar{u}}{Pl}\right)=0, \quad \lambda_2 \geqslant 0 \end{cases}$$

以及原问题提法中对位移的约束条件。

为了求得 $A_1, A_2, A_3, A_4, \lambda_1$ 和 λ_2 的解，我们只能如在 2.3 节中关于库-塔克条件的例题那样，分成四种情况来讨论，即：$\lambda_1=\lambda_2=0$；$\lambda_1=0, \lambda_2>0$；$\lambda_1>0, \lambda_2=0$；$\lambda_1>0, \lambda_2>0$。这实际上是区分哪些是有效约束，哪些是无效约束。如果取 $\lambda_1>0, \lambda_2=0$，也就是假定点 3 处的垂直位移 u_3 约束有效，水平位移 v_3 约束无效，这也就是前面 2.5 节例 10 中已经给出的解：

$$A_1^*=22.73\frac{Pl}{E\bar{u}}, \quad A_2^*=13.12\frac{Pl}{E\bar{u}}$$

$$A_3^*=9.28\frac{Pl}{E\bar{u}}, \quad A_4^*=18.56\frac{Pl}{E\bar{u}}$$

将此解代入 v_3 方向的位移约束，可发现：

$$\frac{1}{A_3}=\frac{1}{9.28}\frac{E\bar{u}}{Pl}>0.1\frac{E\bar{u}}{Pl}$$

违反约束条件，所以上列解是不适合的。

现在设 $\lambda_1=0, \lambda_2>0$，即第一个约束无效，第二个约束有效。但是 $\lambda_1=0$ 是不能满足其他几个方程的，所以这种情况也被否定了。

再考虑 $\lambda_2>0, \lambda_1>0$，即两个约束都有效的情况。由第二个约束有效可解出 $A_3=\dfrac{10Pl}{E\bar{u}}$，代回库-塔克条件可知

$$\rho l=\frac{6\lambda_1}{A_1^2}, \quad A_1=\sqrt{\frac{6\lambda_1}{\rho l}}$$

$$\sqrt{2}\rho\, l = \frac{2\sqrt{2}\lambda_1}{A_2^2},\quad A_2 = \sqrt{\frac{2\lambda_1}{\rho\, l}}$$

$$\sqrt{2}\rho\, l = \frac{4\sqrt{2}\lambda_1}{A_4^2},\quad A_4 = 2\sqrt{\frac{\lambda_1}{\rho\, l}}$$

将由此得到的 $A_1 \sim A_4$ 代入第一个位移约束取等式的条件,得

$$\sqrt{6}\sqrt{\frac{\rho\, l}{\lambda_1}} + 2\sqrt{\frac{\rho\, l}{\lambda_1}} + \frac{E\bar{u}}{5Pl} + 2\sqrt{2}\sqrt{\frac{\rho\, l}{\lambda_1}} = \frac{E\bar{u}}{Pl}$$

或

$$\sqrt{\frac{\rho\, l}{\lambda_1}} = 0.109\ 9\,\frac{E\bar{u}}{Pl}$$

进一步,

$$A_1^* = 22.28\,\frac{Pl}{E\bar{u}},\quad A_2^* = 12.87\,\frac{Pl}{E\bar{u}}$$

$$A_4^* = 18.20\,\frac{Pl}{E\bar{u}}$$

而相应的重量为

$$W^* = 86.22\,\frac{P\rho\, l^2}{E\bar{u}}$$

和以前结果比较可知,这是个最优解。

上面这个例题是静定桁架没有尺寸约束,而只有两个位移约束的最简单情况。可以设想,如果用这样的方法来区分有效、无效约束,若稍稍多一些约束,计算工作量将是惊人的。

对于超静定桁架,由于 τ_{ij} 依赖于 $\boldsymbol{A}$,而条件(2-146) 只在最优解 $\boldsymbol{A}^*$ 才成立,$\boldsymbol{A}^*$ 却预先并不知道,所以式(2-146) 只能作为一个迭代公式来使用。迭代时,应该先假定有了一个设计 $\boldsymbol{A}^0$,对这个设计用有限元法或其他方法作结构分析,求出内力分布 ……,定出 τ_{ij}^0。在有了 τ_{ij}^0 后,将(2-146a ~ c) 作为迭代公式来确定新的、改进的断面积分布,即

$$A_i^n = \begin{cases} \underline{A}_i, & 若 \frac{1}{\rho_i l_i} \sum_{j=1}^{J} \lambda_j^\circ \tau_{ij}^\circ \leqslant \underline{A}^2 \\ \frac{1}{\sqrt{\rho_i l_i}} \sqrt{\sum_{j=1}^{J} \lambda_j^\circ \tau_{ij}^\circ}, & 若 \underline{A}_i < \frac{1}{\rho_i l_i} \sum_{j=1}^{J} \lambda_j^\circ \tau_{ij}^\circ < \overline{A}_i^2 \\ \overline{A}_i, & 若 \frac{1}{\rho_i l_i} \sum_{j=1}^{J} \lambda_j^\circ \tau_{ij}^\circ \geqslant \overline{A}_i^2 \end{cases} \tag{2-147}$$

但是，实际使用这些迭代公式时，需要知道 λ_j° 才能算出改进的断面积分布 A_i^n，而 λ_j° 未知。等于零的 λ_j° 当然在式(2-147)的计算中不出现。为了求得不等于零的 λ_j°，可以将式(2-147)中的 A_i^n 代入近似的式(2-146d)(对应于每一个不为零的 λ_j° 有一个这样的方程)：

$$\sum_{i=1}^{n} \frac{\tau_{ij}^\circ}{A_i^n} = \bar{u}_j, \quad 对\ \lambda_j^\circ \geqslant 0 \tag{2-148}$$

由它们可以得到一组以 λ_j° 为未知数的方程组。然而哪些 λ_j° 取零值(相应的约束无效)、哪些 λ_j° 不为零(相应的约束有效)也是事先不知道的，所以建立 λ_j° 为未知数的方程组并不容易。最后，纵然约束的划分已知，包含 λ_j° 的方程组也不易求解，原因是当 λ_j° 变化时，A_i^n 的表达式可能取(2-146a ~ c)中的某一个，也就是说，A_i^n 可以在主动、被动变量间来回变动。总之，对于给定的 τ_{ij}°，求解式(2-146)的困难有三个方面：

(1) 区分约束是有效还是无效；

(2) 区分设计变量是主动还是被动；

(3) 求解包含 λ_j° 的一组非线性方程组。

在克服这三个困难求得一个改进的设计 A_i^n 后，就可以重复这一过程，即作结构分析，计算 τ_{ij} 等等。如此循环，直到前后两次迭代得到的设计改变小到满足某种准则才算收敛。

为了区分设计变量是主动和被动，可以采用“试代修正”的方法，即采用在 2.5 节中介绍的迭代算法。另外，在迭代过程中，除了使用式(2-147) 这样的迭代格式外，还可以使用依据最优化准则导出的其他迭代格式。其中常用的迭代格式是式(2-145) 所示的由自由变量满足的最优化准则：

$$1=\sum_{j=1}^{J}\frac{\lambda_j\tau_{ij}}{\rho_i l_i A_i^2}$$

两端都取 $\frac{1}{\eta}$ 次方，再在两端同时乘上 A_i，得

$$A_i=A_i\left(\sum_{j=1}^{J}\frac{\lambda_j\tau_{ij}}{\rho_i l_i A_i^2}\right)^{\frac{1}{\eta}} \tag{2-149}$$

再把这个本来只在最优点成立的式子改写为迭代公式：

$$A_i^{(k+1)}=A_i^{(k)}\left(\sum_{j=1}^{J}\frac{\lambda_j^{(k)}\tau_{ij}^{(k)}}{\rho_i l_i (A_i^{(k)})^2}\right)^{\frac{1}{\eta}} \tag{2-150}$$

如果 η 取 2 就恢复为式(2-147)。上式还可以进一步加以改造，写成

$$A_i^{(k+1)}=A_i^{(k)}\left\{\left[\sum_{j=1}^{J}\frac{\lambda_j^{(k)}\tau_{ij}^{(k)}}{\rho_i l_i (A_i^{(k)})^2}\right]-1+1\right\}^{\frac{1}{\eta}} \tag{2-151}$$

然后对右端作二项式展开，只保留其中的线性项，得

$$A_i^{(k+1)}=A_i^{(k)}+\Delta A_i^{(k)} \tag{2-152}$$

式中

$$\Delta A_i^{(k)}=\frac{1}{\eta}\left[\sum_{j=1}^{J}\frac{\lambda_j^{(k)}\tau_{ij}^{(k)}}{\rho_i l_i (A_i^{(k)})^2}-1\right]A_i^{(k)} \tag{2-153}$$

为了克服其他两个困难，准则法中提出了几个计算拉格朗日乘子的方法，下面介绍其中之一。

设第 k 次迭代时，断面积为 $\mathbf{A}^{(k)}$，位移为 $u_j(\mathbf{A}^{(k)})$；第 $k+1$ 次迭代时，断面积为 $\mathbf{A}^{(k+1)}=\mathbf{A}^{(k)}+\Delta\mathbf{A}^{(k)}$，位移为 $u_j(\mathbf{A}^{(k+1)})$。希望在第 $k+1$ 次迭代时，第 j 号位移约束成为主动的，即

$$u_j(\mathbf{A}^{(k+1)})=\bar{u}_j$$

但是利用泰勒展式

$$u_j(\boldsymbol{A}^{(k+1)}) = u_j(\boldsymbol{A}^{(k)}) + \sum_{i=1}^{n} \frac{\partial u_j}{\partial A_i}(\boldsymbol{A}^{(k)})\Delta A_i^{(k)}$$

注意

$$\frac{\partial u_j}{\partial A_i}(\boldsymbol{A}^{(k)}) = -\frac{\tau_{ij}^{(k)}}{(A_i^{(k)})^2}$$

再利用断面积的增量公式(2-153),得

$$\sum_{l=1}^{J}\lambda_l^{(k)}\sum_{i=1}^{n}\frac{\tau_{ij}^{(k)}\tau_{il}^{(k)}}{\rho_i l_i (A_i^{(k)})^3} = (1+\eta)u_j(\boldsymbol{A}^{(k)}) - \eta\bar{u}_j,\ j = 1,2,\cdots,J \tag{2-154}$$

对于每一个有效的约束都有一个这样的方程,得到的方程组是一个关于拉格朗日乘子的线性方程组,可用来求解那些与有效约束相应的非零的拉格朗日乘子,而且它们应该是非负的。如果由式(2-154)求出的某个拉格朗日乘子不满足非负条件,这说明有些约束不应该选作有效约束。因此,也要采用试代修正的方法来决定哪些约束是有效的。具体的做法是:可以先假定某些约束是有效的,建立相应的方程来求解相应的不为零的 λ_j,如果所有 λ_j 均大于零,说明这一假设是正确的,但是仍可能漏掉一些有效约束,应当再加几个约束试试。如果解出某几个 $\lambda_j \leqslant 0$,则应减去这几个约束再解 λ_j。但是这种直觉的迭代算法是不能保证收敛的。

根据上面的确定拉格朗日乘子的公式(2-154),修改断面积的公式(2-152)、(2-153)或(2-147)、(2-149),再结合满应力准则设计中齿行法的经验,人们作过不少努力,想出种种办法来解决这些困难。[25] 其中也有不少比较切实有效的算法。但是,应该说比较重大的突破只是在 20 世纪 80 年代后把数学规划法和准则设计法结合起来后才取得的。属于这一类方法的有史密特、弗劳雷在 ACCESS3 程序系统中提出的对偶规划法,还有国内以钱令希教授为首所研制的序列二次规划的算法。由于这些方法涉及面较广,所以将在以后介绍。为了使读者更好地理解准则法,吸取准则法中有

用的技巧，下面我们介绍一下简单实用的包络法和最严约束法。

2.7.2 包络法和最严约束法

在叙述这个方法之前，先把我们优化的问题(2-140)推广一下。除了变位约束外还考虑对杆件的应力约束，即在原问题上增加对每根杆在各种工况下的应力约束：

$$\underline{\sigma}_i \leqslant \sigma_{il} \leqslant \overline{\sigma}_i \quad i = 1,2,\cdots,n,l = 1,2,\cdots,LN \tag{2-155}$$

式中 LN—— 工况数。

在优化准则算法中，应力约束一般是用满应力准则来处理的，即在第 k 次迭代时，对断面积为 $\mathbf{A}^{(k)}$ 的设计进行结构分析，求出各杆在各种工况下的应力 $\sigma_{il}^{(k)}$，然后利用应力比的概念将第 $k+1$ 次迭代时设计变量的下界修改为

$$\underline{A}_i^{(k+1)} = \max\{\underline{A}_i, A_i^{(k)}\sigma_{il}^{(k)}/\sigma_i^a; l = 1,2,\cdots,LN\} \tag{2-156}$$

式中 σ_i^a—— 当 $\sigma_{il}^{(k)} \geqslant 0$ 时取 $\overline{\sigma}_i$，当 $\sigma_{il}^{(k)} < 0$ 时取$\underline{\sigma}_i$。

这样，在迭代的每一阶段，问题就简化为(2-140)的形式了。当然要注意的是，随着迭代的进展，设计变量的下限是在不断改动的；对于只有应力约束而满应力法失败的问题，如果附加变位约束，上述应力约束处理方法也不会很有成效。此时，最好把应力约束也当作位移约束，采用一阶线性展开的办法来处理。

包络法的基本思想是把每一个位移约束先单独地考虑，求出在这个位移约束下改进后的断面积 A_i，然后，对每一个设计变量，在所有的值中挑出最大的来作为新的设计。

把这个基本思想用公式表示出来为

$$\begin{cases} A_i^{(k+1)} = \max\limits_{j=1,\cdots,J}\left\{\dfrac{1}{\overline{u}_j - u_j^p}\left(\dfrac{\tau_{ij}}{\rho_i l_i}\right)^{\frac{1}{2}} \sum\limits_{l=1}^{n_j'} \sqrt{\tau_{lj}\rho_l l_l}\right\}, \text{对主动变量} & \text{(2-157a)} \\ A_i^{(k+1)} = \underline{A}_i^{(k+1)} \text{ 或 } \overline{A}_i, \text{对被动变量} & \text{(2-157b)} \end{cases}$$

式中 n'_j—— 对 j 号约束来说是主动变量的变量数；

u_j^p —— 除去这n'_j个变量后的被动变量对 j 号位移的贡献（见式(2-98)）。

使用这个公式的主要困难是对每一个约束 j，要确定其相应的主动变量和被动变量。为此，建议了一个直觉的法则，规定满足下列条件的变量称为 j 号约束的主动变量：

(1)$\tau_{ij} > 0$；

(2) 按式(2-157a) 算出的 $A_i^{(k+1)}$ 满足

$$\underline{A}_i^{(k+1)} < A_i^{(k+1)} < \overline{A}_i$$

式中 $\underline{A}_i^{(k+1)}$ —— 由式(2-156) 给出。

(3)$A_i^{(k+1)}$ 是在上式取 $\max\limits_{j=1,\cdots,J}$ 时选中的，亦即和其他约束相比，j 号约束给出的值最大。

根据这个主、被动变量划分的原则，容易看出式(2-157) 的执行必须是迭代地进行的。即一开始主要依据 τ_{ij} 来划分主、被动变量并计算 u_j^p，然后根据式(2-157) 算出的 A_i 及上面三条原则来调整主、被动变量的划分，直到主、被动变量没有变化为止。已有的一些经验表明，这一迭代收敛很快。

按照包络法建立的算法在实践中证明，当约束数不太多时是比较有效的，并且一般来说不会遇到数值困难。

最严约束法可以看作包络法的进一步简化，它的出发点是在实际优化计算中求得的最终的、接近最优的设计往往只受到一个临界约束的控制。众所周知，在一般情形下，结构优化的最优解总是在可行域的边界，它虽然可能落在一个最严约束曲面上，但也可能落在几个约束曲面的交点上。当最优点落在几个约束曲面的交点上时，由于计算的舍入误差和优化结果的近似性，对实际优化计算中得到的最终设计来说，往往只有一个约束是真正达到临界值的。换句话说，我们往往并不能真正求得其交点，而只能求得这个交点的邻近点——它当然还是只在一个约束曲面上，这就是只考虑最严约束的理由。由于作了只考虑一个最严约束的假定，所以就解决了选择有效及无效约束这个问题。

最严约束法的具体做法是：在第 k 次迭代时，对当前的设计方案 $A_i^{(k)}$ 作结构分析，然后从数目众多的位移约束和应力约束中挑选出一个最严的约束来，再对设计点用射线步作可行性调整，将它引到这个最严约束曲面上来。根据这个最严约束的性质来决定应走的优化步：如果最严的约束是应力约束，则走满应力准则步；如果最严的约束是位移约束，则走位移准则步。但不管走哪一种步，都用运动极限或松弛因子限制这个步长，不让它走得太大。得到一个新设计后又重复这一过程，直到前后两次迭代得到的设计差别很小方可结束迭代。

钱令希教授发展了最严约束法的基本思想，把对断面积上、下限的约束放到走准则步时处理，而在射线步时不作处理；当前后两次迭代给出的断面积相差很小时，不作结构重分析，而只作近似的重分析。在其专著[20]中给出的实例表明，计算的效果在很多情况下都特别好。当然，在有些问题中，迭代会发生摆动，这往往是因为设计点在两个约束的交点附近。

2.7.3　带频率禁区的优化准则法[26]

在对旋转机器的轴系进行动力设计时，经常遇到的一个问题是：如何调整轴的断面积，既减少轴系的重量又使轴系的自振频率和工作转速避开一定的距离。例如，用 ω_W 代表工作转速，要使它和轴系的第一、第二弯曲振动的频率 ω_1，ω_2 距开 30%，即

$$\omega_1 \leqslant \omega_W(1-0.3)$$
$$\omega_2 \geqslant \omega_W(1+0.3)$$

这样的问题可提成带频率禁区的结构最轻重量设计问题，以阶梯形轴为例(图 2-27)，可写成数学形式为

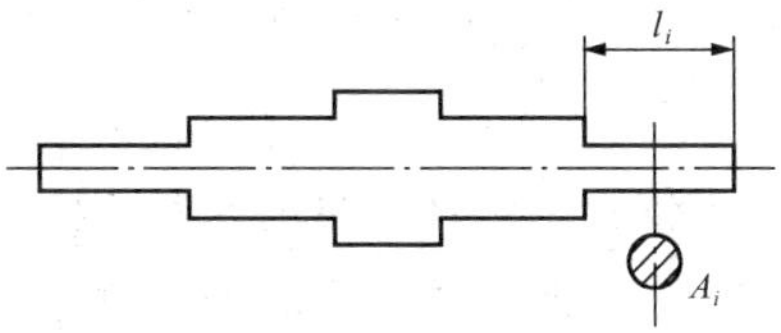

图 2-27

求最优的断面积 $A_i(i=1,2,\cdots,n)$

$$\left.\begin{aligned} &\min W=\sum_{i=1}^{n}\rho_i A_i l_i \\ &\text{s.t. } \omega_1^2 \leqslant \underline{\omega}^2 \\ &\qquad \omega_2^2 \geqslant \bar{\omega}^2 \\ &\qquad \underline{A}_i \leqslant A_i \leqslant \bar{A}_i, \quad i=1,2,\cdots,n \end{aligned}\right\} \tag{2-158}$$

式中 ω_1,ω_2—— 轴的弯曲振动的第一、第二自振频率；

$\underline{\omega},\bar{\omega}$—— 频率禁区的下界、上界。

其他量的意义和以前给出的一样。

如 2.6 节指出的，结构的自振频率由下列矩阵的特征值问题求得

$$\boldsymbol{K}\boldsymbol{d}_j=\omega_j^2\boldsymbol{M}\boldsymbol{d}_j \tag{2-159}$$

式中 $\boldsymbol{d}_j$—— 相应于 ω_j 的振型。

在桁架类结构中单元刚度阵 $\boldsymbol{k}_i$ 和质量阵 $\boldsymbol{m}_i$ 都是和设计变量——杆的断面积成正比的。在目前的轴系情况下，它们之间的关系不再是线性的，应该取决于轴断面的形状。以实心轴为例，断面的惯性矩为

$$I_i=\frac{\pi D_i^4}{4}$$

断面积则为

$$A_i=\frac{\pi D_i^2}{4}$$

由于这里考虑弯曲振动，弯曲刚度与 I_i 成正比，每一段轴的质

量与 A_i 成正比。如取 A_i 为设计变量，则有

$$\boldsymbol{k}_i = A_i^2\bar{\boldsymbol{k}}_i,\quad \boldsymbol{m}_i = A_i\bar{\boldsymbol{m}}_i \tag{2-160}$$

式中　$\bar{\boldsymbol{k}}_i,\bar{\boldsymbol{m}}_i$—— 不依赖于设计变量的常数矩阵。

现在对问题(2-158)来构造拉格朗日函数：

$$L(\boldsymbol{A},\boldsymbol{\lambda}) = \sum_{i=1}^{n}\rho_i A_i l_i + \lambda_1(\omega_1^2 - \underline{\omega}^2) + \lambda_2(\bar{\omega}^2 - \omega_2^2) \tag{2-161}$$

则库 - 塔克条件给出最优的断面积 A_i 应满足的必要条件为

$$\begin{cases} \rho_i l_i + \lambda_1 \dfrac{\partial\omega_1^2}{\partial A_i} - \lambda_2 \dfrac{\partial\omega_2^2}{\partial A_i}\begin{cases}\geqslant 0 & 若\ A_i = \underline{A}_i \\ = 0 & 若\ \underline{A}_i < A_i < \overline{A}_i \\ \leqslant 0 & 若\ A_i = \overline{A}_i\end{cases} \\ \qquad\qquad i = 1,2,\cdots,n & (2\text{-}162\text{a}) \\ \lambda_1(\omega_1^2 - \underline{\omega}^2) = 0 & (2\text{-}162\text{b}) \\ \lambda_2(\bar{\omega}^2 - \omega_2^2) = 0 & (2\text{-}162\text{c}) \\ \omega_1^2 - \underline{\omega}^2 \leqslant 0,\bar{\omega}^2 - \omega_2^2 \leqslant 0 & (2\text{-}162\text{d}) \\ \lambda_1 \geqslant 0,\lambda_2 \geqslant 0 & (2\text{-}162\text{e}) \end{cases}$$

从式(2-132)可知：

$$\frac{\partial\omega_j^2}{\partial A_i} = \frac{1}{\boldsymbol{d}_j^{\mathrm{T}}\boldsymbol{M}\boldsymbol{d}_j}\left(\boldsymbol{d}_j^{\mathrm{T}}\frac{\partial\boldsymbol{K}}{\partial A_i}\boldsymbol{d}_j - \omega_j^2\boldsymbol{d}_j^{\mathrm{T}}\frac{\partial\boldsymbol{M}}{\partial A_i}\boldsymbol{d}_j\right)$$

针对目前的 $\boldsymbol{k}_i$ 和 $\boldsymbol{m}_i$ 与 A_i 的关系可导出

$$\frac{\partial\omega_j^2}{\partial A_i} = \frac{1}{A_i\boldsymbol{d}_j^{\mathrm{T}}\boldsymbol{M}\boldsymbol{d}_j}(2\boldsymbol{d}_j^{\mathrm{T}}\boldsymbol{k}_i\boldsymbol{d}_j - \omega_j^2\boldsymbol{d}_j^{\mathrm{T}}\boldsymbol{m}_i\boldsymbol{d}_j) \tag{2-163}$$

和以前讨论的多位移约束比较，这里只有两个约束，从而只有两个拉格朗日乘子，问题简单得多。但问题也有困难的一面，我们对比一下位移对设计变量的导数

$$\frac{\partial u_j}{\partial A_i} = -\frac{\tau_{ij}}{A_i^2}$$

可以看出 τ_{ij} 是有特点的：对静定结构它是常数；在通过原点的射线上它是常数。而十分有趣的是超静定结构的优化往往趋向于静定，

所以，把 τ_{ij} 在每次迭代时看作常数相当于在某种意义上把超静定结构静定化，可以导致一种收敛很快的格式。回过头来看式(2-163)，我们却抽不出一个对静定结构为常数的简单因子，因而也不易构造出如式(2-146a)这样的断面积 A_i 的“显式”。另一个困难是经验表明频率和设计变量 A_i 的关系的非线性程度往往比较高。

由于这些困难，方程组(2-162)的求解必须参照处理位移约束的办法建立一种直觉的迭代格式，具体地说，可以先利用式(2-162a)构造出一个依赖于 λ_1 和 λ_2 的迭代格式。例如，令

$$f_i = \frac{1}{\rho_i l_i}\left(-\lambda_1 \frac{\partial \omega_1^2}{\partial A_i} + \lambda_2 \frac{\partial \omega_2^2}{\partial A_i}\right)$$

这样，在最优点有

$$f_i \begin{cases} \leqslant 1 & 若\ A_i = \underline{A}_i \\ = 1 & 若\ \underline{A}_i < A_i < \overline{A}_i \\ \geqslant 1 & 若\ A_i = \overline{A}_i \end{cases} \tag{2-164}$$

现在，利用在最优点对自由变量成立的关系式 $f_i = 1$ 来构造迭代格式。先在该式两端同时乘上设计变量 A_i，得

$$A_i = f_i A_i$$

再改写成迭代格式

$$A_i^{(k+1)} = f_i^{(k)} A_i^{(k)} \tag{2-165}$$

式中，$f_i^{(k)}$ 是用第 k 次迭代时的量来计算的，即

$$f_i^{(k)} = \frac{1}{\rho_i l_i}\left(-\lambda_1^{(k)} \left.\frac{\partial \omega_1^2}{\partial A_i}\right|_{\boldsymbol{A}^{(k)}} + \lambda_2^{(k)} \left.\frac{\partial \omega_2^2}{\partial A_i}\right|_{\boldsymbol{A}^{(k)}}\right) \tag{2-166}$$

但是，式(2-165)给出的断面积修改有时太大，我们采用修改齿行法中介绍的技巧，引进低松驰因子 α，$0 \leqslant \alpha < 1$，把断面积修改公式改为

$$A_i^{(k+1)} = \alpha A_i^{(k)} + (1-\alpha) f_i^{(k)} A_i^{(k)} \tag{2-167}$$

当 α 取成 0 时，该式恢复成式(2-165)；当 $\alpha=1$ 时，断面积不作修改。考虑到对断面积上、下限的约束，得

$$A_i^{(k+1)}=\begin{cases}\underline{A}_i & 若\ \underline{A}_i\geqslant[\alpha+(1-\alpha)f_i^{(k)}]A_i^{(k)}\\ [\alpha+(1-\alpha)f_i^{(k)}]A_i^{(k)} & 若\ \underline{A}_i<[\alpha+(1-\alpha)f_i^{(k)}]A_i^{(k)}<\bar{A}_i\\ \bar{A}_i & 若[\alpha+(1-\alpha)f_i^{(k)}]A_i^{(k)}\geqslant\bar{A}_i\end{cases}\tag{2-168}$$

常数 $\lambda_1^{(k)}$ 和 $\lambda_2^{(k)}$ 应该通过频率约束来确定。事实上，如果 $\lambda_1\neq 0$，便有 $\omega_1^2=\underline{\omega}^2$；如果 $\lambda_2\neq 0$，便有 $\omega_2^2=\bar{\omega}^2$。这里，和位移约束又有差别，在位移约束情况下，位移约束 $u_j\leqslant\bar{u}_j$ 由对位移的显式近似的约束

$$\sum_{i=1}^{n}\frac{\tau_{ij}^{(k)}}{A_i}\leqslant\bar{u}_j$$

所代替，但是，这里的频率却不具备这种显式近似，我们采用对频率的一阶泰勒近似的约束

$$\begin{aligned}\omega_1^{2(k+1)}&=\omega_1^{2(k)}+\sum_{i=1}^{n}\frac{\partial\omega_1^2}{\partial A_i}\bigg|_{\boldsymbol{A}^{(k)}}(A_i^{(k+1)}-A_i^{(k)})\leqslant\underline{\omega}^2\\ \omega_2^{2(k+1)}&=\omega_2^{2(k)}+\sum_{i=1}^{n}\frac{\partial\omega_2^2}{\partial A_i}\bigg|_{\boldsymbol{A}^{(k)}}(A_i^{(k+1)}-A_i^{(k)})\geqslant\bar{\omega}^2\end{aligned}\tag{2-169}$$

来代替严格的频率约束。下一步的工作是要由式(2-166)、(2-168)和(2-169)求出新的设计 $A_i^{(k+1)}$ 来。由于式(2-168)中的 $A_i^{(k+1)}$ 具有分段表达式，式(2-169)中的近似频率约束是不等式形式，我们仍然面临区分主动和被动变量、有效和无效约束这两个困难，只能采用“试代修正”的方法。例如，我们可以先假设在新的设计点 $\boldsymbol{A}^{(k+1)}$ 处，式(2-169)中的两个近似频率约束都是以等式形式满足的，即 $\omega_1^{2(k+1)}=\underline{\omega}^2$，$\omega_2^{2(k+1)}=\bar{\omega}^2$，则把式(2-166)代入式(2-168)，然后代入式(2-169)的两个等式，就可以得到近似拉格朗日乘子 $\lambda_1^{(k)}$ 和 $\lambda_2^{(k)}$ 应该满足的方程组(如果变量的主、被动划分已经知道)，从中可以

求出 $\lambda_1^{(k)}$ 和 $\lambda_2^{(k)}$。如果这样求得的 $\lambda_1^{(k)}$ 和 $\lambda_2^{(k)}$ 都是非负的，则说明我们所作的假定是正确的，否则就应修改我们的假设。这种决定拉格朗日乘子的方法，和受到位移约束时的处理方法是完全一致的，这里建立的决定拉格朗日乘子的方程组和式(2-154)是十分相似的。

有了断面积修改公式(2-168)及确定拉格朗日乘子的方法，剩下的工作就可以参照受到位移约束时的方法来处理了。唯一要注意的是频率约束的非线性程度较高，建立迭代格式时必须在细节上加以注意，以保证迭代过程的收敛。具体的细节，读者可参阅文献[20]、[26]。

2.8 小　结

本章着重介绍了工程结构优化中的一类重要求解方法——准则设计法。这类方法的特点是用适当的准则来代替原来的非线性规划问题，然后构造一个迭代算法来寻求满足这个准则的解。优化准则可以是由工程经验总结出来的，如满应力准则、满比应变能准则，也可以是由非线性规划问题的最优解应满足的库-塔克条件推导出来的。所构造的迭代格式是用来寻求满足最优化准则的设计点。对于用库-塔克条件构造的最优化准则，在构造迭代格式时，准则设计法的主要任务是正确地划分主动变量和被动变量，区分有效约束和无效约束，求解拉格朗日乘子应当满足的非线性方程组。这三项任务也是准则设计法面临的主要困难。

一般地说，采用准则设计法时，迭代收敛到最优解的速度较快，迭代所需次数平均为十多次且与结构的大小无关。这个优点使得准则设计法特别适用于大型结构的优化。但是由于准则法的迭代格式是基于直觉的，算法的收敛性并无保证，在实际计算时也会遇到发生收敛困难的情形。权衡利弊，再通过改进迭代格式构造的技巧，准则设计法在很多问题中得到推广应用。近年来在结构拓扑优化中，准则法、演化优化算法（ESO：Evolutional Structural Optimization）及启发式胞元自动机（HCA：Heuriatic Cellular Automatics）都和这里介绍的准则法有相通之处。基于准则法的这类算法，由于计算效率较高，也被商用结构优化软件采用。本章的内容对读者了解这些算法的本质会有帮助。

本章中介绍的绝大部分算法，是针对以断面积为设计变量的桁架来叙述的。这种结构中，目标函数——重量和设计变量成正比，单元刚度阵和设计变量成正比。这些特点使得准则法的应用显得很合适，而且还可以和射线步等十分有效的措施相结合得到很有成效的算法。但是，这并不是说准则法只能运用于这样的结构。事实上，前面介绍的灵敏度计算的大部分推导和准则法中构造迭代格式的方法，只要作微小的修改便可用来优化用有限元方法进行分析的其他结构。在2.7节中介绍的频率约束的优化问题就是这样的一个例子。在这个问题中，设计变量和单元刚度阵并不成正比，射线步也无法发挥作用，但是仍然有可能求出结构响应对设计变量的灵敏度并构造出很有效的算法。准则法对刚架等结构的应用也有成功的例子，见文献[20]。

本章中介绍结构响应灵敏度表达式及迭代算法时，每根杆件的断面积都是独立设计变量。换言之，有多少根杆件便有多少个独立设计变量。在实际工程中是不允许这种做法的。一个数百根杆件的桁架，每根杆断面积都不一样就会造成加工、装配和管理都很困难，大大提高结构的成本。实际中必然要求一部分杆具有相同断面积，这就是所谓**变量连结**。在有变量连结时，前面介绍的灵敏度表达式都要作适当的修改。我们把这些内容留在第6章中介绍。

习　题

1. 采用同步失效准则设计两端简支、中心受压的方管柱的壁厚 t 及边长 b(图 2-28),材料常数 E,ρ,许用应力 $\bar{\sigma}$,长度 l 均已给定。要考虑下列三种可能的破坏形式:断面应力超过许用应力;发生整体欧拉失稳;发生管壁局部失稳(局部失稳公式采用 2.1 节例 1 中的式(3))。

2. 采用同步失效准则设计求出第 1 章习题 1 的最优设计变量值 D 和 t。

3. 用满应力法设计图 2-29 中的超静定桁架。长度 $l=100$ cm,外荷载 $P=800$ kgf,AB,BC,CD,AD 四杆断面积都为 A_1,斜杆 AC 和 BD 的断面积都为 A_2。许用应力为 $\bar{\sigma}=2\ 000\ \text{kg/cm}^2$,$\underline{\sigma}=-1\ 500\ \text{kg/cm}^2$。用应力法求出的各杆内力为

$$S_{BC}=-\frac{P(A_2+2\sqrt{2}A_1)}{4\sqrt{2}A_1+4A_2},\quad S_{CD}=S_{AD}=S_{BC}$$

$$S_{AB}=S_{BC}+P,\quad S_{BD}=-\sqrt{2}(S_{BC}+P)$$

$$S_{AC}=-\sqrt{2}S_{BC}$$

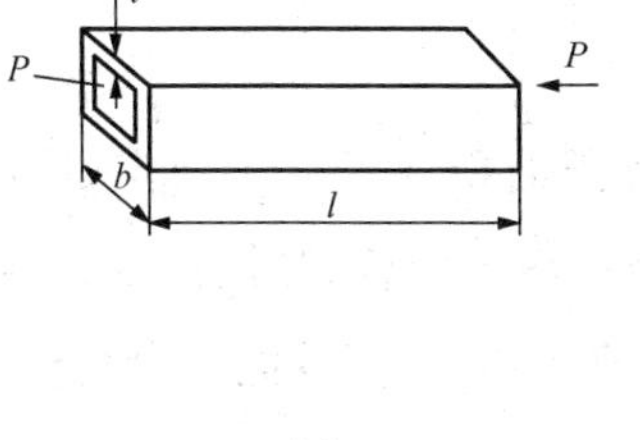

图 2-28

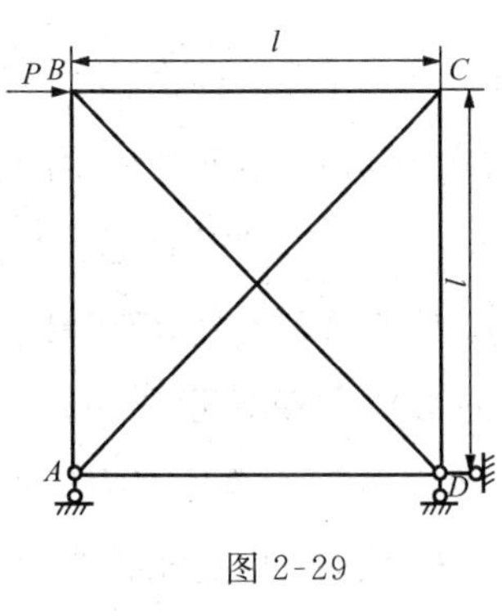

图 2-29

4. 考虑如图 2-30 所示的刚架设计。计算各梁柱的弯矩时忽略轴向刚度和剪切刚度的影响，约束条件为弯矩引起的各杆最大正应力不能超过许用应力 $\bar{\sigma}$。外荷载及杆件尺寸均已给定，设计变量只是各杆的断面积 A_i。各杆的惯性矩 $J_i = \alpha A_i^b$，截面模量 $W_i = \beta A_i^c$，α，β，b 和 c 均为给定常数。请研究一下射线步应当如何推广到这类结构。分成两步来研究：

(1) 应当如何改变各杆断面积使弯矩分布不变，希望由射线步得到的新设计的弯矩分布和原设计一致，可以避免结构重分析；

(2) 当断面积改变时，各杆应力 σ($\sigma = \dfrac{M}{W_i}$) 也变化，如何选择“射线步”步长使最大应力恰巧为许用应力。

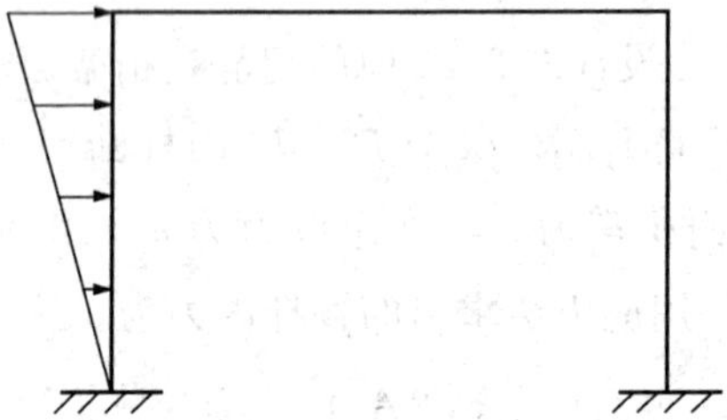

图 2-30

5. 写出下列问题的库 - 塔克条件：

$$\left.\begin{aligned}&\max\ f(x) = x_1^2 + x_2^2\\&\text{s.t.}\ \ x_1 - x_2 \geqslant 1,\quad \frac{x_1^2}{4} + \frac{x_2^2}{9} \leqslant 36\end{aligned}\right\}$$

注意要先化成 2.3 节中的标准形式，目标函数 f 的最大化问题等价于 $-f$ 的最小化问题。

6. 对于第 3 题的桁架，要求设计断面积 A_1 和 A_2，使点 B 沿力 P 方向的水平位移不超过 1 mm，且结构尽可能轻。弹性模量 $E = 2.1 \times 10^6\ \text{kg/cm}^2$，不考虑应力约束。只要求给出近似的数值解。

7. 利用库 - 塔克条件求解

$$\left.\begin{aligned} &\min\ f(x) = x_1^2 + x_2^2 - 2x_1 - 4x_2 \\ &\text{s.t.}\ \ x_2 - x_1 = 1,\ x_1 + x_2 \leqslant 2\ ,\ x_1 \geqslant 0\ ,\ x_2 \geqslant 0 \end{aligned}\right\}$$

8. 利用库 - 塔克条件求解

$$(1)\ \left.\begin{aligned} &\min\ f(z_1) = x_1^2 + x_2^2 \\ &\text{s.t.}\ \ \frac{1}{4} \leqslant x_1 \leqslant 1, \frac{1}{4} \leqslant x_2 \leqslant 1, -x_1 - x_2 + 1 = z_1 \end{aligned}\right\}$$

$$(2)\ \left.\begin{aligned} &\max\ f(z_2) = x_1^2 + x_2^2 \\ &\text{s.t.}\ \ \frac{1}{4} \leqslant x_1 \leqslant 1, \frac{1}{4} \leqslant x_2 \leqslant 1, -x_1 - x_2 + 1 = z_2 \end{aligned}\right\}$$

对不同的 z_1, z_2 求解。

3

数学规划法

作为一个独立的数学分支，数学规划法现在已经发展成为内涵丰富、应用广泛的学科。由于数学规划早期研究的问题和运输、仓库存贮密切结合，所以也称为运筹学(operational research)。把数学规划法成功地运用于结构优化开始于1960年，经过20多年的发展，到20世纪80年代，数学规划法和结构优化两者结合的深度和广度都有了极大的发展。已经有大量的篇幅介绍数学规划法，如文献[27]～[34]。由于篇幅的局限，本章只能扼要地叙述数学规划法的一些基本概念、分类及对结构优化来说重要的方法。这些方法中，有的本身就可以用来解决广泛一类的结构优化问题，另一些方法则还可以和前面叙述的准则法结合起来，克服准则法所遇到的困难。

3.1 数学规划问题的分类及解法

数学规划问题的一般提法是

$$\left.\begin{aligned}&\min_{x} f(\boldsymbol{x})\\&\text{s. t. } h_j(\boldsymbol{x})\leqslant 0, j=1,2,\cdots,m\end{aligned}\right\}\tag{3-1}$$

如果最优化问题(3-1)没有受到任何约束条件，即称为**无约束最优化问题**，反之，就称为**约束最优化问题**。结构优化中遇到的绝大多数问题都是约束最优化问题，但是无约束优化问题的研究仍然是十分重要的，因为它构成了数学规划理论的基础，而且处理约束最优化问题的很多方法都可归结为求解一系列的无约束优化问题。

在约束最优化问题中，如果仅有的约束条件是对设计变量加上的界限约束：

$$\underline{x}_i \leqslant x_i \leqslant \bar{x}_i,\quad i=1,2,\cdots,n$$

则问题(3-1)称为**准无约束最优化问题**。在结构优化中，很多问题可以最后简化为准无约束最优化问题。

如果所有的约束函数 $h_j(\boldsymbol{x})$ 都是 $\boldsymbol{x}$ 的线性函数，即形为

$$h_j(\boldsymbol{x}) = h_{j1}x_1 + h_{j2}x_2 + \cdots + h_{jn}x_n - b_j \leqslant 0$$

式中，$h_{j1}, h_{j2}, \cdots, h_{jn}$ 及 b_j 均为不依赖于 $\boldsymbol{x}$ 的常数，则问题(3-1)称为**线性约束下的优化问题**。这类问题在数学规划法中有特殊、有效的算法。有趣的是，读者在第 4 章中将看到，结构优化中采用的理性准则法等价于将原非线性规划问题化为一系列的线性约束下的优化问题。

如果问题(3-1)中的目标函数 $f(\boldsymbol{x})$ 和约束函数 $h_j(\boldsymbol{x})$ 都是 $\boldsymbol{x}$ 的线性函数，则问题(3-1)称为**线性规划**，否则称为**非线性规划**。线性规划是在规划论中研究得很早、很成熟的一个分支。

如果目标函数 $f(\boldsymbol{x})$ 与约束函数 $h_j(\boldsymbol{x})$ 都是凸函数，则问题(3-1)称为**凸规划问题**(关于凸性的讨论见第 1 章)。对凸规划问题来说，可行域是一个凸域，而且局部最优解也就是全局最优解。有两类凸规划问题特别重要：第一类是二次规划，它的目标函数是半

正定的二次型，约束函数是线性的，即

$$\left.\begin{aligned}&\min_{x} f(\boldsymbol{x})=\frac{1}{2}\boldsymbol{x}^{\mathrm{T}}\boldsymbol{A}\boldsymbol{x}+\boldsymbol{b}^{\mathrm{T}}\boldsymbol{x}\\&\text{s.t.}\ \ \boldsymbol{D}\boldsymbol{x}\leqslant\boldsymbol{c}\end{aligned}\right\}\tag{3-2}$$

式中　$\boldsymbol{A}$——半正定矩阵；$\boldsymbol{D}$——$m\times n$ 矩阵；$\boldsymbol{b},\boldsymbol{c}$——列向量。

在无约束情况下的二次规划特别重要，由它导出了共轭方向等基本概念。由于对二次规划研究比较深入，很多算法的收敛性都是参照二次规划来讨论的。近年来在优化方法和结构优化的研究中，都发现二次规划可以提供一些非常有效的算法；另外一个重要的类型是**可分离的凸规划**。在可分离的凸规划中，目标函数与约束函数均可写成一些项的和，其中每一项都是只含一个设计变量的凸函数，即

$$\left.\begin{aligned}&\min_{x} f(\boldsymbol{x})=\sum_{i=1}^{n}f_i(x_i)\\&\text{s.t.}\ \ h_j(\boldsymbol{x})=\sum_{i=1}^{n}h_{ji}(x_i)-b_j\leqslant 0,\ j=1,2,\cdots,m\end{aligned}\right\}\tag{3-3}$$

可分离的凸规划的优点很多，例如它的海森矩阵是对角形的；再如，若采用对偶法求它，可以建立十分有效的算法。线性规划是特殊的一类可分离的凸规划。

当然，也可以依照其他标准来对数学规划问题进行分类。例如，如果设计变量只允许取整数，则称为**整数规划**；如果在目标函数和约束函数中包含具有随机性质的参数，则称为**随机规划**；如果目标函数和约束函数都是形式为 $\sum_{t=1}^{T}C_t\prod_{i=1}^{n}x_i^{a_{ti}}$ 的正定多项式，则称为**几何规划**。

如前所述，按照目标函数及约束条件的特点，数学规划问题可以划分为很多类型，类型不同的问题通常是用不同的方法来求解

的。因此，易于想象，数学规划中的求解方法也是五花八门的，这里先作一个概述。

对于线性规划问题，**单纯形法**是十分有效的。为了使单纯形法可以从一个初始可行设计开始，需要用到**两相法**的单纯形法；对于目标函数和约束条件都是正定多项式的规划问题，几何规划的理论提供了强有力的工具，通过对偶规划，可以把原来的几何规划问题化为受到线性约束的非线性规划问题；**动态规划**可以处理规划论中的一大类特殊问题。

除了线性规划、几何规划与动态规划这些特殊类型的问题外，非线性规划问题中最简单的就是无约束的非线性规划问题，对于它们已有一套**无约束的最优化算法**。

无约束的最优化算法可以有很多不同分类方法。结构优化中，我们很关心是否要计算梯度。从是否利用梯度的角度，无约束优化方法可以分成**不利用梯度的算法**和**利用梯度的算法**。不利用梯度的算法如一维搜索中的 0.618 法、单纯形法、Powell 方法和随机搜索法；利用梯度的算法则又划分为仅利用梯度和利用梯度及二阶导数的算法。仅利用梯度的算法如最速下降法、共轭梯度法、一维搜索中的二分法和弦线法；利用梯度及二阶导数的算法有牛顿法等。一般地说，利用梯度及二阶导数的算法比只利用梯度的算法收敛快，而利用梯度的算法又比不利用梯度的算法收敛快，但是，目标函数的梯度和二阶导数并不都是容易求得的，如果为了寻求梯度而花费的力气过大，人们就宁愿采用不用梯度的因而更为简单的算法。此外，相当多的问题中目标函数和约束函数可能连续但不可微。

受约束的非线性规划通常划分为两类算法：其一是**转化法**，或系列无约束最优化算法，即将受约束的非线性规划首先转化为一系列的无约束的非线性规划，然后利用无约束最优化算法来求解，实现这种转化的方法有碰壁函数法和罚函数法等；其二是**直接法**，即在优化的过程中直接和约束打交道。值得注意的是，由于在直接法中直接考虑了约束，无约束优化的方法不可以直接套用，但它们的基本思想却可以吸收进来。因此，对应于每一种无约束优化算法，几乎都存在相应的约束优化算法。例如，相应于无约束优化的单纯形法，我们有不用梯度而直接处理约束的复形法；相应于最速下降法，约束优化可以采用梯度投影法。在约束优化的直接法中，最重要的一类算法就是可行方向法，例如可用可行方向法、最佳矢量法。上面提到的梯度投影法也属于这一类型的算法。

最后，根据优化理论（包括结构优化理论）的近期研究成果，受约束的非线性规划还可以采用一类求解方法，即将原来的受约束的非线性规划转化为一系列比较简单的受约束数学规划来求解，例如序列近似规划算法、序列二次规划算法和序列线性规划算法。这类算法看来很有效，我们在第4章中要作介绍。

由此我们可以看到，要在本书里把所有现存优化方法的理论和算法加以介绍是不可能的。下面将仅介绍那些基本的方法及使用较多的方法，而且主要是以介绍算法为主。

3.2 基本的下降算法、收敛速度和停止迭代准则

3.2.1 基本的下降算法

在2.3节中我们曾介绍过求解多元函数的无约束优化问题：

$$\min f(\boldsymbol{x})\text{，其中 } \boldsymbol{x} = (x_1, x_2, \cdots, x_n)^{\mathrm{T}}$$

方法之一是求解其最优化必要条件

$$\nabla f(\boldsymbol{x}^*) = \boldsymbol{0}$$

但是，一般地说，后者是一个非线性方程组，与求解原问题具有同等的困难。准则法就是通过求解最优化必要条件得到问题的最优解。数学规划法中，通常的做法是避开这一途径直接用迭代法求解原问题。而几乎所有的求解无约束最优化问题的算法都是迭代下降的。具体地说，总是要先假定一个初始设计 $\boldsymbol{x}^{(0)}$，然后在第 k 次迭代（$k=0,1,2,\cdots$），用 $\boldsymbol{x}^{(k+1)}$ 代替 $\boldsymbol{x}^{(k)}$，要求 $\boldsymbol{x}^{(k+1)}$ 比 $\boldsymbol{x}^{(k)}$ 更接近最优解。对于无约束最优化问题，也就是要求目标函数有所下降，即

$$f(\boldsymbol{x}^{(k+1)}) < f(\boldsymbol{x}^{(k)}) \tag{3-4}$$

在数学规划中，相当一类算法是搜索算法，其迭代格式可以写成

$$\boldsymbol{x}^{(k+1)} = \boldsymbol{x}^{(k)} + \alpha^{(k)}\boldsymbol{S}^{(k)} \tag{3-5}$$

式中 $\alpha^{(k)}$—— 称为搜索步长，为正标量（否则可以将 $\boldsymbol{S}^{(k)}$ 改变方向）；

$\boldsymbol{S}^{(k)}$—— 称为搜索方向，是个向量。

为了使式(3-4)可能满足，习惯上把 $\boldsymbol{S}^{(k)}$ 取得使对足够小的 $\alpha^{(k)}>0$，有

$$f(\boldsymbol{x}^{(k)} + \alpha^{(k)}\boldsymbol{S}^{(k)}) < f(\boldsymbol{x}^{(k)}) \tag{3-6}$$

如果函数 $f(\boldsymbol{x})$ 在点 $\boldsymbol{x}^{(k)}$ 处是一次可微的，则对足够小的 $\alpha^{(k)}$，有

$$f(\boldsymbol{x}^{(k)} + \alpha^{(k)}\boldsymbol{S}^{(k)}) - f(\boldsymbol{x}^{(k)}) \approx \alpha^{(k)}\ \nabla^{\mathrm{T}} f(\boldsymbol{x}^{(k)}) \cdot \boldsymbol{S}^{(k)} \tag{3-7}$$

由此，式(3-6)的要求亦可写成：

$$\nabla^{\mathrm{T}} f(\boldsymbol{x}^{(k)})\boldsymbol{S}^{(k)} < 0 \quad \text{或者} \quad -\nabla^{\mathrm{T}} f(\boldsymbol{x}^{(k)})\boldsymbol{S}^{(k)} > 0 \tag{3-8}$$

按照以前在介绍库-塔克条件时所解释的，式(3-8)说明，搜索方向应该和目标函数的负梯度方向夹角小于 90°，这样的方向我们称为**下山方向**。

前面叙述的方法可以归纳为如下基本的下降算法：

(1) 令 $k=0$，给定初始解 $\boldsymbol{x}^{(0)}$；

(2) 求搜索方向 $\boldsymbol{S}^{(k)}$，使 $\nabla^{\mathrm{T}} f(\boldsymbol{x}^{(k)})\boldsymbol{S}^{(k)} < 0$；

(3) 求搜索步长 $\alpha^{(k)}$，要求

$$f(\boldsymbol{x}^{(k)}+\alpha^{(k)}\boldsymbol{S}^{(k)})=\min_{\alpha>0}f(\boldsymbol{x}^{(k)}+\alpha\boldsymbol{S}^{(k)})$$

(4) 修改 $\boldsymbol{x}^{(k+1)}=\boldsymbol{x}^{(k)}+\alpha^{(k)}\boldsymbol{S}^{(k)}$；

(5) 检查收敛准则，不满足时令 $k=k+1$，返回(2)；满足则停机。

这个算法中有两个主要部分。第一部分是第(2) 步，用来在点 $\boldsymbol{x}^{(k)}$ 计算出搜索方向来；第二部分是第(3) 步，是一维搜索，用来决定搜索步长 $\alpha^{(k)}$。步长 $\alpha^{(k)}$ 的决定方式常常是使目标函数在 $\boldsymbol{x}^{(k+1)}$ 点上达到沿 $\boldsymbol{S}^{(k)}$ 方向的最小，即要求：

$$f(\boldsymbol{x}^{(k)}+\alpha^{(k)}\boldsymbol{S}^{(k)})=\min_{\alpha>0}f(\boldsymbol{x}^{(k)}+\alpha\boldsymbol{S}^{(k)}) \tag{3-9}$$

因此，如果定义一元函数 $\varphi(\alpha)$ 为

$$\varphi(\alpha)=f(\boldsymbol{x}^{(k)}+\alpha\boldsymbol{S}^{(k)}) \tag{3-10}$$

决定 $\alpha^{(k)}$ 的方法也就是估计 φ 的极小值，即 $\alpha^{(k)}$ 至少近似地满足

$$\varphi'(\alpha)=0 \tag{3-11}$$

一般地说，上列方程是一个非线性方程式，并不易于进行解析求解，因此就需要用到 3.3 节中将介绍的一维搜索方法。由于一维搜索运算在下降算法中的重要性，提高一维搜索的效率就成为提高下降算法效率的关键之一。

如果决定 $\alpha^{(k)}$ 时，式(3-11)得到满足，则第 k 次搜索方向 $\boldsymbol{S}^{(k)}$ 和在下一个设计点 $\boldsymbol{x}^{(k+1)}$ 处目标函数 f 的梯度 $\nabla f(\boldsymbol{x}^{(k+1)})$ 之间有十分重要的关系。事实上，我们有

$$\begin{aligned}\varphi'(\alpha)&=\frac{\mathrm{d}}{\mathrm{d}\alpha}f(\boldsymbol{x}^{(k)}+\alpha\boldsymbol{S}^{(k)})\\&=\sum_{i=1}^{n}\frac{\partial f}{\partial x_i}(\boldsymbol{x}^{(k)}+\alpha\boldsymbol{S}^{(k)})\frac{\partial}{\partial\alpha}(x_i^{(k)}+\alpha S_i^{(k)})\\&=\nabla^{\mathrm{T}}f(\boldsymbol{x}^{(k)}+\alpha\boldsymbol{S}^{(k)})\cdot\boldsymbol{S}^{(k)}\end{aligned}$$

在 $\alpha=\alpha^{(k)}$ 处有

$$\varphi'(\alpha^{(k)}) = \nabla^{\mathrm{T}} f(\boldsymbol{x}^{(k+1)}) \cdot \boldsymbol{S}^{(k)} = 0 \tag{3-12}$$

条件(3-12)说明,**第 k 次迭代时的搜索方向应和该次迭代所到达点 $\boldsymbol{x}^{(k+1)}$ 处的目标函数的梯度正交**。也就是说,第 k 次的搜索方向 $\boldsymbol{S}^{(k)}$ 应和目标函数等值面在点 $\boldsymbol{x}^{(k+1)}$ 处相切。这个性质形象地表示在图 3-1 中,实线 $\boldsymbol{S}^{(k)}$ 和用粗实线表示的等值线相切,并和切点处的梯度正交(图上给出的是负梯度方向)。

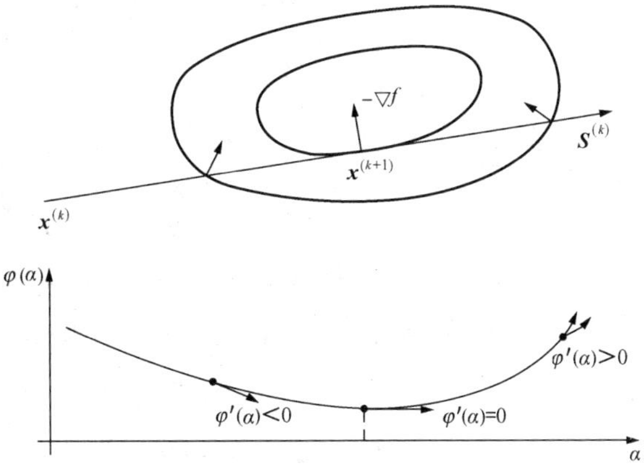

图 3-1 基本的下降算法

观察图 3-1 还可以看到,在沿 $\boldsymbol{S}^{(k)}$ 作一维搜索时,当未达到最优点 $\boldsymbol{x}^{(k+1)}$ 时,即 $\alpha < \alpha^{(k)}$ 时,$\varphi'(\alpha) < 0$,而当越过 $\boldsymbol{x}^{(k+1)}$ 时,即 $\alpha > \alpha^{(k)}$ 时,$\varphi'(\alpha) > 0$。这个性质有助于搜索最优的步长 $\alpha^{(k)}$。

如果我们要用 3.3.1 节介绍的牛顿 - 芮弗逊方法来进行一维搜索,还需要求得 $\varphi''(\alpha)$。如果 f 的梯度 ∇f 及海森矩阵 $\boldsymbol{H}$ 已知,则很易求得。事实上,由式(3-12)可以推出

$$\begin{aligned}\varphi''(\alpha) &= \frac{\mathrm{d}}{\mathrm{d}\alpha}\sum_{i=1}^{n} \frac{\partial}{\partial x_i} f(\boldsymbol{x}^{(k)} + \alpha \boldsymbol{S}^{(k)}) S_i^{(k)} \\ &= \sum_{i=1}^{n}\sum_{j=1}^{n} \frac{\partial^2 f(\boldsymbol{x}^{(k)} + \alpha \boldsymbol{S}^{(k)})}{\partial x_i \partial x_j} S_i^{(k)} S_j^{(k)} \\ &= (\boldsymbol{S}^{(k)})^{\mathrm{T}} \boldsymbol{H}(\boldsymbol{x}^{(k)} + \alpha \boldsymbol{S}^{(k)}) \boldsymbol{S}^{(k)}\end{aligned} \tag{3-13}$$

当然,在实际工作中,特别是结构优化问题中,海森矩阵不是那么

容易求的。

3.2.2 收敛速度

评价一个数学规划算法的好坏，很重要的一条标准是由算法给出的设计点 $\boldsymbol{x}^{(k)}(k=1,2,\cdots)$ 是否收敛和收敛的快慢。所谓一个算法收敛是指随着迭代的进行（k 的增长），所求得的设计点 $\boldsymbol{x}^{(k)}$ 和最优点 $\boldsymbol{x}^*$ 在设计空间内的距离可以任意地小，或写成数学形式为

$$\lim_{k\to\infty}\left|\boldsymbol{x}^{(k)}-\boldsymbol{x}^*\right|=0 \tag{3-14}$$

其中

$$\left|\boldsymbol{x}^{(k)}-\boldsymbol{x}^*\right|=\sqrt{(x_1^{(k)}-x_1^*)^2+(x_2^{(k)}-x_2^*)^2+\cdots+(x_n^{(k)}-x_n^*)^2}\text{①}$$

算法的收敛速度通常用**线性的**、**超线性的**（Superlinear）和**二阶的**（Quadratic）来描写。线性收敛速度是指可以找到一个 $K\in(0,1)$，使得

$$\lim_{k\to\infty}=\frac{\left|\boldsymbol{x}^{(k+1)}-\boldsymbol{x}^*\right|}{\left|\boldsymbol{x}^{(k)}-\boldsymbol{x}^*\right|}=K \tag{3-15}$$

如果这个极限值 K 等于零，则算法称为超线性的。对于超线性的算法，数学上可以证明：

$$\lim_{k\to\infty}=\frac{\left|\boldsymbol{x}^{(k+1)}-\boldsymbol{x}^{(k)}\right|}{\left|\boldsymbol{x}^{(k)}-\boldsymbol{x}^*\right|}=1 \tag{3-16}$$

这个式子可以解释为对足够大的 k，两次相邻迭代得到的解之间的距离 $\left|\boldsymbol{x}^{(k+1)}-\boldsymbol{x}^{(k)}\right|$ 和它离开最优点 $\boldsymbol{x}^*$ 的距离 $\left|\boldsymbol{x}^{(k)}-\boldsymbol{x}^*\right|$ 几乎相等。显然，这个性质使我们可以用 $\left|\boldsymbol{x}^{(k+1)}-\boldsymbol{x}^{(k)}\right|$ 来估计 $\left|\boldsymbol{x}^{(k)}-\boldsymbol{x}^*\right|$，很有用处。

如果可以找到一个 $K>0$ 和 $\alpha>1$，使得

---

① n 维空间里两个点之间的距离有很多种不同的定义，这里采用的是欧几里得空间里距离的度量方法，下面章节中还会介绍其他方法。

$$\lim_{k\to\infty} = \frac{|\boldsymbol{x}^{(k+1)} - \boldsymbol{x}^{(k)}|}{|\boldsymbol{x}^{(k)} - \boldsymbol{x}^{*}|^{\alpha}} = K \tag{3-17}$$

则称算法是 α 阶收敛的。特别，$\alpha = 2$ 时称为二阶收敛。论证一个具体算法的收敛阶数是超出本书范围的，我们将不予介绍。

3.2.3 停止迭代准则

最后我们提一下停止迭代准则（又常称为收敛准则，严格地说，两者是不同的，特别在工程结构优化时常常采用固定的迭代次数作停止迭代准则，其实此时迭代得到的设计点序列尚未以足够的精度靠近最优解，但由于计算工作量太大等原因只得停下来）。由于所有的下降算法形成的设计点序列具有下降的目标值，所以，只需要检查最优化必要条件 $\nabla f = \boldsymbol{0}$ 是否满足，一般地便可判断是否得到了局部极小点。在实际计算中一般用以下三种停止迭代准则来判断。

(1) 梯度的长度已经充分小，即

$$|\nabla f(\boldsymbol{x}^{(k)})| \leqslant \varepsilon, \quad \varepsilon > 0$$

式中 ε—— 指定的一个小量。

这个收敛准则意味着在点 $\boldsymbol{x}^{(k)}$ 处，最优化必要条件已经以足够的精度得到满足。有些情况下，目标函数在极值点附近相当平坦，根据这个准则，即使当前设计点 $\boldsymbol{x}^{(k)}$ 和最优点 $\boldsymbol{x}^{*}$ 相差很大，但由于目标值改进的可能性不大，迭代也会停止。

(2) 前后两次迭代所得的设计点之间的距离小于指定的小量 ε，即

$$|\boldsymbol{x}^{(k)} - \boldsymbol{x}^{(k+1)}| < \varepsilon$$

或者更合理一些用

$$|\boldsymbol{x}^{(k)} - \boldsymbol{x}^{(k+1)}| / |\boldsymbol{x}^{(k+1)}| \leqslant \varepsilon, \text{当} |\boldsymbol{x}^{(k+1)}| \neq 0 \text{ 时}$$

一般地，这一准则给出比较好的结果，但是需要注意的是在有的算法中（例如引入松弛因子的算法或加运动极限的算法），我们

人为地对设计点每次移动的步长作了规定，这些规定如果不够合理就可能出现假收敛：前后两次迭代所得设计点之间的距离已很小，但并未到达$\nabla f = \mathbf{0}$的点。另外，目标函数在最优点邻近特别陡峭时也会出现这种现象。

(3) 前后两次迭代目标函数值下降的相对值已经足够小，即

$$|f(\boldsymbol{x}^{(k)} - f(\boldsymbol{x}^{(k+1)})| / |f(\boldsymbol{x}^{(k)})| \leqslant \varepsilon, \text{如果} |f(\boldsymbol{x}^{(k)})| \neq 0$$

显然，当在最优点邻近目标函数变化很慢时，这一准则和第一个准则一样给出粗糙的结果。因此，很多情形下三个准则要结合使用。

需要强调的是，大部分工程结构优化问题，工程师们对结构优化的要求只是提供一个比较好的初始方案。以此为基础，工程师们还要进一步考虑力学以外的各种要求来修改设计。因此，在求最优设计时精度不必要求很高。此外，上列三个准则都只是用来判别局部最优，至于全局最优，还缺少切实可行的判别方法，目前常用的办法是让迭代算法从几个不同的初始设计出发，从中比较出全局最优的解。当然，对于不同的初始解，如果一个算法给出相同的最终结果，这个结果便认为很可能是全局最优解。

3.3 一维搜索

本节要讨论的问题是求解一元函数的极小值问题：

$$\min_{\alpha} \varphi(\alpha)$$

当$\varphi(\alpha)$可微时，理论上说，这个问题的最优解可由方程式$\varphi'(\alpha) = 0$求得。但是，这个方程式往往是高度非线性的，很难求出解析解，更严重的是在很多实际问题中$\varphi(\alpha)$不可微，或无法写出其导数表达式，因此一般地说就要用迭代的方法数值求解上列极小化问题，这就是所谓的一维搜索。一维搜索的重要性在前面介绍的基本的

下降算法中已经可以看到。事实上，在多数非线性规划方法中，最后总是要求解一系列的一维搜索问题，即沿着给定的搜索方向最小化目标函数。由于一维搜索的重要性，其效率的高低就十分重要。以下我们假定待极小化的目标函数 $\varphi(\alpha)$ 是根据算法的要求足够光滑的，且在指定区间内只有一个极小点。

一维搜索的方法很多，其分类主要取决于是否利用 $\varphi(\alpha)$ 的一阶、二阶导数值。下面我们将介绍利用二阶导数的牛顿 - 芮弗逊迭代法、利用一阶导数的两点法和只利用函数值本身的 0.618 法。除 0.618 法外，这些利用一、二阶导数的算法中，都通过求

$$\varphi'(\alpha) = 0 \tag{3-18}$$

的根来求 $\varphi(\alpha)$ 的极小点 α^*。

3.3.1 一点法，牛顿 - 芮弗逊迭代法

牛顿 - 芮弗逊迭代法属于一点法，因为这一方法在每次迭代步只用到函数及其导数在一点的信息。在牛顿 - 芮弗逊法的迭代格式里，每次用到 $\varphi(\alpha)$，一阶导数 $\varphi'(\alpha)$ 及其二阶导数 $\varphi''(\alpha)$ 的信息。事实上，如果对于给定的初始点 α_1，已求出 $\varphi(\alpha_1)$，$\varphi'(\alpha_1)$ 和 $\varphi''(\alpha_1)$，则在 α_1 邻近可以用二次函数 $q(\alpha)$ 近似 $\varphi(\alpha)$，且保证 $q(\alpha)$ 和 $\varphi(\alpha)$ 在 α_1 点有相同的函数及一、二阶导数值：

$$q(\alpha) = \varphi(\alpha_1) + \varphi'(\alpha_1)(\alpha - \alpha_1) + \frac{1}{2}\varphi''(\alpha_1)(\alpha - \alpha_1)^2 \tag{3-19}$$

代替求 $\varphi(\alpha)$ 的极小点，我们来求 $q(\alpha)$ 的极小点 α_2，它应当满足

$$q'(\alpha) = \varphi'(\alpha_1) + \varphi''(\alpha_1)(\alpha_2 - \alpha_1) = 0 \tag{3-20}$$

由此

$$\alpha_2 = \alpha_1 - \frac{\varphi'(\alpha_1)}{\varphi''(\alpha_1)} \tag{3-21}$$

当得到 α_2 后又可计算 $\varphi'(\alpha_2)$ 及 $\varphi''(\alpha_2)$，重复这一过程。由式(3-21)

可见新点α_2与$\varphi(\alpha_1)$无关，所以$\varphi(\alpha)$只要在最后计算就可以了，上列求法实质上是求非线性方程式$\varphi'(\alpha)=0$的根的牛顿－芮弗逊方法。下面的图3-2给出了这个求解过程的一个示例。这个方法是可能失败的，如果$\varphi'(\alpha)$的曲线具有较复杂的弯曲，如图3-3所示。即使$\varphi'(\alpha)$比较正常，也仍要注意初始点的选择，否则算法仍有失败的可能。以图3-4为例，在图(a)情形要取点b作初始点，而在图(b)情形则应取点a作初始点。这个方法的另一缺点是需要计算二阶导数。如果必须用数值方法求二阶导数，则计算时的舍入误差和近似误差就会对算法的效率影响很大。

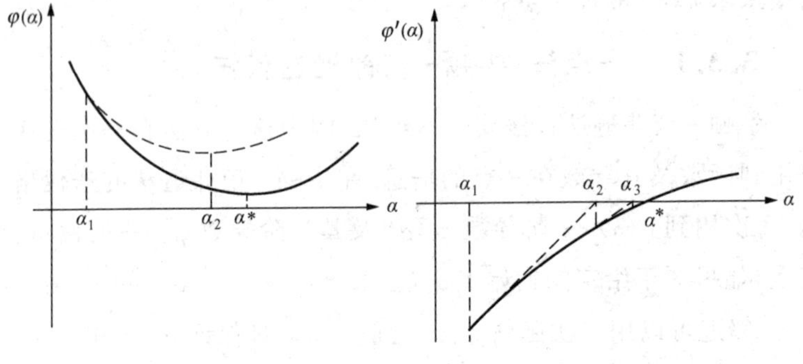

图 3-2　牛顿－芮弗逊法的求解过程

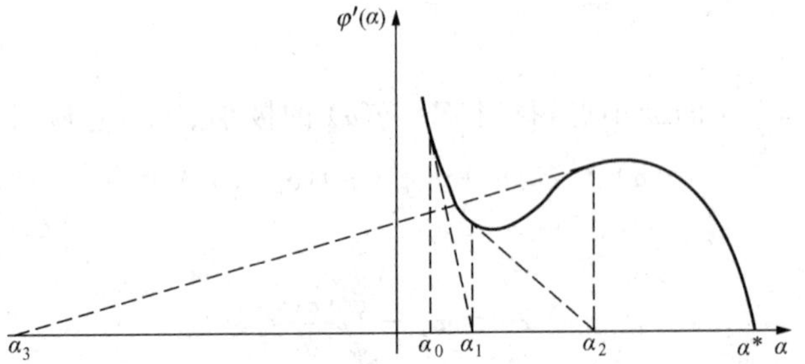

图 3-3　牛顿－芮弗逊法失败的例子

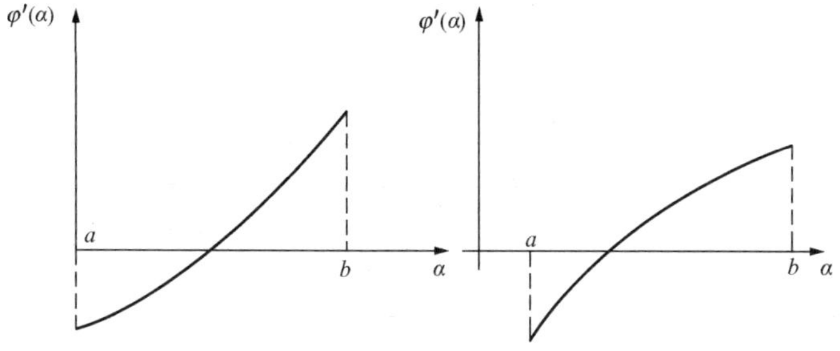

(a) (b)

图 3-4 牛顿 - 芮弗逊法初始点的选择

3.3.2 两点格式

在很多实际优化问题中，不能或非常难以求得目标函数的二阶导数，因此，提出了一些只需要目标函数一阶导数的算法，这种算法需要两点的目标函数值及其导数值。

假定我们已经定出一个区间$[\alpha_1,\alpha_2]$，已知

$$\varphi'(\alpha_1)\leqslant 0,\quad \varphi'(\alpha_2)\geqslant 0 \tag{3-22}$$

两点格式的核心是逐步地缩小区间$[\alpha_1,\alpha_2]$，直到以足够的精度求出目标函数的最小值。缩小区间的方法是每次迭代时利用下列公式求得一个最小值的新估计：

$$\alpha_3=\alpha_2-\rho(\alpha_2-\alpha_1) \tag{3-23}$$

式中，$\rho\in[0,1]$是根据所采用的插值公式而决定的实数。

新的区间应该根据$\varphi'(\alpha_3)$的符号来决定。由于已假定$\varphi'(\alpha_1)<0$，如果$\varphi'(\alpha_3)>0$，则新区间应取成$[\alpha_1,\alpha_3]$，亦即最优点应在α_1与α_3之间；如果$\varphi'(\alpha_3)<0$，则新区间为$[\alpha_3,\alpha_2]$。不管何种情况，我们都定义新区间为$[\alpha_1',\alpha_2']$，然后继续下去。从计算机程序的观点来看，定义新区间可以用两个数据交换的语句来实现，也就是框图 3-5 中的 6、7 框。这样的缩小区间的过程一直进行到区间的长度小于指定的误差限。

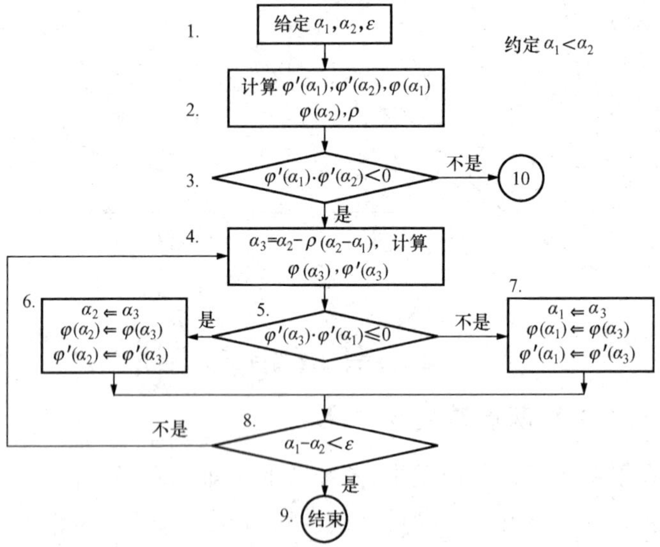

图 3-5　两点格式的计算框图

常见的决定 ρ 的方法有弦位法和二分法。弦位法是利用在点 α_1 的 $\varphi'(\alpha_1)$ 及点 α_2 的 $\varphi'(\alpha_2)$，在 α_1 和 α_2 之间对 $\varphi'(\alpha)$ 进行线性插值，即

$$\varphi'(\alpha)\approx\varphi'(\alpha_1)+\frac{\varphi'(\alpha_2)-\varphi'(\alpha_1)}{\alpha_2-\alpha_1}(\alpha-\alpha_1) \tag{3-24}$$

该式给出使 $\varphi'(\alpha)=0$ 的点 α 的近似值 α_3：

$$\alpha_3=\alpha_2-\varphi'(\alpha_2)\frac{\alpha_2-\alpha_1}{\varphi'(\alpha_2)-\varphi'(\alpha_1)} \tag{3-25}$$

由此可见

$$\rho=\frac{\varphi'(\alpha_2)}{\varphi'(\alpha_2)-\varphi'(\alpha_1)} \tag{3-26}$$

利用弦位法进行求解时，各次求得的近似值 $\alpha_1,\alpha_2,\alpha_3,\cdots$ 如图 3-6 所示。

用二分法求解时，简单地将 ρ 取成 0.5，即

$$\alpha_3=\frac{(\alpha_1+\alpha_2)}{2} \tag{3-27}$$

由于二分法每次将搜索区间的长度缩小为原长度的一半，所以可以预测要经过多少次迭代才能将区间缩小到指定的长度。例如，约经过 20 次迭代可将原区间缩小为 $1/10^6$ 的长度。

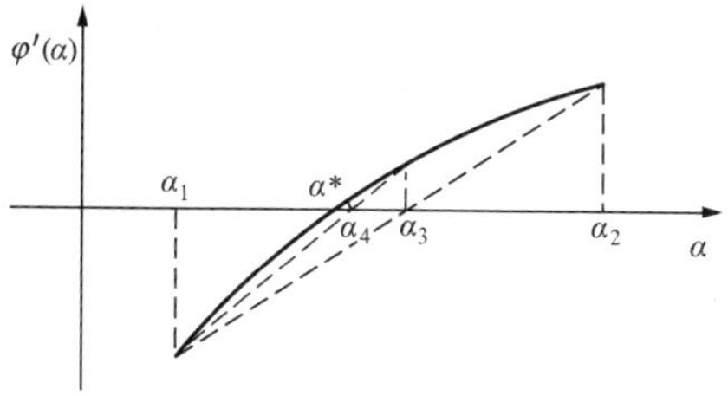

图 3-6

无论是弦位法，还是二分法，都可以使用如图 3-5 所示的框图，要注意的是要取相应的 ρ 的表达式。

值得注意的有两点：一是上列框图要求先判定 $\varphi'(\alpha_1)\varphi'(\alpha_2)$ 的符号，如果它大于零，表示 $\varphi'(\alpha_1)$ 和 $\varphi'(\alpha_2)$ 同号，即表示我们并未找到合适的初始区间 $[\alpha_1,\alpha_2]$。所以，应该有一个合适的办法找出初始区间 $[\alpha_1,\alpha_2]$，上面框图中的第 10 框就是一个用来和找出初始区间的算法接口的地方，我们将在下面章节中介绍这样的方法。二是对于有些病态的函数，单独使用弦位法收敛会很慢，较好的办法是将二分法和弦位法联合起来使用。

两点法要利用 φ 的导数信息，有的时候导数也是不易求得的，这要用下面的三点格式。三点格式也有许多种，下面我们介绍一种简便而又高效率的 0.618 法。

3.3.3 0.618 法

0.618 法又叫做黄金分割法，它只要计算待求极小的函数 $\varphi(\alpha)$ 的函数值。由于前面曾指出在两点法中存在确定初始点的困难，这里，我们描述的 0.618 法计算格式将包括搜索初始区间。

设给定了一个较小的步长 δ，从 $\alpha=0$ 开始，先计算 $\varphi(0)$，然后

计算在 $\alpha=(1.618)^0\delta=\delta$ 的函数值 $\varphi(\delta)$；如果 $\varphi(\delta)<\varphi(0)$，则将步长 δ 增大 1.618 倍，得到一个新点 $\alpha=\delta+1.618\delta=2.618\delta$，计算 $\varphi(2.618\delta)$；如果 $\varphi(2.618\delta)$ 仍小于 $\varphi(\delta)$，再继续增加步长为原步长的 1.618 倍，如图 3-7(a) 所示。这样，得到的一系列点的 α_j 值为

$$\alpha_j=\sum_{i=0}^{j}\delta(1.618)^i \tag{3-28}$$

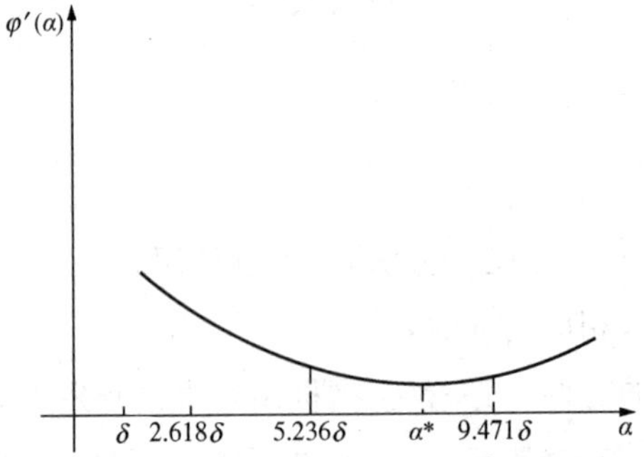

(a) 0.618法初始区间的确定

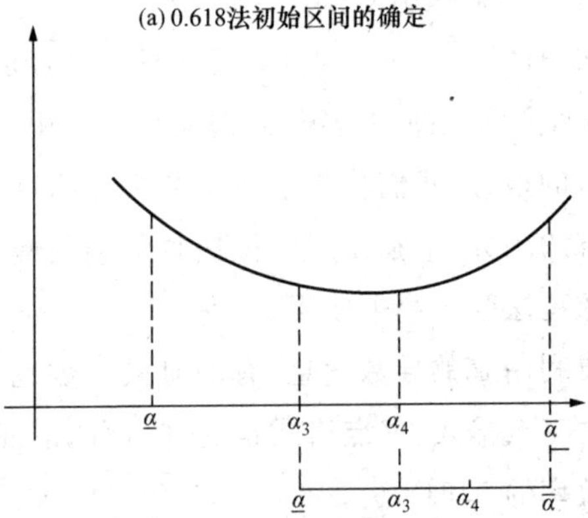

(b) 0.618法中间点的增加

图 3-7　0.618 法

这样的计算一直作到某点（例如说 α_J）的 φ 值比前一点大就停止，这时，我们认定 φ 的最小值将在 $[\alpha_{J-2},\alpha_J]$ 之间：

$$\alpha_{J-2}=\sum_{i=0}^{J-2}\delta(1.618)^i\equiv\underline{\alpha} \tag{3-29}$$

$$\alpha_J = \sum_{i=0}^{J} \delta(1.618)^i \equiv \bar{\alpha} \tag{3-30}$$

现在，我们要在$[\underline{\alpha},\bar{\alpha}]$内计算两个点的函数值，这两个点是

$$\alpha_3 = \alpha_{J-2} + 0.382(\alpha_J - \alpha_{J-2}) = \underline{\alpha} + 0.382(\bar{\alpha} - \underline{\alpha}) \tag{3-31}$$

$$\alpha_4 = \alpha_J - 0.382(\alpha_J - \alpha_{J-2}) = \underline{\alpha} + 0.618(\bar{\alpha} - \underline{\alpha}) \tag{3-32}$$

但幸运的是 $\alpha_3 = \alpha_{J-1}$，事实上，

$$\begin{aligned}\alpha_3 &= \sum_{i=0}^{J-2} \delta(1.618)^i + 0.382\delta(1.618)^{J-1}(1+1.618) \\ &= \sum_{i=0}^{J-1} \delta(1.618)^i = \alpha_{J-1}\end{aligned} \tag{3-33}$$

所以，只要计算 $\varphi(\alpha_4)$ 即可。如果 $\varphi(\alpha_3) < \varphi(\alpha_4)$，则取 $\bar{\alpha} = \alpha_4$，否则取 $\underline{\alpha} = \alpha_3$。无论哪种情况，在按式(3-31)或式(3-32)计算中间的两个内点时，我们发现其中的一个点就是已经求过的 α_3 或 α_4 点。以取 $\underline{\alpha} = \alpha_3$ 为例，见图 3-7(b)，需要计算的一个内点(新的 α_3)为

$$\begin{aligned}&\alpha_3 + 0.382(\bar{\alpha} - \alpha_3) \\ &= \underline{\alpha} + 0.382(\bar{\alpha} - \underline{\alpha}) + 0.382 \times 0.618(\bar{\alpha} - \underline{\alpha}) \\ &= \underline{\alpha} + (0.382 + 0.618 \times 0.382)(\bar{\alpha} - \underline{\alpha}) \\ &= \underline{\alpha} + 0.618(\bar{\alpha} - \underline{\alpha}) \\ &= \alpha_4\end{aligned}$$

所以只需要计算其中的一个点，即 $\alpha_3 + 0.618(\bar{\alpha} - \alpha_3)$ 处的 φ 值。类似地，如果已经确定 $\bar{\alpha} = \alpha_4$，下次迭代会发现用式(3-32)计算得到的 α_4 就是上次迭代中已经求过的 α_3 点。

如果 $\varphi(\alpha_3) = \varphi(\alpha_4)$，则就可以取 $\underline{\alpha} = \alpha_3$，$\bar{\alpha} = \alpha_4$，重复上面的过程，即在$[\underline{\alpha},\bar{\alpha}]$内按式(3-31)、(3-32)计算两点 α_3，α_4。

这样的搜索过程一直进行到区间$[\underline{\alpha},\bar{\alpha}]$小于指定的小量。

根据上面的描述，不难编制出相应的框图和程序。注意，这样的算法是假定 $\varphi(\alpha)$ 的极小值在 $\alpha > 0$ 一侧，如果在 $\alpha < 0$ 一侧，则要稍稍修改。

除了上面介绍的这几种一维搜索方法外，还有利用二次插值和立方插值的算法更细致的一维搜索方法，读者可以参考文献[35]。这些一维搜索方法在实际结构优化中都是很有用处的，具体选择采用哪一种方法主要取决于函数值、一阶导数及二阶导数值是否易于求得。对于用有限元方法描述的结构，利用射线步或近似射线步往往可以避免结构重分析，得到效率很高的一维搜索方法，这也是在选择方法时应当注意的一个因素。一维搜索方法的重要性还在于提供了建立多维搜索方法的基础。事实上将一维问题中的牛顿－芮弗逊方法稍加推广就可得到多维无约束问题的牛顿算法。最后，粗糙的一维搜索是值得关注的研究方向。

3.4　无约束优化的单纯形法

本节和下节，我们将集中介绍无约束优化的算法。虽然实际工程结构的优化问题往往是有约束的，但是，正如后面要看到的，一方面，约束非线性规划的优化可以通过罚函数法转化成无约束优化问题；另一方面，无约束优化方法的基本思想极易推广到约束优化问题中的直接方法（又称为原方法）上去。

和一维搜索一样，无约束优化方法也可以按照是否使用目标函数的一阶导数和二阶导数来划分。在很多实际问题中，例如钢筋混凝土结构的设计中，目标函数的导数是很难求得的，因此我们只能使用仅仅利用目标函数值的优化方法。一般地，这类方法相当简单，效率也不是很高，但是却十分易于掌握和编制程序，适用于相当广泛的一类工程优化问题，受到工程界的欢迎。属于这类方法的有虎克（Hooke）和吉维斯（Jeeves）的直接搜索法、鲍威尔（Powell）的方向加速法和单纯形法等。从我国工程界使用的情况来看，单纯形法用得较多，下面我们作一介绍。

所谓**单纯形**，是指在 n 维空间中由 $n+1$ 个不同的顶点组成的多面体。如果这个多面体的各边相等，则称为**正单纯形**。单纯形法最初由 Spendley，Hext 和 Himsworth 提出[36]，后来由 Nelder 和 Mead[37] 改进。所谓单纯形的优化方法，就是在单纯形的这些顶点处计算目标函数值，加以比较后选出其中的好点和坏点，然后依据一定规则找到一个新的、估计是更好的点，用它来代替原来这些顶点中的最坏点，从而构造出一个新的单纯形。这样重复地做下去，我们就得到一系列的单纯形，其中的每一个是由前一个仅借助于计算目标值而得到的。如果这些规则选择得合适，便可使这些单纯形中的一个包含了最优点 $\boldsymbol{x}^*$，此时，我们就可以估计 $\boldsymbol{x}^*$。当然，估计的精度将依赖于最后包含 $\boldsymbol{x}^*$ 的单纯形的大小。

单纯形法的第一步是选择一个比较合理的初始设计 $\boldsymbol{x}_0=(x_{01},x_{02},\cdots,x_{0n})^{\mathrm{T}}$，并以它为顶点构造边长为 a 的正单纯形。这样的单纯形显然不是唯一的，为了方便，通常把这个正单纯形的其余 n 个顶点选择为

$$\begin{aligned}\boldsymbol{x}_1&=\boldsymbol{x}_0+(p,q,q,\cdots,q)^{\mathrm{T}}\\\boldsymbol{x}_2&=\boldsymbol{x}_0+(q,p,q,\cdots,q)^{\mathrm{T}}\\&\vdots\\\boldsymbol{x}_n&=\boldsymbol{x}_0+(q,q,q,\cdots,p)^{\mathrm{T}}\end{aligned}\tag{3-34}$$

式中 $p=\dfrac{a}{\sqrt{2}\,n}[(n-1)+\sqrt{n+1}]$；$q=\dfrac{a}{\sqrt{2}\,n}(\sqrt{n+1}-1)$。

可以验证该单纯形的各边长为 a：

$$|\boldsymbol{x}_i-\boldsymbol{x}_0|=\sqrt{p^2+(n-1)q^2}=a,\quad i\neq 0$$

$$|\boldsymbol{x}_i-\boldsymbol{x}_j|=\sqrt{2(p-q)^2}=a,\quad i\neq j,\ i\neq 0,\ j\neq 0$$

接着开始整个迭代。一般地，设在第 k 次迭代已求得一个单纯形，其 $n+1$ 个顶点为 $\boldsymbol{x}_0,\boldsymbol{x}_1,\cdots,\boldsymbol{x}_n$（省略表示迭代次数的上标 k），迭代过程为

(1) 准备。计算这 $n+1$ 个顶点处的函数值：

$$f_i = f(\boldsymbol{x}_i), \quad i = 0,1,2,\cdots,n$$

从中比较优劣得到最优点 $\boldsymbol{x}_l$、最坏点 $\boldsymbol{x}_h$ 和次坏点 $\boldsymbol{x}_b$：

$$\begin{aligned} f(\boldsymbol{x}_l) &= \min_{0\leqslant i\leqslant n} f(\boldsymbol{x}_i), \quad \text{记作 } f_l \\ f(\boldsymbol{x}_h) &= \max_{0\leqslant i\leqslant n} f(\boldsymbol{x}_i), \quad \text{记作 } f_h \\ f(\boldsymbol{x}_b) &= \max_{\substack{0\leqslant i\leqslant n \\ i\neq h}} f(\boldsymbol{x}_i) \leqslant f(\boldsymbol{x}_h), \quad \text{记作 } f_b \end{aligned} \tag{3-35}$$

去掉最劣点，把剩下的 n 个点的形心找出来：

$$\bar{\boldsymbol{x}}_h = \sum_{i=0,i\neq h}^{n} \frac{\boldsymbol{x}_i}{n} \tag{3-36}$$

这里，为了强调它是去掉 $\boldsymbol{x}_h$ 后的形心，它的下标也记为 h。直观上很显然，在直线 $\boldsymbol{x}_h\bar{\boldsymbol{x}}_h$ 上和 $\boldsymbol{x}_h$ 相反的一侧进行搜索可能求得改进的设计点。因此就执行下面的反射步。

(2) 反射。以 $\bar{\boldsymbol{x}}_h$ 为中心将 $\boldsymbol{x}_h$ 反射而得到 $\boldsymbol{x}_h^R$(图 3-8)：

$$\boldsymbol{x}_h^R = \bar{\boldsymbol{x}}_h + \alpha(\bar{\boldsymbol{x}}_h - \boldsymbol{x}_h), \quad 0 < \alpha \leqslant 1 \tag{3-37}$$

经验表明，取 $\alpha = 1$ 较好。计算目标函数在 $\boldsymbol{x}_h^R$ 处的值：

$$f_h^R = f(\boldsymbol{x}_h^R)$$

然后比较 $\boldsymbol{x}_h^R$ 处的函数值和其他点的值。如果 $f_h^R < f_l$，即新点比最好点还好，说明沿此方向搜索还有潜力，可让 $\boldsymbol{x}_h^R$ 沿此直线延伸，即转入第(3) 步；如果 $f_h^R \geqslant f_l$，则转入(4)。

(3) 延伸。让 $\boldsymbol{x}_h^R$ 沿直线 $\boldsymbol{x}_h\bar{\boldsymbol{x}}_h$ 延伸到 $\boldsymbol{x}_h^E$(图 3-9)：

$$\boldsymbol{x}_h^E = \bar{\boldsymbol{x}}_h + \gamma(\boldsymbol{x}_h^R - \bar{\boldsymbol{x}}_h) \tag{3-38}$$

式中，$\gamma > 1$，一般取 $\gamma = 2$ 为好。然后计算 $\boldsymbol{x}_h^E$ 处的目标值 f_h^E：

$$f_h^E = f(\boldsymbol{x}_h^E)$$

如果 $f_h^E < f_h^R$，则用 $\boldsymbol{x}_h^E$ 来代替 $\boldsymbol{x}_h$，得到新的单纯形，它的顶点为

$$(\boldsymbol{x}_0, \boldsymbol{x}_1, \boldsymbol{x}_2, \cdots, \boldsymbol{x}_{h-1}, \boldsymbol{x}_h^E, \boldsymbol{x}_{h+1}, \cdots, \boldsymbol{x}_n)$$

再返回(1)；如果 $f_h^E \geqslant f_h^R$，说明延伸不成功，退回到 $\boldsymbol{x}_h^R$，用 $\boldsymbol{x}_h^R$ 代替

$\boldsymbol{x}_h$ 得到新的单纯形，其顶点为

$$(\boldsymbol{x}_0, \boldsymbol{x}_1, \boldsymbol{x}_2, \cdots, \boldsymbol{x}_{h-1}, \boldsymbol{x}_h^R, \boldsymbol{x}_{h+1}, \cdots, \boldsymbol{x}_n)$$

然后返回(1)。

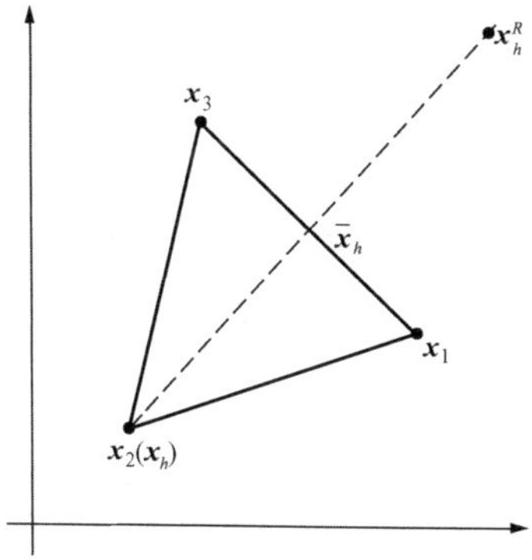

图 3-8　单纯形法的反射步

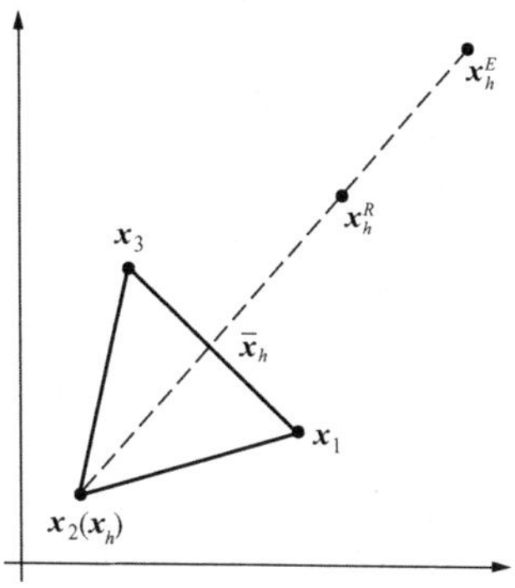

图 3-9　单纯形法的延伸步

(4) 收缩。进入这一步是因为 $f_h^R \geqslant f_l$，即反射点不比最优点好，这时有两种可能：

① 如果 $f_h^R > f_b$，这意味着反射而得的新点比最坏点外的所有点都差，如果我们用 $\boldsymbol{x}_h^R$ 代替 $\boldsymbol{x}_h$ 构造新的单纯形，则十分显然，$\boldsymbol{x}_h^R$ 是新的单纯形中最坏的点，而其余点的形心不变，将 $\boldsymbol{x}_h^R$ 对新的单纯形作反射，结果将又得到 $\boldsymbol{x}_h$，形成一个死循环。为了避免这个死循环，先比较 f_h^R 和 f_h，从 $\boldsymbol{x}_h^R$ 和 $\boldsymbol{x}_h$ 中挑出一个最坏的点。如果 $f_h^R > f_h$，即 $\boldsymbol{x}_h^R$ 比 $\boldsymbol{x}_h$ 坏，则舍弃 $\boldsymbol{x}_h^R$，而把 $\boldsymbol{x}_h$ 收缩到 $\boldsymbol{x}_h^c$：

$$\boldsymbol{x}_h^c = \bar{\boldsymbol{x}}_h + \beta(\boldsymbol{x}_h - \bar{\boldsymbol{x}}_h) \tag{3-39}$$

这种情况如图 3-10(a) 所示；如果 $f_h^R < f_h$，即 $\boldsymbol{x}_h$ 比 $\boldsymbol{x}_h^R$ 坏，则舍弃 $\boldsymbol{x}_h$，并把 $\boldsymbol{x}_h^R$ 收缩到 $\boldsymbol{x}_h^c$，如图 3-10(b) 所示：

$$\boldsymbol{x}_h^c = \bar{\boldsymbol{x}}_h + \beta(\boldsymbol{x}_h^R - \bar{\boldsymbol{x}}_h) \tag{3-39'}$$

式中，$0 < \beta < 1$，经验表明取 $\beta = 0.5$ 较好。

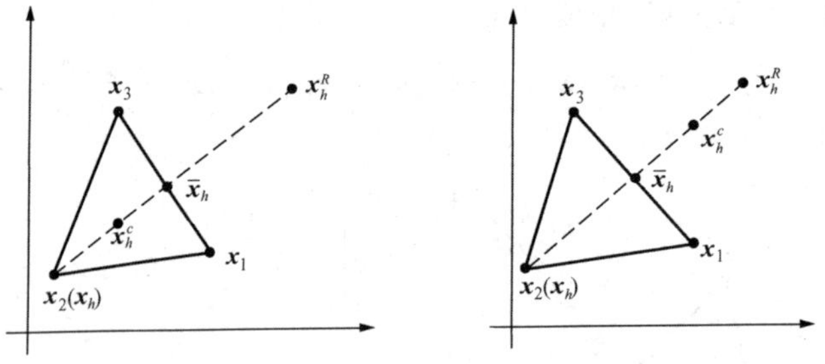

图 3-10

一旦确定 $\boldsymbol{x}_h^c$ 后再计算该点函数值 f_h^c：

$$f_h^c = f(\boldsymbol{x}_h^c)$$

若 $f_h^c > \max\{f_h, f_h^R\}$，则说明 f_h^c 比二者都糟，沿这条线移动希望很小，因而只能以最好点 $\boldsymbol{x}_l$ 为中心收缩这个单纯形而产生一个新的单纯形，它的顶点为

$$\hat{\boldsymbol{x}}_i = \frac{1}{2}(\boldsymbol{x}_i + \boldsymbol{x}_l), \quad i = 0,1,2,\cdots,n$$

也就是说，将单纯形的边长缩减为原先的一半。若 $f_h^c \leqslant \min\{f_h, f_h^R\}$，则说明 $\boldsymbol{x}_h^c$ 可用来代替 $\boldsymbol{x}_h$ 而构造一个新的单纯形，其顶点为

$$(\boldsymbol{x}_0, \boldsymbol{x}_1, \cdots, \boldsymbol{x}_{h-1}, \boldsymbol{x}_h^c, \boldsymbol{x}_{h+1}, \cdots, \boldsymbol{x}_n)$$

② 如果 $f_h^R < f_b$，这意味着新点 $\boldsymbol{x}_h^R$ 比除最坏点外的某些点好，有使用价值，因此可用 $\boldsymbol{x}_h^R$ 代替 $\boldsymbol{x}_h$ 来构造新的单纯形，其顶点为

$$(\boldsymbol{x}_0, \boldsymbol{x}_1, \cdots, \boldsymbol{x}_{h-1}, \boldsymbol{x}_h^R, \boldsymbol{x}_{h+1}, \cdots, \boldsymbol{x}_n)$$

至此，不论在何种情况下，我们均可以构造出新的单纯形，迭代可以进行下去。通常使用的结束迭代的准则为

$$\frac{1}{n}\sum_{i=0}^{n}(f_i - \bar{f})^2 < \varepsilon, \quad \varepsilon > 0$$

式中　$\bar{f} = \dfrac{1}{n+1}\sum_{i=0}^{n} f_i$；

　　ε—— 指定的小量。

图 3-11 是在二维情况下单纯形法的示意图，直到 $\boldsymbol{x}_8$ 为止，都是采用反射运算求出新的单纯形，在单纯形 $\boldsymbol{x}_6\boldsymbol{x}_7\boldsymbol{x}_8$ 中，$\boldsymbol{x}_7$ 最劣，因而用反射求得 $\boldsymbol{x}_9$，但是 $\boldsymbol{x}_9$ 次于 $\boldsymbol{x}_6$ 和 $\boldsymbol{x}_8$，所以用收缩求出 $\boldsymbol{x}_{10}$，…。

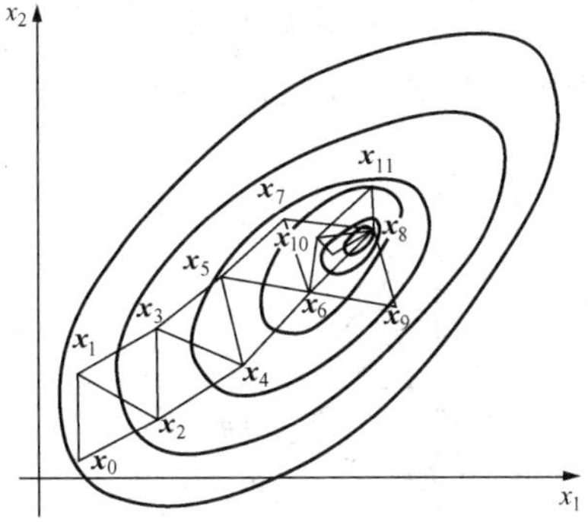

图 3-11

根据上面描述的算法不难编制出相应的程序段。

单纯形法由于其简单性，工程实践中很愿意采用，但是因为要计算很多函数值，工作量很大，只适用于设计变量很少的情况。另外，单纯形还容易在计算过程中出现降维的现象，即单纯形经反复变动后不能保证仍是反映 n 维空间的性质，而退化为低维空间里的“单纯形”，例如，变得很扁平或很狭长，因而无法找到 n 维空间中的极小点。发生退化现象时，最好从新开始。

由于单纯形法的实用价值，人们曾做过不少改进这个方法的尝试。例如，除了式(3-34) 这样的正单纯形外，还可以选择其他形式的初始单纯形，一种比较常用的单纯形的 $n+1$ 个顶点为

$$
\begin{aligned}
\boldsymbol{x}_0 &= \boldsymbol{x}_0 \quad (\boldsymbol{x}_0\text{ 为一个较合理的初始设计})\\
\boldsymbol{x}_1 &= \boldsymbol{x}_0 + a\boldsymbol{e}_1\\
\boldsymbol{x}_2 &= \boldsymbol{x}_0 + a\boldsymbol{e}_2\\
&\vdots\\
\boldsymbol{x}_n &= \boldsymbol{x}_0 + a\boldsymbol{e}_n
\end{aligned}
\tag{3-40}
$$

式中，$\boldsymbol{e}_i=(0,0,\cdots,0,\underset{i}{1},0,\cdots,0)^{\mathrm{T}}$ 可以解释为设计空间中沿第 i 个坐标轴上的单位向量；a 为给定常数。

在二维空间中，式(3-34) 给出的初始单纯形是图 3-12 上的等边三角形 ABC，而式(3-40) 给出的初始单纯形是该图上的直角三角形 ADE。一般地说，式(3-34) 给出的初始单纯形较好。

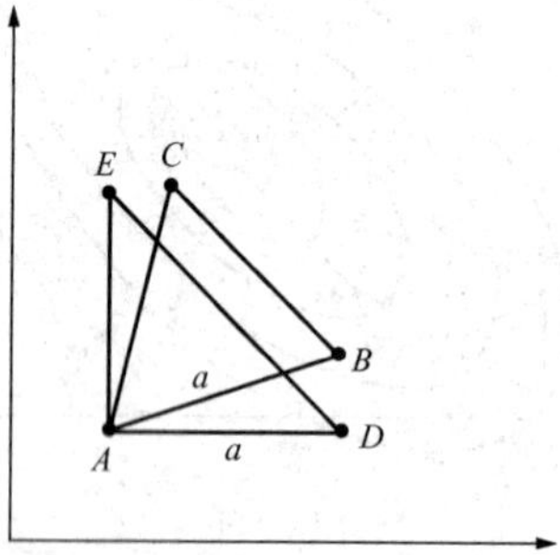

图 3-12　两种不同的单纯形

单纯形法的另一个可改进之处是$\bar{\boldsymbol{x}}_h$ 的决定，有的作者建议不采用形心(见公式(3-36)) 作$\bar{\boldsymbol{x}}_h$，而采用

$$\bar{\boldsymbol{x}}_h=\frac{1}{n}\sum_{\substack{i=0\\i\neq h}}^{n}W_i\boldsymbol{x}_i \tag{3-41}$$

式中　W_i—— 权重，$W_i=\dfrac{f(\boldsymbol{x}_h)-f(\boldsymbol{x}_i)}{\sum\limits_{j=0,j\neq h}^{n}[f(\boldsymbol{x}_h)-f(\boldsymbol{x}_j)]}$。

这个做法的目的是使$\bar{\boldsymbol{x}}_h$ 向好点靠拢一点，希望因此加速迭代的收敛。

单纯形法还有一个改进之处。按单纯形法执行了一定阶段后，根据在最后的单纯形的顶点及某些其他点的目标函数的值，构造一个二次函数 $q(\boldsymbol{x})$ 来近似目标函数 $f(\boldsymbol{x})$，之后就不执行单纯形法的步骤而求 $q(\boldsymbol{x})$ 的极小点。实践证明这个方法很有效，这个方法的细节可以在文献[35] 中见到。

单纯形法可以推广到具有约束的优化问题，这就是我们在以后要介绍的复形法。

3.5 无约束优化的梯度算法

单纯形法虽然算法简单且只要计算目标函数值，但效率很低。结构优化中的许多问题，特别是用有限元法分析的结构，可以求出结构响应的灵敏度显式，基于灵敏度的优化算法在结构优化中就具有特殊的优势。灵敏度就是梯度，在数学中采用几何图形来描述函数的变化，“梯度”这个术语形象地描述了函数的变化，在本章我们将采用梯度这一术语。求解无约束优化的梯度算法有很多，这里只详细介绍最基本的最速下降法和牛顿法。拟牛顿法和变尺度法是很有效的算法，但由于篇幅关系只介绍主要思想。

3.5.1 最速下降法

最速下降法可以说是非线性规划中最基本的方法之一。在这个方法中，下山方向 $\boldsymbol{S}^{(k)}$ 取成负梯度方向 $-\nabla f(\boldsymbol{x}^{(k)})$，按照高等数学中梯度的定义，我们知道，这是从局部来看下降最迅速的方向。最速下降法本身并不是十分有效的方法，但它是所有梯度类算法的基础，而且最速下降法的收敛性质已有肯定的结论，可以用来作为其他算法的参照。

只要将3.2节中基本的下降算法中的步骤(2)改为取用负梯度方向作搜索方向便得到了最速下降法的算法，为了阅读方便，我们将这个算法给出在下面。

(1) 令 $k=0$，给定初始解 $\boldsymbol{x}^{(0)}$；

(2) 求出在设计点 $\boldsymbol{x}^{(k)}$ 处目标函数的梯度 $\nabla f(\boldsymbol{x}^{(k)})$，取搜索方向 $\boldsymbol{S}^{(k)}=-\nabla f(\boldsymbol{x}^{(k)})$；

(3) 求搜索步长 $\alpha^{(k)}$，要求

$$f(\boldsymbol{x}^{(k)}+\alpha^{(k)}\boldsymbol{S}^{(k)})=\min_{\alpha>0}f(\boldsymbol{x}^{(k)}+\alpha\boldsymbol{S}^{(k)})$$

(4) 修改 $\boldsymbol{x}^{(k+1)}=\boldsymbol{x}^{(k)}+\alpha^{(k)}\boldsymbol{S}^{(k)}$；

(5) 检查收敛准则，不满足则令 $k=k+1$，返回(2)；满足则令 $\boldsymbol{x}_{\text{opt}}=\boldsymbol{x}^{(k+1)}$，并停止迭代。

下面的例题用来说明这个算法是如何执行的，同时也说明即使对二次函数，最速下降法也要很多次迭代才能充分接近最优点。

例 1 用最速下降法极小化目标函数 $f(\boldsymbol{x})=x_1^2-2x_1x_2+2x_2^2+2$，初始点选在 $\boldsymbol{x}^{(0)}=(0,1)^{\mathrm{T}}$ 处。

解 目标函数的梯度为

$$\frac{\partial f}{\partial x_1}=2x_1-2x_2,\quad \frac{\partial f}{\partial x_2}=-2x_1+4x_2$$

在初始设计点 $\boldsymbol{x}^{(0)}$ 的搜索方向为

$$\boldsymbol{S}^{(0)}=-\left(\frac{\partial f}{\partial x_1},\frac{\partial f}{\partial x_2}\right)^{\mathrm{T}}\Bigg|_{\boldsymbol{x}^{(0)}}=(2,-4)^{\mathrm{T}}$$

沿着这个搜索方向：

$$\varphi(\alpha)=f(\boldsymbol{x}^{(0)}+\alpha\boldsymbol{S}^{(0)})=52\alpha^2-20\alpha+4$$

$$\varphi'(\alpha)=0,\quad \alpha=\frac{5}{26}$$

于是新的设计点为

$$\boldsymbol{x}^{(1)}=(0,1)^{\mathrm{T}}+\frac{5}{26}(2,-4)^{\mathrm{T}}=\left(\frac{5}{13},\frac{3}{13}\right)^{\mathrm{T}},\quad f(\boldsymbol{x}^{(1)})=2\frac{1}{13}$$

在该点的搜索方向为

$$\boldsymbol{S}^{(1)}=-\left(\frac{\partial f}{\partial x_1},\frac{\partial f}{\partial x_2}\right)^{\mathrm{T}}\Bigg|_{\boldsymbol{x}^{(1)}}=\left(-\frac{4}{13},-\frac{2}{13}\right)^{\mathrm{T}}$$

注意，

$$(\boldsymbol{S}^{(1)})^{\mathrm{T}}\boldsymbol{S}^{(0)}=-\frac{8}{13}+\frac{8}{13}=0$$

现在，

$$\varphi(\alpha)=f(\boldsymbol{x}^{(1)}+\alpha\boldsymbol{S}^{(1)})=\frac{1}{169}(351-20\alpha+8\alpha^2)$$

$$\varphi'(\alpha)=16\alpha-20=0,\quad \alpha=\frac{5}{4}$$

新的设计点为 $\boldsymbol{x}^{(2)}=\left(0,\frac{1}{26}\right)^{\mathrm{T}}$，目标值为 $2\frac{1}{338}$，…

真正的最优点可从方程 $\frac{\partial f}{\partial x_1}=\frac{\partial f}{\partial x_2}=0$ 导出，为

$$\boldsymbol{x}_1^*=0,\quad \boldsymbol{x}_2^*=0,\quad f(\boldsymbol{x}^*)=2$$

在图 3-13 上，画出了这个目标函数的等值线和迭代过程。

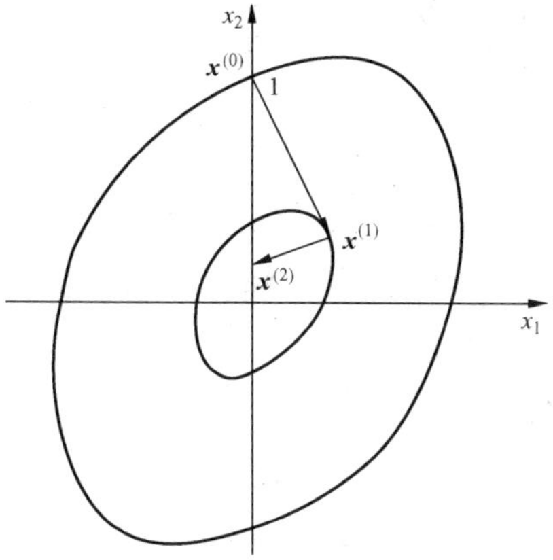

图 3-13

在上面的例题中我们曾指出 $(\boldsymbol{S}^{(1)})^{\mathrm{T}}\boldsymbol{S}^{(0)}=0$，即前后两次搜索方向互相垂直。这个性质可以得到一般性的证明。事实上，在 3.2 节中已指出基本的下降算法具备性质式(3-12)：

$$\nabla^{\mathrm{T}}f(\boldsymbol{x}^{(k+1)})\boldsymbol{S}^{(k)}=0$$

现在 $\boldsymbol{S}^{(k+1)}=-\nabla f(\boldsymbol{x}^{(k+1)})$，所以有

$$(\boldsymbol{S}^{(k+1)})^{\mathrm{T}}\boldsymbol{S}^{(k)}=0 \tag{3-42}$$

由于前后两次迭代的搜索方向互相垂直，最速下降法是名不

符实，它走着一条“之”字形的迭代途径，而不是以最快的速度下降到最优点。图 3-14 上的目标函数的等值线偏心很显著，对这样的函数，从图上可见最速下降法效率很低。

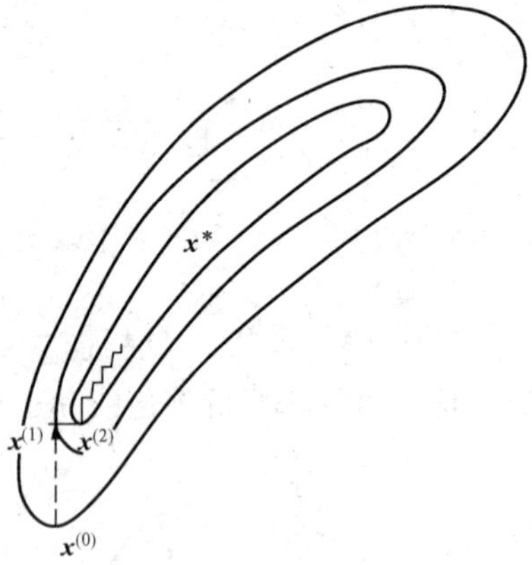

图 3-14

这个方法虽然很简单，但它的缺点是严重的：

(1) 即使对于一个正定二次型的目标函数，为了求得足够准确的最小值，可能要迭代很多次。

(2) 每次迭代时并不利用以前计算中得到的任何信息。如果利用这些信息，有可能改进收敛的速度。

(3) 收敛的快慢和目标函数的性质有很大关系。如果目标函数接近圆形，如图 3-13 所示，迭代所需次数很少；反之，当目标函数是椭圆形且偏心率(长轴与短轴之比)很大时，如图 3-14 所示，收敛很慢，只是头二、三次迭代中最速下降法显得十分有效，之后，设计点就依照这个之字形的路径慢慢地移动，为了收敛到最优点 $\boldsymbol{x}^*$，要迭代很多次才行。

理论上可以证明，最速下降法在最优点邻近的收敛速度是线性的，但收敛速度中的比值 K(K 的定义见式(3-15)) 却依赖于这个目标函数的偏心程度。所谓偏心程度，定义为目标函数在最优点的海森矩阵的条件数，即最大特征值 λ_n 与最小特征值 λ_1 之比 c：

$$c = \lambda_n / \lambda_1$$

如果 c 接近于 1，目标函数在最优点附近接近圆形，收敛很快；如果 $c \gg 1$，目标函数在最优点邻近是一个拉得很长的椭圆，收敛很慢。为了克服这一缺点，一个办法是将设计变量按不同的比例适当调整，使得目标函数尽量接近"圆"形，但是，实际问题中如何决定各个设计变量需要调整的比例并不容易。

由于最速下降法的这一明显缺点，不宜单独使用，一般配合其他方法如共轭梯度法、变尺度法等使用，而且将最速下降法用于最初的几次迭代，因为此时它的效率高。如果单独使用它，则限于要求比较粗糙的问题，且往往用函数值计算次数小于规定次数作为终止准则。例如，总计算次数不大于 $20n^2$，再计算下去效率就相当低了。

3.5.2 基本的牛顿-芮弗逊法

如前面已经介绍过的，多元函数 $f(\boldsymbol{x})$，$\boldsymbol{x} = (x_1, x_2, \cdots, x_n)^{\mathrm{T}}$ 的无约束优化问题可以化成求下列方程组的根：

$$\nabla f = \boldsymbol{0}$$

或

$$\begin{cases} \dfrac{\partial f}{\partial x_1} = 0 \\ \dfrac{\partial f}{\partial x_2} = 0 \\ \vdots \\ \dfrac{\partial f}{\partial x_n} = 0 \end{cases}$$

求解这组方程的一个方法是对一维问题中牛顿-芮弗逊法加以推广，这就是说，如果在第 k 次迭代求得方程解的一个近似为 $\boldsymbol{x}^{(k)}$，而下一次希望求得的改进解记为 $\boldsymbol{x}^{(k+1)}$，在 $\boldsymbol{x}^{(k)}$ 处展开函数 $\nabla f(\boldsymbol{x})$，得

$$\nabla f(\boldsymbol{x}^{(k+1)}) = \nabla f(\boldsymbol{x}^{(k)}) + \boldsymbol{H}(\boldsymbol{x}^{(k)})(\boldsymbol{x}^{(k+1)} - \boldsymbol{x}^{(k)}) + O(e^2)$$

式中　$e = \left| \boldsymbol{x}^{(k+1)} - \boldsymbol{x}^{(k)} \right|$，$O(e^2)$ 表示和 e^2 同阶的一个小量；

$\boldsymbol{H}(\boldsymbol{x}^{(k)})$—— 函数 $f(\boldsymbol{x})$ 的二阶导数所组成的矩阵在 $\boldsymbol{x}^{(k)}$ 处的值(见 2.3 节)。

如果在 $\boldsymbol{x}^{(k+1)}$ 处，函数 $f(\boldsymbol{x})$ 取极小，则应该有

$$\nabla f(\boldsymbol{x}^{(k+1)}) = \boldsymbol{0}$$

或

$$\nabla f(\boldsymbol{x}^{(k)}) + \boldsymbol{H}(\boldsymbol{x}^{(k)})(\boldsymbol{x}^{(k+1)} - \boldsymbol{x}^{(k)}) + O(e^2) = \boldsymbol{0}$$

如果矩阵 $\boldsymbol{H}$ 在点 $\boldsymbol{x}^{(k)}$ 处不是奇异的，而且 $O(e^2)$ 是可忽略的小项，则从中可以求得

$$\boldsymbol{x}^{(k+1)} - \boldsymbol{x}^{(k)} = -\boldsymbol{H}^{-1}(\boldsymbol{x}^{(k)})\nabla f(\boldsymbol{x}^{(k)})$$

或者改进的值 $\boldsymbol{x}^{(k+1)}$ 为

$$\boldsymbol{x}^{(k+1)} = \boldsymbol{x}^{(k)} - \boldsymbol{H}^{-1}(\boldsymbol{x}^{(k)})\nabla f(\boldsymbol{x}^{(k)}) \tag{3-43}$$

对比 3.2 节介绍的搜索方向的定义，可知如果假定搜索步长 $\alpha^{(k)}$ 为 1，这里取的搜索方向应为

$$\boldsymbol{S}^{(k)} = -\boldsymbol{H}^{-1}(\boldsymbol{x}^{(k)})\nabla f(\boldsymbol{x}^{(k)}) \tag{3-44}$$

该式也可写成

$$\nabla f(\boldsymbol{x}^{(k)}) = -\boldsymbol{H}(\boldsymbol{x}^{(k)})\boldsymbol{S}^{(k)} \tag{3-45}$$

为了保证该搜索方向是下山方向，应该有式(3-8)，亦即

$$(\boldsymbol{S}^{(k)})^{\mathrm{T}}\nabla f(\boldsymbol{x}^{(k)}) = -(\boldsymbol{S}^{(k)})^{\mathrm{T}}\boldsymbol{H}(\boldsymbol{x}^{(k)})\boldsymbol{S}^{(k)} < 0$$

或

$$(\boldsymbol{S}^{(k)})^{\mathrm{T}}\boldsymbol{H}(\boldsymbol{x}^{(k)})\boldsymbol{S}^{(k)} > 0 \tag{3-46}$$

这个条件当矩阵 $\boldsymbol{H}$ 正定时是肯定满足的。

至此，我们便可把式(3-44) 给出的 $\boldsymbol{S}^{(k)}$ 及取 $\alpha^{(k)} = 1$ 结合到基本的下降算法的框图中去，得到基本的牛顿 - 芮弗逊法的计算框图。注意，此时无需一维搜索。另外，矩阵 $\boldsymbol{H}$ 的求逆可以用三角化的算法。

下面我们仍以本节前述例 1 为例来说明一下牛顿 - 芮弗逊法

的做法。该题中，

$$f(\boldsymbol{x}) = x_1^2 - 2x_1x_2 + 2x_2^2 + 2$$

$$\nabla f(\boldsymbol{x}) = (2x_1 - 2x_2, -2x_1 + 4x_2)^{\mathrm{T}}$$

$$\boldsymbol{H} = \nabla^2 f = \begin{pmatrix} \dfrac{\partial^2 f}{\partial x_1^2} & \dfrac{\partial^2 f}{\partial x_1 \partial x_2} \\ \dfrac{\partial^2 f}{\partial x_1 \partial x_2} & \dfrac{\partial^2 f}{\partial x_2^2} \end{pmatrix} = \begin{pmatrix} 2 & -2 \\ -2 & 4 \end{pmatrix}$$

初始点选在 $\boldsymbol{x}^{(0)} = (0,1)^{\mathrm{T}}$，该点 $\nabla f(\boldsymbol{x}^{(0)}) = (-2,4)^{\mathrm{T}}$，$\boldsymbol{H}(\boldsymbol{x}^{(0)})$ 同上面式中的 $\boldsymbol{H}$（为常数矩阵）。按式(3-43)，有

$$\boldsymbol{x}^{(1)} = \boldsymbol{x}^{(0)} - \boldsymbol{H}^{-1}(\boldsymbol{x}^{(0)}) \nabla f(\boldsymbol{x}^{(0)})$$

$$= \begin{pmatrix} 0 \\ 1 \end{pmatrix} - \begin{pmatrix} 1 & \dfrac{1}{2} \\ \dfrac{1}{2} & \dfrac{1}{2} \end{pmatrix} \begin{pmatrix} -2 \\ 4 \end{pmatrix} = \begin{pmatrix} 0 \\ 0 \end{pmatrix}$$

值得注意的是 $\boldsymbol{x}^{(1)} = (0,0)^{\mathrm{T}}$ 就已经是问题的最优解。从上面的推导可以看出，对于二次函数的目标函数，牛顿-芮弗逊方法只需一步便可达到极值点（当 $\boldsymbol{H}$ 负定时求得的是极大点）。和最速下降法比较，可以十分明显地看出这个方法的优点。当然，对非二次函数的目标函数，就不可能总是只用一步便达到最优解。一般地说，数学上可以证明，如果目标函数满足一定性质，初始点 $\boldsymbol{x}^{(0)}$ 又足够靠近 $\boldsymbol{x}^*$，那么牛顿-芮弗逊方法给出的序列收敛到 $\boldsymbol{x}^*$ 且收敛速度是二阶的。但是当初始点 $\boldsymbol{x}^{(0)}$ 离开 $\boldsymbol{x}^*$ 较远时，牛顿-芮弗逊法会遇到困难，这就要求有补救的措施。

3.5.3 基本的牛顿-芮弗逊算法的缺点及补救措施

牛顿-芮弗逊方法在很多情况下比最速下降法收敛得快，对于二次的目标函数则只要一次迭代便求得精确解。但是，这个方法也有很多缺点，首先是要计算目标函数的二阶导数矩阵 $\boldsymbol{H}$ 及其逆，这

两个运算不仅工作量大，有时还根本不可能解析地得到二阶导数矩阵 $\boldsymbol{H}$ 并在此基础上完成其计算，可能要用一阶导数的差分才能求得海森矩阵 $\boldsymbol{H}$；特别是还存在一些目标函数，其二阶导数不连续，基本的牛顿-芮弗逊方法根本无法采用；更有甚者，即使目标函数二阶连续可微，牛顿-芮弗逊方法仍有失败的可能。造成失败的原因可以从公式(3-43)和(3-44)看出来。作为一般的下降算法的特殊情况，牛顿-芮弗逊方法将搜索步长固定为1，这很可能不是沿搜索方向 $-\boldsymbol{H}^{-1}\nabla f$ 上的最小点，特别当函数 $f(\boldsymbol{x})$ 性质很差，它的二阶泰勒近似给出的精度很低时，甚至可能有 $f(\boldsymbol{x}^{(k+1)})>f(\boldsymbol{x}^{(k)})$ 的情况。细致一点分析如下：

如果 $\boldsymbol{H}^{-1}$ 存在，$\boldsymbol{S}^{(k)}=-\boldsymbol{H}^{-1}\nabla f$ 是有定义的，但是完全有可能 $\nabla^{\mathrm{T}}f(\boldsymbol{x}^{(k)})\boldsymbol{S}^{(k)}=0$，此时，虽然 $\boldsymbol{S}^{(k)}$ 仍不是上山方向，但也无法保证 $f(\boldsymbol{x}^{(k+1)})<f(\boldsymbol{x}^{(k)})$。

如果 $\boldsymbol{H}^{-1}$ 存在但并不正定，则 $\boldsymbol{S}^{(k)}=-\boldsymbol{H}^{-1}\nabla f$ 不再是下山方向，会出现 $f(\boldsymbol{x}^{(k+1)})>f(\boldsymbol{x}^{(k)})$。

如果 $\boldsymbol{H}^{-1}$ 不存在，则 $\boldsymbol{S}^{(k)}$ 根本求不出来，为了要使迭代继续下去，我们必须设法构造一个暂时代用的 $\boldsymbol{S}^{(k)}$。

最后，这一算法产生的设计点序列 $\{\boldsymbol{x}^{(k)}\}$ 完全可能收敛到鞍点与极大值点。当然，如初始点与极小点足够近，则会收敛到极小点。

综上所述，在 $k+1$ 次迭代，牛顿-芮弗逊法可能因下列原因之一而失效。

(1) $\boldsymbol{H}^{-1}$ 存在且正定，但沿 $\boldsymbol{S}^{(k)}$ 步长太大以致 $f(\boldsymbol{x}^{(k+1)})>f(\boldsymbol{x}^{(k)})$；

(2) 方向 $\boldsymbol{S}^{(k)}$ 和 $\nabla f(\boldsymbol{x}^{(k)})$ 正交；

(3) $\boldsymbol{H}^{-1}$ 存在但非正定，$\boldsymbol{S}^{(k)}$ 并不给出下山方向；

(4) $\boldsymbol{H}^{-1}$ 不存在。

为了在牛顿-芮弗逊法遇到这些困难时迭代仍能继续下去，要求我们采取一些措施来修正这个方法。

克服步长太大的办法是将式(3-44)提供的 $\boldsymbol{S}^{(k)}$ 只看作是一个搜索方向,搜索步长 $\alpha^{(k)}$ 应由一维搜索来决定,即

$$
\begin{aligned}
& f[\boldsymbol{x}^{(k)} - \alpha^{(k)}\boldsymbol{H}^{-1}(\boldsymbol{x}^{(k)})\nabla f(\boldsymbol{x}^{(k)})] = \\
& \min_{\alpha} f[\boldsymbol{x}^{(k)} - \alpha\boldsymbol{H}^{-1}(\boldsymbol{x}^{(k)})\nabla f(\boldsymbol{x}^{(k)})]
\end{aligned}
\tag{3-47}
$$

为了对付矩阵 $\boldsymbol{H}$ 奇异及搜索方向和梯度垂直的困难,可以干脆在迭代的某些阶段不用牛顿 - 芮弗逊迭代公式而用最速下降法的迭代公式;当矩阵 $\boldsymbol{H}$ 负定时,式(3-44)给出的搜索方向 $\boldsymbol{S}^{(k)}$ 就不再是下山方向,而是上山方向,出现这种情况时可以将搜索方向改个方向,即取成 $-\boldsymbol{S}^{(k)}$ 方向。

把这些补救措施合并起来就得到一个修正的牛顿 - 芮弗逊法,它的基本计算步骤为

(1) 令 $k=0$;

(2) 计算 $\nabla f(\boldsymbol{x}^{(k)})$ 及 $\boldsymbol{H}(\boldsymbol{x}^{(k)})$;

(3) 如果 $\boldsymbol{H}(\boldsymbol{x}^{(k)})$ 奇异,转向(11);

(4) 计算 $\boldsymbol{S}^{(k)} = -\boldsymbol{H}^{-1}(\boldsymbol{x}^{(k)})\nabla f(\boldsymbol{x}^{(k)})$;

(5) 如果 $|\boldsymbol{S}^{(k)\mathrm{T}}\nabla f(\boldsymbol{x}^{(k)})| \leqslant \varepsilon |\boldsymbol{S}^{(k)}| \cdot |\nabla f(\boldsymbol{x}^{(k)})|$,转向(11);

(6) 如果 $|\boldsymbol{S}^{(k)\mathrm{T}}\nabla f(\boldsymbol{x}^{(k)})| > \varepsilon |\boldsymbol{S}^{(k)}| \cdot |\nabla f(\boldsymbol{x}^{(k)})|$,转向(13);

(7) 用一维搜索求 $\alpha^{(k)}$(见式(3-47));

(8) 令 $\boldsymbol{x}^{(k+1)} = \boldsymbol{x}^{(k)} + \alpha^{(k)}\boldsymbol{S}^{(k)}$;

(9) 检查收敛准则,如满足则转向(14);

(10) 令 $k = k+1$,转向(2);

(11) 令 $\boldsymbol{S}^{(k)} = -\nabla f(\boldsymbol{x}^{(k)})$;

(12) 沿 $\boldsymbol{S}^{(k)}$ 作一维搜索求出 $\alpha^{(k)}$,返回(8);

(13) 令 $\boldsymbol{S}^{(k)} = -\boldsymbol{S}^{(k)}$,转向(7);

(14) 令 $\boldsymbol{x}^{*} = \boldsymbol{x}^{(k+1)}$;

(15) 结束计算。

以上计算步骤中，第 5 步用来判别 $\boldsymbol{S}^{(k)}=-\boldsymbol{H}^{-1}(\boldsymbol{x}^{(k)})\nabla f(\boldsymbol{x}^{(k)})$ 与 $\nabla f(\boldsymbol{x}^{(k)})$ 是否正交；第 6 步用来判别 $\boldsymbol{S}^{(k)}=-\boldsymbol{H}^{-1}(\boldsymbol{x}^{(k)})\nabla f(\boldsymbol{x}^{(k)})$ 是否是下山方向，对于不是下山方向的情况，计算应转入第 13 步；这里的 ε 是一个小量，引入它的目的是为了考虑计算机上可能出现的舍入误差；$|\boldsymbol{S}^{(k)}|$ 及 $|\nabla f(\boldsymbol{x}^{(k)})|$ 分别表示向量 $\boldsymbol{S}^{(k)}$ 和 $\nabla f(\boldsymbol{x}^{(k)})$ 的长度。

比较最速下降法和修正牛顿法可以看到，后者用 $-\boldsymbol{H}^{-1}\nabla f$ 代替 $-\nabla f$ 作下降方向，由于这一改变，对于即使是形状很扁的二次目标函数，迭代只要一次就可求出目标值，$\boldsymbol{H}^{-1}$ 的作用可以看作对椭圆进行了一下“圆化”，或可看作将原设计变量所在空间的各个轴的尺度进行了适当的调整，使原来椭球形的目标函数等值面成了球形。

和最速下降法比较，牛顿－芮弗逊法虽然收敛快了，但由于要计算和存储二阶导数矩阵，运算工作量及对计算机容量的要求也就提高了，我们还希望有更为切实有效的算法，属于这一类的算法有拟牛顿法和共轭方向法。

3.5.4　最速下降法和牛顿－芮弗逊法的推广

上面介绍的最速下降法和牛顿－芮弗逊法是利用梯度的、最基本的无约束优化算法。在一定的条件下，分别具有线性的和二阶的收敛速度，但是这些方法都有各自的缺点。特别是牛顿－芮弗逊法，虽然当初始点与最优点较接近时收敛很快，但为了得到 $n\times n$ 的海森矩阵 $\boldsymbol{H}$，每次迭代都要计算目标函数的 $\frac{n(n+1)}{2}$ 个二阶偏导数，还需要求它的逆，工作量很大。更为严重的是在实际问题中往往求不出目标函数的二阶导数。这就促使人们去研究如何推广改进这些方法以得到更理想的算法。下面介绍改进推广最速下降法的一个途径，它几乎可以将所有其他方法都统一起来。

回顾最速下降法，建立这个方法时提出的基本问题是：给定了一个设计点 $\boldsymbol{x}^{(k)}$，从它出发移动设计点时，要寻求一个"最优"的下山方向，即一个从局部来看能使目标函数减小最快的方向。写成数学形式，该问题可提成：求 $\boldsymbol{S}^{(k)}$，使得目标函数 $f(\boldsymbol{x})$ 在设计点 $\boldsymbol{x}^{(k)}$ 处沿 $\boldsymbol{S}^{(k)}$ 方向的方向导数最小，下面省略表示迭代次数的上标 k，即

$$\min_{\boldsymbol{S}} \boldsymbol{S}^{\mathrm{T}} \nabla f(\boldsymbol{x})$$

非常显然，如果对 $\boldsymbol{S}$ 的长度不加限制，这个问题只有无界解。所以正确的问题提法是在长度相同（例如单位长度）的 $\boldsymbol{S}$ 中，选取使 $\boldsymbol{S}^{\mathrm{T}} \nabla f(\boldsymbol{x})$ 极小的那个 $\boldsymbol{S}$，写成数学形式为

$$\left.\begin{aligned} &\min_{\boldsymbol{S}} \boldsymbol{S}^{\mathrm{T}} \nabla f(\boldsymbol{x}) \\ &\text{s.t.}\ |\boldsymbol{S}| = 1 \end{aligned}\right\} \tag{3-48}$$

很清楚，这个问题的答案将取决于如何度量一个向量的长度。通常采用的是欧几里得度量 $|\boldsymbol{S}| = (\boldsymbol{S}^{\mathrm{T}}\boldsymbol{S})^{\frac{1}{2}} = \sqrt{S_1^2 + S_2^2 + \cdots + S_n^2}$，但这不是唯一的，也可以定义为

$$|\boldsymbol{S}|_M = (\boldsymbol{S}^{\mathrm{T}}\boldsymbol{M}\boldsymbol{S})^{\frac{1}{2}} \tag{3-49}$$

式中　$\boldsymbol{M}$—— 一个对称正定矩阵，符号 $|\boldsymbol{S}|_M$ 表示以 $\boldsymbol{M}$ 为尺度的长度。

按照广义的长度式(3-49)，可引进拉格朗日乘子 λ，构造问题(3-48)的拉格朗日函数：

$$L(\boldsymbol{S},\lambda) = \boldsymbol{S}^{\mathrm{T}} \nabla f(\boldsymbol{x}) + \lambda(\boldsymbol{S}^{\mathrm{T}}\boldsymbol{M}\boldsymbol{S} - 1) \tag{3-50}$$

令 $L(\boldsymbol{S},\lambda)$ 对 $\boldsymbol{S}$ 的偏导数为零，求得最优化必要条件：

$$\boldsymbol{M}\boldsymbol{S} = -\frac{1}{2\lambda} \nabla f(\boldsymbol{x})$$

λ 可根据 $\boldsymbol{S}^{\mathrm{T}}\boldsymbol{M}\boldsymbol{S} = 1$ 求出，但由于我们感兴趣的只是搜索方向，可令

$$\boldsymbol{S}^{(k)} = -\boldsymbol{M}^{-1} \nabla f(\boldsymbol{x}^{(k)}) \tag{3-51}$$

这是当向量长度定义为式(3-49)时的"最好"下山方向。

现在回到采用欧几里得度量，$\boldsymbol{M} = \boldsymbol{I}$（单位矩阵），可以看出此

时局部“最好的”下降方向为

$$\boldsymbol{S}^{(k)}=-\nabla f(\boldsymbol{x}^{(k)}) \tag{3-52}$$

这正是经典的最速下降法。这样一对比，式(3-51)给出的方向就可以说成以 $\boldsymbol{M}$ 为尺度来度量设计空间时的最速下降法。特别是如果取 $\boldsymbol{M}$ 为目标函数的海森矩阵 $\boldsymbol{H}$，就得到牛顿法中的搜索方向，所以牛顿法可以说成是以海森矩阵 $\boldsymbol{H}$ 为尺度度量设计空间时的最速下降法。

很容易证明，只要 $\boldsymbol{M}$ 是正定矩阵，由式(3-51)给出的方向 $\boldsymbol{S}^{(k)}$ 都是下山方向，都可以在基本的下降算法中作搜索方向用。由于牛顿法的启发，很希望把 $\boldsymbol{M}^{-1}$ 取成海森矩阵逆阵的近似，同时又避免计算目标函数的二阶偏导数。这样的想法可以看作是**拟牛顿法**的基本思想。由于在迭代过程中，设计空间中的长度度量尺度发生了改变，这些方法也叫作**变尺度法**。①

拟牛顿法的基本迭代格式是(以下我们记 $\boldsymbol{M}^{-1}$ 为 $\overline{\boldsymbol{H}}$)：

$$\boldsymbol{x}^{(k+1)}=\boldsymbol{x}^{(k)}-\alpha\overline{\boldsymbol{H}}^{(k)}\nabla f(\boldsymbol{x}^{(k)}) \tag{3-53}$$

而牛顿法的迭代格式为

$$\boldsymbol{x}^{(k+1)}=\boldsymbol{x}^{(k)}-\alpha\boldsymbol{H}^{-1}(\boldsymbol{x}^{(k)})\nabla f(\boldsymbol{x}^{(k)}) \tag{3-54}$$

为了使得 $\overline{\boldsymbol{H}}^{(k)}$ 确实与 $\boldsymbol{H}^{-1}(\boldsymbol{x}^{(k)})$ 近似并具有容易计算的特点，必须对 $\overline{\boldsymbol{H}}^{(k)}$ 附加一定的条件：

(1) 为了保证拟牛顿法中的搜索方向 $\boldsymbol{S}^{(k)}=-\overline{\boldsymbol{H}}^{(k)}\nabla f(\boldsymbol{x}^{(k)})$ 是下山方向，$\overline{\boldsymbol{H}}^{(k)}$ 应当是正定的。事实上如果 $\overline{\boldsymbol{H}}^{(k)}$ 正定，则上列搜索方向具备性质：

$$\nabla^{\mathrm{T}} f(\boldsymbol{x}^{(k)})\boldsymbol{S}^{(k)}=-\nabla^{\mathrm{T}} f(\boldsymbol{x}^{(k)})\overline{\boldsymbol{H}}^{(k)}\nabla f(\boldsymbol{x}^{(k)})<0$$

(2) $\overline{\boldsymbol{H}}^{(k)}$ 应当满足**拟牛顿条件**：

---

① 严格地说，变尺度法包括了拟牛顿法。在变尺度法中，式(3-53)中 $\overline{\boldsymbol{H}}^{(k)}$ 并不一定要满足拟牛顿条件。

$$\overline{\boldsymbol{H}}^{(k+1)}[\nabla f(\boldsymbol{x}^{(k+1)})-\nabla f(\boldsymbol{x}^{(k)})]=(\boldsymbol{x}^{(k+1)}-\boldsymbol{x}^{(k)}) \quad (3\text{-}55)$$

事实上原问题的海森矩阵的逆矩阵 $\boldsymbol{H}^{-1}(\boldsymbol{x}^{(k+1)})$ 就近似满足式(3-55)这个条件。这一点只要把梯度函数 $\nabla f(\boldsymbol{x})$ 在 $\boldsymbol{x}^{(k+1)}$ 点展开就可看出。作 $\nabla f(\boldsymbol{x})$ 的泰勒展式：

$$\nabla f(\boldsymbol{x})=\nabla f(\boldsymbol{x}^{(k+1)})+\boldsymbol{H}(\boldsymbol{x}^{(k+1)})(\boldsymbol{x}-\boldsymbol{x}^{(k+1)})+O(|\boldsymbol{x}-\boldsymbol{x}^{(k+1)}|^2)$$

特别当 $\boldsymbol{x}=\boldsymbol{x}^{(k)}$ 时有(只要 $\boldsymbol{x}^{(k)}$ 与 $\boldsymbol{x}^{(k+1)}$ 足够接近)：

$$\nabla f(\boldsymbol{x}^{(k)})\approx\nabla f(\boldsymbol{x}^{(k+1)})+\boldsymbol{H}(\boldsymbol{x}^{(k+1)})(\boldsymbol{x}^{(k)}-\boldsymbol{x}^{(k+1)})$$

或

$$\boldsymbol{H}^{-1}(\boldsymbol{x}^{(k+1)})[\nabla f(\boldsymbol{x}^{(k+1)})-\nabla f(\boldsymbol{x}^{(k)})]\approx\boldsymbol{x}^{(k+1)}-\boldsymbol{x}^{(k)}$$

这就是**拟牛顿条件**。当 $f(\boldsymbol{x})$ 是二次函数时，$\nabla f(\boldsymbol{x})$ 的泰勒展式中的小量 $O(|\boldsymbol{x}^{(k+1)}-\boldsymbol{x}^{(k)}|^2)$ 项消失，原问题的海森矩阵的逆阵 $\boldsymbol{H}^{-1}(\boldsymbol{x}^{(k+1)})$ 精确地满足拟牛顿条件。

最后，$\overline{\boldsymbol{H}}^{(k)}$ 的计算应该尽可能地简单，应当充分地利用以前迭代中积累起来的设计点和设计点处梯度的信息。通常 $\overline{\boldsymbol{H}}^{(k)}$ 是用递推公式计算：

$$\overline{\boldsymbol{H}}^{(k+1)}=\overline{\boldsymbol{H}}^{(k)}+\boldsymbol{E}^{(k)} \quad (3\text{-}56)$$

$\boldsymbol{E}^{(k)}$ 称为**校正矩阵**。作为开始迭代时的 $\overline{\boldsymbol{H}}^{(0)}$，常常取作单位阵 $\boldsymbol{I}$。

满足上面条件的 $\overline{\boldsymbol{H}}^{(k)}$ 阵的构造方式不是唯一的。不同形式的 $\overline{\boldsymbol{H}}^{(k)}$ 阵构造方式就是不同的拟牛顿法。其中，公认效果较好的有 DFP 法和 BFGS 法。DFP 法是由戴维登(Davidon)、弗雷契(Fletcher)和鲍威尔(Powell)提出的，他们计算 $\overline{\boldsymbol{H}}^{(k)}$ 的公式为

$$\overline{\boldsymbol{H}}^{(k+1)}=\overline{\boldsymbol{H}}^{(k)}+\frac{\boldsymbol{v}_k\boldsymbol{v}_k^{\mathrm{T}}}{\boldsymbol{v}_k^{\mathrm{T}}\boldsymbol{y}_k}-\frac{\overline{\boldsymbol{H}}^{(k)}\boldsymbol{y}_k\boldsymbol{y}_k^{\mathrm{T}}\overline{\boldsymbol{H}}^{(k)}}{\boldsymbol{y}_k^{\mathrm{T}}\overline{\boldsymbol{H}}^{(k)}\boldsymbol{y}_k} \quad (3\text{-}57)$$

BFGS 法是由勃洛登(Broyden)、弗雷契(Fletcher)、哥特法伯(Goldfarb)和湘诺(Shanno)等人提出的，其计算 $\overline{\boldsymbol{H}}^{(k)}$ 的公式为

$$\overline{\boldsymbol{H}}^{(k+1)}=\overline{\boldsymbol{H}}^{(k)}+$$

$$\left[\left(1+\frac{\boldsymbol{y}_k^{\mathrm{T}}\overline{\boldsymbol{H}}^{(k)}\boldsymbol{y}_k}{\boldsymbol{v}_k^{\mathrm{T}}\boldsymbol{y}_k}\right)\boldsymbol{v}_k\boldsymbol{v}_k^{\mathrm{T}}-\overline{\boldsymbol{H}}^{(k)}\boldsymbol{y}_k\boldsymbol{v}_k^{\mathrm{T}}-\boldsymbol{v}_k\boldsymbol{y}_k^{\mathrm{T}}\overline{\boldsymbol{H}}^{(k)}\right]/\boldsymbol{v}_k^{\mathrm{T}}\boldsymbol{y}_k \tag{3-58}$$

式中　$\boldsymbol{y}_k=\nabla f(\boldsymbol{x}^{(k+1)})-\nabla f(\boldsymbol{x}^{(k)})$；$\boldsymbol{v}_k=\boldsymbol{x}^{(k+1)}-\boldsymbol{x}^{(k)}$。

一般认为，BFGS 法比 DFP 法具有更好的数值稳定性。

在有了 $\overline{\boldsymbol{H}}^{(k)}$ 的计算公式后，拟牛顿法的一般算法为

(1) 令 $k=0$，给定 $f(\boldsymbol{x})$ 最优解的初始估计 $\boldsymbol{x}^{(0)}$ 及 $\overline{\boldsymbol{H}}^{(0)}$；

(2) 计算 $f^{(k)}=f(\boldsymbol{x}^{(k)})$ 及 $\boldsymbol{g}^{(k)}=\nabla f(\boldsymbol{x}^{(k)})$；

(3) 计算搜索方向 $\boldsymbol{S}^{(k)}=-\overline{\boldsymbol{H}}^{(k)}\boldsymbol{g}^{(k)}$；

(4) 计算搜索步长 $\alpha^{(k)}$，$f(\boldsymbol{x}^{(k)}+\alpha^{(k)}\boldsymbol{S}^{(k)})=\min\limits_{\alpha>0}f(\boldsymbol{x}^{(k)}+\alpha\boldsymbol{S}^{(k)})$；

(5) 计算 $\boldsymbol{x}^{(k+1)}=\boldsymbol{x}^{(k)}+\alpha^{(k)}\boldsymbol{S}^{(k)}$；

(6) 计算 $\boldsymbol{g}^{(k+1)}=\nabla f(\boldsymbol{x}^{(k+1)})$，$\boldsymbol{y}^{(k)}=\boldsymbol{g}^{(k+1)}-\boldsymbol{g}^{(k)}$ 及 $\boldsymbol{v}^{(k)}=\boldsymbol{x}^{(k+1)}-\boldsymbol{x}^{(k)}$；

(7) 检查收敛准则，满足则结束，不满足则进入(8)；

(8) 计算 $\overline{\boldsymbol{H}}^{(k+1)}=\overline{\boldsymbol{H}}^{(k)}+\boldsymbol{E}^{(k)}$，令 $k=k+1$，返回(3)。

关于拟牛顿法等的详细讨论，读者可以参考文献[35]。对于用有限元法分析的体系的优化问题，将拟牛顿法和其他方法结合求解也是一类重要的方法。

除了牛顿法外，共轭方向法也是无约束优化问题的很有效的方法之一，由于篇幅关系，这里就不作介绍了。

3.6　求解受约束非线性规划的原方法

实际中大量的结构优化问题是带有约束的。因此，前面介绍的无约束优化算法虽然也有广泛的应用对象，但更重要的是为约束非线性规划的求解算法提供了基础。

求解受约束的非线性规划的算法很多，大体有三类：第一类方

法称为直接方法或原方法，因为它直接去求解原问题，将原问题转化为沿一系列可行且可用的方向进行一维搜索，属于这类方法的有复形法、梯度投影法和可行方向法；第二类方法称为转换法，它把原问题化为一系列无约束优化问题的求解来近似。属于这类方法的有惩罚函数法、碰壁函数法，在这些方法中实现近似的方法是在原来的目标函数上加上反映约束满足或违反程度的一项；除此之外，在第 4 章我们将介绍另一类方法，其特点是将原来受约束的非线性规划问题化成一系列比较简单的受约束的规划问题，例如化成一系列的线性或二次规划问题。本节我们将先介绍原方法。

3.6.1 梯度投影法

在前面无约束优化的问题中，我们介绍了最速下降法，每次前进的方向取成负梯度方向。对于受到约束的优化问题，这样的走法并不总是行得通的，例如图 3-15 中，目前找到的设计点 $\boldsymbol{x}^{(k)}$ 已经位于约束面上，或可行域边界，如从 $\boldsymbol{x}^{(k)}$ 出发按负梯度方向前进则将进入不可行域。而另一个导致产生梯度投影法的重要事实是，最优点通常落在边界上，因此一个自然的想法是能否**沿着边界朝目标函数降低的方向走**。例如，在图 3-15 中，可沿 $\boldsymbol{S}^{(k)}$ 方向前进。

1. 线性约束下的梯度投影法

为了叙述清楚基本思想，我们先来讨论约束是线性的情况（图 3-16），在二维设计空间上，这些约束曲面表现为直线。假设设计点现在位于 $\boldsymbol{x}^{(k)}$，它是处在第 i 个约束曲面上，我们将第 i 个约束写成：

$$h_i(\boldsymbol{x}) \leqslant 0$$

所以约束函数的梯度 ∇h_i 是指向非可行域的。在线性约束的情况下，$h_i(\boldsymbol{x})$ 是 $\boldsymbol{x}$ 的线性函数：

$$h_i(\boldsymbol{x}) = \sum_{j=1}^{n} h_{ij} x_j - b_i \leqslant 0 \tag{3-59}$$

式中　h_{ij}—— 常数；

b_i—— 常数。

其梯度是这个线性函数的系数所组成的向量：

$$\nabla h_i = (h_{i1}, h_{i2}, \cdots, h_{in})^{\mathrm{T}} \tag{3-60}$$

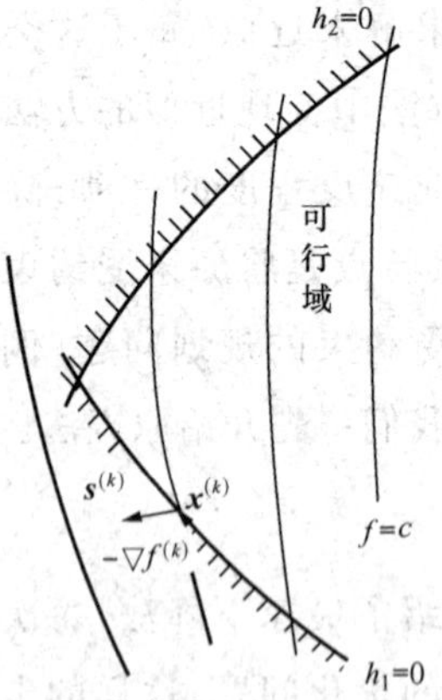

图 3-15　梯度投影法

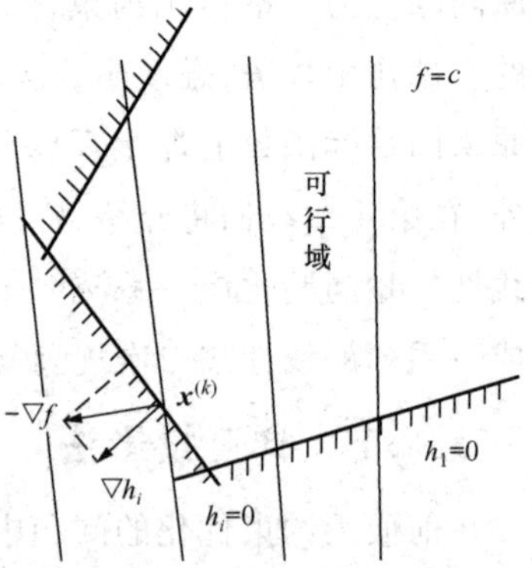

图 3-16　线性约束下的梯度投影法

为了得到目标函数负梯度向量在约束曲面上的投影，可以注意∇h_i与直线$h_i = 0$垂直，应该落入约束曲面上($h_i = 0$)的搜索方向$\boldsymbol{S}^{(k)}$和∇h_i方向垂直，为此可将目标函数负梯度$-\nabla f$向∇h_i和$\boldsymbol{S}^{(k)}$两个方向分解：

$$-\nabla f = \lambda_i \nabla h_i + \boldsymbol{S}^{(k)}$$

两边乘$\nabla^{\mathrm{T}} h_i$，利用$\boldsymbol{S}^{(k)}$与∇h_i垂直，有

$$-\nabla^{\mathrm{T}} h_i \nabla f = \lambda_i \nabla^{\mathrm{T}} h_i \nabla h_i$$

或

$$\lambda_i = -\nabla^{\mathrm{T}} h_i \nabla f / \nabla^{\mathrm{T}} h_i \nabla h_i \tag{3-61}$$

写成标量形式：

$$\lambda_i = -\sum_{j=1}^{n} h_{ij} \frac{\partial f}{\partial x_j} \Big/ \sum_{j=1}^{n} h_{ij}^2 \tag{3-62}$$

注意，该式在$\boldsymbol{x}^{(k)}$取值。而沿边界的搜索方向为

$$\boldsymbol{S}^{(k)} = -\nabla f + \left(\sum_{j=1}^{n} h_{ij} \frac{\partial f}{\partial x_j} \Big/ \sum_{j=1}^{n} h_{ij}^2 \right) \nabla h_i \tag{3-63}$$

或仍写成

$$S^{(k)}=-\nabla f-\lambda_i\nabla h_i \tag{3-64}$$

但是，如果点 $\boldsymbol{x}^{(k)}$ 处的目标函数负梯度方向是指向可行域内部的，虽然仍可按式(3-62) 求出 λ_i 及按式(3-64) 求出方向 $\boldsymbol{S}^{(k)}$，但观察图3-17 可以知道，沿 $-\nabla f$ 方向是可行的，根本不必再沿边界走，目标函数降得更快。反映在 λ_i 的值上便是当 $\lambda_i<0$ 时，搜索方向(3-64) 中应该简单地令 $\lambda_i=0$。

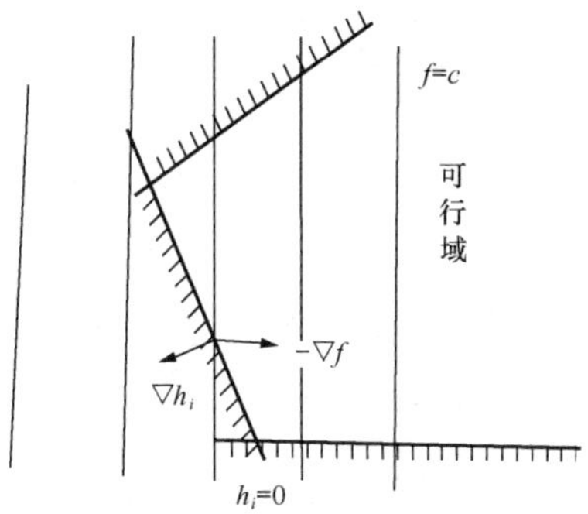

图 3-17　迭代步应进入可行域内

至此，我们发现临界约束(或紧约束，指设计点落在约束上) 仍可划分为两类：主动约束或有效约束与被动约束或无效约束。在作梯度投影法时，无效约束可以完全忽视，只需将目标函数负梯度往有效约束曲面上投影即可。

上面介绍的是设计点落在一个约束曲面上的情形。如果设计点 $\boldsymbol{x}^{(k)}$ 落在前 Q 个约束曲面的相交超平面上，且进一步假定这些约束曲面都是有效的，则为了求得沿约束曲面相交而成的超平面且使目标函数降低的方向，应该将目标函数的负梯度方向 $-\nabla f$ 向这个相交而成的超平面投影，这个投影 $\boldsymbol{S}^{(k)}$ 为

$$-\nabla f = \boldsymbol{S}^{(k)} + \sum_{q=1}^{Q} \lambda_q \nabla h_q$$

即

$$\boldsymbol{S}^{(k)} = -\nabla f - \sum_{q=1}^{Q} \lambda_q \nabla h_q \tag{3-65}$$

如果把这 Q 个有效约束的梯度排列成矩阵,记为 $\boldsymbol{N}_Q$,即

$$\boldsymbol{N}_Q = (\nabla h_1, \nabla h_2, \cdots, \nabla h_Q)^{\mathrm{T}} = \begin{pmatrix} h_{11} & h_{21} & \cdots & h_{Q1} \\ h_{12} & h_{22} & \cdots & h_{Q2} \\ \vdots & \vdots & & \vdots \\ h_{1n} & h_{2n} & \cdots & h_{Qn} \end{pmatrix}^{\mathrm{T}} \tag{3-66}$$

式(3-65)亦可写成

$$\boldsymbol{S}^{(k)} = -\nabla f - \boldsymbol{N}_Q^{\mathrm{T}} \boldsymbol{\lambda} \tag{3-67}$$

式中,$\boldsymbol{\lambda} = (\lambda_1, \lambda_2, \cdots, \lambda_Q)^{\mathrm{T}}$。

为了求出 $\boldsymbol{\lambda}$,可以在上式两端乘上 $\nabla^{\mathrm{T}} h_i (i = 1, 2, \cdots, Q)$,利用 $\boldsymbol{S}^{(k)}$ 与 ∇h_i 的正交性,得到 Q 个方程:

$$-\nabla^{\mathrm{T}} h_i \nabla f = \sum_{q=1}^{Q} \lambda_q \nabla^{\mathrm{T}} h_i \nabla h_q \quad (i = 1, 2, \cdots, Q) \tag{3-68}$$

把这 Q 个方程排列起来,也可写成:

$$-\boldsymbol{N}_Q \nabla f = \boldsymbol{N}_Q \boldsymbol{N}_Q^{\mathrm{T}} \boldsymbol{\lambda} \tag{3-69}$$

如果这些有效约束是线性无关的,$\boldsymbol{N}_Q \boldsymbol{N}_Q^{\mathrm{T}}$ 所形成的 $Q \times Q$ 方阵将不是奇异的,可以求逆,由此求出 $\boldsymbol{\lambda}$ 为

$$\boldsymbol{\lambda} = -(\boldsymbol{N}_Q \boldsymbol{N}_Q^{\mathrm{T}})^{-1} \boldsymbol{N}_Q \nabla f \tag{3-70}$$

而搜索方向可写成

$$\boldsymbol{S}^{(k)} = -\nabla f + \boldsymbol{N}_Q^{\mathrm{T}} (\boldsymbol{N}_Q \boldsymbol{N}_Q^{\mathrm{T}})^{-1} \boldsymbol{N}_Q \nabla f \tag{3-71a}$$

或

$$\boldsymbol{S}^{(k)} = -[\boldsymbol{I} - \boldsymbol{N}_Q^{\mathrm{T}} (\boldsymbol{N}_Q \boldsymbol{N}_Q^{\mathrm{T}})^{-1} \boldsymbol{N}_Q] \nabla f \tag{3-71b}$$

将 $-\nabla f$ 前面的乘子记作 $\boldsymbol{P}_Q$,即

$$\boldsymbol{P}_Q = \boldsymbol{I} - \boldsymbol{N}_Q^{\mathrm{T}} (\boldsymbol{N}_Q \boldsymbol{N}_Q^{\mathrm{T}})^{-1} \boldsymbol{N}_Q \tag{3-72}$$

$\boldsymbol{P}_Q$ 称为投影算子，这是因为它完成了将 $-\nabla f$ 往有效约束相交而得的超平面上投影的运算。利用投影算子的记号 $\boldsymbol{P}_Q$，搜索方向可以写成

$$\boldsymbol{S}^{(k)} = -\boldsymbol{P}_Q \nabla f \tag{3-73}$$

很容易证明 $\boldsymbol{S}^{(k)}$ 是一个下降方向，只要 $\boldsymbol{S}^{(k)}$ 的长度不为零。事实上，在式(3-65) 的两侧乘上$(\boldsymbol{S}^{(k)})^{\mathrm{T}}$，我们得到

$$(\boldsymbol{S}^{(k)})^{\mathrm{T}}\boldsymbol{S}^{(k)} = -(\boldsymbol{S}^{(k)})^{\mathrm{T}} \nabla f - \sum_{q=1}^{Q}\lambda_q (\boldsymbol{S}^{(k)})^{\mathrm{T}} \nabla h_q$$

注意到 $\boldsymbol{S}^{(k)}$ 与∇h_q 是正交的，当 $\boldsymbol{S}^{(k)}$ 为非零向量时，我们有

$$\nabla^{\mathrm{T}} f\boldsymbol{S}^{(k)} = -(\boldsymbol{S}^{(k)})^{\mathrm{T}}\boldsymbol{S}^{(k)} < 0$$

这就是对下山方向的要求(3-8)。如果这样求得的 $\boldsymbol{S}^{(k)} = \mathbf{0}$，而且 λ_j 都是正的，则式(3-65) 成为

$$-\nabla f = \sum_{q=1}^{Q}\lambda_q \nabla h_q \tag{3-74}$$

即目标函数的负梯度是所有通过该点的约束的梯度的正线性组合，这其实是库 - 塔克条件，由此可见梯度投影法和库 - 塔克条件的密切联系。在最优点，由梯度投影法求得的系数 λ_j 就是库 - 塔克条件中的拉格朗日乘子。在非最优点，由梯度投影法仍能求得这些系数 λ_j，它们不是库 - 塔克条件中的拉格朗日乘子，但可以看作它们的近似值。

有了 $\boldsymbol{S}^{(k)}$，就可以从 $\boldsymbol{x}^{(k)}$ 出发沿 $\boldsymbol{S}^{(k)}$ 前进找到一个改进的设计 $\boldsymbol{x}^{(k+1)}$，由于约束是线性的，$\boldsymbol{x}^{(k+1)}$ 还在约束上，还可以按此方法前进，直到满足某种收敛准则。

上面迭代地改进设计的方法中，有几个问题是要讨论的。首先，式(3-71a) 的 $\boldsymbol{S}^{(k)}$ 的得到，是**认为**有效约束已经知道了，实际上不然，尽管可以知道在点 $\boldsymbol{x}^{(k)}$ 哪些约束是临界的，但仍要挑选出有效的约束来。为了挑出有效约束来，也可以进行迭代，则先假定所

有临界约束均有效，利用式(3-70)求出$\lambda_q(q=1,2,\cdots,Q)$，其中有的$\lambda_q$可能小于零，按前面的几何解释，这些约束$h_q\leqslant 0$是无效的，应从有效约束的集合中除去。由于有效约束集合的变化，$\boldsymbol{N}_Q$也就改变了，因此λ_q必须重求，重新求出的λ_q又要用来判断有效、无效……，直到有效约束集合不发生变化为止。注意，这一迭代是基于直觉的，并无一定收敛的把握。另外，中间过程去掉的λ_q(因为它在某一阶段小于零)，也许在以后应该重新加入。所以，有效约束集合的决定实际上是很麻烦的，需要有一套专门的有效约束集策略。前面在介绍准则法时，我们花了相当篇幅讨论有效约束集策略，这些策略在采用数学规划法求解受约束最优化问题时也是需要的，由此也可见准则法和规划法在很多方面是可以互相借鉴的。

其次，为了在已知$\boldsymbol{S}^{(k)}$后从$\boldsymbol{x}^{(k)}$出发求$\boldsymbol{x}^{(k+1)}$，虽然可以用一维搜索，即

$$f(\boldsymbol{x}^{(k+1)})=f(\boldsymbol{x}^{(k)}+\bar{\alpha}^{(k)}\boldsymbol{S}^{(k)})=\min_{\alpha} f(\boldsymbol{x}^{(k)}+\alpha\boldsymbol{S}^{(k)}) \tag{3-75}$$

但是，这个公式在目前情况下是不能无限制地使用的。事实上，这样求出的$\bar{\alpha}^{(k)}$可能使新的设计

$$\bar{\boldsymbol{x}}^{(k+1)}=\boldsymbol{x}^{(k)}+\bar{\alpha}^{(k)}\boldsymbol{S}^{(k)} \tag{3-76}$$

仍然是可行设计，如图 3-18(a) 所示，该图中，$i=1,2,\cdots,Q$；$j=Q+1,Q+2,\cdots,m$；也可能使得新的设计破坏其他约束条件$h_q(\boldsymbol{x})\leqslant 0,q=Q+1,\cdots,m$，如图 3-18(b) 所示。在后一种情形下，搜索步长$\alpha^{(k)}$应该由不违反其他约束条件的要求来决定，即

$$\alpha^{(k)}=\min\{\bar{\alpha}^{(k)},\alpha_q:\boldsymbol{x}^{(k)}+\alpha_q\boldsymbol{S}^{(k)}\text{ 不违反 } h_q\leqslant 0;\quad q=Q+1,Q+2,\cdots,m\} \tag{3-77}$$

式中　$\bar{\alpha}^{(k)}$—— 由一维搜索式(3-75)求得。

由于约束条件都是线性的且可表成式(3-59)，所以对第q个约束，使$\boldsymbol{x}^{(k)}+\alpha_q\boldsymbol{S}^{(k)}$可行的最大值$\alpha_q$应满足

$$\sum_{j=1}^{n} h_{qj}(x_j^{(k)} + \alpha_q S_j^{(k)}) - b_q = 0,\quad q = Q+1, Q+2, \cdots, m \tag{3-78}$$

或

$$\sum_{j=1}^{n} h_{qj} x_j^{(k)} + \alpha_q \sum_{j=i}^{n} h_{qj} S_j^{(k)} - b_q = 0,\quad q = Q+1, Q+2, \cdots, m$$

即

$$\alpha_q = \frac{b_q - \sum_{j=1}^{n} h_{qj} x_j^{(k)}}{\sum_{j=1}^{n} h_{qj} S_j^{(k)}},\quad q = Q+1, Q+2, \cdots, m \tag{3-79}$$

按照式(3-77)决定 $\alpha^{(k)}$ 后,便可求出下一个设计点:

$$\boldsymbol{x}^{(k+1)} = \boldsymbol{x}^{(k)} + \alpha^{(k)} \boldsymbol{S}^{(k)}$$

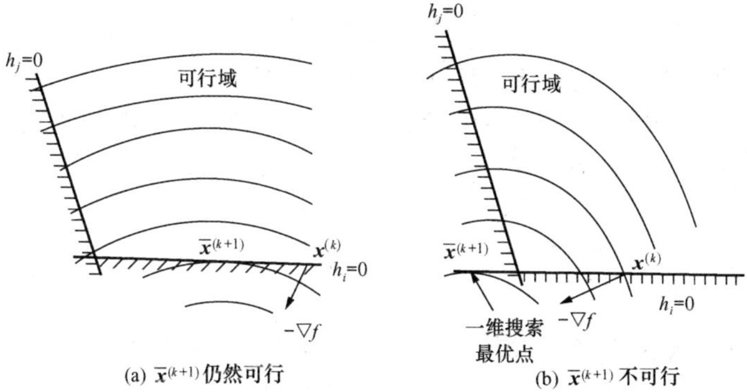

图 3-18

在 $\boldsymbol{x}^{(k+1)}$ 处进行收敛准则的检查,如果不满足则应从 $\boldsymbol{x}^{(k+1)}$ 处出发走梯度投影步。把上列步骤归纳起来可以建立相应的算法。

最后,要指出的是这里的梯度投影法是由无约束的最速下降法推广得到的。但是,最速下降法有很多缺点,存在很多比最速下降法更好的求解无约束优化的方法,同样可以把这些方法中的下降方向投影到有效约束曲面交成的超曲面上。

下面我们给出一个例题来说明梯度投影法的应用。

例 2 利用梯度投影法求解下列线性约束下的优化问题：

$$\left.\begin{aligned}&\min\ (-2x_1-x_2)\\&\text{s.t.}\ h_1(\boldsymbol{x})=x_2-1\leqslant 0\\&\qquad h_2(\boldsymbol{x})=4x_1+6x_2-7\leqslant 0\\&\qquad h_3(\boldsymbol{x})=10x_1+12x_2-15\leqslant 0\\&\qquad h_4(\boldsymbol{x})=0.5x_1-x_2\leqslant 0\\&\qquad h_5(\boldsymbol{x})=-x_1\leqslant 0\\&\qquad h_6(\boldsymbol{x})=-x_2\leqslant 0\end{aligned}\right\}$$

设初始点为(0,1)。

解 将初始点代入约束条件，可见在该点 h_1 和 h_5 这两个约束是紧约束。因此，目标函数的负梯度

$$-\nabla f=(2,1)^{\mathrm{T}}$$

应当向这两个约束曲面的交面投影，投影向量的公式为

$$\boldsymbol{S}^{(k)}=-\nabla f+\boldsymbol{N}_Q^{\mathrm{T}}(\boldsymbol{N}_Q\boldsymbol{N}_Q^{\mathrm{T}})^{-1}\boldsymbol{N}_Q\nabla f=-[\boldsymbol{I}-\boldsymbol{N}_Q^{\mathrm{T}}(\boldsymbol{N}_Q\boldsymbol{N}_Q^{\mathrm{T}})^{-1}\boldsymbol{N}_Q]\nabla f$$

$$\nabla h_1=(0,1)^{\mathrm{T}},\quad \nabla h_5=(-1,0)^{\mathrm{T}}$$

$$\boldsymbol{N}_Q=\begin{pmatrix}0&-1\\1&0\end{pmatrix}^{\mathrm{T}},\quad \boldsymbol{N}_Q\boldsymbol{N}_Q^{\mathrm{T}}=\begin{pmatrix}1&0\\0&1\end{pmatrix}$$

$$\begin{aligned}\boldsymbol{I}-\boldsymbol{N}_Q^{\mathrm{T}}(\boldsymbol{N}_Q\boldsymbol{N}_Q^{\mathrm{T}})^{-1}\boldsymbol{N}_Q&=\begin{pmatrix}1&0\\0&1\end{pmatrix}-\begin{pmatrix}0&-1\\1&0\end{pmatrix}\begin{pmatrix}1&0\\0&1\end{pmatrix}\begin{pmatrix}0&1\\-1&0\end{pmatrix}\\&=\begin{pmatrix}0&0\\0&0\end{pmatrix}\end{aligned}$$

其中，$\boldsymbol{\lambda}$ 应为

$$\boldsymbol{\lambda}=-(\boldsymbol{N}_Q\boldsymbol{N}_Q^{\mathrm{T}})^{-1}\boldsymbol{N}_Q\nabla f=\begin{pmatrix}1&0\\0&1\end{pmatrix}\begin{pmatrix}0&1\\-1&0\end{pmatrix}\begin{pmatrix}2\\1\end{pmatrix}=\begin{pmatrix}1\\-2\end{pmatrix}$$

可见相应于 h_5 的约束不是有效的，最优设计点的搜索方向只要往 h_1 上投影，这样要修改有效约束集：

$$N_Q^T = \begin{pmatrix} 0 \\ 1 \end{pmatrix}, \quad (N_Q N_Q^T)^{-1} = 1$$

$$\boldsymbol{\lambda} = -(N_Q N_Q^T)^{-1} N_Q \nabla f = -(0,1)\begin{pmatrix} -2 \\ -1 \end{pmatrix} = 1$$

注意到 λ 为正,往 h_1 上投影是正确的,投影矩阵为

$$\begin{aligned} I - N_Q^T(N_Q N_Q^T)^{-1} N_Q &= \begin{pmatrix} 1 & 0 \\ 0 & 1 \end{pmatrix} - \begin{pmatrix} 0 \\ 1 \end{pmatrix}(0,1) \\ &= \begin{pmatrix} 1 & 0 \\ 0 & 0 \end{pmatrix} \end{aligned}$$

而搜索方向为

$$S^{(0)} = -[I - N_Q^T(N_Q N_Q^T)^{-1} N_Q] \nabla f = \begin{pmatrix} 2 \\ 0 \end{pmatrix}$$

下一个设计点为

$$\begin{pmatrix} 0 \\ 1 \end{pmatrix} + \alpha \begin{pmatrix} 2 \\ 0 \end{pmatrix} = \begin{pmatrix} 2\alpha \\ 1 \end{pmatrix}, \quad \alpha > 0$$

为了决定 α,易见用目标函数最小化是不行的,因为这样决定的 $\alpha = \infty$。现在来考虑不违反除 h_1 外的其他约束条件:

$$h_2 = 8\alpha + 6 - 7 = 0, \qquad \alpha_2 = \frac{1}{8}$$

$$h_3 = 20\alpha + 12 - 15 = 0, \quad \alpha_3 = \frac{3}{20}$$

$$h_4 = \alpha - 1 = 0, \qquad \alpha_4 = 1$$

$h_6 = -x_2 \leqslant 0$, 该约束满足

观察比较它们,可见应取 α 为

$$\alpha = \min\{\alpha_2, \alpha_3, \alpha_4\} = \frac{1}{8}$$

新的设计点为

$$x_1^{(1)} = \frac{1}{4}, \quad x_2^{(1)} = 1$$

搜索又可继续下去。在新的设计点，h_1 和 h_2 为紧约束，h_5 已离开。矩阵 $\boldsymbol{N}_Q$ 应该由约束 h_1 和 h_2 的梯度组成：

$$\boldsymbol{N}_Q = \begin{pmatrix} 0 & 4 \\ 1 & 6 \end{pmatrix}^{\mathrm{T}}$$

由它可代入式(3-70)求出

$$\boldsymbol{\lambda} = -\begin{pmatrix} 1 & 6 \\ 6 & 52 \end{pmatrix}^{-1} \begin{pmatrix} 0 & 1 \\ 4 & 6 \end{pmatrix} \begin{pmatrix} -2 \\ -1 \end{pmatrix} = \begin{pmatrix} -2 \\ 0.5 \end{pmatrix}$$

这说明约束 h_1 不是有效的，只应保留 h_2 的梯度来计算 $\boldsymbol{N}_Q$，换句话说，设计点将离开约束 h_1 而沿约束 h_2 移动。根据式(3-70)，相应的拉格朗日乘子 $\boldsymbol{\lambda}$ 为

$$\boldsymbol{\lambda} = -\left[(4,6)\begin{pmatrix} 4 \\ 6 \end{pmatrix}\right]^{-1} (4,6) \begin{pmatrix} -2 \\ -1 \end{pmatrix} = \frac{7}{26}$$

拉格朗日乘子为正，表明我们选择了正确的有效约束。由式(3-65)可求得搜索方向

$$\boldsymbol{S}^{(1)} = \begin{pmatrix} 2 \\ 1 \end{pmatrix} - \frac{7}{26}\begin{pmatrix} 4 \\ 6 \end{pmatrix} = \frac{1}{13}\begin{pmatrix} 12 \\ -8 \end{pmatrix}$$

沿此方向可求得搜索步长 $\alpha^{(1)} = \dfrac{13}{48}$，它刚好使约束 h_3 成为紧约束。相应设计为 $x_1^{(2)} = 0.5$，$x_2^{(2)} = \dfrac{5}{6}$。在该点，约束 h_2 和 h_3 是紧约束，将它们两个的梯度向量列成 $\boldsymbol{N}_Q^{\mathrm{T}}$，再求 $\boldsymbol{\lambda}$，得

$$\boldsymbol{\lambda} = -\frac{1}{36}\begin{pmatrix} 61 & -28 \\ -28 & 13 \end{pmatrix} \begin{pmatrix} 4 & 6 \\ 10 & 12 \end{pmatrix} \begin{pmatrix} 2 \\ 1 \end{pmatrix} = \begin{pmatrix} -\dfrac{7}{6} \\ \dfrac{2}{3} \end{pmatrix}$$

这说明第 2 个约束不是有效的。目标函数梯度只应向第 3 个约束投影，继续运用上面方法可求得 $x_1^{(3)} = 0.938$，$x_2^{(3)} = 0.469$，此时第 3 个及 4 个约束是紧约束，全部拉格朗日乘子均为正，目标函数负梯

度已表成约束函数梯度的非负组合，达到了最优点。该迭代过程如图 3-19 所示。

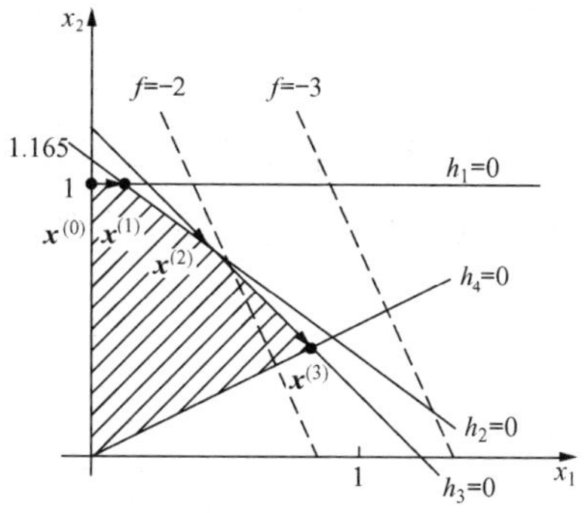

图 3-19

2. 非线性约束下的梯度投影法

上面提出的算法是针对线性约束的。这个方法容易推广到约束是非线性的情形，只需要把目标函数的梯度投影到在 $\boldsymbol{x}^{(k)}$ 相交的约束中的有效约束的切平面的交集上去就可以了，以前求搜索方向的公式(3-64) 等完全可以使用，唯一要注意的是 h_{ij} 现在不应按式(3-60) 定义，而应定义为

$$h_{ij} = \frac{\partial h_i}{\partial x_j} \tag{3-80}$$

在求得搜索方向 $\boldsymbol{S}^{(k)}$ 时，区分有效约束与无效约束的困难和解决方法与线性约束时是相同的，但在决定搜索步长时却有差别。搜索步长 $\alpha^{(k)}$ 的决定仍然是先按一维搜索定出最佳的步长，再看它是否违反其他约束，如果违反，便要按式(3-77) 来决定。但是，因为约束是非线性的，不易于决定 $\boldsymbol{x}^{(k)}+\alpha_q\boldsymbol{S}^{(k)}$ 是否可行，公式(3-79) 不成立。另外，更为严重的是，由于 $\boldsymbol{S}^{(k)}$ 是在切平面内前进，所以对前面的 $q=1,2,\cdots,Q$ 个约束也可能会违反，$\alpha^{(k)}$ 如果很大就有可能违反很多约束(图 3-20)，因此需要在搜索到 $\boldsymbol{x}^{(k+1)}$ 点后设法回到可行域边界上，我们把这个步骤称为**可行性调整**。可行性调整有几种做

法，例如，可以从 $\boldsymbol{x}^{(k+1)}=\boldsymbol{x}^{(k)}+\alpha^{(k)}\boldsymbol{S}^{(k)}$ 出发，沿在 $\boldsymbol{x}^{(k)}$ 已经求出的约束函数负梯度方向往可行域方向前进；也可以从 $\boldsymbol{x}^{(k+1)}$ 出发，沿此处的目标函数梯度方向前进，因为目标函数的梯度通常是很易求得的。但是，无论取哪一个方向作为回到约束曲面的搜索方向，以下记作 $\boldsymbol{P}^{(k+1)}$，都需要作一维搜索以找到从 $\boldsymbol{x}^{(k+1)}$ 出发、沿上述搜索方向上的、刚好落在约束曲面上的可行点，亦即 $\alpha^{(k+1)}$ 应为下列方程的根：

$$f(\alpha)=h_j(\boldsymbol{x}^{(k+1)}+\alpha\boldsymbol{P}^{(k+1)})=0 \tag{3-81}$$

其中，j 表示最临界的约束。

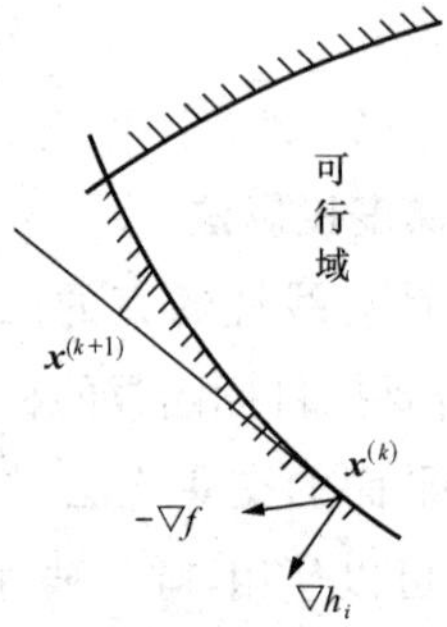

图 3-20

在本章的前面，我们已提到过一维搜索，那里是用来求函数 $f(\alpha)$ 的极小值。在那里我们已指出，现行的很多算法是用求 $f'(\alpha)=0$ 的根来代替求上列问题的。本节指出的可行性调整，实质上也就是求解非线性方程式(3-81)，所以可以沿用那里的方法，例如二分法。下面我们再介绍一个方法，它包括了确定根所在区间的初始估计。

假定给定了一个初始步长 δ，从 $\boldsymbol{x}^{(k+1)}$ 出发沿 $\boldsymbol{P}^{(k+1)}$ 方向前进 δ，得

$$\boldsymbol{x}'=\boldsymbol{x}^{(k+1)}+\delta\boldsymbol{P}^{(k+1)}$$

检查 $\boldsymbol{x}'$ 是否可行，如果不可行，则扩大步长为 $\alpha\delta$，$\alpha>1$，从 $\boldsymbol{x}'$ 出发继续前进；一旦找到一个可行点便开始缩小步长为 $\beta\delta$，$\beta<1$，往回退。

这样的迭代直到或者步长$|\delta|$小于指定的小量，或者得到可以用二分法等方法求根所需的初始区间为止。

在这个搜索过程中，为了判断设计点的可行性，就要计算约束函数的值，所以计算工作量很大。

在结构优化中，对于桁架这一类结构，结构刚度和设计变量成正比，我们就可以采用射线步来进行可行性调整。射线步是不必作结构重分析的，计算工作量因而大大节省(见第2章)。

非线性约束带来的困难不仅仅是要进行可行性调整，而且可行性调整又会带来新问题：虽然 $\boldsymbol{x}^{(k+1)}$ 的目标值低于 $f(\boldsymbol{x}^{(k)})$，但从 $\boldsymbol{x}^{(k+1)}$ 出发作可行性调整后得到的可行设计$\bar{\boldsymbol{x}}^{(k+1)}$，其目标值完全可能大于 $f(\boldsymbol{x}^{(k)})$，如图 3-21 所示，即

$$f(\bar{\boldsymbol{x}}^{(k+1)}) > f(\boldsymbol{x}^{(k)})$$

直观地分析，当 $\alpha^{(k)}$ 较大且约束曲面的曲率在 $\boldsymbol{x}^{(k)}$ 邻近很大时更易发生。解决这个问题的办法是限制步长 $\alpha^{(k)}$，即限制设计点往非可行区域进入的深度。例如，可以建立与约束边界容差带相类似的边境区，限制设计点不超出这个边境区，如图 3-22 所示。但是，如果对 $\alpha^{(k)}$ 的限制过严，或这个边境区太狭窄，迭代就会太慢。这个边境区的大小需要由经验来决定。

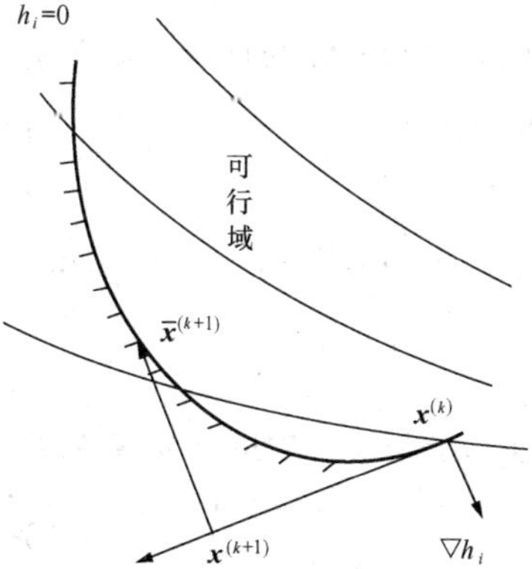

图 3-21

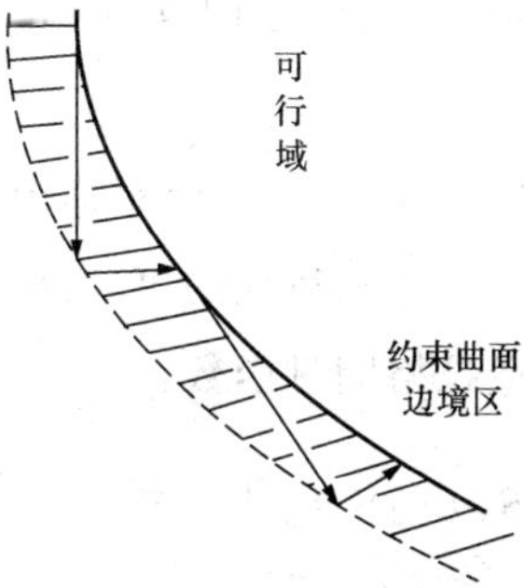

图 3-22

3.6.2 梯度投影法在结构优化中的应用[22]

如前所述，在用有限元法分析的结构中，目标及约束函数的梯度都可以求得，因而梯度投影法是一种用得较多的方法。结构优化中常用的梯度投影法和上面介绍的形式略有不同，下面作一介绍。为明确起见，所讨论的问题是

$$\left.\begin{aligned}&\min\ f(\boldsymbol{x})\\&\text{s.t.}\ \ h_j(\boldsymbol{x})\leqslant 0, j=1,2,\cdots,m\end{aligned}\right\}$$

假定在第 k 次迭代已经求得设计点 $\boldsymbol{x}^{(k)}$，在该点的目标函数值 $f^{(k)}=f(\boldsymbol{x}^{(k)})$，约束函数值 $h_j^{(k)}=h_j(\boldsymbol{x}^{(k)})$，目标函数梯度 $\nabla f^{(k)}=\nabla f(\boldsymbol{x}^{(k)})$ 及约束函数梯度 $\nabla h_j^{(k)}=\nabla h_j(\boldsymbol{x}^{(k)})$。现在设想设计点 $\boldsymbol{x}^{(k)}$ 沿 $\boldsymbol{S}^{(k)}$ 方向移动到新设计点 $\boldsymbol{x}^{(k+1)}$：

$$\boldsymbol{x}^{(k+1)}=\boldsymbol{x}^{(k)}+\boldsymbol{S}^{(k)}$$

在新设计点，目标函数的线性近似为

$$f^{(k+1)}=f(\boldsymbol{x}^{(k+1)})\approx f^{(k)}+\nabla^{\mathrm{T}}f^{(k)}\boldsymbol{S}^{(k)} \tag{3-82}$$

约束条件的线性近似为

$$h_j^{(k)}+\nabla^{\mathrm{T}}h_j^{(k)}\boldsymbol{S}^{(k)}\leqslant 0, j=1,2,\cdots,m \tag{3-83}$$

与上节中导出拟牛顿法时相同，$\boldsymbol{S}^{(k)}$ 的大小应加上限制（以下省略表示迭代次数的上标 k），限制它的长度（以 $\boldsymbol{M}$ 为尺度）为给定的 ξ：

$$\boldsymbol{S}^{\mathrm{T}}\boldsymbol{M}\boldsymbol{S}=\xi^2 \tag{3-84}$$

式中 $\boldsymbol{M}$—— 正定对称矩阵。

为了求得在约束(3-83)、(3-84)下目标函数(3-82)的极小值，构造拉格朗日函数：

$$L(\boldsymbol{S},\boldsymbol{\lambda},\mu)=f^{(k)}+\nabla^{\mathrm{T}}f^{(k)}\boldsymbol{S}+\sum_{j=1}^{m}\lambda_j[h_j^{(k)}+\nabla^{\mathrm{T}}h_j^{(k)}\boldsymbol{S}]+\mu(\boldsymbol{S}^{\mathrm{T}}\boldsymbol{M}\boldsymbol{S}-\xi^2) \tag{3-85}$$

按照第 2 章的讨论，库 - 塔克最优化必要条件为

$$\nabla f^{(k)} + \sum_{j=1}^{m} \lambda_j \nabla h_j^{(k)} + 2\mu \boldsymbol{MS} = \boldsymbol{0} \tag{3-86a}$$

$$\lambda_j (h_j^{(k)} + \nabla^{\mathrm{T}} h_j^{(k)} \boldsymbol{S}) = 0, \quad j = 1,2,\cdots,m \tag{3-86b}$$

$$\mu(\boldsymbol{S}^{\mathrm{T}} \boldsymbol{MS} - \xi^2) = 0 \tag{3-86c}$$

现在面临和准则法同样的问题：哪些约束是有效的？即哪些 λ_j 不为零？暂时假定前 Q 个约束是有效的，即

$$\nabla f^{(k)} + \sum_{j=1}^{Q} \lambda_j \nabla h_j^{(k)} + 2\mu \boldsymbol{MS} = \boldsymbol{0} \tag{3-87}$$

在该式两端同时乘上 $\nabla^{\mathrm{T}} h_i^{(k)} \boldsymbol{M}^{-1} (i = 1,2,\cdots,Q)$，则共得到 Q 个方程：

$$\begin{cases} \nabla^{\mathrm{T}} h_1^{(k)} \boldsymbol{M}^{-1} \nabla f^{(k)} + \sum\limits_{j=1}^{Q} \lambda_j \nabla^{\mathrm{T}} h_1^{(k)} \boldsymbol{M}^{-1} \nabla h_j^{(k)} - 2\mu h_1^{(k)} = 0 \\ \nabla^{\mathrm{T}} h_2^{(k)} \boldsymbol{M}^{-1} \nabla f^{(k)} + \sum\limits_{j=1}^{Q} \lambda_j \nabla^{\mathrm{T}} h_2^{(k)} \boldsymbol{M}^{-1} \nabla h_j^{(k)} - 2\mu h_2^{(k)} = 0 \\ \qquad \vdots \\ \nabla^{\mathrm{T}} h_Q^{(k)} \boldsymbol{M}^{-1} \nabla f^{(k)} + \sum\limits_{j=1}^{Q} \lambda_j \nabla^{\mathrm{T}} h_Q^{(k)} \boldsymbol{M}^{-1} \nabla h_j^{(k)} - 2\mu h_Q^{(k)} = 0 \end{cases} \tag{3-88}$$

这里，我们利用了前 Q 个约束是有效的，$\nabla^{\mathrm{T}} h_j^{(k)} \boldsymbol{S} = -h_j^{(k)} (j = 1,2,\cdots,Q)$，或者采用式(3-66) 的记号 $\mathbf{N}_Q = (\nabla h_1^{(k)}, \nabla h_2^{(k)}, \nabla h_3^{(k)}, \cdots, \nabla h_Q^{(k)})^{\mathrm{T}}$，则

$$\mathbf{N}_Q \boldsymbol{M}^{-1} \nabla f^{(k)} + \mathbf{N}_Q \boldsymbol{M}^{-1} \mathbf{N}_Q^{\mathrm{T}} \boldsymbol{\lambda} - 2\mu \boldsymbol{h}^{(k)} = \boldsymbol{0} \tag{3-89}$$

式中　$\boldsymbol{h}^{(k)} = (h_1^{(k)}, h_2^{(k)}, \cdots, h_Q^{(k)})^{\mathrm{T}}$；$\boldsymbol{\lambda} = (\lambda_1, \lambda_2, \cdots, \lambda_Q)^{\mathrm{T}}$。

由此求得

$$\boldsymbol{\lambda} = (\mathbf{N}_Q \boldsymbol{M}^{-1} \mathbf{N}_Q^{\mathrm{T}})^{-1} (2\mu \boldsymbol{h}^{(k)} - \mathbf{N}_Q \boldsymbol{M}^{-1} \nabla f^{(k)}) \tag{3-90}$$

将它代回式(3-87) 可以求得搜索方向为

$$\boldsymbol{S}^{(k)} = -\frac{\boldsymbol{M}^{-1}}{2\mu} [\boldsymbol{P} \nabla f^{(k)} - 2\mu \mathbf{N}_Q^{\mathrm{T}} (\mathbf{N}_Q \boldsymbol{M}^{-1} \mathbf{N}_Q^{\mathrm{T}})^{-1} \boldsymbol{h}^{(k)}] \tag{3-91}$$

其中

$$\boldsymbol{P}=\boldsymbol{I}-\boldsymbol{N}_Q^{\mathrm{T}}(\boldsymbol{N}_Q\boldsymbol{M}^{-1}\boldsymbol{N}_Q^{\mathrm{T}})^{-1}\boldsymbol{N}_Q\boldsymbol{M}^{-1} \tag{3-92}$$

和通常采用的梯度投影法公式(3-71b)比较，如果$\boldsymbol{M}$是单位阵且$\boldsymbol{h}^{(k)}=\boldsymbol{0}$，则两者就一致了。$\boldsymbol{h}^{(k)}=\boldsymbol{0}$说明点$\boldsymbol{x}^{(k)}$已经在约束边界上，要求$\boldsymbol{x}^{(k+1)}$在切平面内。$\boldsymbol{M}$是单位阵则说明设计空间的尺度是通常的欧几里得度量方式(见式(3-84))。如果采用非单位阵的$\boldsymbol{M}$，这就类似变尺度法的做法了。在结构优化中，由于频率、应力和位移等约束的非线性性质，很难保证第k次迭代的设计点落在约束曲面上，所以$\boldsymbol{h}^{(k)}\neq\boldsymbol{0}$是经常遇到的。式(3-91)中$\boldsymbol{S}^{(k)}$的第二项用来将设计点引向边界，而第一项则是贴着边界的移动。由于这样的几何意义，常常把式(3-91)改写成：

$$\boldsymbol{S}^{(k)}=\frac{1}{2\mu}\tilde{\boldsymbol{S}}^{(k)}+\tilde{\tilde{\boldsymbol{S}}}^{(k)} \tag{3-93}$$

式中　$\tilde{\boldsymbol{S}}^{(k)}=-\boldsymbol{M}^{-1}\boldsymbol{P}\nabla f^{(k)}$，梯度$\nabla f^{(k)}$沿约束曲面的投影(以$\boldsymbol{M}$为尺度)；

$\tilde{\tilde{\boldsymbol{S}}}^{(k)}=\boldsymbol{M}^{-1}\boldsymbol{N}_Q^{\mathrm{T}}(\boldsymbol{N}_Q M^{-1}\boldsymbol{N}_Q^{\mathrm{T}})^{-1}\boldsymbol{h}^{(k)}$，是指向约束曲面的移动。

图3-23给出了式(3-93)的几何表示。使用这个方法时还要决定式(3-93)中的μ值，该值可以由式(3-84)来决定。

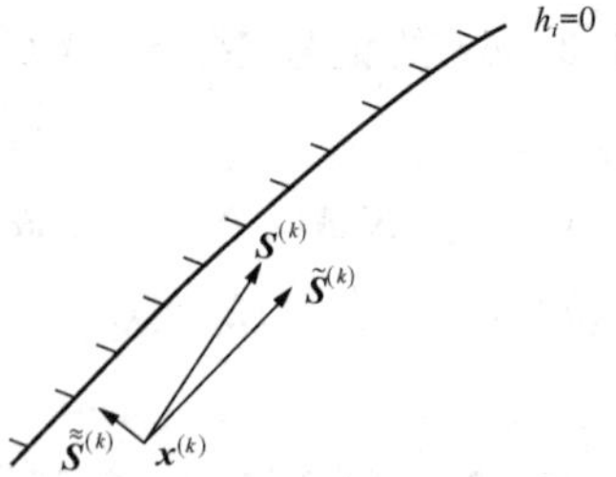

图 3-23

最后，使用这个方法时，还要知道哪些约束是有效的。这和准则法一样，只能用试代修正的方法来决定。具体地说，是先假定若干约束是有效的，计算 $\boldsymbol{\lambda}$，如果某些 $\lambda_j < 0$，则应从有效约束中退出……。这个过程在上面的例题中已经可以看到。

运用这个方法，哈乌格(Haug) 和阿罗勒(Arora) 曾经成功地求解过许多问题，包括非结构的优化。读者可参考文献[22] 了解这个算法的细节。

把上面建立搜索方向的推导过程和第 2 章中理性准则法中的推导比较，可以看出它们很相似。事实上，可以证明只要选择适当的尺度矩阵 $\boldsymbol{M}$，在只考虑位移约束的情况下决定 $\boldsymbol{\lambda}$ 的公式(3-90) 和(2-154) 是相同的。

3.6.3 可行方向法[38]

很多最小化的原方法是以最早由佐特第克(Zoutendijk) 引进的可行方向法为基础的。可行方向法与梯度投影法的思想不同，它在每一迭代步选择的方向不是紧挨着边界，而是离开边界适当地远。在可行方向法中，逐次迭代是一系列的沿可行方向 $\boldsymbol{S}$ 的一维搜索。所谓可行方向，这里定义为从可行点 $\boldsymbol{x}^{(k)}$ 出发导致一个新的可行点 $\boldsymbol{x}^{(k+1)}$ 的方向 $\boldsymbol{S}$：

$$\boldsymbol{x}^{(k+1)} = \alpha\boldsymbol{S}^{(k)} + \boldsymbol{x}^{(k)} \tag{3-94}$$

这样一种不马上离开可行域的方向叫做可行方向。显然，当 $\boldsymbol{x}^{(k)}$ 是一个在可行域内的可行设计时，从 $\boldsymbol{x}^{(k)}$ 出发的任何一个方向都是可行的。当 $\boldsymbol{x}^{(k)}$ 处在可行域边界上且有 Q 个约束是紧约束时，

$$h_j(\boldsymbol{x}^{(k)}) = 0, \quad j = 1,2,\cdots,Q$$

为了使 $\boldsymbol{x}^{(k+1)}$ 可行，应当满足

$$h_j(\boldsymbol{x}^{(k)} + \alpha\boldsymbol{S}^{(k)}) \leqslant 0, \quad j = 1,2,\cdots,Q$$

或展开成泰勒级数后，只取线性近似得到

$$\nabla^{\mathrm{T}} h_j(\boldsymbol{x}^{(k)})\boldsymbol{S}^{(k)} \leqslant 0, \quad j = 1,2,\cdots,Q \tag{3-95}$$

对于线性约束，式(3-95) 就是可行方向 $\boldsymbol{S}^{(k)}$ 应当满足的条件；对于非线性约束，上式必须取严格的不等号，即可行方向应满足

$$\nabla^{\mathrm{T}} h_j(\boldsymbol{x}^{(k)})\boldsymbol{S}^{(k)} < 0 \tag{3-96}$$

不允许取用等号的原因是因为在等号的情况下，$\boldsymbol{S}^{(k)}$ 沿约束的切平面内前进，一般来说将进入不可行域。进而我们还要求方向 $\boldsymbol{S}^{(k)}$ 可用，即沿 $\boldsymbol{S}^{(k)}$ 前进时至少在 $\boldsymbol{x}^{(k)}$ 的邻近目标值应该降低，也就是说这个方向应该是下山方向，满足

$$(\boldsymbol{S}^{(k)})^{\mathrm{T}} \nabla f < 0 \tag{3-97}$$

可行方向法的具体执行可分成两步，从一个可行点 $\boldsymbol{x}^{\circ}$ 出发：

(1) 求一个可行方向 $\boldsymbol{S}$；

(2) 沿着可行方向 $\boldsymbol{S}$ 求步长 α 使目标函数极小化，求得一个新的可行点 $\boldsymbol{x}^{\mathrm{n}}$。

如果当前点 $\boldsymbol{x}^{\circ}$ 不是一个局部极小，不等式(3-95)和(3-97)定义了一个可行方向构成的锥(图 3-24)。可以有几种不同的确定可行方向的办法，从而就导致几种可行方向法，下面仅介绍由佐特第克给出的方法。

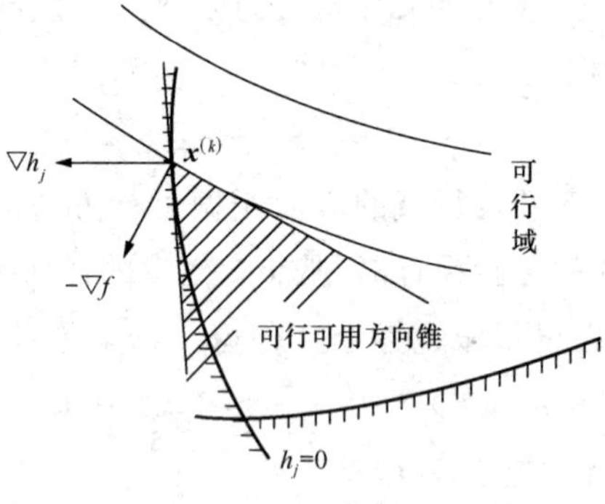

图 3-24

1. 可行方向求法

佐特第克指出，寻求可行方向的问题可以归结为一个线性规划问题，即使目标函数减小得尽可能多的可行方向是下列问题的解(第 k 次迭代，$\boldsymbol{S}$ 的上标省略)：

$$\left.\begin{aligned}&\min_{S} \boldsymbol{S}^{\mathrm{T}} \nabla f(\boldsymbol{x}^{(k)}) \\ &\text{s.t. } \boldsymbol{S}^{\mathrm{T}} \nabla h_i(\boldsymbol{x}^{(k)}) \leqslant 0, i = 1,2,\cdots,Q \\ &\qquad -1 \leqslant S_j \leqslant 1, j = 1,2,\cdots,n\end{aligned}\right\} \tag{3-98}$$

最后一个约束条件是因为 **S** 只是一个方向，可以让它规格化，让它的所有分量的绝对值都小于 1。这样做使我们得到的是一个线性规划问题，对于线性规划问题，第 4 章将介绍很成熟的算法。**S** 的规格化也可以采用 $|\boldsymbol{S}| = \sqrt{S_1^2 + S_2^2 + \cdots + S_n^2} \leqslant 1$，但由此而得的将是非线性规划。

按照式(3-98) 求出的可行方向 **S**，可能是在某个约束的切平面内，即 $\boldsymbol{S}^{\mathrm{T}} \nabla h_i(\boldsymbol{x}^{(k)}) = 0$。当 $h_i(\boldsymbol{x})$ 线性时，**S** 是允许这样取的，但当 $h_i(\boldsymbol{x})$ 非线性时，这样的 **S** 实际上是不可行的。另外，如果这样求得的 **S** 使式(3-98) 中的目标值非负，则方向 **S** 也是不可用的。为了排除 **S** 落在约束(非线性) 边界的切平面，且又排除 **S** 落在目标函数等值面的切平面，将式(3-95) 及式(3-97) 修改为

$$\begin{aligned}&\nabla^{\mathrm{T}} h_i(\boldsymbol{x}^{(k)})\boldsymbol{S} + \theta_i\beta \leqslant 0, \quad i = 1,2,\cdots,Q \\ &\boldsymbol{S}^{\mathrm{T}} \nabla f + \beta \leqslant 0\end{aligned} \tag{3-99}$$

引入 θ_i 是为了更灵活些，不同的约束可以允许有不同程度的松弛。根据这样的理由，佐特第克把确定可行方向 **S** 的问题归结为下列线性规划问题：

$$\left.\begin{aligned}&\max_{S} \beta \\ &\text{s.t. } \boldsymbol{S}^{\mathrm{T}} \nabla f(\boldsymbol{x}^{(k)}) + \beta \leqslant 0 \\ &\qquad \boldsymbol{S}^{\mathrm{T}} \nabla h_i(\boldsymbol{x}^{(k)}) + \theta_i\beta \leqslant 0, i = 1,2,\cdots,Q \\ &\qquad -1 \leqslant S_j \leqslant 1, j = 1,2,\cdots,n\end{aligned}\right\} \tag{3-100}$$

其中，当 $h_i(\boldsymbol{x})$ 线性时 $\theta_i = 0$，当 $h_i(\boldsymbol{x})$ 非线性时 $\theta_i > 0$。

问题(3-100) 是一个标准的线性规划问题，可以调用标准的子程序求解。如果求得的 β 最大值 $\beta_{\max} > 0$，式(3-95) 和(3-97) 取严格

的不等号，所选择的可行方向因而也是一个下山方向。如果 $\beta_{\max}=0$，说明初始点已是一个局部极小，至少是满足 Kuhn-Tucker 条件的点。

正常数 θ_i 可以事先选定，它的大小反映了选用的可行方向离开约束边界的远近。因此，佐特第克称它为**推离因子**，推离因子的影响如图 3-25 所示。可以看出，如果 θ_i 近似为零，可行方向实质上取成使

$$\boldsymbol{S}^{\mathrm{T}}\nabla f+\beta\leqslant 0,\quad -\boldsymbol{S}^{\mathrm{T}}\nabla h_i\geqslant 0 \tag{3-101}$$

因此，目标函数减小得很快，但是这个可行方向紧紧地挨着可行域边界，步长 α 选得稍大一点便可能违反约束，如图 3-25(a) 所示。

相反，如把 θ_i 取得很大，可行方向接近目标函数等值面，跑到可行域外的危险是少了，但目标函数减小得很少，如图 3-25(b) 所示。

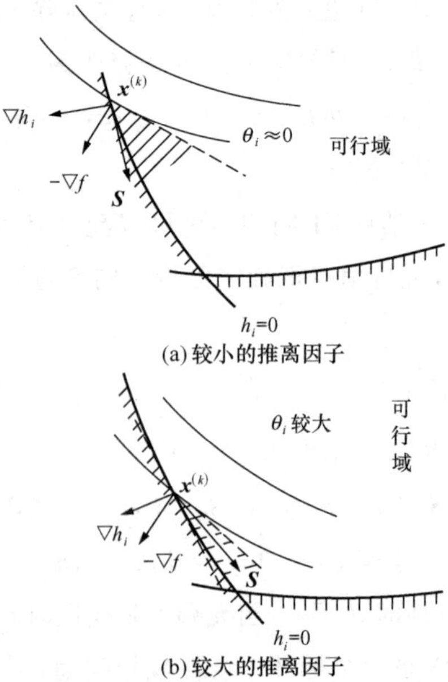

图 3-25　推离因子影响示意图

如果 θ_i 取成中等大小，这个搜索方向在出发点邻近可使目标和约束以相类似的速度减小。

一般地说，约束非线性程度很高时，相应 θ_i 应该取得较大；约束非线性程度低时，相应 θ_i 可以取得较小。

最后应该提一下的是进入线性规划(3-100)中约束的个数。在该式中选定的 Q 个约束是在点 $\boldsymbol{x}^{(k)}$ 处的紧约束，即 $h_j(\boldsymbol{x}^{(k)}) = 0$，$j = 1,2,\cdots,Q$。从数值计算的角度来看，要使 $\boldsymbol{x}^{(k)}$ 精确地满足 $h_j = 0$ 是非常困难的，而且也是不必要的。实际做法是规定一个容差 δ，凡是满足 $0 \geqslant h_j(\boldsymbol{x}^{(k)}) \geqslant -\delta(\delta > 0)$ 的约束算作可能的紧约束而列入式(3-100)中。

2. 步长选择

假定已经由佐特第克法或其他方法求得了严格的、可用且可行的方向，选择步长的问题就成为主要问题。采用基本的下降算法中介绍的一维搜索可能有两种结果：

(1) 在新设计点 $\boldsymbol{x}^{\mathrm{n}}$ 处若干约束被违反。此时的问题是要确定不违反约束的最大允许步长。实际中，由于约束是非线性的，计算很困难。另外，由于约束是非线性的，在 $\boldsymbol{x}^{\mathrm{o}}$ 处的紧约束在点 $\boldsymbol{x}^{\mathrm{n}}$ 处很可能又变成紧约束。

(2) 最后的点 $\boldsymbol{x}^{\mathrm{n}}$ 是相对于 α 的无约束极小，此时，步长选择便由一维搜索来决定。

关于可行方向法的困难及具体克服措施，这里就不再作详细的介绍了。

3.6.4 复形法

复形法是从无约束优化的单纯形法发展起来的。它只要求计算目标函数值和约束函数值，不必计算它们的导数。它搜索最优点的基本思想和单纯形法十分接近，但两者又有不同。由于约束条件的存在，复形法中，我们不可能在 $\mathbf{R}^n$ 空间中从一个正单纯形来开始迭代，而要花费相当大的力气来建立一个位于可行域内的初始复形；每次比较设计点的优劣时，复形法不能只考虑目标函数值，还要注意约束是否满足。

复形法是用来处理带有不等式约束的非线性规划的。为了构造复形的方便，通常将不等式约束中的那些对设计变量上、下限的约束单独地写出来。这样，复形法的处理对象是

$$\left.\begin{aligned}&\min_{x} f(\boldsymbol{x})\\&\text{s.t. } h_j(\boldsymbol{x}) \leqslant 0, \quad j=1,2,\cdots,m\\&\qquad \underline{x}_i \leqslant x_i \leqslant \bar{x}_i, \quad i=1,2,\cdots,n\end{aligned}\right\} \tag{3-102}$$

复形法的计算步骤可分成两步：第一步是产生一个由可行解构成的初始复形，它的顶点数 $k \geqslant n+2$；第二步是迭代改进已有的复形，使得我们求得一系列复形，逐渐向最优点靠拢。

由于约束函数 $h_j(\boldsymbol{x}) \leqslant 0$ 一般是隐式的，构造一个顶点数为 $k(k \geqslant n+2)$，且每个顶点都是可行解的初始复形并不是件容易的事。如果工程技术人员不能依据经验或力学分析提出这些初始设计，通常的办法是采用**随机方法**来产生这些顶点。

由随机方法产生初始复形时，利用计算机标准子程序产生[0,1]区间均匀分布的伪随机数 r_{ij} 及对设计变量的分量 x_i 指定的上、下界 $\bar{x}_i$ 和 $\underline{x}_i$，得到设计点 $\boldsymbol{x}_j$ 的各分量 $(\boldsymbol{x}_j)_i$：

$$(\boldsymbol{x}_j)_i = \underline{x}_i + r_{ij}(\bar{x}_i - \underline{x}_i), \quad i=1,2,\cdots,n \tag{3-103}$$

然后检验该设计点 $\boldsymbol{x}_j$ 是否可行。由于显式约束已经满足，只要检查隐式约束。一旦找到了 s 个可行点后（s 可以等于 1），策略就改变为

(1) 求出这 s 个可行点形心 $\bar{\boldsymbol{x}}_s = \dfrac{1}{s}\sum_{j=1}^{s}\boldsymbol{x}_j$；

(2) 判断 $\bar{\boldsymbol{x}}_s$ 是否可行。若不可行，$s \leftarrow s-1$，返回(1)（这意味着扔掉刚才产生的可行设计点 $\boldsymbol{x}_s$，重新产生它）；

(3) 按下式产生设计点 $\boldsymbol{x}_t$：

$$(\boldsymbol{x}_t)_i = \underline{x}_i + r_{it}(\bar{x}_i - \underline{x}_i) \tag{3-104}$$

(4) 检查 $\boldsymbol{x}_t$ 的可行性。若可行，$s \leftarrow s+1$，$\boldsymbol{x}_{s+1} \leftarrow \boldsymbol{x}_t$，转向(6)；

(5)$\boldsymbol{x}_t$ 不可行，按下式调整它：

$$\boldsymbol{x}_t \leftarrow \bar{\boldsymbol{x}}_s + \frac{1}{2}(\boldsymbol{x}_t - \bar{\boldsymbol{x}}_s) \tag{3-105}$$

返回(4)；

(6) 检查 $s = k$，如满足，则已得初始复形。如不满足，则返回(1)；

需要说明的是当由式(3-105)调整 $\boldsymbol{x}_t$ 多次后，因为$\bar{\boldsymbol{x}}_s$ 可行，$\boldsymbol{x}_t$ 一定会变得可行。但是，$\boldsymbol{x}_t$ 和$\bar{\boldsymbol{x}}_s$ 过分接近也是不好的。所以在(4)、(5)两步间往返几次后，可以干脆返回(3)，重新产生新的设计点 $\boldsymbol{x}_t$。

有了初始复形后就可以进行迭代调整步，其做法是：

(1) 从 k 个顶点中按目标值找出最好点 $\boldsymbol{x}_l$、最坏点 $\boldsymbol{x}_h$ 和次坏点 $\boldsymbol{x}_b$，计算除去 $\boldsymbol{x}_h$ 后的 $k-1$ 个点的形心：

$$\bar{\boldsymbol{x}}_h = \frac{1}{k-1}\sum_{\substack{j=1 \\ j\neq h}}^{k}\boldsymbol{x}_j \tag{3-106}$$

(2) 检查$\bar{\boldsymbol{x}}_h$ 是否可行。$\bar{\boldsymbol{x}}_h$ 不可行，说明可行区不是凸集(图3-26)，要以 $\boldsymbol{x}_l$ 和$\bar{\boldsymbol{x}}_h$ 的坐标为各分量的上、下界，用公式

$(\boldsymbol{x}_j)_i = (\boldsymbol{x}_l)_i + r_{ji}[(\bar{\boldsymbol{x}}_h)_i - (\boldsymbol{x}_l)_i]$

代替式(3-103)，按前面介绍的产生初始复形的方法重新产生初始复形，但点 $\boldsymbol{x}_l$ 保存下来，建立新的初始复形后，返回(1)。

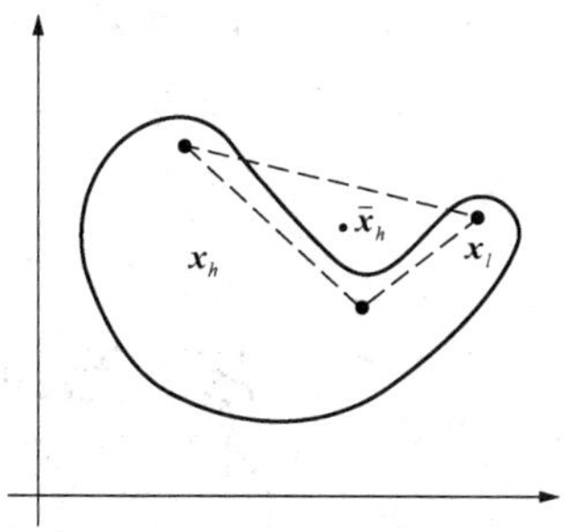

图 3-26

(3) 将 $\boldsymbol{x}_h$ 沿 $\boldsymbol{x}_h\bar{\boldsymbol{x}}_h$ 直接反射，得

$$\boldsymbol{x}_h^R = \bar{\boldsymbol{x}}_h + \alpha(\bar{\boldsymbol{x}}_h - \boldsymbol{x}_h) \tag{3-107}$$

通常取 $\alpha=1.3$。检查 $\boldsymbol{x}_h^R$ 的可行和可用性，若可行又可用，转入(6)。所谓可行指 $\boldsymbol{x}_h^R$ 满足所有约束，可用则指 $f(\boldsymbol{x}_h^R)<f(\boldsymbol{x}_h)$。

(4) $\boldsymbol{x}_h^R$ 不可行或不可用，将 α 减半，即 $\alpha \leftarrow \frac{\alpha}{2}$。

(5) 检查 $\alpha<\varepsilon$，ε 是一给定小量，但不宜太小。若满足则要采取特殊措施，如作次劣点反射或重新开始整个迭代；若不满足，返回(3)。

(6) 用 $\boldsymbol{x}_h^R$ 代替 $\boldsymbol{x}_h$ 得到新的复形，然后检查收敛准则，如果满足则停机，否则返回(1)。

需要说明的是步骤(5) 中的所谓次劣点反射，是指用次劣点 $\boldsymbol{x}_b$ 代替最劣点 $\boldsymbol{x}_h$，再计算不包括次劣点 $\boldsymbol{x}_b$ 和最劣点 $\boldsymbol{x}_h$ 在内的复形中心 $\bar{\boldsymbol{x}}_b$，将 $\boldsymbol{x}_b$ 对 $\bar{\boldsymbol{x}}_b$ 进行反射。步骤(6) 中得到新的复形的方法可以进一步结合单纯形法中的各种技巧，如延伸、收缩来加以改进。另外，整个调整进行多次后，复形可能变得很扁平，迭代调整的效率就很低了，为了提高计算效率可以重新开始整个复形法求解过程。由于多个局部极值的存在，重新开始还有助于我们找到全局最优解。另外，开始时顶点数 k 取得大一点较好。

很容易看出，复形法需要的迭代次数(计算目标函数值与约束函数值的次数) 是很多的，只能适应于设计变量较少的问题。但是，因为它不要任何梯度信息，建立算法时也不需要花费很多力气在数学推导上，因此对于一般的工程优化问题，这一算法也应用较多。

3.7 序列无约束优化方法

3.7.1 引　言

上面几节中我们介绍了处理受约束优化问题的直接法。这类方法直接考虑约束的处理，其中的很多方法是将以前介绍的处理无约束优化的算法加以修改，考虑了约束对搜索方向和步长的影响。处理约束优化的另一类方法是转化法。在这种方法中，原非线性规划问题：

$$\left.\begin{aligned}&\min_{x} f(\boldsymbol{x})\\&\text{s.t. } h_i(\boldsymbol{x}) \leqslant 0, \quad i = 1,2,\cdots,m\\&\qquad g_j(\boldsymbol{x}) = 0, \quad j = 1,2,\cdots,J\end{aligned}\right\}$$

中的约束函数 $h_i(\boldsymbol{x}),g_j(\boldsymbol{x})$ 以一定的方式附加到原问题的目标函数 $f(\boldsymbol{x})$ 上，从而得到一系列的无约束优化问题：

$$\min_{x} \varphi(\boldsymbol{x},r_k,t_k)$$

其中

$$\varphi(\boldsymbol{x},r_k,t_k) = f(\boldsymbol{x}) + r_k\sum_{i=1}^{m} H[h_i(\boldsymbol{x})] + t_k\sum_{j=1}^{J} G[g_j(\boldsymbol{x})]$$

对于每一个固定的 k，r_k 和 t_k 是固定的，这个无约束优化问题的最优解为 $\boldsymbol{x}^{(k)}$；随 k 的增大，r_k 和 t_k 也变化，从而得到一系列解点 $\{\boldsymbol{x}^{(k)}\}$。如果参数 r_k,t_k 和函数 H,G 选择得适当，就可以使得这一系列解点 $\{\boldsymbol{x}^{(k)}\}$ 逐渐逼近原非线性规划问题的解。由于以上特点，这种转化法也称为序列无约束优化（SUMT①）[39]。又由于 H 和 G 的作用往往是一种惩罚项，这种方法也称为罚函数法。罚函数法的思想很简单，在日常生活中，我们也经常看到采用“罚”的办法来制止违反规则。

文献中有很多种不同的罚函数法，下面将介绍基本的几种。首先，我们介绍内点法（内罚函数法或障碍函数法）和外点法（外罚函数法），由它们形成的无约束最优化问题的解分别是在可行域的内部和外部。最后，我们介绍混合罚函数法并指出罚函数法和拉格朗

① SUMT 是 Sequential Unconstrained Minimization Technique 的缩写。

日乘子法的关系。

3.7.2 内罚函数法

内罚函数法只适用于具有不等式约束的优化问题：

$$\left.\begin{aligned}&\min_{x} f(\boldsymbol{x})\\&\text{s.t. } h_j(\boldsymbol{x}) \leqslant 0, \quad j = 1,2,\cdots,m\end{aligned}\right\} \tag{3-108}$$

该方法构造的无约束优化问题为

$$\min_{x} \varphi(\boldsymbol{x}, r_k) = \min[f(\boldsymbol{x}) + r_k P(\boldsymbol{x})] \tag{3-109}$$

式中 $r_k P(\boldsymbol{x})$—— 障碍项；

$P(\boldsymbol{x})$—— 依赖于约束函数 $h_j(\boldsymbol{x})$ 的障碍函数；

r_k—— 称为响应因子，它的下标 k 是迭代次数，随 $k \to \infty$ 有 $r_k \to 0$。

$P(\boldsymbol{x})$ 的取法是使得当设计点 $\boldsymbol{x}$ 在区域内部且离边界很远时，其值几乎为零，φ 和 f 具有几乎相等的目标值；而当设计点从内部靠近边界时，$P(\boldsymbol{x})$ 的值变得很大，从而对固定的 k，也就是固定的 r_k 使新的目标函数 $\varphi(\boldsymbol{x}, r_k)$ 变得很大。由于我们需要极小化 $\varphi(\boldsymbol{x}, r_k)$，$P(\boldsymbol{x})$ 的作用就相当于在原约束的边界上筑起一道障碍，防止设计点越出可行域，所以内罚函数法又称**障碍函数法**。由以前各章的知识可知，问题(3-108) 的最优解往往是在边界上，为了允许设计点逐渐接近边界，我们就又要随 $k \to \infty$，让 $r_k \to 0$，使得对设计点靠近边界所受的惩罚逐渐减小。

最常见的罚函数 $P(\boldsymbol{x})$ 及因子 r_k 的取法为

$$P(\boldsymbol{x}) = -\sum_{j=1}^{m} \frac{1}{h_j(\boldsymbol{x})} \tag{3-110}$$

或

$$P(\boldsymbol{x}) = -\sum_{j=1}^{m} \ln[-h_j(\boldsymbol{x})] \tag{3-111}$$

$$r_{k+1} = \frac{1}{t} r_k, \quad t > 1, r_1 > 0 \tag{3-112}$$

式中 t—— 给定常数。

由于我们的约束为 $h_j(\boldsymbol{x}) \leqslant 0$，所以上列 $P(\boldsymbol{x})$ 的选法(3-110)和(3-111)是符合前述要求的。特别地，当设计点的移动使约束函数中的任意一个 $h_j(\boldsymbol{x}) \to -0$ 时(即 $h_j(\boldsymbol{x})$ 从小于零的一侧趋向于零)，$P(\boldsymbol{x}) \to \infty$。另外 r_k 也是随 k 而递减的。下面举一个简单的例题来说明用内罚函数法如何构造无约束优化问题。

例 3 利用形为 $r/h_i(x)$ 的惩罚函数项求解问题：

$$\left.\begin{array}{l} \min\ x-1 \\ \text{s.t.}\ \ x \geqslant 0 \end{array}\right\}$$

解 构造内罚函数：

$$\varphi(x, r_k) = x - 1 + \frac{r_k}{x}, \quad r_k > 0, \underset{k\to\infty}{r_k} \to 0$$

对于固定的 r_k，$\varphi(x, r_k)$ 的极小值点满足

$$\frac{\partial \varphi}{\partial x} = 1 - \frac{r_k}{x^2} = 0$$

由此得到最优解：$x^{(k)} = \pm\sqrt{r_k}$。

为了保证 $x^{(k)}$ 的可行性，应取正根 $\sqrt{r_k}$。显然，当 $k \to \infty$ 时，$r_k \to 0$，$x^{(k)} \to 0$，事实上，$x^* = 0$ 也就是原问题的最优解。图 3-27 表示在 $r_k = 1, 0.1$ 和 0.01 时，内罚函数 $\varphi(x, r_k)$ 的曲面。注意，无约束目标函数 φ 所表示的曲面严格地在可行域内。当 r_k 变小时，这些曲面逐渐地改变形状以使最小点趋于原问题的解 $x^* = 0$，$f(x^*) = -1$。

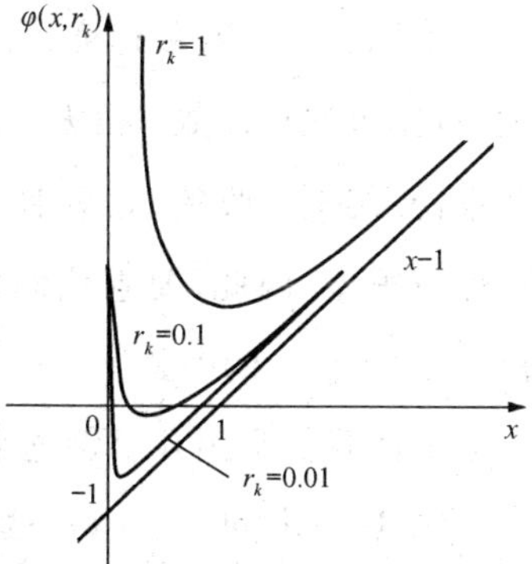

图 3-27

严格的数学论证可以证明，在一定的条件下，$\varphi(\boldsymbol{x}, r_k)$ 的无约

束优化问题的解的极限给出原问题的解。这样，就可建立下列算法：

(1) 选取一个初始可行设计 $\boldsymbol{x}^{(0)}$ 和适当的 r_1 及常数 $t>1$，令 $k=1$；

(2) 从点 $\boldsymbol{x}^{(k-1)}$ 出发优化 $\varphi(\boldsymbol{x},r_k)$，得到的最优解记作 $\boldsymbol{x}^{(k)}$；

(3) 检查收敛准则，如满足则停止；

(4) 计算 $r_{k+1}=\dfrac{r_k}{t}$，$k=k+1$，返回(2)。

注意，上列算法的第二步可以采用任何一种无约束优化算法，第三步的收敛准则可以选用 2.2 节中介绍的那些准则，也可以采用

$$-\min\varphi(\boldsymbol{x},r_k)+\min\varphi(\boldsymbol{x},r_{k-1})\leqslant\varepsilon \tag{3-113}$$

这样，整个算法实质上是双重循环，其内循环是对固定的 r_k 优化 $\varphi(\boldsymbol{x},r_k)$。这一内循环的收敛标准通常可以取得松一点，而把收敛标准适当放低一点，对梯度类算法特别有利。

上列算法的收敛速度很大程度上取决于 r_1，t 及 $\boldsymbol{x}^{(0)}$ 的值。r_1 太大，就要求迭代次数 k 很大；r_1 太小，则一开始的内循环迭代可能收敛很慢，甚至不收敛。对很小的 r_k 值，函数 $\varphi(\boldsymbol{x},r_k)$ 在最优点 $\boldsymbol{x}^*$ 邻近性质很差。因此，要求我们仔细地选取 r_1，后面的例题中我们给出一个估计 r_1 的公式。

下面我们举出几个例题来进一步说明这个方法。

例 4 用 $\ln[-h_i(\boldsymbol{x})]$ 型内罚项解：

$$\left.\begin{aligned}&\min f(\boldsymbol{x})=x_1^2+x_2^2\\&\text{s.t. }1-x_1-x_2\leqslant 0\end{aligned}\right\}$$

解 图 3-28 中画出了目标函数的等值线及约束曲线，很容易看出最优解 $\boldsymbol{x}^*=\left(\dfrac{1}{2},\dfrac{1}{2}\right)^{\mathrm{T}}$，而 $f(\boldsymbol{x}^*)=\dfrac{1}{2}$。

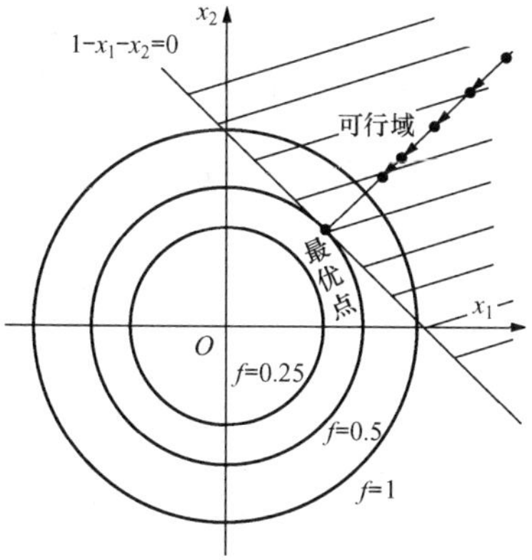

图 3-28

内罚函数法的目标函数是

$$\varphi(\boldsymbol{x},r_k)=x_1^2+x_2^2-r_k\ln(x_1+x_2-1)$$

最优解的必要条件为

$$\frac{\partial\varphi}{\partial x_1}=2x_1-\frac{r_k}{x_1+x_2-1}=0$$

$$\frac{\partial\varphi}{\partial x_2}=2x_2-\frac{r_k}{x_1+x_2-1}=0$$

从中可求得

$$x_1=x_2,\quad 4x_1^2-2x_1-r_k=0$$

或
$$x_1=x_2=\frac{1+\sqrt{1+4r_k}}{4}$$

因此最优解为

$$\boldsymbol{x}^*=\lim_{r_k\to 0}\left(\frac{1+\sqrt{1+4r_k}}{4},\frac{1+\sqrt{1+4r_k}}{4}\right)^{\mathrm{T}}=\left(\frac{1}{2},\frac{1}{2}\right)^{\mathrm{T}}$$

下面演示一下用内罚函数法解这个问题的迭代步骤。选 $r_1=9,t=2$。由于前面已经用解析方法求得了对每一个 r_k 无约束最小点的显式：

$$\boldsymbol{x}^*(r_k)=\boldsymbol{x}^{(k)}=\left(\frac{1+\sqrt{1+4r_k}}{4},\frac{1+\sqrt{1+4r_k}}{4}\right)^{\mathrm{T}}$$

因此对逐步减小的 r_k，可由此式计算出 $\boldsymbol{x}^*(r_k)$ 及相应的 $\varphi(\boldsymbol{x}^{(k)},r_k)$，其结果列于表 3-1 中。图 3-28 在同一个二维平面上描出了这些解点趋于最优解的途径。可以清楚地看到，随着 r_k 的减小，解点逐渐接近约束问题的最小点 $\boldsymbol{x}^*=\left(\frac{1}{2},\frac{1}{2}\right)^{\mathrm{T}}$，但所有解点均可行。

表 3-1

k	r_k	$x_1^*(r_k)$	$x_2^*(r_k)$	$\varphi(\boldsymbol{x}^{(k)},r_k)$	$f(\boldsymbol{x}^{(k)})$
1	9	1.77	1.77	−2.12	6.27
2	4.5	1.34	1.34	1.26	3.59
3	2.25	1.04	1.04	1.99	2.17
4	1.125	0.84	0.84	1.84	1.40
5	0.563	0.70	0.70	1.50	0.982
6	0.282	0.61	0.61	1.17	0.755
7	0.141	0.563	0.563	0.925	0.633
8	0.070	0.533	0.533	0.759	0.568
9	0.035	0.517	0.517	0.653	0.535
10	0.018	0.509	0.509	0.589	0.517
11	0.009	0.504	0.504	0.550	0.509

例 5　两杆桁架的优化设计[1]。

在第 1 章中我们已经介绍过这个问题，为了便于读者阅读，重新介绍如下：图 3-29 所示的两杆桁架，由圆钢管组成，假设壁厚 t 和半跨 B 已给定，要求选择钢管的平均直径 D 和桁架高度 H，使杆件不失稳，杆件材料不屈服，且结构的重量最轻。给定的参数还有荷载 $P=33\,000$ 磅，$B=30$ 英寸，$t=0.1$ 英寸，屈服应力 $\bar{\sigma}=10^5$ 磅 / 平方英寸，弹性模量 $E=3\times10^7$ 磅 / 平方英寸。

可以算出杆件应力 σ 与尤拉屈曲应力 $\sigma^{(e)}$ 分别为

$$\sigma=\frac{P(B^2+H^2)^{\frac{1}{2}}}{\pi tHD}$$

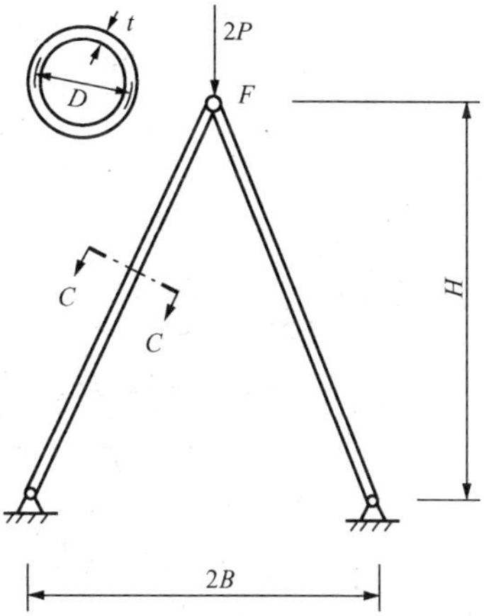

图 3-29

$$\sigma^{(e)} = \frac{\pi^2 EI}{L^2 A} = \frac{\pi^2 E(D^2 + t^2)}{8(B^2 + H^2)}$$

于是这个设计问题可用公式表示为

求 D,H,使体积 $V = 2\pi tD(B^2 + H^2)^{\frac{1}{2}}$ 最小,且满足

$$h_1 = \frac{P(B^2 + H^2)^{\frac{1}{2}}}{\pi tHD} - 10^5 \leqslant 0$$

$$h_2 = \frac{P(B^2 + H^2)^{\frac{1}{2}}}{\pi tHD} - \frac{\pi^2 E(D^2 + t^2)}{8(B^2 + H^2)} \leqslant 0$$

这个问题的罚函数取成

$$\varphi = V - r_k\left(\frac{1}{h_1} + \frac{1}{h_2}\right)$$

图 3-30 分别绘出了 $r_k = 10^7, 10^6$ 和 10^5 时 φ 的等值线和约束 h_1, h_2 的边界。图中"×"号表示 φ 的最小点,逐渐减小 r_k 的值,则这些最小点逐渐趋向于原受约束问题的最优点。从图上还可看出, r_k 值愈小,φ 的等值线扭曲愈大,以梯度法为基础的各种无约束最优化算法,将难于从任意一个初始点出发找到 φ 的最小点,这就是为什么在迭代开始时不能把 r_k 取得太小而只能取得"适当"小的理由。在

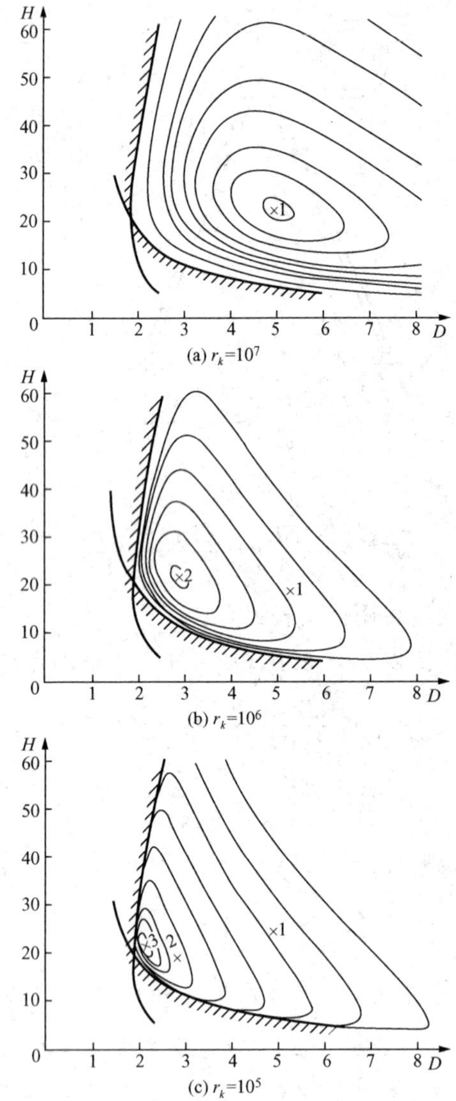

(a) $r_k=10^7$

(b) $r_k=10^6$

(c) $r_k=10^5$

图 3-30

前面提出的算法中，我们把 r_k 取成一个逐次减小的序列，而把每次

求得的最小点 $\boldsymbol{x}^*(r_k)$ 作为下一次无约束最优化算法的起点，这可以大大地提高求解无约束最优化问题的效率。特别当我们在无约束最优化中使用二次收敛的算法时更有帮助，因为初始点愈接近最优点，目标函数越接近二次函数，二次收敛的算法就越能发挥作用。

例 6 对形状为 $-\sum_{i=1}^{m}\frac{1}{h_i(x)}$ 的内罚函数提出一个估计 r_1 的方法。

解 因为在最优点 $\nabla_x\varphi(\boldsymbol{x},r_k)=0$，选择 r_1 的方法是使得 $\nabla_x\varphi(\boldsymbol{x}^{(0)},r_1)$ 的长度极小。梯度向量 $\nabla_x\varphi(\boldsymbol{x}^{(0)},r_1)$ 的模为

$$|\nabla_x\varphi(\boldsymbol{x}^{(0)},r_1)|=\sqrt{\nabla_x^{\mathrm{T}}\varphi(\boldsymbol{x}^{(0)},r_1)\ \nabla_x\varphi(\boldsymbol{x}^{(0)},r_1)}$$

所以必须有

$$\frac{\partial}{\partial r_1}\{[\nabla f(\boldsymbol{x}^{(0)})+r_1\ \nabla P(\boldsymbol{x}^{(0)})]^{\mathrm{T}}[\nabla f(\boldsymbol{x}^{(0)})+r_1\ \nabla P(\boldsymbol{x}^{(0)})]\}=0$$

其中，

$$P(\boldsymbol{x}^{(0)})=-\sum_{i=1}^{m}\frac{1}{h_i(\boldsymbol{x})}$$

因此

$$r_1=\frac{-\nabla^{\mathrm{T}}f(\boldsymbol{x}^{(0)})\ \nabla P(\boldsymbol{x}^{(0)})}{\nabla^{\mathrm{T}}P(\boldsymbol{x}^{(0)})\ \nabla P(\boldsymbol{x}^{(0)})} \tag{3-114}$$

当 $\boldsymbol{x}^{(0)}$ 不靠近任何一个约束边界时，按上式算出的 r_1 将使无约束优化算法更为有效。

内罚函数法的一个很大的优点是由这个方法得到的中间设计点也是可行的，所以即使由于某种原因优化迭代不能进行到底，我们也可以得到一个可行的、比初始设计改进的方案，这一点对工程师们来说是非常重要的。因此，在结构优化领域，内罚函数法曾经流行一时。内罚函数法的缺点是一定要有个可行的初始设计，而且只能处理不等式约束，不能处理等式约束。使用内罚函数法除了要

注意 r_1，t 和 $\boldsymbol{x}^{(0)}$ 的选取外，还应当注意对每一固定的 k，求解无约束优化问题 $\min\ \varphi(\boldsymbol{x},r_k)$ 时，搜索的步长不能太大。原因是虽然 $r_kP(\boldsymbol{x})$ 在边界筑起了一道障碍，但这是一道很“薄”的障碍，一旦步长太大跨过这道障碍，这个方法就可能失效。特别是我们采用内罚函数 $P(\boldsymbol{x})=-\sum\limits_{i=1}^{m}\ln[-h_i(\boldsymbol{x})]$，则当 $\boldsymbol{x}$ 在可行域外时，$h_i(\boldsymbol{x})$ 中的某一个大于零，$\ln[-h_i(\boldsymbol{x})]$ 是没有定义的，整个计算因而进行不下去。而如果简单地令在可行域外的设计点具有非常大的目标值，虽然可以将设计点拉回可行域，但往往使利用内插法的许多一维搜索方法失效，因此也不是好的办法。最后要特别强调的是内罚函数法的一个致命的缺点是当 r_k 很小时，$\varphi(\boldsymbol{x},r_k)$ 的无约束优化问题常常变得很难求解。其原因是因为函数 $\varphi(\boldsymbol{x},r_k)$ 在无约束最优点 $\boldsymbol{x}^{(k)}$ 邻近的等值线的偏心程度往往很大，即函数 $\varphi(\boldsymbol{x},r_k)$ 在最优点处的海森矩阵的最大特征值与最小特征值的比值往往很大。以前面的例 2 为例，对每一个固定的 r_k，无约束优化的目标函数 $\varphi(\boldsymbol{x},r_k)=x_1^2+x_2^2-r_k\ln(x_1+x_2-1)$ 的海森矩阵为

$$\nabla^2\varphi(\boldsymbol{x},r_k)=\begin{pmatrix}2+\dfrac{r_k}{(x_1+x_2-1)^2} & \dfrac{r_k}{(x_1+x_2-1)^2}\\[2ex] \dfrac{r_k}{(x_1+x_2-1)^2} & 2+\dfrac{r_k}{(x_1+x_2-1)^2}\end{pmatrix}$$

在最优点 $x_1^{(k)}=x_2^{(k)}=\dfrac{1+\sqrt{1+4r_k}}{4}$ 处为

$$\begin{pmatrix}2+\dfrac{2r_k}{1+2r_k-\sqrt{1+4r_k}} & \dfrac{2r_k}{1+2r_k-\sqrt{1+4r_k}}\\[2ex] \dfrac{2r_k}{1+2r_k-\sqrt{1+4r_k}} & 2+\dfrac{2r_k}{1+2r_k-\sqrt{1+4r_k}}\end{pmatrix}$$

考虑 r_k 很小时，例如取 $r_k=0.000\ 1$，可以求出该矩阵为

$$\begin{pmatrix}10\ 002 & 10\ 000\\ 10\ 000 & 10\ 002\end{pmatrix}$$

它的两个特征值满足方程$(10\ 002-\lambda)^2-10\ 000^2=0$。由它求得$\lambda_1=2,\lambda_2=20\ 002$,因此目标函数$\varphi$偏心很厉害,最速下降法等梯度类无约束优化的算法因而效率很低。当然可使用牛顿法来克服这一困难,但牛顿法中所需要的海森矩阵的逆矩阵同样因为海森矩阵的病态而很难求准。

为了克服前面提到的缺点,有很多种**推广的内罚函数法**。例如,**线性的推广内罚函数法**定义障碍项为

$$r_k P(\boldsymbol{x}) = r_k \sum_{j=1}^{m} P_j(\boldsymbol{x}) \tag{3-115}$$

其中

$$P_j(\boldsymbol{x}) = \begin{cases} \dfrac{-1}{h_j(\boldsymbol{x})}, & \text{若 } h_j(\boldsymbol{x}) \leqslant -\varepsilon \\ \dfrac{h_j(\boldsymbol{x})+2\varepsilon}{\varepsilon^2}, & \text{若 } h_j(\boldsymbol{x}) > -\varepsilon \end{cases} \tag{3-116}$$

注意在$h_j(\boldsymbol{x})=-\varepsilon$的界面两侧采用了不同形式的$P_j(\boldsymbol{x})$,但是在界面上它们的函数值和导数都是连续的,这就使梯度类算法较易适用。关于ε的取法可参考文献[40]。除此之外,哈夫卡(Haftka)等还采用**二次推广内罚函数法**和**三次推广内罚函数法**,曾经以它们为基础编制过飞机机翼的结构优化程序。

3.7.3 外罚函数法

本节的方法既能处理带不等式约束的问题,又可处理含等式约束的问题,因为它不像内罚函数法那样要求算法从可行域的一个内点开始。在外罚函数法中,$P(\boldsymbol{x})$这样构成:当$\boldsymbol{x}$是不满足约束的点时,P取正值,离开可行域愈远,则该值越大,起到迫使$\varphi(\boldsymbol{x},r_k)$的最小点靠近可行域的作用。

考虑一般的约束最优化问题:

$$\left.\begin{aligned}&\min\ f(\boldsymbol{x})\\&\text{s.t.}\ \ h_i(\boldsymbol{x})\leqslant 0,\quad i=1,2,\cdots,m\\&\qquad g_j(\boldsymbol{x})=0,\quad j=1,2,\cdots,J\end{aligned}\right\}\tag{3-117}$$

该问题的外罚函数形式为

$$\varphi(\boldsymbol{x},r_k,t_k)=f(\boldsymbol{x})+r_k\sum_{i=1}^{m}[h_i(\boldsymbol{x})]^2u_i(h_i)+t_k\sum_{j=1}^{J}[g_j(\boldsymbol{x})]^2\tag{3-118}$$

式中　第二项相应于不等式约束；

第三项相应于等式约束；

u_i 是随 h_i 值而变的量：

$$u_i(h_i)=\begin{cases}1, & h_i(\boldsymbol{x})>0\\0, & h_i(\boldsymbol{x})\leqslant 0\end{cases}\tag{3-119}$$

不难看出，式(3-118)中的惩罚项在可行域内部点上其值为零。罚参数 r_k 与 t_k 被取成一个逐步增加的正数序列，以不断加强罚项作用，把 φ 的最小点逐步引向约束最优点 $\boldsymbol{x}^*$。

外罚函数法的计算步骤如下：

(1) 选择一个初始点 $\boldsymbol{x}^{(0)}$，并选择“适当”的 $r_1>0$ 及 $t_1>0$，给定小量 $\varepsilon_1>0$ 和 $\varepsilon_2>0$；令 $k=1$；

(2) 以 $\boldsymbol{x}^{(k-1)}$ 为起点，用无约束最优化算法求 $\varphi(\boldsymbol{x},r_k,t_k)$ 的最小点 $\boldsymbol{x}^{(k)}=\boldsymbol{x}^*(t_k,r_k)$；

(3) 检查 $|\boldsymbol{x}^{(k)}-\boldsymbol{x}^{(k-1)}|\leqslant\varepsilon_1$ 及 $|f(\boldsymbol{x}^{(k)})-f(\boldsymbol{x}^{(k-1)})|\leqslant\varepsilon_2$；

(4) 如果满足(3)中的收敛准则，终止计算，取 $\boldsymbol{x}^*=\boldsymbol{x}^{(k)}$；否则，修改 $r_{k+1}=c_1r_k$，$t_{k+1}=c_2t_k$，其中 c_1 和 c_2 是大于1的常数，令 $k=k+1$，回到(2)。

例 7　用外罚函数法解

$$\left.\begin{aligned}&\min\ f(\boldsymbol{x})=x_1^2+x_2^2\\&\text{s.t.}\ \ g_1(\boldsymbol{x})=x_2-1=0\end{aligned}\right\}$$

解 图 3-31 画出了目标函数等值线与约束曲线，从图中容易看出 $\boldsymbol{x}^* = (0,1)^{\mathrm{T}}$，$f(\boldsymbol{x}^*) = 1$。

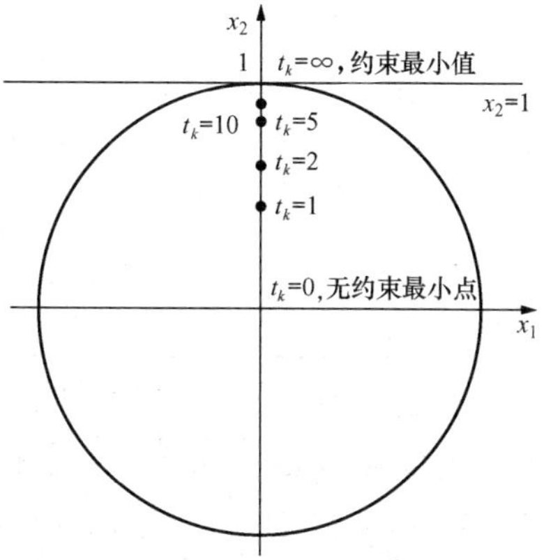

图 3-31

这个问题的外罚目标函数是

$$\varphi(\boldsymbol{x}, t_k) = x_1^2 + x_2^2 + t_k(x_2 - 1)^2$$

最优解的必要条件是

$$\frac{\partial \varphi}{\partial x_1} = 2x_1 = 0$$

$$\frac{\partial \varphi}{\partial x_2} = 2x_2 + 2t_k(x_2 - 1) = 0$$

解这两个方程得到

$$x_1(t_k) = 0$$

$$x_2(t_k) = t_k/(1 + t_k)$$

因此最优解是

$$\boldsymbol{x}^* = \lim_{t_k \to +\infty} (0, \frac{t_k}{1 + t_k})^{\mathrm{T}} = (0,1)^{\mathrm{T}}$$

随着 t_k 的逐步增加，解点从无约束最小点（$t_k = 0$）逐步接近有约束的原问题的最优点 $\boldsymbol{x}^* = (0,1)^{\mathrm{T}}$，如图 3-31 所示。各次迭代得到的解点 $x(t_k)$ 的值列于表 3-2 中。

表 3-2

k	t_k	$x_1(t_k)$	$x_2(t_k)$	$\varphi(\boldsymbol{x},t_k)$	$f(\boldsymbol{x})$
1	0	0	0	0	0
2	1	0	0.5	0.5	0.25
3	2	0	0.667	0.667	0.445
4	5	0	0.833	0.883	0.694
5	10	0	0.909	0.909	0.826
⋮	⋮	⋮	⋮	⋮	⋮
	∞	0	1	1	1

例 8 用外罚函数法求解例 5 的两杆桁架[1]。

因为问题只包含不等式约束,故采用的罚函数是

$$\varphi = V + r_k[h_1^2 u_1(h_1) + h_2^2 u_2(h_2)]$$

图 3-32 分别画出了 $r_k = 10^{-10}, 10^{-9}, 10^{-8}, 10^{-7}$ 时 φ 的等值线,图中虚线代表约束边界。由图 3-32(a) 可以看出,此时 φ 的等值线具有比较圆滑的拐角和一个易于确定的最小点(图中以"×"号标出)。把图 3-32(d) 与前面三张图比较可以发现,由于 r_k 的增加,使最小点更靠近了可行域,然而同时使等值线的偏心和扭曲更大。因此在外罚函数法中,一开始不能把 r_k 取得太大,否则将给无约束最优化造成困难。

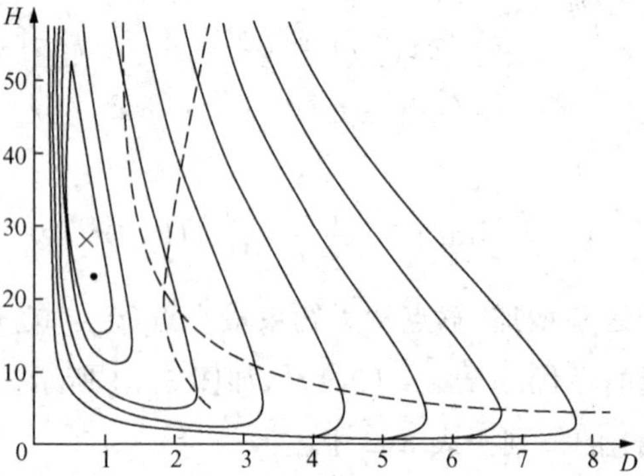

(a) $r_k=10^{-10}$

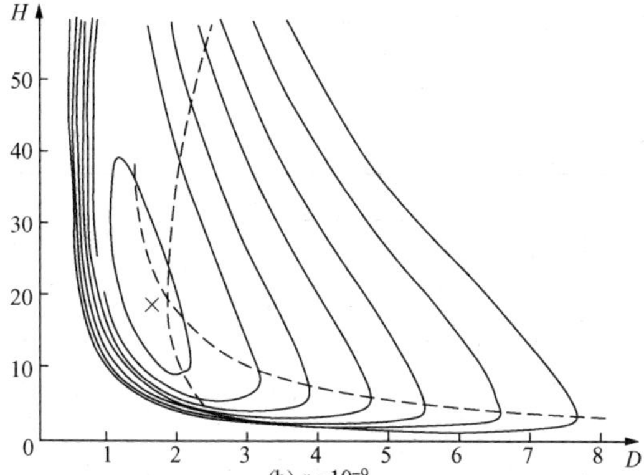

(b) $r_k=10^{-9}$

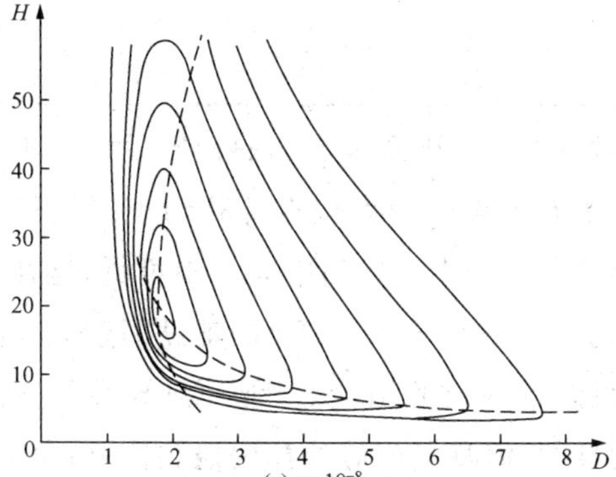

(c) $r_k=10^{-8}$

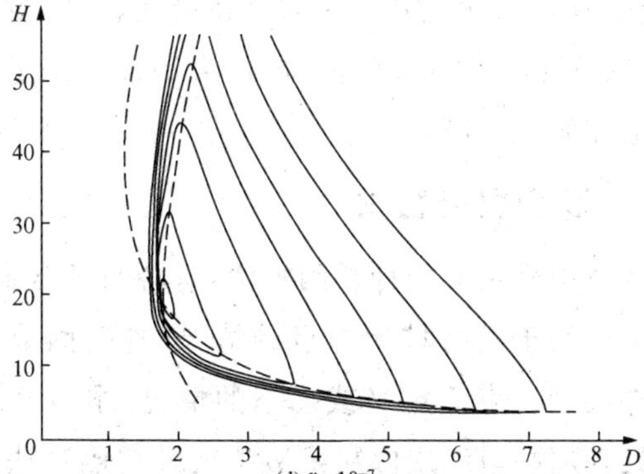

(d) $r_k=10^{-7}$

图 3-32

通过逐步增加 r_k 的值，求得的相应于 r_k 的无约束最小点和目标函数值列于表 3-3 中。

表 3-3

r_k	d	H	$\varphi_{\min}$
初始设计	6.0	30.0	159.9
10^{-10}	0.66	28.6	23.8
10^{-9}	1.57	18.7	38.4
10^{-8}	1.86	18.8	41.9
10^{-7}	1.88	20.0	42.6
10^{-6}	1.88	20.2	42.7
10^{-5}	1.88	20.2	42.7
10^{-4}	1.88	20.2	42.7

和内罚函数法比较，外罚函数法的初始设计点不要求是可行点，约束也可以既有不等式约束也有等式约束。但是，外罚函数法也有缺点，首先迭代过程中产生的中间点不可行，这往往是工程师们接受不了的；其次，形如式(3-118)的辅助函数 $\varphi(\boldsymbol{x},r_k,t_k)$ 在越过约束曲面时虽然有连续的函数值，但一阶导数及二阶导数均间断，这就使运用导数、海森矩阵等的算法遇到困难；最后，和内罚函数法相同，当 t_k 和 r_k 较大时 $\varphi(\boldsymbol{x},r_k,t_k)$ 在最优点 $\boldsymbol{x}^{(k)}$ 邻近偏心通常很大，给无约束优化带来巨大的困难。约束和设计变量适当的归一化可以部分地克服这一困难。

3.7.4 混合罚函数法

在前面两节中介绍的两种罚函数法，有各自的限制条件，比如内罚函数法不能用于可行域无内点的情况，外罚函数法不能用于在可行域外部某些约束无定义或病态的情况。本节介绍的混合罚函数法可以处理那些单纯用内罚函数法或外罚函数法不能解决的问题，它的思想很简单，就是对不等式约束用内罚函数，而对等式约束用外罚函数。

让我们考虑式(3-117)的一般的约束最优化问题，采用如下形式的混合罚函数：

$$\varphi(\boldsymbol{x},r_k,t_k)=f(\boldsymbol{x})-r_k\sum_{i=1}^{m}\frac{1}{h_i(\boldsymbol{x})}+t_k\sum_{j=1}^{J}[g_j(\boldsymbol{x})]^2 \tag{3-120}$$

这里要求不等式约束的可行域应至少有一个内点。

混合罚函数法的计算步骤如下：

(1) 选择满足不等式约束的一个内点 $\boldsymbol{x}^{(0)}$ 作为起始点，并选择“适当”的 $r_1>0,t_1>0$，给定小量 $\varepsilon_1>0,\varepsilon_2>0$；令 $k=0$；

(2) 以 $\boldsymbol{x}^{(k-1)}$ 作起始点，用无约束最小化算法求 $\varphi(\boldsymbol{x},r_k,t_k)$ 的最小点 $\boldsymbol{x}^{(k)}=\boldsymbol{x}^*(r_k,t_k)$；

(3) 检查 $|\boldsymbol{x}^{(k)}-\boldsymbol{x}^{(k-1)}|\leqslant\varepsilon_1$ 与 $|f(\boldsymbol{x}^{(k)})-f(\boldsymbol{x}^{(k-1)})|\leqslant\varepsilon_2$；

(4) 如果满足(3)中的收敛准则，则终止计算，取 $\boldsymbol{x}^*=\boldsymbol{x}^{(k)}$；否则，令 $r_{k+1}=r_k/c,t_{k+1}=c\cdot t_k$，其中 c 是大于1的数。令 $k=k+1$ 后回到(2)。

这种混合罚函数比单纯使用外罚函数法有加速迭代过程收敛的作用。

例9　用混合罚函数求解

$$\left.\begin{aligned}&\min\ f(\boldsymbol{x})=-x_1+x_2\\&\text{s.t.}\ \ h_1(\boldsymbol{x})=-\ln x_2\leqslant 0\\&\qquad\ \ g_1(\boldsymbol{x})=x_1+x_2-1=0\end{aligned}\right\}$$

解　由于 $h_1(\boldsymbol{x})$ 在 $x_2=0$ 时无界，故不能用外罚函数法处理；又由于 $g_1(\boldsymbol{x})$ 没有内点，不能用内罚函数法处理。因此对这个问题不能单纯用内罚函数法或外罚函数法，只能用混合罚函数法求解。

形同式(3-120)的目标函数是

$$\varphi(\boldsymbol{x},r_k,t_k)=-x_1+x_2+\frac{r_k}{\ln x_2}+t_k(x_1+x_2-1)^2$$

最优解的必要条件为

$$\frac{\partial \varphi}{\partial x_1} = -1 + 2t_k(x_1 + x_2 - 1) = 0$$

$$\frac{\partial \varphi}{\partial x_2} = 1 - \frac{r_k}{x_2 \ln^2 x_2} + 2t_k(x_1 + x_2 - 1) = 0$$

两式相减,得到一个仅含 x_2 的方程

$$2 - \frac{r_k}{x_2 \ln^2 x_2} = 0$$

其解可写成

$$x_2 = \mathrm{e}^{\left(\frac{r_k}{2x_2}\right)^{\frac{1}{2}}}$$

当 $r_k \to 0$ 时取极限得 $x_2 = 1$;当 $t_k \to \infty$ 时,必须满足 $x_1 + x_2 - 1 \to 0$,否则将违反约束 g_1,因此在取极限时得 $x_1 = 0$。这个问题的最优解为 $\boldsymbol{x}^* = (0,1)^{\mathrm{T}}$。

3.7.5 罚函数法与拉格朗日乘子法间的关系

在介绍数学基础知识时,我们曾指出过约束优化问题可以用拉格朗日乘子法化成无约束优化问题,这里又介绍了罚函数法,显然这两者是有联系的。

考虑带不等式约束的最优化问题

$$\left.\begin{aligned} &\min f(\boldsymbol{x}) \\ &\text{s.t. } h_j(\boldsymbol{x}) \leqslant 0, \quad j = 1,2,\cdots,m \end{aligned}\right\} \tag{3-121}$$

用内罚函数法得到无约束问题目标函数

$$\varphi(\boldsymbol{x}, r_k) = f(\boldsymbol{x}) - r_k \sum_{i=1}^{m} \frac{1}{h_j(\boldsymbol{x})} \tag{3-122}$$

最优解的必要条件是

$$\frac{\partial \varphi}{\partial x_i} = \frac{\partial f}{\partial x_i} + r_k \sum_{i=1}^{m} \frac{1}{h_j^2(\boldsymbol{x})} \frac{\partial h_j}{\partial x_i} = 0 \tag{3-123}$$

用外罚函数法得到无约束问题目标函数

$$\varphi(\boldsymbol{x},r_k) = f(\boldsymbol{x}) + r_k \sum_{j=1}^{m} [h_j(\boldsymbol{x})]^2 u_j(h_j) \qquad (3\text{-}124)$$

最优解的必要条件是

$$\frac{\partial \varphi}{\partial x_i} = \frac{\partial f}{\partial x_i} + r_k \sum_{j=1}^{m} 2h_j(\boldsymbol{x}) u_j(h_j) \frac{\partial h_j}{\partial x_i} = 0 \qquad (3\text{-}125)$$

同一问题的拉格朗日函数是

$$L(\boldsymbol{x},\boldsymbol{\lambda}) = f(\boldsymbol{x}) + \sum_{j=1}^{m} \lambda_j h_j(\boldsymbol{x}) \qquad (3\text{-}126)$$

相应的库－塔克条件是

$$\frac{\partial L}{\partial x_i} = \frac{\partial f}{\partial x_i} + \sum_{j=1}^{m} \lambda_j \frac{\partial h_j}{\partial x_i} = 0 \qquad (3\text{-}127)$$

将该式和式(3-123)与(3-125)比较,可以看出:

对内罚函数法

$$\lambda_j = \frac{r_k}{h_j^2(\boldsymbol{x})} \qquad (3\text{-}128)$$

对外罚函数法

$$\lambda_j = 2r_k h_j(\boldsymbol{x}) u_j(h_j) \qquad (3\text{-}129)$$

考虑到 r_k 的序列性,分别有

$$\lambda_j^* = \lim_{r_k \to 0} \frac{r_k}{h_j^2(\boldsymbol{x})} \qquad (3\text{-}130)$$

和

$$\lambda_j^* = \lim_{r_k \to \infty} 2r_k h_j(\boldsymbol{x}) u_j(h_j) \qquad (3\text{-}131)$$

注意,这些式子中的 $\boldsymbol{x}$ 应取相应于 r_k 的无约束优化问题的最优解。

例 10 对下列问题

$$\left.\begin{aligned} \min\ f(\boldsymbol{x}) &= \frac{1}{3}(x_1+1)^3 + x_2 \\ \text{s.t.}\ h_1(\boldsymbol{x}) &= -x_1 + 1 \leqslant 0 \\ h_2(\boldsymbol{x}) &= -x_2 \leqslant 0 \end{aligned}\right\}$$

证明该问题的拉格朗日乘子 $\lambda_j^* = \lim\limits_{r_k \to 0} r_k / h_j^2(\boldsymbol{x})$,其中 r_k 为内罚函数

法中的响应因子，$\boldsymbol{x}$ 为相应于 r_k 的无约束优化解。

解　用内罚函数法可求出

$$\boldsymbol{x}(r_k)=(x_1(r_k),x_2(r_k))^{\mathrm{T}}=(\sqrt{1+\sqrt{r_k}},\sqrt{r_k})^{\mathrm{T}}$$

于是

$$\frac{r_k}{h_1^2(\boldsymbol{x})}=\frac{r_k}{[-x_1(r_k)+1]^2}=\frac{r_k}{(-\sqrt{1+\sqrt{r_k}}+1)^2}$$

$$=(\sqrt{1+\sqrt{r_k}}+1)^2$$

$$\frac{r_k}{h_2^2(\boldsymbol{x})}=\frac{r_k}{[-x_2(r_k)]^2}=\frac{r_k}{(-\sqrt{r_k})^2}=1$$

由此求得

$$\lim_{r_k\to 0}\frac{r_k}{h_1^2(\boldsymbol{x})}=\lim_{r_k\to 0}(\sqrt{1+\sqrt{r_k}}+1)^2=4$$

$$\lim_{r_k\to 0}\frac{r_k}{h_2^2(\boldsymbol{x})}=1$$

该问题的拉格朗日函数是

$$L(\boldsymbol{x},\boldsymbol{\lambda})=\frac{1}{3}(x_1+1)^3+x_2+\lambda_1(-x_1+1)+\lambda_2(-x_2)$$

库－塔克条件是

$$\frac{\partial L}{\partial x_1}=(x_1+1)^2-\lambda_1=0$$

$$\frac{\partial L}{\partial x_2}=1-\lambda_2=0$$

$$\lambda_1 h_1=\lambda_1(-x_1+1)=0$$

$$\lambda_2 h_2=\lambda_2(-x_2)=0$$

由这些方程解得

$$\boldsymbol{x}^*=(x_1^*,x_2^*)^{\mathrm{T}}=(1,0)^{\mathrm{T}}$$

$$\boldsymbol{\lambda}^*=(\lambda_1^*,\lambda_2^*)^{\mathrm{T}}=(4,1)^{\mathrm{T}}$$

比较之后可以看出 $\lambda_j^*=\lim\limits_{r_k\to 0}r_k/h_j^2(\boldsymbol{x})$。

例 11 对问题

$$\left.\begin{aligned} &\min\ f(\boldsymbol{x}) = x_1^2 + x_2^2 \\ &\text{s. t. } h_1(\boldsymbol{x}) = -3x_1 - 2x_2 + 6 \leqslant 0 \\ &\qquad h_2(\boldsymbol{x}) = -x_1 \leqslant 0 \\ &\qquad h_3(\boldsymbol{x}) = -x_2 \leqslant 0 \end{aligned}\right\}$$

证明$\lambda_j^* = \lim\limits_{r_k \to \infty} 2r_k h_j(\boldsymbol{x}) u_j(h_j)$，其中 r_k 和 $\boldsymbol{x}$ 为外罚函数法中提到的量。

证明 该问题的拉格朗日函数是

$$L(\boldsymbol{x},\lambda) = x_1^2 + x_2^2 + \lambda_1(-3x_1 - 2x_2 + 6) + \lambda_2(-x_1) + \lambda_3(-x_2)$$

库 - 塔克条件是

$$\frac{\partial L}{\partial x_1} = 2x_1 - 3\lambda_1 - \lambda_2 = 0$$

$$\frac{\partial L}{\partial x_2} = 2x_2 - 2\lambda_1 - \lambda_3 = 0$$

$$\lambda_1 h_1 = \lambda_1(-3x_1 - 2x_2 + 6) = 0$$

$$\lambda_2 h_2 = \lambda_2(-x_1) = 0$$

$$\lambda_3 h_3 = \lambda_3(-x_2) = 0$$

解这些方程得

$$\boldsymbol{x}^* = (x_1^*, x_2^*)^{\mathrm{T}} = \left(\frac{18}{13}, \frac{12}{13}\right)^{\mathrm{T}}$$

$$\boldsymbol{\lambda}^* = (\lambda_1^*, \lambda_2^*, \lambda_3^*)^{\mathrm{T}} = \left(\frac{12}{13}, 0, 0\right)^{\mathrm{T}}$$

用外罚函数法得到同一问题的无约束最优化的目标函数是

$$\varphi(\boldsymbol{x}, r_k) = x_1^2 + x_2^2 + r_k[(-3x_1 - 2x_2 + 6)^2 u_1(h_1) + (-x_1)^2 u_2(h_2) + (-x_2)^2 u_3(h_3)]$$

对于第一象限内位于可行域外部的 x_1 和 x_2，有

$$u_1(h_1) = 1, \quad u_2(h_2) = u_3(h_3) = 0$$

于是，对于这样的点有

$$\varphi(\boldsymbol{x},r_k)=x_1^2+x_2^2+r_k(-3x_1-2x_2+6)^2$$

最优解的必要条件是

$$\frac{\partial\varphi}{\partial x_1}=2x_1-6r_k(-3x_1-2x_2+6)=0$$

$$\frac{\partial\varphi}{\partial x_2}=2x_2-4r_k(-3x_1-2x_2+6)=0$$

解这两个方程,得

$$x_1(r_k)=\frac{36r_k}{2+26r_k},\quad x_2(r_k)=\frac{24r_k}{2+26r_k}$$

于是

$$\boldsymbol{x}^*=\lim_{r_k\to\infty}(x_1(r_k),x_2(r_k))^{\mathrm{T}}=\lim_{r_k\to\infty}\left(\frac{36r_k}{2+26r_k},\frac{24r_k}{2+26r_k}\right)^{\mathrm{T}}$$

$$=\left(\frac{18}{13},\frac{12}{13}\right)^{\mathrm{T}}$$

而

$$2r_kh_1(\boldsymbol{x})u_1(h_1)=2r_k\left[-3\left(\frac{36r_k}{2+26r_k}\right)-2\left(\frac{24r_k}{2+26r_k}\right)+6\right]\times 1$$

$$=\frac{24r_k}{2+26r_k}$$

$$2r_kh_2(\boldsymbol{x})u_2(h_2)=2r_kh_3(\boldsymbol{x})u_3(h_3)=0$$

于是

$$\lim_{r_k\to\infty}2r_kh_1(\boldsymbol{x})u_1(h_1)=\lim_{r_k\to\infty}\frac{24r_k}{2+26r_k}=\frac{12}{13}$$

$$\lim_{r_k\to\infty}2r_kh_2(\boldsymbol{x})u_2(h_2)=\lim_{r_k\to\infty}2r_kh_3(\boldsymbol{x})u_3(h_3)=0$$

与用拉格朗日乘子法求得的结果比较,不难看出

$$\lambda_j^*=\lim_{r_k\to\infty}2r_kh_j(\boldsymbol{x})u_j(h_j)$$

3.7.6 小　结

这里介绍的罚函数是经常用到的几种形式,还有各种形式的罚函数,但基本思想很相近。针对一类问题选择适当的罚函数的具

体形式虽然很重要，但是首先要着重理解罚函数的思想。

罚函数法适用于设计变量不太多的情况，特别适宜于按规范要求的结构优化问题和非结构的工程优化问题，也用来优化用有限元分析的体系并取得较好的效果。由于外罚函数法给出的中间设计是不可行的，因而很少为结构优化所采用。利用罚函数和拉格朗日乘子之间的关系，近年来发展起一种十分有效的乘子法[41]。

习 题

1. 采用最速下降法求解 $f(\boldsymbol{x}) = 3x_1 + 4x_2^2$ 的极小化问题，只要求作两次迭代，初始点选为(1,1)。

2. 利用几种不同的一维搜索方法求出 $f(x) = 2\mathrm{e}^x - 9x$ 在区间[1,2]的极小值。

3. 利用梯度投影法求解

$$\left.\begin{aligned} &\max\ f(\boldsymbol{x}) = 6x_1 + 4x_2 + 2x_3 - 3x_1^2 - 2x_2^2 - \frac{1}{3}x_3^2 \\ &\text{s.t.}\ \ x_1 + 2x_2 + x_3 - 4 \leqslant 0 \end{aligned}\right\}$$

初始点选在(0,0,0)，只要求作两次迭代。

4. 利用罚函数法解第 3 题。

4

线性规划与二次规划

线性规划是发展较早，理论和算法都相当完善的一类数学规划，在结构优化中的应用十分广泛。例如第3章可行方向法中可行方向的决定，便可归结为一个线性规划问题，而可行方向法本身在结构优化中是经常使用的。本章以后将介绍的非线性规划的逐次线性化方法也是将非线性规划通过线性化转化为一系列的线性规划问题，这一算法曾用来求解很多结构优化和非结构的工程优化问题，而结构优化中关于倒数设计变量空间的研究又使这种方法增加了生命力；另外，相当一类结构的最优设计问题，例如考虑极限承载能力的理想塑性结构的最优设计[42]、桁架结构的最优预应力设计，都可以直接地提成线性规划问题。

线性规划及二次规划虽然都属于数学规划，但由于各自的特点而有特殊的解法，所以我们将它们单独列为一章。一般的非线性规划除了采用上章介绍的方法外，都可以按照问题的特点，通过近似手段化成序列线性规划或序列二次规划，实践证明它们的效率都很高，这些内容因而也是本章要介绍的重点。

4.1　标准的线性规划问题提法

如前面已经介绍过的，线性规划是目标函数与约束函数都线性依赖于设计变量的数学规划问题。下面先用两个简单的例题来引出线性规划问题。

例 1　考虑如图 4-1 所示的框架的塑性设计，求使用材料最少的断面积分布。梁和柱都是等断面，梁的塑性弯矩和柱的塑性弯矩分别假定是 M_b 和 M_c。

图 4-1(a) 所示框架有四种可能的破坏形式，分别给出在图 4-1(b) ~ (e)。为了不发生某种破坏形式，在这个破坏形式上外力作的功应小于变形能。和塑性变形能相比，弹性变形能是个小量，因此将忽略不计。例如，对图 4-1(b) 的破坏形式，有(其中转角 θ 的意义给出在图上)：变形能为 $4M_c\theta$，外力作功为 $3\times4\theta$。

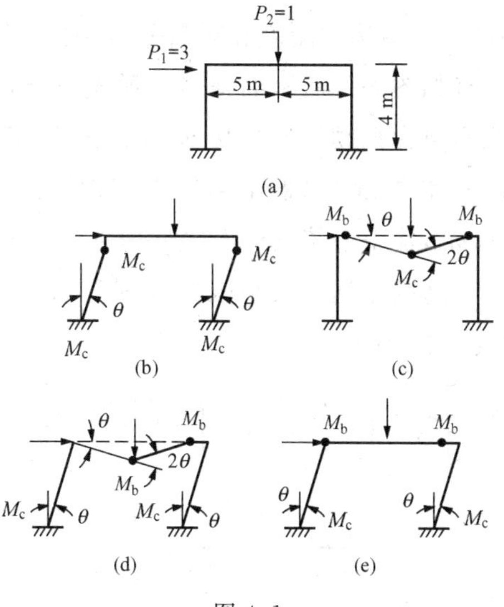

图 4-1

为了不发生这种形式的破坏，应该有

$$M_c \geqslant 3$$

类似地，对图(c)～(e)的破坏形式，为了不发生这些破坏形式也应该分别有约束条件：$M_b \geqslant 1.25$，$2M_b + M_c \geqslant 8.5$，$M_b + M_c \geqslant 6$。

另一方面，如果柱和梁的断面积分别为 A_c 和 A_b，则框架的体积为 $V = 8A_c + 10A_b$。通常假定杆件断面积和塑性弯矩成正比，即 $A_c = \beta M_c$，$A_b = \beta M_b$，因此框架的总体积为 $V = \beta(10M_b + 8M_c)$。

归纳上面的讨论可知这个框架的塑性最轻设计可以提成：求 M_b，M_c，

$$\left.\begin{aligned} &\min V = \beta(10M_b + 8M_c) \\ &\text{s.t.}\ \ M_c \geqslant 3, 2M_b + M_c \geqslant 8.5 \\ &\qquad M_b \geqslant 1.25, M_b + M_c \geqslant 6 \end{aligned}\right\}$$

这是一个在线性约束下线性目标函数的极值问题，亦即线性规划问题。

例 2 设计一个结构的刚度和质量分布，使它具有给定的自振频率和振型。设有如图 4-2 所示的弹簧 - 质量系统，用$\tilde{y}_1(t)$，$\tilde{y}_2(t)$和$\tilde{y}_3(t)$分别表示自由振动时质量块 m_1，m_2 和 m_3 离开平衡位置的位移。弹簧刚度 k_1 和质量 m_1 是给定的，要求设计弹簧刚度 k_2，k_3 和 k_4 及质量 m_2 和 m_3，使得系统的一个频率为 ω_g，相应的振型为$(y_{1g}, y_{2g}, y_{3g})^T$，质量和刚度受到的最小限制分别为 $m_{\min}$ 和 $k_{\min}$。要求整个系统的质量尽可能小。

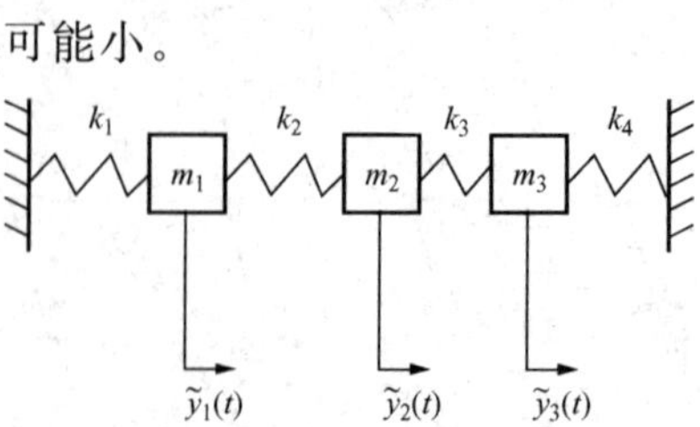

图 4-2

根据牛顿第二定律，系统的动力学方程组为

$$\left.\begin{aligned}(k_1+k_2)\tilde{y}_1(t)-k_2\tilde{y}_2(t)&=-m_1\frac{\mathrm{d}^2\tilde{y}_1(t)}{\mathrm{d}t^2}\\-k_2\tilde{y}_1(t)+(k_2+k_3)\tilde{y}_2(t)-k_3\tilde{y}_3(t)&=-m_2\frac{\mathrm{d}^2\tilde{y}_2(t)}{\mathrm{d}t^2}\\-k_3\tilde{y}_2(t)+(k_3+k_4)\tilde{y}_3(t)&=-m_3\frac{\mathrm{d}^2\tilde{y}_3(t)}{\mathrm{d}t^2}\end{aligned}\right\}$$

自由振动时质量块作简谐运动：

$$\tilde{y}_1(t)=y_1\sin\omega t,\quad \tilde{y}_2(t)=y_2\sin\omega t,\quad \tilde{y}_3(t)=y_3\sin\omega t$$

代入动力学方程组得到频率ω和振型$(y_1,y_2,y_3)^{\mathrm{T}}$应满足的特征方程为

$$(k_1+k_2-m_1\omega^2)y_1-k_2y_2=0$$
$$-k_2y_1+(k_2+k_3-m_2\omega^2)y_2-k_3y_3=0$$
$$-k_3y_2+(k_3+k_4-m_3\omega^2)y_3=0$$

将给定的频率和振型代入上式，得到k_2,k_3,k_4,m_2和m_3应满足的约束条件为

$$k_2(y_{1g}-y_{2g})+k_1y_{1g}-m_1\omega_g^2y_{1g}=0$$
$$k_2(y_{2g}-y_{1g})+k_3(y_{2g}-y_{3g})-m_2\omega_g^2y_{2g}=0$$
$$k_3(y_{3g}-y_{2g})+k_4y_{3g}-m_3\omega_g^2y_{3g}=0$$

除此之外还应该有约束条件

$$k_2\geqslant k_{\min},\quad k_3\geqslant k_{\min},\quad k_4\geqslant k_{\min},\quad m_2\geqslant m_{\min},\quad m_3\geqslant m_{\min}$$

要求极小的目标函数为m_2+m_3。

由于频率ω_g，振形$(y_{1g},y_{2g},y_{3g})^{\mathrm{T}}$都已给定，$k_2,k_3,k_4,m_2$和$m_3$应满足的约束条件都是线性约束，因此，这是一个在线性约束下线性目标函数的极值问题。与例1的不同之处在于这里出现了等式约束。

一般地，线性规划研究的是线性的目标函数

$$f(\boldsymbol{x})=\sum_{i=1}^{n}c_ix_i \tag{4-1}$$

受到线性约束

$$\sum_{i=1}^{n} a_{ki} x_i \begin{cases} \leqslant \\ = \\ \geqslant \end{cases} d_k, k = 1,2,\cdots,m \tag{4-2}$$

及非负要求

$$x_i \geqslant 0, \quad i = 1,2,\cdots,n$$

下的最优化问题。式(4-2)中采用的符号表示对特定的 k，该式可能是小于等于、等于或大于等于 d_k。为确定起见，约定 $d_k \geqslant 0$，如果 $d_k < 0$，只要将该式两边同时乘以 -1，同时改变不等号的方向。目标函数的最优可能是极大化 $f(\boldsymbol{x})$ 或极小化 $f(\boldsymbol{x})$，但由于极大化 $f(\boldsymbol{x})$ 等价于极小化 $-f(\boldsymbol{x})$，所以我们总可以认为问题是要求极小化 $f(\boldsymbol{x})$。下面我们指出，约束(4-2)总可以化归为等式约束。

如果约束为

$$\sum_{i=1}^{n} a_{ki} x_i \leqslant d_k$$

则可以引进松弛变量 $s_k \geqslant 0$，使得上列约束化成

$$\sum_{i=1}^{n} a_{ki} x_i + s_k = d_k$$

如果约束为

$$\sum_{i=1}^{n} a_{ki} x_i \geqslant d_k$$

则可以引进剩余变量 $s_k \geqslant 0$，使得上列约束化成

$$\sum_{i=1}^{n} a_{ki} x_i - s_k = d_k$$

最后，关于设计变量 x_i 非负的要求，常常是由于实际问题本身的要求，例如在结构优化中 x_i 常常表示断面积，它应该大于零。对于设计变量可能是自由变量($-\infty < x_i < +\infty$)也可能是有界变量的情形，只要用简单的变换就可变换成非负变量。例如，设 x_i 是上有界

的，即

$$x_i \leqslant P_i$$

则可以引进新的变量：

$$\bar{x}_i = P_i - x_i \geqslant 0$$

再如，设 x_i 是自由变量，则 x_i 总可表示成

$$x_i = x_i' - x_i'', \quad x_i' \geqslant 0, \quad x_i'' \geqslant 0$$

的形式，x_i' 和x_i'' 是新引入的非负变量。相对于这些新变量$\bar{x}_i$，x_i' 和 x_i''，原线性规划问题就化成了满足非负变量要求的线性规划问题。

综上所述，不同形式的线性规划问题总可化成标准形式的线性规划问题，所谓标准形式是：

$$\left.\begin{aligned} &\min_{\boldsymbol{x}} f(\boldsymbol{x}) = \sum_{i=1}^{n} c_i x_i \\ &\text{s. t.} \ \sum_{i=1}^{n} a_{ki} x_i = d_k, \quad k = 1,2,\cdots,m \\ &\qquad x_i \geqslant 0, \quad i = 1,2,\cdots,n \end{aligned}\right\} \tag{4-3}$$

其中，c_i，a_{ki}，$d_k \geqslant 0$ 均为给定的常数。

该标准形式也可以写成矩阵形式，即

$$\left.\begin{aligned} &\min_{\boldsymbol{x}} \boldsymbol{c}^{\mathrm{T}} \boldsymbol{x} \\ &\text{s. t.} \ \boldsymbol{a}\boldsymbol{x} = \boldsymbol{d} \text{ 及 } \boldsymbol{x} \geqslant \boldsymbol{0} \end{aligned}\right\} \tag{4-4}$$

式中　$\boldsymbol{x} = (x_1, x_2, \cdots, x_n)^{\mathrm{T}}$；

$\boldsymbol{d} = (d_1, d_2, \cdots, d_m)^{\mathrm{T}}$，为约束向量；

$\boldsymbol{c} = (c_1, c_2, \cdots, c_n)^{\mathrm{T}}$，习惯上称作成本向量(或耗费向量)；

$\boldsymbol{a} = \begin{pmatrix} a_{11} & a_{12} & \cdots & a_{1n} \\ a_{21} & a_{22} & \cdots & a_{2n} \\ \vdots & \vdots & & \vdots \\ a_{m1} & a_{m2} & \cdots & a_{mn} \end{pmatrix}$，是 $m \times n$ 矩阵。

对于形为(4-3)形式的标准线性规划问题,除了极简单问题可以采用图解法外,一般要采用单纯形法来求解。为了把单纯形法的原理叙述清楚,我们先介绍一下线性规划的一些基本性质。

4.2 线性规划的基本性质

为了便于读者理解线性规划的基本性质,我们先用图解法解一个实例。

例 3 求 x_1 和 x_2,

$$\left.\begin{aligned} \min f(\boldsymbol{x}) &= -3x_1 - x_2 \\ \text{s.t.}\ -x_1 + 2x_2 &\leqslant 10 \\ 4x_1 + 3x_2 &\leqslant 24 \\ x_1 \geqslant 0, x_2 &\geqslant 0 \end{aligned}\right\}$$

由于只涉及两个设计变量 x_1 和 x_2,可以在平面上表示出设计空间来。

由图 4-3 可见,该问题中的两个线性不等式约束可以表示为两根直线,变量非负约束对应于两根坐标轴,这四根直线围成的**可行域是个凸多边形**。由于目标函数也是直线,所以**最优点落在可行域的顶点**,在本例中,最优点是 $\boldsymbol{x}^* = (6,0)$,相应的目标函数值为 $f^* = -18$。

上面用黑体字强调的是线性规划的基本性质,即线性规划的可行域如果存在,则是一个凸多边形;最优解如果存在,则一定在凸多边形的某一顶点达到。由于这些性质,为了求得线性规划的最优解,只需要在有限个顶点中搜索,而不必在可行域的整个区域内搜索。下面我们仔细地介绍这些基本性质。为此,我们回到标准形式(4-3)。

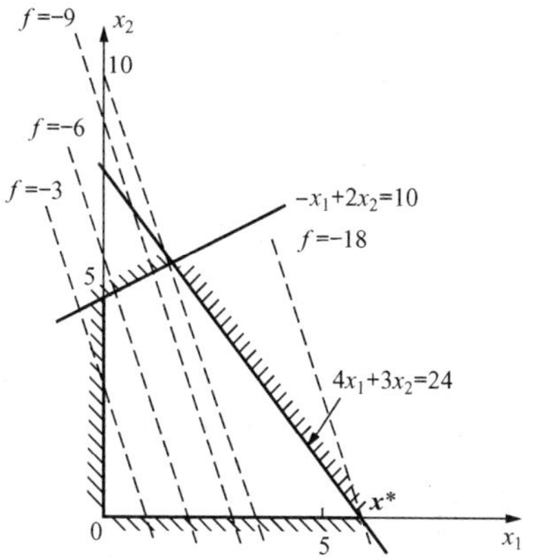

图 4-3

首先,(4-3) 形式的线性规划问题如果有可行解,这意味着式(4-3) 的约束方程组中,线性独立的方程数必须小于向量 $\boldsymbol{x}$ 的维数 n。以下,我们将假定这 m 个约束方程是线性独立的,且 $m<n$。基于这个假定,这一组约束方程组将有无限多个解,这些解如果满足非负要求就是这一线性规划的可行解,我们的目标就是从可行解中求出最优的。

定义 1 记式(4-4) 中的矩阵 $\boldsymbol{a}$ 的任意一个由它的 m 列构成的 $m\times m$ 的、非奇异的子矩阵为 $\boldsymbol{a}_\mathrm{B}$,令其剩下的 $n-m$ 列构成 $\boldsymbol{a}_\mathrm{N}$ 矩阵,相对应的 $n-m$ 个变量 x_i 被假定为零,记作 $\boldsymbol{x}_\mathrm{N}$,称为**非基本变量**,然后由剩下的方程解出的解称为**基本解**,而 $\boldsymbol{a}_\mathrm{B}$ 中 m 列相应的变量称为**基本变量**,记作 $\boldsymbol{x}_\mathrm{B}$,约定将基本变量排在前面,约束方程组可写成

$$(\boldsymbol{a}_\mathrm{B},\boldsymbol{a}_\mathrm{N})\begin{pmatrix}\boldsymbol{x}_\mathrm{B}\\ \boldsymbol{x}_\mathrm{N}\end{pmatrix}=\boldsymbol{d} \tag{4-5}$$

而基本解为

$$\boldsymbol{x}_\mathrm{B}=\boldsymbol{a}_\mathrm{B}^{-1}\boldsymbol{d} \tag{4-6}$$

$$\boldsymbol{x}_\mathrm{N}=\boldsymbol{0} \tag{4-7}$$

以上 $\boldsymbol{x}_B$ 为 m 维列向量，$\boldsymbol{x}_N$ 为 $n-m$ 维列向量。

采用上面的名称是因为如果把 $\boldsymbol{a}$ 的每一列看作 m 维空间中的一个向量，所选择的 $\boldsymbol{a}_B$ 矩阵中的 m 列便可以看作这个 m 维空间中的基底向量(base vector)。一般地说，$\boldsymbol{x}_B$ 中元素的值均不为零。但是，在有的基本解中，一个或多个基本变量可能为零，这个解就称为**退化的基本解**。

定义 2 同时满足非负条件的基本解称为**基本可行解**；如果该解是退化的基本解，则称为**退化的基本可行解**。

仍以上述例 3 为例，先引入松弛变量 x_3 和 x_4，把它化成标准形式

$$\left.\begin{aligned}&\min f(\boldsymbol{x})=-3x_1-x_2\\&\text{s. t.}\ -x_1+2x_2+x_3=10\\&\qquad 4x_1+3x_2+x_4=24\\&\qquad x_1\geqslant 0,x_2\geqslant 0,x_3\geqslant 0,x_4\geqslant 0\end{aligned}\right\}$$

写成矩阵形式：

$$\boldsymbol{a}=\begin{bmatrix}-1 & 2 & 1 & 0\\ 4 & 3 & 0 & 1\end{bmatrix},\quad \boldsymbol{d}=\begin{bmatrix}10\\24\end{bmatrix},\quad \boldsymbol{c}=(-3,-1,0,0)^{\mathrm{T}}$$

如取基本变量 $\boldsymbol{x}_B=(x_1,x_2)^{\mathrm{T}}$，非基本变量 $\boldsymbol{x}_N=(x_3,x_4)^{\mathrm{T}}$，则

$$\boldsymbol{a}_B=\begin{bmatrix}-1 & 2\\ 4 & 3\end{bmatrix},\quad \boldsymbol{a}_N=\begin{bmatrix}1 & 0\\ 0 & 1\end{bmatrix},\quad \boldsymbol{a}_B^{-1}=\begin{bmatrix}-\dfrac{3}{11} & \dfrac{2}{11}\\ \dfrac{4}{11} & \dfrac{1}{11}\end{bmatrix}$$

由此求出该问题的一个基本解为 $\left(\dfrac{18}{11},\dfrac{64}{11},0,0\right)^{\mathrm{T}}$，由于它们都是非负的，所以也是基本可行解。

但如取基本变量 $\boldsymbol{x}_B=(x_2,\ x_3)^{\mathrm{T}}$，非基本变量 $\boldsymbol{x}_N=(x_1,\ x_4)^{\mathrm{T}}$，则

$$\boldsymbol{a}_{\mathrm{B}}=\begin{pmatrix}2 & 1\\ 3 & 0\end{pmatrix},\quad \boldsymbol{a}_{\mathrm{N}}=\begin{pmatrix}-1 & 0\\ 4 & 1\end{pmatrix},\quad \boldsymbol{a}_{\mathrm{B}}^{-1}=\begin{pmatrix}0 & \frac{1}{3}\\ 1 & -\frac{2}{3}\end{pmatrix}$$

由它们可以求得基本解为 $x_1=0, x_2=8, x_3=-6, x_4=0$，其中 x_3 不满足非负条件，因而不是基本可行解。

最后，很容易看出如果取基本变量 $\boldsymbol{x}_{\mathrm{B}}=(x_3, x_4)^{\mathrm{T}}$，非基本变量 $\boldsymbol{x}_{\mathrm{N}}=(x_1, x_2)^{\mathrm{T}}$，则不用求逆（$\boldsymbol{a}_{\mathrm{B}}$ 是个单位阵）马上就可写出一个基本可行解 $x_1=0, x_2=0, x_3=10, x_4=24$。显然，这是获得一个基本可行解的最方便的途径。

容易证明，基本可行解就是可行域的顶点。首先，我们指出**线性规划问题(4-3)如果存在可行域，则该域是凸域**。事实上，设 $\boldsymbol{x}_1$ 和 $\boldsymbol{x}_2$ 是两个不同的可行解，即 $\boldsymbol{x}_1$ 和 $\boldsymbol{x}_2$ 满足

$$\boldsymbol{a}\boldsymbol{x}_1=\boldsymbol{d}, \boldsymbol{x}_1\geqslant \boldsymbol{0} \tag{4-8}$$

$$\boldsymbol{a}\boldsymbol{x}_2=\boldsymbol{d}, \boldsymbol{x}_2\geqslant \boldsymbol{0} \tag{4-9}$$

则由于线性运算的性质，对任意的常数 $0\leqslant k\leqslant 1$，有

$$\boldsymbol{a}[k\boldsymbol{x}_1+(1-k)\boldsymbol{x}_2]=k\boldsymbol{a}\boldsymbol{x}_1+(1-k)\boldsymbol{a}\boldsymbol{x}_2=k\boldsymbol{d}+(1-k)\boldsymbol{d}=\boldsymbol{d}$$

另外，显然有

$$k\boldsymbol{x}_1+(1-k)\boldsymbol{x}_2\geqslant \boldsymbol{0}$$

成立，所以对任意的 $0\leqslant k\leqslant 1$，$k\boldsymbol{x}_1+(1-k)\boldsymbol{x}_2$ 也是可行解，这样就证明了线性规划问题的可行域是凸域。

凸域的顶点 $\boldsymbol{x}$ 定义为：在可行域中找不到两个不同于 $\boldsymbol{x}$ 的 $\boldsymbol{x}_1$ 和 $\boldsymbol{x}_2$，使得 $\boldsymbol{x}$ 可表成：

$$\boldsymbol{x}=k\boldsymbol{x}_1+(1-k)\boldsymbol{x}_2,\quad 0<k<1 \tag{4-10}$$

凸域顶点的这个定义有十分清楚的几何意义。$\boldsymbol{x}_1$ 和 $\boldsymbol{x}_2$ 表示可行域内（包括边界）两个不同的点，如果 $\boldsymbol{x}$ 可按式(4-10)求出，则这样的 $\boldsymbol{x}$ 一定处于连结这两个点的线段上，而且不是这两个端点中的任一个。由于可行域是凸域，这根线段应当完全落在可行域内（包

括边界上)，而上面的定义则指出凸域的顶点不能落在这根线段的内部(可以是这根线段的端点)。显然，这个几何意义和通常二维空间中遇到的凸多边形顶点的情况是一致的。

现在，我们来证明基本可行解 $\boldsymbol{x}$ 满足上列性质。设存在 $\boldsymbol{x}_1$ 和 $\boldsymbol{x}_2$，使 $\boldsymbol{x}$ 表成式(4-10)，把 $\boldsymbol{x}$ 划分成基本变量和非基本变量，对 $\boldsymbol{x}_1$，$\boldsymbol{x}_2$ 作相应的划分，则由式(4-10)可知：

$$\boldsymbol{x}_{\mathrm{B}} = k\boldsymbol{x}_{1\mathrm{B}} + (1-k)\boldsymbol{x}_{2\mathrm{B}}$$

$$\boldsymbol{x}_{\mathrm{N}} = k\boldsymbol{x}_{1\mathrm{N}} + (1-k)\boldsymbol{x}_{2\mathrm{N}}$$

因为 $\boldsymbol{x}$ 应该不同于 $\boldsymbol{x}_1$ 和 $\boldsymbol{x}_2$，所以 k 既不会取 1 也不会取 0，即 $k>0$，$1-k>0$。对于这样的 k，从 $\boldsymbol{x}_{\mathrm{N}}=\boldsymbol{0}$ 可以推出

$$\boldsymbol{x}_{1\mathrm{N}} = \boldsymbol{0}, \quad \boldsymbol{x}_{2\mathrm{N}} = \boldsymbol{0}$$

由此，$\boldsymbol{x}_1$ 和 $\boldsymbol{x}_2$ 也是基本解，而 $\boldsymbol{x}_{1\mathrm{B}}$ 和 $\boldsymbol{x}_{2\mathrm{B}}$ 应该分别满足

$$\boldsymbol{a}_{\mathrm{B}}\boldsymbol{x}_{1\mathrm{B}} = \boldsymbol{d}, \quad \boldsymbol{a}_{\mathrm{B}}\boldsymbol{x}_{2\mathrm{B}} = \boldsymbol{d}$$

$\boldsymbol{a}_{\mathrm{B}}$ 约定是非奇异的，上列方程组只有唯一解，所以，$\boldsymbol{x}_{\mathrm{B}} = \boldsymbol{x}_{1\mathrm{B}} = \boldsymbol{x}_{2\mathrm{B}}$，$\boldsymbol{x}_1$ 和 $\boldsymbol{x}_2$ 实质上就是 $\boldsymbol{x}$。这样，根据凸域顶点的定义，**基本可行解 $\boldsymbol{x}$ 是可行域的顶点**。

因为最优解总在可行域顶点取得，所以最优解将是一个基本可行解。基本可行解是有限个数，这一结论使得寻求原问题的最优解只需在有限个基本可行解中挑选目标函数最小的点。但是，对问题(4-3)来说，它的基本可行解个数可以多到 C_n^m，即 $\dfrac{n!}{m!(n-m)!}$ 个。当 n 较大时，从这么多基本可行解中挑一个最优解也仍然是十分困难的。下面的定理一方面从代数上指出了基本可行解和最优解的关系，同时也指出了如何从基本可行解出发求最优解的基本思想。

定理 1　设式(4-4)中的系数矩阵 $\boldsymbol{a}$ 的秩为 m，那么

(1) 如果有一个可行解，则必有一个基本可行解；

(2) 如果有一个最优可行解，则必有一个最优基本可行解。

证明 先证明(1)，假定已经存在一个可行解 $\boldsymbol{x}$，它的 $p \leqslant n$ 个分量不为零，其余 $n-p$ 个分量为零，为讨论方便，将其重排，使头 p 个分量不为零。再把矩阵 $\boldsymbol{a}$ 的 j 列记作列向量 $\boldsymbol{a}^j$，则

$$\sum_{j=1}^{p} x_j \boldsymbol{a}^j = \boldsymbol{d} \tag{4-11}$$

由于 $\boldsymbol{a}^j$ 和 $\boldsymbol{d}$ 都可看作 m 维空间中的向量，$\boldsymbol{a}^j$ 中线性独立的向量最多只有 m 个。先假定 $\boldsymbol{a}^j (j=1,2,\cdots,p)$ 线性独立，则 $p \leqslant m$。如果 $p = m$，显然这个可行解就是基本可行解。如果 $p < m$，则除了这 p 列外还在 $\boldsymbol{a}$ 中挑 $m-p$ 列，两者合并成一个非奇异矩阵 $\boldsymbol{a}_{\mathrm{B}}$(这样做法是由 $\boldsymbol{a}$ 的秩为 m 保证的)，则可以看出原解可理解成一个退化的基本可行解。

现在来假定 $\boldsymbol{a}^j (j=1,2,\cdots,p)$ 线性相关，则我们可以证明，可以一个又一个地逐渐消去那些取正值的变量，直到相应的列不再线性相关。事实上，如果 $\boldsymbol{a}^j (j=1,2,\cdots,p)$ 线性相关，总存在不全为零的 α_j，使得

$$\sum_{j=1}^{p} \alpha_j \boldsymbol{a}^j = \boldsymbol{0} \tag{4-12}$$

由于 α_j 不全为零，总可找到一个 $\alpha_r > 0$(如果所有的 $\alpha_r < 0$，我们可以让它们全部乘一个负号)，使得 $\boldsymbol{a}^r$ 可以用其他 $p-1$ 个向量表示出来：

$$\boldsymbol{a}^r = -\sum_{\substack{j=1 \\ j \neq r}}^{p} \frac{\alpha_j}{\alpha_r} \boldsymbol{a}^j \tag{4-13}$$

将该式代入式(4-11)，得

$$\sum_{\substack{j=1 \\ j \neq r}}^{p} \left(x_j - x_r \frac{\alpha_j}{\alpha_r} \right) \boldsymbol{a}^j = \boldsymbol{d} \tag{4-14}$$

由此可写出具有不多于 $p-1$ 个非零变量的约束方程组 $\boldsymbol{ax} = \boldsymbol{d}$ 的解。现在来证明，只要 α_r 选得适当，总可以使它是可行解，亦即对所

有的 $j(j \neq r, j = 1,2,\cdots,p)$，有

$$x_j - x_r \frac{\alpha_j}{\alpha_r} \geqslant 0 \tag{4-15}$$

该要求可以化成：

当 $\alpha_j > 0$，

$$\frac{x_j}{\alpha_j} - \frac{x_r}{\alpha_r} \geqslant 0 \text{ 或 } \frac{x_r}{\alpha_r} \leqslant \frac{x_j}{\alpha_j} \tag{4-16}$$

当 $\alpha_j < 0$，

$$\frac{x_j}{\alpha_j} - \frac{x_r}{\alpha_r} \leqslant 0 \text{ 或 } \frac{x_r}{\alpha_r} \geqslant \frac{x_j}{\alpha_j} \tag{4-17}$$

当 $\alpha_j = 0$，式(4-15) 是当然满足的。由于 $\alpha_r > 0, x_r, x_j \geqslant 0$，式(4-17) 总是满足的。上面两个要求实际上指出了一个选择 r 的方法以保证余下的 $p-1$ 个变量非负，这个方法就是应使 α_r 为

$$\frac{x_r}{\alpha_r} = \min_j \left\{ \frac{x_j}{\alpha_j}, \alpha_j > 0 \right\} \tag{4-18}$$

计算式(4-18) 的方法是先对所有的 $\alpha_j > 0$ 计算 x_j/α_j，从中选择最小的一个。然后令相应于这个最小的 x_r/α_r 的变量为零。注意，α_j 是由式(4-12) 得到的，至少有一个大于 0。事实上，如果它们全部小于零，只要两边乘上 -1 便可使至少有一个 $\alpha_j > 0$ 成立。

这样，用这个方法得到一个可行解，只有 $p-1$ 个变量不为零，而其余全为零。如果这 $p-1$ 个变量相应的向量 $\boldsymbol{a}^j$ 线性不独立，则可重复上列过程直到全部 $\boldsymbol{a}^j$ 线性独立为止，此后，又可依据最早指出的方法来构成基本可行解。至此，证明已结束。

现在来证明(2)。证明方法和(1) 的证明是一样的，先假定有一个最优可行解，再指出可以由它构造出基本最优可行解来。对于 $\boldsymbol{a}^j$ 线性独立的情形，证明和以前完全一样。当 $\boldsymbol{a}^j$ 线性相关，也仍可按上面的方法来构造基本可行解。现在的问题是由式(4-14) 给出的新的可行解 $\boldsymbol{x}^N$ 的目标值是多少。新的可行解为

$$x_j^N = x_j - x_r \frac{\alpha_j}{\alpha_r}, \quad j = 1,2,\cdots,p, \quad j \neq r$$

$$x_r^N = 0, \quad x_j^N = 0, \quad j = p+1,\cdots,n$$

其目标值为

$$f^N = \sum_{i=1}^{n} c_i x_i^N = \sum_{\substack{j=1 \\ j\neq r}}^{p} c_j \left(x_j - x_r \frac{\alpha_j}{\alpha_r} \right)$$

$$= \sum_{j=1}^{p} c_i x_j - \sum_{j=1}^{p} c_j \alpha_j \frac{x_r}{\alpha_r}$$

上式右端的第一项 $\sum_{j=1}^{p} c_i x_j = f$ 是开始假定的最优可行解的目标值。下面我们来证明该式的第二项因子 $\sum_{j=1}^{p} c_j \alpha_j$ 等于零。为清楚起见，必须重复一些以前的论证。首先，由于原来的最优可行解 $(x_1, x_2, \cdots, x_p, 0, \cdots, 0)^{\mathrm{T}}$ 是可行的，所以也有式(4-11)，即

$$\sum_{j=1}^{p} x_j \boldsymbol{a}^j = \boldsymbol{d}$$

又因为约定了 $\boldsymbol{a}^1, \boldsymbol{a}^2, \cdots, \boldsymbol{a}^p$ 线性相关，所以有式(4-12)：

$$\sum_{j=1}^{p} \alpha_j \boldsymbol{a}^j = \boldsymbol{0}$$

把式(4-12) 乘上常数 ε 后和式(4-11) 相加，得

$$\sum_{j=1}^{p} (x_j + \varepsilon \alpha_j) \boldsymbol{a}^j = \boldsymbol{d} \tag{4-19}$$

注意已经约定 $x_j > 0$，只要将 ε 的绝对值取得充分小(无论它是正的或负的) 就可以使

$$x_j + \varepsilon \alpha_j > 0, \quad j = 1,2,\cdots,p \tag{4-20}$$

这就说明 $(x_1 + \varepsilon\alpha_1, x_2 + \varepsilon\alpha_2, \cdots, x_p + \varepsilon\alpha_p, 0, \cdots, 0)^{\mathrm{T}}$ 是一个和 $(x_1, x_2, \cdots, x_p, 0, \cdots, 0)^{\mathrm{T}}$ 邻近的可行解，它的目标值为

$$\sum_{j=1}^{p} c_j (x_j + \varepsilon \alpha_j) = \sum_{j=1}^{p} c_j x_j + \varepsilon \sum_{j=1}^{p} c_j \alpha_j$$

由于 $\sum_{j=1}^{p} c_j x_j$ 是最小值，$\sum_{j=1}^{p} c_j \alpha_j$ 只能为零。事实上如果 $\sum_{j=1}^{p} c_j \alpha_j \neq 0$，则总可以找到适当符号的 ε 使上式的第二项为负，从而使这个邻近点的目标值比 $\sum_{j=1}^{p} c_j x_j$ 小，导致矛盾。这样就证明了 $\sum_{j=1}^{p} c_j \alpha_j = 0$，也就是 $f^N = f$，新的解与原来的解具有相同的目标值，也是一个最优可行解。而这样构造的基本可行解也一定是最优基本可行解。

回到前述例 3，由图 4-3 可见，该题的最优解是 $x_1 = 6, x_2 = 0 (x_3 = 16, x_4 = 0)$，它是可行域的顶点，因而是一个最优基本可行解。除了这个最优基本可行解外，该题就没有最优解了。但是，如果把例题中的目标函数改成 $f(\boldsymbol{x}) = -4x_1 - 3x_2$，则目标函数等值线就和该图上的约束曲线 $4x_1 + 3x_2 = 24$ 平行，该线段上的任一点都是最优可行解，但是重要的是仍然可以找到一个角点 $x_1 = 6, x_2 = 0 (x_3 = 16, x_4 = 0)$ 是最优基本可行解。这就说明无论什么情况，只要在凸域的顶点上进行搜索就可找到最优解，不会发生漏掉的情况，这就是下节要介绍的单纯形法的出发点。还要指出的一点是上面定理的证明是构造性的，因为在证明这个定理的同时，也就指出了如何从一个基本可行解转移到另一个，下节的单纯形法只不过更具体地来描述这个过程。

4.3　单纯形法

线性规划的单纯形法是一套系统的方法，使我们可以从一个基本可行解出发求出另一个基本可行解，同时减少目标函数值。这个方法中，主要有三个关键步骤要掌握。首先是如何实现从一个基本可行解向另一个转换；第二是原基本可行解中哪一个基本变量应在新的基本可行解中成为非基本变量，这个过程简称为**离基**；第三是原基本可行解中哪一个非基本变量应在新的基本可行解中成为基本变量，这个过程简称为**进基**。现在，我们在描述算法前先结合 4.2 节的例题来形象地描述一下这些过程。

在讨论基本可行解的定义时，我们已指出该例题有一个最容易求得的基本可行解：$x_1=0$，$x_2=0$，$x_3=10$，$x_4=24$，相应的目标值为零，在图 4-3 上它是原点。由于 x_1 和 x_2 现在取零，其目标函数为 $f(\boldsymbol{x})=-3x_1-x_2$，所以让 x_1 或 x_2 从零变成正的是有好处的，可以进一步降低目标值。但是在 x_1 和 x_2 中选择哪一个来变动呢？观察目标函数表达式可见，x_1 增加一个单位时，目标值减少 3；x_2 增加一个单位时，目标值减少 1。权衡起来让 x_1 增加有利。当 $x_1=0$ 时，x_1 属于非基本变量，x_1 增加后就不再为零而属于非基本变量，这样 x_1 就**进基**了。当 x_1 增加时（x_2 不变），x_3 和 x_4 都发生变化，什么时候应该让 x_1 的变化停止下来呢？从图 4-3 上来看，就是当设计点从原点出发沿水平轴前进时。什么时候应该停下来呢？显然 x_1 太大会使设计点破坏约束而走到可行域外，x_1 只能增加到 6，此时已经碰到约束曲线 $4x_1+3x_2=24$。一旦 $x_1=6$，x_4 就成为零，x_4 就从原来的基本变量变成非基本变量，**离基**了。这样，一个变量进基另一个变量离基，我们就到达了一个新的顶点。单纯形法就是这样完成从顶点到顶点的转移，直到搜索到最优点为止。下面对基底的转换、进基和离基这三个步骤加以讨论。

4.3.1 基底的转换

假设已经有了一个基本可行解 $\boldsymbol{x}$，其中，基本变量为 x_i，$i=1,2,\cdots,m$；非基本变量为 x_i，$i=m+1,m+2,\cdots,n$，把矩阵 $\boldsymbol{a}$ 作相应的划分。由于基本变量要由式(4-6) 中 $\boldsymbol{a}_{\mathrm{B}}$ 的求逆得到，所以不妨认为 $\boldsymbol{a}_{\mathrm{B}}$ 已是一个单位阵，即此时的增广矩阵 $\boldsymbol{a}$（包括右端项）为

$$\begin{pmatrix} 1 & 0 & \cdots & 0 & a_{1,m+1} & \cdots & a_{1,n} & d_1 \\ 0 & 1 & \cdots & 0 & a_{2,m+1} & \cdots & a_{2,n} & d_2 \\ \vdots & \vdots & & \vdots & \vdots & & \vdots & \vdots \\ 0 & 0 & \cdots & 1 & a_{m,m+1} & \cdots & a_{m,n} & d_m \end{pmatrix} \tag{4-21}$$

$$\begin{matrix} x_1 & x_2 & \cdots & x_m & x_{m+1} & \cdots & x_n \end{matrix}$$

在增广矩阵 $\boldsymbol{a}$ 下面写的是每一列对应的变量。现在的问题如果 $x_q(q \leqslant m)$ 要离基，$x_p(p > m)$ 要进基，应该作些什么运算。

由式(4-21)这样形式的表格容易看出，取 $x_1, x_2, \cdots, x_m$ 为基本变量，$x_{m+1}, x_{m+2}, \cdots, x_n$ 为非基本变量的基本可行解为

$$\begin{cases} x_1 = d_1 \\ x_2 = d_2 \\ \vdots \\ x_m = d_m \\ x_{m+1} = x_{m+2} = \cdots = x_n = 0 \end{cases} \tag{4-22}$$

如果把式(4-21)中的每一列 $\boldsymbol{a}^i (i = 1, 2, \cdots, n)$ 和 $\boldsymbol{d}$ 看作 m 维空间中的一个向量，则可以取 $\boldsymbol{a}^1, \boldsymbol{a}^2, \cdots, \boldsymbol{a}^m$ 为该空间的基底向量。由于这些基底向量都是单位向量，即具有下列形式：

$$\boldsymbol{a}^1 = \begin{pmatrix} 1 \\ 0 \\ 0 \\ \vdots \\ 0 \end{pmatrix}, \quad \boldsymbol{a}^2 = \begin{pmatrix} 0 \\ 1 \\ 0 \\ \vdots \\ 0 \end{pmatrix}, \quad \boldsymbol{a}^3 = \begin{pmatrix} 0 \\ 0 \\ 1 \\ \vdots \\ 0 \end{pmatrix}, \cdots, \quad \boldsymbol{a}^m = \begin{pmatrix} 0 \\ 0 \\ 0 \\ \vdots \\ 1 \end{pmatrix}$$

所以利用它们作基底向量很容易把 $\boldsymbol{d}$ 表示出来：

$$\boldsymbol{d} = \begin{pmatrix} d_1 \\ d_2 \\ \vdots \\ d_m \end{pmatrix} = d_1 \begin{pmatrix} 1 \\ 0 \\ \vdots \\ 0 \end{pmatrix} + d_2 \begin{pmatrix} 0 \\ 1 \\ \vdots \\ 0 \end{pmatrix} + \cdots + d_m \begin{pmatrix} 0 \\ 0 \\ \vdots \\ 1 \end{pmatrix}$$

$$= d_1\boldsymbol{a}^1 + d_2\boldsymbol{a}^2 + \cdots + d_m\boldsymbol{a}^m$$

同样也很容易把其他 $\boldsymbol{a}^p(p > m)$ 用 $\boldsymbol{a}^1, \boldsymbol{a}^2, \cdots, \boldsymbol{a}^m$ 表示出来：

$$\boldsymbol{a}^p = \begin{pmatrix} a_{1,p} \\ a_{2,p} \\ \vdots \\ a_{m,p} \end{pmatrix} = a_{1,p}\begin{pmatrix} 1 \\ 0 \\ \vdots \\ 0 \end{pmatrix} + a_{2,p}\begin{pmatrix} 0 \\ 1 \\ \vdots \\ 0 \end{pmatrix} + \cdots + a_{m,p}\begin{pmatrix} 0 \\ 0 \\ \vdots \\ 1 \end{pmatrix}$$

或

$$\boldsymbol{a}^p = a_{1,p}\boldsymbol{a}^1 + a_{2,p}\boldsymbol{a}^2 + \cdots + a_{m,p}\boldsymbol{a}^m, \quad p > m \tag{4-23}$$

简单地说，式(4-21) 中的每一列的系数就是该列向量在基底 $\boldsymbol{a}^1$，$\boldsymbol{a}^2, \cdots, \boldsymbol{a}^m$ 下的坐标。由于目前的基本可行解为式(4-22)，所以基本可行解(4-22) 中的 $x_1, x_2, \cdots, x_m$ 的值可以看作向量 $\boldsymbol{d}$ 在基底向量 $\boldsymbol{a}^1, \boldsymbol{a}^2, \cdots, \boldsymbol{a}^m$ 下的坐标，即

$$\boldsymbol{d} = x_1\boldsymbol{a}^1 + x_2\boldsymbol{a}^2 + \cdots + x_m\boldsymbol{a}^m \tag{4-24}$$

现在要让 x_q 离基和 x_p 进基，也就是要让 $\boldsymbol{a}^1, \boldsymbol{a}^2, \cdots, \boldsymbol{a}^{q-1}$，$\boldsymbol{a}^{q+1}, \cdots, \boldsymbol{a}^m, \boldsymbol{a}^p$ 成为基底向量，用它们表达出 $\boldsymbol{d}$ 来。为此，先要用这组新基表示 $\boldsymbol{a}^q$，这可以采用 $\boldsymbol{a}^1, \boldsymbol{a}^2, \cdots, \boldsymbol{a}^{q-1}, \boldsymbol{a}^q, \boldsymbol{a}^{q+1}\cdots, \boldsymbol{a}^m$ 表达的 $\boldsymbol{a}^p$，见式(4-23)。为了突出 $\boldsymbol{a}^q$，我们将式(4-23) 重写如下：

$$\boldsymbol{a}^p = a_{1,p}\boldsymbol{a}^1 + a_{2,p}\boldsymbol{a}^2 + \cdots + a_{q-1,p}\boldsymbol{a}^{q-1} + a_{q,p}\boldsymbol{a}^q + a_{q+1,p}\boldsymbol{a}^{q+1} + \cdots + a_{m,p}\boldsymbol{a}^m$$

由此，

$$\boldsymbol{a}^q = -\frac{a_{1,p}}{a_{q,p}}\boldsymbol{a}^1 - \frac{a_{2,p}}{a_{q,p}}\boldsymbol{a}^2 - \cdots - \frac{a_{q-1,p}}{a_{q,p}}\boldsymbol{a}^{q-1} - \frac{a_{q+1,p}}{a_{q,p}}\boldsymbol{a}^{q+1} - \cdots - \frac{a_{m,p}}{a_{q,p}}\boldsymbol{a}^m + \frac{1}{a_{q,p}}\boldsymbol{a}^p \tag{4-25}$$

将式(4-25) 代入式(4-24)，得

$$\boldsymbol{d} = \left(d_1 - d_q\frac{a_{1,p}}{a_{q,p}}\right)\boldsymbol{a}^1 + \left(d_2 - d_q\frac{a_{2,p}}{a_{q,p}}\right)\boldsymbol{a}^2 + \cdots +$$

$$\left(d_{q-1}-d_q\frac{a_{q-1,p}}{a_{q,p}}\right)\boldsymbol{a}^{q-1}+\cdots+\left(d_m-d_q\frac{a_{m,p}}{a_{q,p}}\right)\boldsymbol{a}^m+\frac{d_q}{a_{q,p}}\boldsymbol{a}^p \tag{4-26}$$

这里的系数便是新基本解的值,即

$$\begin{aligned}
x_1' &= d_1-d_q\frac{a_{1,p}}{a_{q,p}}\\
x_2' &= d_2-d_q\frac{a_{2,p}}{a_{q,p}}\\
&\vdots\\
x_m' &= d_m-d_q\frac{a_{m,p}}{a_{q,p}}\\
x_p' &= \frac{d_q}{a_{q,p}}
\end{aligned} \tag{4-27}$$

而其余的$x_q'=x_{m+1}'=x_{m+2}'=\cdots=x_n'=0$。

为了评价这个解是否优于原解,我们也需要用新基表达出其他向量,其计算方法和刚才是一样的。取 $\boldsymbol{a}^{m+1}$ 为例,其结果为

$$\begin{aligned}
\boldsymbol{a}^{m+1} =& \left(a_{1,m+1}-a_{q,m+1}\frac{a_{1,p}}{a_{q,p}}\right)\boldsymbol{a}^1+\left(a_{2,m+1}-a_{q,m+1}\frac{a_{2,p}}{a_{q,p}}\right)\boldsymbol{a}^2+\\
&\cdots+\left(a_{q-1,m+1}-a_{q,m+1}\frac{a_{q-1,p}}{a_{q,p}}\right)\boldsymbol{a}^{q-1}+\\
&\cdots+\left(a_{m,m+1}-a_{q,m+1}\frac{a_{m,p}}{a_{q,p}}\right)\boldsymbol{a}^m+\frac{a_{q,m+1}}{a_{q,p}}\boldsymbol{a}^p
\end{aligned} \tag{4-28}$$

综合式(4-26) 和式(4-28) 可见,这实际上是对式(4-21) 的元素以 $a_{q,p}$ 为轴进行高斯-若当(Gauss-Jordan) 消去,即先对第 q 行元素用 $a_{q,p}$ 遍除,使第 q 行成为

$$\frac{a_{q,i}}{a_{q,p}} \quad 及 \quad \frac{d_q}{a_{q,p}}$$

然后利用 q 行消去其余各行的 p 列元素,使得 p 列成为$(0,0,\cdots,1,0,\cdots,0)^{\mathrm{T}}$,其中元素 1 是在第 q 行。

综上所述,要使 x_q 离基,x_p 进基,可以以元素 $a_{q,p}$ 为枢轴对增

广矩阵(4-21)进行高斯-若当消去,得到的新的 d_i 元素值便是新的基本解中基本变量的值。

4.3.2 进基变量 x_p 的选择

如何选择进基变量呢?主要是要求目标函数值有尽可能多的降低。

对原来的基本解,目标值为

$$f(\boldsymbol{x})=\sum_{i=1}^{n}c_i x_i=\sum_{i=1}^{m}c_i d_i \tag{4-29}$$

对新的基本解,目标值为

$$\begin{aligned}f(\boldsymbol{x}')=\sum_{i=1}^{n}c_i x_i' &= c_1\left(d_1-d_q\frac{a_{1,p}}{a_{q,p}}\right)+c_2\left(d_2-d_q\frac{a_{2,p}}{a_{q,p}}\right)+\\&\quad\cdots+c_{q-1}\left(d_{q-1}-d_q\frac{a_{q-1,p}}{a_{q,p}}\right)+c_{q+1}\left(d_{q+1}-d_q\frac{a_{q+1,p}}{a_{q,p}}\right)+\\&\quad\cdots+c_m\left(d_m-d_q\frac{a_{m,p}}{a_{q,p}}\right)+c_p\frac{d_q}{a_{q,p}}\\&=\sum_{i=1}^{m}c_i d_i+\frac{d_q}{a_{q,p}}\left(c_p-\sum_{i=1}^{m}c_i a_{i,p}\right)\end{aligned} \tag{4-30}$$

由于要求目标值尽可能降低,应该使 $\dfrac{d_q}{a_{q,p}}\left(c_p-\sum\limits_{i=1}^{m}c_i a_{i,p}\right)$ 尽可能负得多,由于 q 还未定下来,$\dfrac{d_q}{a_{q,p}}$ 还不知道,但只要新的基本解(4-27)可行,$\dfrac{d_q}{a_{q,p}}$ 应该大于零,所以通常就让 p 选得使

$$r_p=c_p-\sum_{i=1}^{m}c_i a_{i,p} \tag{4-31}$$

尽可能负得多。该值 r_p 称为相对耗费系数。

由式(4-30)还可以看出,如果对所有的 p,式(4-31)给出的值均非负,则目标值已经不能再改进,当前的解便是最优基本可行解。这就是判断最优解的准则。

把目标函数表示成非基本变量的函数，给运算带来了很多方便。首先，当计算式(4-31)中的相对耗费系数 r_p 时，如果目标函数只是非基本变量的函数，换句话说，目标函数中所有相应于基本变量的耗费系数 $c_i = 0(i = 1,2,\cdots,m)$，则 r_p 可以很容易地计算

$$r_p = c_p \tag{4-32}$$

进一步，当 $c_i = 0(i = 1,2,\cdots,m)$ 时，目标值也很容易计算：

$$f = f_0 + \sum_{j=m+1}^{n} c_j x_j = f_0 \tag{4-33}$$

其中，常数 f_0 是在把原问题的目标函数变换成只用非基本变量表示时出现的，这种变换的方法将马上介绍。

在单纯形法整个过程中，基本变量和非基本变量不断地进行着交换，为了把目标函数始终只用非基本变量表示，就要对目标函数也进行变换，这种变换实际上很容易。下面我们假定目标函数已经表示为非基本变量的函数(4-33)，现在 x_q 要离基而 x_p 要进基，目标函数如何变换呢?由式(4-21)可知：

$$x_q + a_{q,m+1}x_{m+1} + a_{q,m+2}x_{m+2} + \cdots + a_{q,p}x_p + \cdots + a_{q,n}x_n = d_q$$

或

$$x_p = -\frac{x_q}{a_{q,p}} - \frac{a_{q,m+1}}{a_{q,p}}x_{m+1} - \cdots - \frac{a_{q,n}}{a_{q,p}}x_n + \frac{d_q}{a_{q,p}} \tag{4-34}$$

将它代入式(4-33)，得

$$f = f_0 + c_p\frac{d_q}{a_{q,p}} + \left(c_{m+1} - c_p\frac{a_{q,m+1}}{a_{q,p}}\right)x_{m+1} + \left(c_{m+2} - c_p\frac{a_{q,m+2}}{a_{q,p}}\right)x_{m+2} + \cdots + \left(c_n - c_p\frac{a_{q,n}}{a_{q,p}}\right)x_n - c_p\frac{x_q}{a_{q,p}} \tag{4-35}$$

注意到 $c_q = 0(q \leqslant m)$，上式的最后一项也可写成

$$\left(c_q - c_p\frac{1}{a_{q,p}}\right)x_q \tag{4-36}$$

在表达式(4-35)中 x_p 已经不出现，因而它已经仅仅依赖于新的基本可行解中的非基本变量，换句话说，目标函数 f 再一次表示成非基本变量的函数。该表达式中的常数 $f_0+c_p\dfrac{d_q}{a_{q,p}}$ 是新的基本可行解下的目标值。把式(4-35)和(4-28)作一比较就可以看出，上列运算实质上等同于把耗费向量和目标值作为附加的一个行加到式(4-21)中，然后和整个式子一起以 $a_{q,p}$ 为枢轴作高斯-若当变换。如果在最初阶段，目标函数已经表示成非基本变量的函数，则在整个运算中可以保持这个特点，从而只要检查 c_p 就可决定哪个变量应该进基，如果所有 c_p 均大于零则已经达到最优解，目标函数值也就可由其常数项立即给出。

4.3.3 离基变量 x_q 的选择

选择离基变量的标准是要使新的基本解可行，即由式(4-27)给出的 $x_1',x_2',\cdots,x_p'$ 满足非负性要求，因此 $a_{q,p}$ 要大于零，且

$$
\begin{aligned}
d_1 &> d_q\frac{a_{1,p}}{a_{q,p}} \\
d_2 &> d_q\frac{a_{2,p}}{a_{q,p}} \\
&\ \vdots
\end{aligned}
\tag{4-37}
$$

由于 $d_1,d_2,\cdots$ 是原来的基本可行解中基本变量的值，当然大于等于零，所以，对 $a_{i,p}<0$ 的情形，上面要求肯定满足。只要研究 $a_{i,p}>0$ 的情形，此时，式(4-37)可化成

$$
\frac{d_q}{a_{q,p}}<\frac{d_i}{a_{i,p}}\quad(\text{对 } a_{i,p}>0)
\tag{4-38}
$$

即 q 要取成所有的$\dfrac{d_i}{a_{i,p}}$中最小的那个值的序号：

$$
\frac{d_q}{a_{q,p}}=\min_i\left\{\frac{d_i}{a_{i,p}},a_{i,p}>0\right\}
\tag{4-39}
$$

4.3.4 单纯形法的主要步骤

归纳上面介绍的要点，可给出单纯形法的步骤。单纯形法开始前，要求已经有了一个基本可行解 $\boldsymbol{x}=(\boldsymbol{x}_B^T,\boldsymbol{x}_N^T)^T$，相应的阵矩 $\boldsymbol{a}$ 已化成$(\boldsymbol{I},\boldsymbol{a}_N)$，$\boldsymbol{I}$ 为 $m\times m$ 的单位阵。为方便起见，将目标函数也表示为只依赖于非基本变量，即

$$f=f_0+\sum_{j=m+1}^{n}c_jx_j$$

把 $\boldsymbol{a},\boldsymbol{d},c_j$ 和 f_0 排成下列单纯形表：

$$\begin{matrix} 1 & 0 & \cdots & 0 & a_{1,m+1} & \cdots & a_{1,n} & d_1 \\ 0 & 1 & \cdots & 0 & a_{2,m+1} & \cdots & a_{2,n} & d_2 \\ \vdots & \vdots & & \vdots & \vdots & & \vdots & \vdots \\ 0 & 0 & \cdots & 1 & a_{m,m+1} & \cdots & a_{m,n} & d_m \\ 0 & 0 & \cdots & 0 & c_{m+1} & \cdots & c_n & -f_0 \end{matrix} \tag{4-40}$$

其中，最后一行简称为目标行，$c_{m+1},\cdots,c_n$ 是相应于非基本变量的成本向量分量，最后一列 $-f_0$ 是初始目标值的负值，这样设置的原因是因为在每次离基进基时所作的高斯-若当消去使这一项成为 $-f_0-c_p\dfrac{d_q}{a_{q,p}}$，刚好是新的基本可行解下的目标值的负值。

单纯形法的步骤是：

(1) 观察目标行中 $c_{m+1},\cdots,c_n$ 等价格系数，挑出负得最多的一个，记作 c_p，相应变量 x_p 是要在下次迭代中进基的。如果 c_j 均非负，转到(4)；

(2) 观察 p 列，对 $a_{i,p}>0$ 的所有行，计算$\dfrac{d_i}{a_{i,p}}$，并挑选其中最小的，该行记为 q 行，相应的变量 x_q 是要离基的；

(3) 以 $a_{q,p}$ 为枢轴进行高斯-若当消去，返回步骤(1)；

(4) 迭代收敛，从表中取出最优基本可行解及目标值来。

下面举一个例题来说明其做法。

例 4　求 x_1, x_2,

$$\left.\begin{aligned} &\min -10x_1 - 11x_2 \\ &\text{s.t. } 3x_1 + 4x_2 \leqslant 9 \\ &\qquad 5x_1 + 2x_2 \leqslant 8 \\ &\qquad x_1 - 2x_2 \leqslant 1 \\ &\qquad x_1 \geqslant 0, x_2 \geqslant 0 \end{aligned}\right\}$$

解　引入非负松弛变量 x_3, x_4 和 x_5，化不等式约束为等式约束：

$$3x_1 + 4x_2 + x_3 = 9$$
$$5x_1 + 2x_2 + x_4 = 8$$
$$x_1 - 2x_2 + x_5 = 1$$

然后构造单纯形表：

x_1	x_2	x_3	x_4	x_5	$\boldsymbol{d}$
3	4^*	1	0	0	9
5	2	0	1	0	8
1	-2	0	0	1	1
-10	-11	0	0	0	0

注意，和式(4-40)比较，我们把基本变量相应的单位矩阵排在该表格中的3,4,5列。按照单纯形法的第一步，我们首先检查目标行，发现 -11 是负得最多的，x_2 要进基。再观察第2列，对 $a_{i,2} > 0$ 计算 $\dfrac{d_i}{a_{i,2}}$，得

$$i = 1, \quad \frac{d_1}{a_{1,2}} = \frac{9}{4}$$

$$i = 2, \quad \frac{d_2}{a_{2,2}} = \frac{8}{2} = 4$$

第一行最小，所以 x_3 要离基。以 4^* 为枢轴进行高斯－若当消元后得到新表：

x_1	x_2	x_3	x_4	x_5	$\boldsymbol{d}$
0.75	1	0.25	0	0	2.25
3.50*	0	−0.50	1	0	3.50
2.50	0	0.50	0	1	5.50
−1.75	0	2.75	0	0	24.75

从这个表中可以看出，我们得到了一个基本可行解 $x_1 = 0$，$x_2 = 2.25$，$x_3 = 0$，$x_4 = 3.50$，$x_5 = 5.50$，目标值为 -24.75。

第二轮迭代，检查目标行后发现 -1.75 负得最多，x_1 要进基。计算该列各行的比值$\dfrac{d_i}{a_{i,p}}$，得

$$i = 1,\quad \frac{2.25}{0.75} = 3$$

$$i = 2,\quad \frac{3.50}{3.50} = 1$$

$$i = 3,\quad \frac{5.50}{2.50} = 2.2$$

应取第 2 行，即 x_4 要退基，3.50* 应为枢轴，经高斯-若当消元后，得

x_1	x_2	x_3	x_4	x_5	$\boldsymbol{d}$
0	1	0.357	−0.214	0	1.5
1	0	−0.143	0.286	0	1
0	0	0.857	0.714	1	3
0	0	2.500	0.500	0	26.5

这一次迭代后，目标行中已经没有负的，所以得到了最优解，基本变量为

$$x_1 = 1,\quad x_2 = 1.5,\quad x_5 = 3$$

非基本变量为 $x_3 = x_4 = 0$，目标值为 -26.5。

观察这个例题可以发现，由于所有的约束方程式都是小于等

于号，所引进的松弛变量 x_3，x_4 和 x_5 相应的列恰好形成一个单位阵，所以令 x_3，x_4 和 x_5 为基本变量，x_1 和 x_2 为非基本变量，马上可以求得它们的值，得到一个初始基本可行解。目标函数也自动表示成不依赖于 x_3，x_4 和 x_5 的形式，单纯形法可以从此而开始。

如果约束条件包括大于等于约束及等式约束条件，则不容易得出一个初始基本可行解，必须引进人工变量后采用两相法来求初始基本可行解。

4.3.5 两相法和初始基本可行解

暂时假定所有的约束都是大于等于约束或等号约束。先按 4.1 节所介绍的，将所有约束均化成标准形 $\boldsymbol{ax} = \boldsymbol{d}$，然后再对每一个约束（都是等式约束）引入一组人工变量 $\tilde{\boldsymbol{x}} = (\tilde{x}_1, \tilde{x}_2, \cdots, \tilde{x}_m)^{\mathrm{T}}$，定义一个辅助的极小化问题：

$$\left.\begin{aligned} &\min \tilde{f} = \sum_{i=1}^{m} \tilde{x}_i \\ &\text{s.t. } \boldsymbol{ax} + \tilde{\boldsymbol{x}} = \boldsymbol{d} \\ &\qquad \boldsymbol{x} \geqslant \boldsymbol{0}, \quad \tilde{\boldsymbol{x}} \geqslant \boldsymbol{0} \end{aligned}\right\} \tag{4-41}$$

如果原问题(4-4) 有可行解，则这个辅助的最小化问题有一个值为零的最小解，因为只有 $\tilde{x}_i$ 全为零时，上列问题给出的可行解才是原问题的可行解。如果原问题(4-4) 无可行解，则这个辅助的最小化问题给出非零的最优解。如果这个辅助的最小化问题的最优解已求得，且 $\tilde{x}_i$ 全为零，得到问题(4-4) 的一个初始基本可行解，可以开始前面介绍的单纯形法。这样的方法因而叫做**两相法**。第一相用来求原问题的初始基本可行解，第二相是求原问题的最优解。两相的求解均可用单纯形法。问题是求解第一相时，要把目标函数标准化，即表示成非基本变量 $\boldsymbol{x}$ 的函数，为此可利用约束条件：

$$\tilde{\boldsymbol{x}} = \boldsymbol{d} - \boldsymbol{ax}$$

或

$$\tilde{x}_i = d_i - \sum_{j=1}^{n} a_{ij} x_j$$

从而，

$$\tilde{f} = \sum_{i=1}^{m} d_i - \sum_{i=1}^{m} \sum_{j=1}^{n} a_{ij} x_j$$

或

$$\tilde{f} = \sum_{i=1}^{m} d_i - \sum_{j=1}^{n} \left(\sum_{i=1}^{m} a_{ij} \right) x_j$$

目标行中出现的将是

$$-\sum_{i=1}^{m} a_{i1}, -\sum_{i=1}^{m} a_{i2}, \cdots, -\sum_{i=1}^{m} a_{in}, -\sum_{i=1}^{m} d_i \tag{4-42}$$

它们代表了矩阵 $\boldsymbol{a}$ 的每一列所有元素和的负值。

用单纯形表执行两相法，最后的目标行变成两行。第一行中是原问题的耗费向量，第二行是式(4-42)中给出的耗费向量。先对最后一行目标行用单纯形法来修改整个表，再以倒数第二行为目标行来用单纯形法。下面我们举出一个例题来说明两相法的运用。

例 5

$$\left.\begin{aligned} &\min\ 4x_1 + x_2 + x_3 \\ &\text{s.t.}\ 2x_1 + x_2 + 2x_3 = 4 \\ &\qquad 3x_1 + 3x_2 + x_3 = 3 \\ &\qquad x_1 \geqslant 0, x_2 \geqslant 0, x_3 \geqslant 0 \end{aligned}\right\}$$

解 引入人工变量 x_4，x_5，建立带有人工变量的两相法的单纯形表：

x_1	x_2	x_3	x_4	x_5	$\boldsymbol{d}$
2	1	2	1	0	4
3*	3	1	0	1	3
4	1	1	0	0	0
−5	−4	−3	0	0	−7

其中最后一行是按式(4-42)求得的,即前两行相应系数的和的负值。第一次迭代选 x_1 进基,x_5 离基,$a_{21}=3^*$ 为枢轴,高斯-若当消去后,得

x_1	x_2	x_3	x_4	x_5	$\boldsymbol{d}$
0	-1	$\frac{4}{3}^*$	1	$-\frac{2}{3}$	2
1	1	$\frac{1}{3}$	0	$\frac{1}{3}$	1
0	-3	$-\frac{1}{3}$	0	$-\frac{4}{3}$	-4
0	1	$-\frac{4}{3}$	0	$\frac{5}{3}$	-2

现在,最后的目标行只剩下 $-\frac{4}{3}$ 为负,选择 $\frac{4}{3}^*$ 作枢轴,进行高斯-若当消元,得

x_1	x_2	x_3	x_4	x_5	$\boldsymbol{d}$
0	$-\frac{3}{4}$	1	$\frac{3}{4}$	$-\frac{1}{2}$	$\frac{3}{2}$
1	$\frac{5}{4}^*$	0	$-\frac{1}{4}$	$\frac{1}{2}$	$\frac{1}{2}$
0	$-\frac{13}{4}$	0	$\frac{1}{4}$	$-\frac{3}{2}$	$-\frac{7}{2}$
0	0	0	1	1	0

现在,辅助的新的优化问题已解毕,该问题的最优解,即原问题的初始可行解为

$$x_1=\frac{1}{2},\quad x_3=\frac{3}{2},\quad x_2=0$$

相应于这个初始可行解的原问题的目标值为 $\frac{7}{2}$。

现在可进入第二相,以倒数第二行为目标函数的耗费系数,用

单纯形法来对这个表运算。由于人工变量已经丧失其作用，所以以下的高斯-若当消去法只对 x_1, x_2, x_3 和 $\boldsymbol{d}$ 所在列进行。现在，在目标行中只有一个负的耗费系数 $-\frac{13}{4}$，只能选 $\frac{5}{4}^*$ 作枢轴，经消元后得到新的单纯形表：

x_1	x_2	x_3	x_4	x_5	$\boldsymbol{d}$
$\frac{3}{5}$	0	1	*	*	$\frac{9}{5}$
$\frac{4}{5}$	1	0	*	*	$\frac{2}{5}$
$\frac{13}{5}$	0	0	*	*	$-\frac{11}{5}$
*	*	*	*	*	*

此表的目标行中已经没有负的耗费系数，所以最优解为

$$x_3 = \frac{9}{5}, \quad x_2 = \frac{2}{5}, \quad x_1 = 0$$

最优目标值为

$$f = \frac{11}{5}$$

值得注意的是，当在约束条件中有一部分是小于等于形式时，由于在把它们转化为等式约束时引入的是松弛变量，就不必再对这些约束引入人工变量，可直接取松弛变量为基本变量。

根据上面叙述的算法，可以编制出相应的子程序，很多数值计算软件包都配有线性规划的子程序。

4.4 序列线性规划算法

因为线性规划的算法十分成熟，所以处理某些非线性规划的十分吸引人的一个算法是把非线性规划适当地线性化，然后求解

一系列的线性规划,下面我们详细地介绍这一做法。

设要处理的非线性规划问题为

$$\left.\begin{aligned}&\min_{\boldsymbol{x}} f(\boldsymbol{x}),\boldsymbol{x}=(x_1,x_2,\cdots,x_n)^{\mathrm{T}}\\&\text{s. t. } h_i(\boldsymbol{x})\leqslant 0,\quad i=1,2,\cdots,m\end{aligned}\right\}\tag{4-43}$$

并假定采用某种方法或根据工程经验已经求得一个相当好的最优解的初始估计 $\boldsymbol{x}^{(0)}$,它可以是可行或不可行的。在 $\boldsymbol{x}^{(0)}$ 点(称为工作点)将目标函数 $f(\boldsymbol{x})$ 与约束函数 $h_i(\boldsymbol{x})(i=1,2,\cdots,m)$ 作泰勒展开:

$$f(\boldsymbol{x})\approx f(\boldsymbol{x}^{(0)})+\nabla^{\mathrm{T}}f(\boldsymbol{x}^{(0)})(\boldsymbol{x}-\boldsymbol{x}^{(0)})\equiv f^{(0)}(\boldsymbol{x})$$

$$h_i(\boldsymbol{x})\approx h_i(\boldsymbol{x}^{(0)})+\nabla^{\mathrm{T}}h_i(\boldsymbol{x}^{(0)})(\boldsymbol{x}-\boldsymbol{x}^{(0)})\equiv h_i^{(0)}(\boldsymbol{x})$$

利用这些展式可以建立如下线性规划问题:

$$\left.\begin{aligned}&\min_{\boldsymbol{x}} f^{(0)}(\boldsymbol{x})\\&\text{s. t. } h_i^{(0)}(\boldsymbol{x})\leqslant 0,i=1,2,\cdots,m\end{aligned}\right\}\tag{4-44}$$

假定求解线性规划(4-44)得到最优点 $\boldsymbol{x}^{(1)}$。一般地说,我们希望 $\boldsymbol{x}^{(1)}$ 比 $\boldsymbol{x}^{(0)}$ 更接近问题(4-43)的最优解。为了改进解的近似程度,我们在工作点 $\boldsymbol{x}^{(1)}$ 展开 $f(\boldsymbol{x})$ 和 $h_i(\boldsymbol{x})(i=1,2,\cdots,m)$ 得

$$f(\boldsymbol{x})\approx f(\boldsymbol{x}^{(1)})+\nabla^{\mathrm{T}}f(\boldsymbol{x}^{(1)})(\boldsymbol{x}-\boldsymbol{x}^{(1)})\equiv f^{(1)}(\boldsymbol{x})$$

$$h_i(\boldsymbol{x})\approx h_i(\boldsymbol{x}^{(1)})+\nabla^{\mathrm{T}}h_i(\boldsymbol{x}^{(1)})(\boldsymbol{x}-\boldsymbol{x}^{(1)})\equiv h_i^{(1)}(\boldsymbol{x})$$

然后求解另一个线性规划问题:

$$\left.\begin{aligned}&\min_{\boldsymbol{x}} f^{(1)}(\boldsymbol{x})\\&\text{s. t. } h_i^{(1)}(\boldsymbol{x})\leqslant 0,i=1,2,\cdots,m\end{aligned}\right\}\tag{4-45}$$

得到更进一步的近似 $\boldsymbol{x}^{(2)},\cdots$。如此继续下去,我们希望这样得到的近似解序列逐渐地收敛到原问题(4-43)的最优解。由于通过求解一系列的线性规划问题来求解原非线性规划,这一方法被称为**序列线性规划方法**。

在采用序列线性规划方法求解实际问题时,我们当然不可能

把这个近似解序列无限地求下去，在每求解一个近似的线性规划问题后，我们就要作一次收敛性的校核，一方面要校核第 k 个近似解 $\boldsymbol{x}^{(k)}$ 是否可行：

$$h_i(\boldsymbol{x}^{(k)}) \leqslant \varepsilon_1, \quad i = 1,2,\cdots,m, \quad \varepsilon_1 > 0$$

这里 ε_1 是一指定的小量，规定了我们对约束破坏所允许的程度。另一方面，我们要检查两次近似得到的解的接近程度：

$$|\boldsymbol{x}^{(k)} - \boldsymbol{x}^{(k-1)}| < \varepsilon_2, \quad \varepsilon_2 > 0$$

ε_2 也是一个指定的小量。

下面我们举两个例题来说明序列线性规划方法的算法。其中例 6 是在很多教科书中常见的、序列线性规划方法十分有效的范例。例 7 则是在第 2 章例 3 中曾计算过的三杆桁架的优化问题，但是那里的约束条件(2) ～ (4) 被适当地加工，以适应一般非线性规划问题的标准写法。

例 6　求 x_1, x_2，

$$\left.\begin{aligned} &\min f(\boldsymbol{x}) = -2x_1 - x_2 \\ &\text{s.t. } h_1(\boldsymbol{x}) = x_1^2 - 6x_1 + x_2 \leqslant 0 \\ &\qquad h_2(\boldsymbol{x}) = x_1^2 + x_2^2 - 80 \leqslant 0 \\ &\qquad x_1 \geqslant 3, x_2 \geqslant 0 \end{aligned}\right\}$$

我们的初始设计点 $\boldsymbol{x}^{(0)}$ 取成$(5,8)^{\mathrm{T}}$，在工作点 $\boldsymbol{x}^{(0)}$ 处约束函数 $h_1(\boldsymbol{x})$ 和 $h_2(\boldsymbol{x})$ 的梯度向量为

$$\nabla h_1 = (2x_1 - 6, 1)^{\mathrm{T}} = (4,1)^{\mathrm{T}}$$

$$\nabla h_2 = (2x_1, 2x_2)^{\mathrm{T}} = (10,16)^{\mathrm{T}}$$

而近似函数 $h_1^{(0)}, h_2^{(0)}$ 为

$$h_1^{(0)} = 3 + 4(x_1 - 5) + (x_2 - 8)$$

$$h_2^{(0)} = 9 + 10(x_1 - 5) + 16(x_2 - 8)$$

近似的线性规划问题为

$$\left.\begin{aligned}
&\min_{x} f(\boldsymbol{x}) = -2x_1 - x_2\\
&\text{s. t. } 4x_1 + x_2 - 25 \leqslant 0\\
&\qquad 10x_1 + 16x_2 - 169 \leqslant 0\\
&\qquad x_1 \geqslant 3, x_2 \geqslant 0
\end{aligned}\right\}$$

由此可得 $\boldsymbol{x}^{(1)} = (4.278, 7.888)^{\mathrm{T}}$，而 $f^{(1)} = -16.44$。接着以 $\boldsymbol{x}^{(1)}$ 为工作点作线性展开，得到又一个线性规划问题：

$$\left.\begin{aligned}
&\min_{x} f(\boldsymbol{x}) = -2x_1 - x_2\\
&\text{s. t. } 2.556x_1 + x_2 - 18.267 \leqslant 0\\
&\qquad 8.556x_1 + 15.776x_2 - 160.278 \leqslant 0\\
&\qquad x_1 \geqslant 3, x_2 \geqslant 0
\end{aligned}\right\}$$

由该问题，利用单纯形法可以求出改进的解 $\boldsymbol{x}^{(2)} = (4.03, 7.97)^{\mathrm{T}}$，$f^{(2)} = -16.03$，该值和原问题的最优解已经十分接近，原问题的最优解是 $\boldsymbol{x}^{*} = (4, 8)^{\mathrm{T}}$，相应的目标值为 -16。整个求解的过程表示在图 4-4 上，其中点划线是近似的线性约束，真实的最优解在两个约束曲线的交点 A 处。从图 4-4 上可以看出，从初始解 $\boldsymbol{x}^{(0)}$ 向最优解 $\boldsymbol{x}^{*}$ 移动很快。

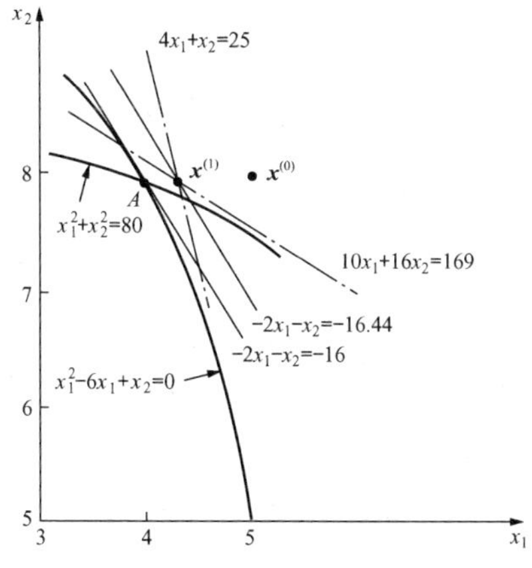

图 4-4

例 7 求 A_1, A_2,

$$\min W = 10(2\sqrt{2}A_1 + A_2) \tag{1}$$

$$\text{s.t.}\ h_1(A_1, A_2) = A_2 + \sqrt{2}A_1 - \sqrt{2}A_1^2 - 2A_1A_2 \leqslant 0 \tag{2}$$

$$h_2(A_1, A_2) = \sqrt{2}A_1 - \sqrt{2}A_1^2 - 2A_1A_2 \leqslant 0 \tag{3}$$

$$h_3(A_1, A_2) = 4A_2 - 3\sqrt{2}A_1^2 - 6A_1A_2 \leqslant 0 \tag{4}$$

及

$$A_1 \geqslant 0.01, A_2 \geqslant 0.01 \tag{5}$$

非常容易看出,由于 A_2 的非负要求,一旦式(2)得到满足,式(3)也就满足,所以我们将只考虑目标函数(1)式在约束(2)、(4)式及变量下限约束(5)式下的非线性规划问题。该问题是由 2.2 节的例 3 的优化列式改写而得,但是给了断面积下限一个小的正值。对断面积加一小的正的下限,一是因为改写约束的过程中,我们在不等式两侧乘以相应的断面积,断面积为零时这样的变换是不允许的;二是为了避免迭代计算中设计变量取零值时遇到麻烦。结构优化中这样的技巧是经常使用的。对于这一例题,我们将看到断面积下限约束并不是最优解的紧约束,下限取零值和非常小的值没有本质差别。但是,应该强调,在受到应力约束的结构拓扑优化的很多问题中,这样的技巧可能导致错误的结果。

序列线性规划需要的目标函数及约束函数的梯度为

$$\nabla W = (20\sqrt{2}, 10)^{\mathrm{T}}$$

$$\nabla h_1 = (\sqrt{2} - 2\sqrt{2}A_1 - 2A_2, 1 - 2A_1)^{\mathrm{T}} \tag{6}$$

$$\nabla h_3 = (-6\sqrt{2}A_1 - 6A_2, 4 - 6A_1)^{\mathrm{T}} \tag{7}$$

作为初始猜测,我们取 $\boldsymbol{A}^{(0)} = (1,1)^{\mathrm{T}}$,其目标值 $W^{(0)} = 38.28$,以它为工作点进行展开,得

$$h_1^{(0)} = -1 - (2 + \sqrt{2})(A_1 - 1) - (A_2 - 1) \leqslant 0$$

$$h_3^{(0)} = -2 - 3\sqrt{2} - (6\sqrt{2} + 6)(A_1 - 1) - 2(A_2 - 1) \leqslant 0$$

代入式(4-44),得到线性规划问题:求 A_1,A_2,

$$\left.\begin{aligned}&\min\ 20\sqrt{2}A_1+10A_2\\&\text{s.t.}\ -(2+\sqrt{2})A_1-A_2+2+\sqrt{2}\leqslant 0\\&\qquad -[(6\sqrt{2}+6)A_1+2A_2]\leqslant -3\sqrt{2}-6\\&\qquad A_1\geqslant 0.01,A_2\geqslant 0.01\end{aligned}\right\}$$

采用图解法,如图 4-5 所示,易于求出这个问题的最优解为 $A_1^{(1)}=0.994,A_2^{(1)}=0.01,W^{(1)}=28.22$。它和初始猜测$(1,1)^{\mathrm{T}}$相比,目标值得到改善。

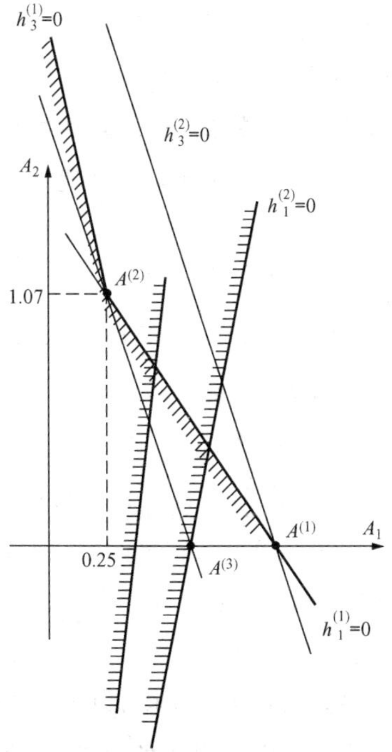

图 4-5

现在再以 $A_1^{(1)}=0.994,A_2^{(1)}=0.01$ 为工作点展开约束函数,得

$$h_1^{(1)} = -\sqrt{2}A_1 - A_2 + \sqrt{2} \leqslant 0$$

$$h_3^{(1)} = -6\sqrt{2}A_1 - 2A_2 + 3\sqrt{2} \leqslant 0$$

及新的线性规划：求 A_1, A_2，

$$\left.\begin{aligned} &\min 20\sqrt{2}A_1 + 10A_2 \\ &\text{s. t. } h_1^{(1)} = -0.0014 - 1.417(A_1 - 0.994) - \\ &\qquad 0.988(A_2 - 0.01) \leqslant 0 \\ &\qquad h_3^{(1)} = -4.211 - 8.493(A_1 - 0.994) - \\ &\qquad 1.164(A_2 - 0.01) \leqslant 0 \\ &\qquad A_1 \geqslant 0.01, A_2 \geqslant 0.01 \end{aligned}\right\}$$

该问题的解(图 4-5)为 $A_1^{(2)} = 0.25, A_2^{(2)} = 1.07$，其目标值为 $W^{(2)} = 17.77$，可惜的是如果将它们代回到原约束(4)式时发现它破坏该约束，因而是不可行设计，因此就要在该点作进一步展开，得

$$h_1^{(2)} = 0.8 - 1.433(A_1 - 0.25) + 0.5(A_2 - 1.07) \leqslant 0$$

$$h_3^{(2)} = -2.41 - 8.54(A_1 - 0.25) + 2.5(A_2 - 1.07) \leqslant 0$$

并得到新的线性规划问题：

$$\left.\begin{aligned} &\min W = 20\sqrt{2}A_1 + 10A_2 \\ &\text{s. t. } -1.433A_1 + 0.5A_2 + 0.623 \leqslant 0 \\ &\qquad -8.54A_1 + 2.5A_2 - 2.95 \leqslant 0 \end{aligned}\right\}$$

这个问题的最优解为 $A_1^{(3)} = 0.434, A_2^{(3)} = 0.01, W^{(3)} = 12.38$。这个解仍然是不可行的。

我们将迭代过程列出在表 4-1 中，由表 4-1 可见，对这个问题，序列线性规划给出的解点序列明显地跳动，收敛并不迅速，而且一般地说得到的中间解不可行。出现这种情况的原因是多方面的，例如，初始值选取得不好，当我们用泰勒展开线性近似原来的约束函数时，这个近似的精度很低。…… 最后，线性规划单纯形法给出的

最优点总是在可行域的顶点，如果真正的最优点是在可行域和目标函数等值面的切点上，可以想像收敛会变得很困难。

表 4-1 序列线性规划迭代结果

迭代次数	A_1	A_2	W
0	1.0	1.0	38.28
1	0.994	0.01	28.22
2	0.25	1.07	17.77
3	0.434	0.01	12.38
4	0.224	0.01	6.436

改善初始猜测是克服上述困难的一个措施，但是对一个生疏的工程设计问题，往往很难给出好的初始猜测，所以需要有一些更为一般的、适应性更强的方法来改进序列线性规划方法。下面我们介绍几个这样的方法：保留旧约束的方法（切平面法）、运动极限法和作变量替换的方法。

1. 保留旧约束的方法（切平面法）

在这个方法中，每次求解的线性规划问题的约束条件，除了包括在当前工作点展开约束函数所得的线性不等式外，也把在以前工作点展开约束函数所得的线性不等式包括在内。这就是说，在求得 $\boldsymbol{x}^{(1)}$ 后，下一步的线性规划问题不再是式(4-45)，而应该是

$$\left.\begin{aligned} &\min_{\boldsymbol{x}} f^{(1)}(\boldsymbol{x}) \\ &\text{s.t. } h_i^{(0)}(\boldsymbol{x}) \leqslant 0, i = 1,2,\cdots,m \\ &\qquad h_i^{(1)}(\boldsymbol{x}) \leqslant 0, i = 1,2,\cdots,m \end{aligned}\right\} \tag{4-46}$$

当由该问题求得近似最优解 $\boldsymbol{x}^{(2)}$ 后，又把 $\boldsymbol{x}^{(2)}$ 作为工作点展开约束函数，得到一些新的约束条件，这些约束条件又被附加到式(4-46) 中以建立新的线性规划问题，如此继续下去，直到看起来结果已经收敛。

为什么在新约束形成后仍要保留旧的约束呢？图 4-6 用一个非线性约束下的最优化问题为例来说明这一点。图 4-6(a) 是原问题，

最优点是在目标函数等值面和约束曲面的切点 $\boldsymbol{x}^*$ 上；图 4-6(b) 是对工作点 $\boldsymbol{x}^{(0)}$ 作线性化所得到的线性规划问题，其最优解 $\boldsymbol{x}^{(1)}$ 在 x_1 坐标轴上；图 4-6(c) 是对工作点 $\boldsymbol{x}^{(1)}$ 作线性化所得到的线性规划问题，其最优解 $\boldsymbol{x}^{(2)}$ 在 x_2 坐标轴上。$\boldsymbol{x}^{(1)}$ 和 $\boldsymbol{x}^{(2)}$ 相距很远，而且可以想像，如果每次只有一个与当前工作点有关的约束(在平面上表现为直线)，很少有可能使得近似线性规划问题的解刚好是切点；图 4-6(d) 中，在工作点 $\boldsymbol{x}^{(0)}$ 和 $\boldsymbol{x}^{(1)}$ 处的线性化结果均保留下来，得到带有两个线性约束的线性规划问题，其解 $\boldsymbol{x}^{(3)}$ 十分接近原问题的最优解 $\boldsymbol{x}^*$。一般地，原非线性规划问题的最优解可能是约束曲面和目标函数等值面的切点，而线性规划的最优解是在可行域的顶点，保留旧的约束使线性规划的可行域的顶点变得越来越多，比较有希望收敛到切点。开勒(Kelly) 曾证明过，如果原来的非线性规划问题是个凸规划，切平面的方法可以给出收敛到最优解的序列。

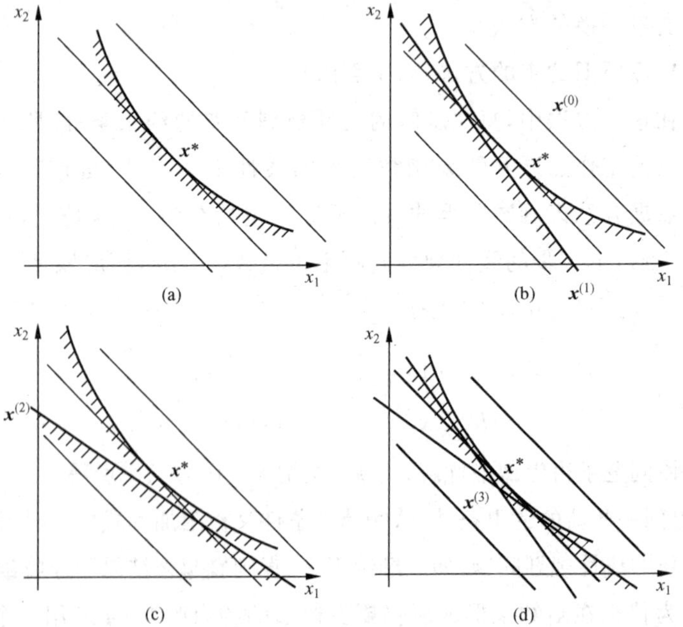

图 4-6　保留旧约束的方法

保留旧约束的方法是有缺点的。随着迭代的进行，每次都附加一些新的约束，线性规划问题变得越来越大，计算工作量也就增加很多；对于可行域非凸的情形，完全可能把一部分可行域“切去”，因此根本找不到最优解。所以保留旧约束的方法在结构优化中用得不多。

2. 运动极限法

当我们用线性规划问题(4-44)代替原非线性规划问题(4-43)时，我们是把目标函数和约束函数在工作点 $\boldsymbol{x}$ 附近作泰勒展开。众所熟知，泰勒展式是有一定适用范围的。如果所研究的设计点 $\boldsymbol{x}^*$ 和工作点 $\boldsymbol{x}$ 离开太远，则泰勒展式中应该有的高阶项将不可忽略，而只取其线性近似将误差很大。解决这个问题的一个十分自然的想法是在每次求解一个近似规划时都对变量的活动范围附加一个限制，亦即每次求解

$$\left.\begin{aligned}&\min f^{(k)}(\boldsymbol{x})=f(\boldsymbol{x}^{(k)})+\nabla^{\mathrm{T}}f(\boldsymbol{x}^{(k)})(\boldsymbol{x}-\boldsymbol{x}^{(k)})\\&\text{s.t. } h_i^{(k)}(\boldsymbol{x})=h_i(\boldsymbol{x}^{(k)})+\nabla^{\mathrm{T}}h_i(\boldsymbol{x}^{(k)})(\boldsymbol{x}-\boldsymbol{x}^{(k)})\leqslant 0\\&\qquad\qquad\qquad\qquad\qquad\qquad\qquad i=1,2,\cdots,m\end{aligned}\right\}\tag{4-47}$$

问题时另附加

$$-\boldsymbol{s}\leqslant\boldsymbol{x}-\boldsymbol{x}^{(k)}\leqslant\boldsymbol{s}\tag{4-48}$$

其中，$\boldsymbol{s}=(s_1,s_2,\cdots,s_n)^{\mathrm{T}}$ 是一个列向量，s_j 是给定的常数。如果 s_j 取得较合理，可使得当 $\boldsymbol{x}$ 在 $\boldsymbol{x}^{(k)}$ 邻近的边长为 $2s_j$ 的“匣子”里运动时，泰勒展式能给出足够好的近似。图 4-7 给出了采用这种运动极限求解二维设计空间中优化问题的一个示意图。$\boldsymbol{x}^{(0)}$ 是初始出发点，$\boldsymbol{x}^{(1)}$ 和 $\boldsymbol{x}^{(2)}$ 是依次求得的近似解，围绕这些点的长方形框是对每次近似问题所加的运动极限。

使用这个方法首先遇到的问题是线性规划(4-48)是非标准形的，特别地，这里的变量是上、下都有界的。为此，我们引入新变量 $\boldsymbol{u}$：

$$\boldsymbol{u} = \boldsymbol{x} - \boldsymbol{x}^{(k)} + \boldsymbol{s} \tag{4-49}$$

或写成标量形式：

$$\begin{aligned} u_1 &= x_1 - x_1^{(k)} + s_1 \\ u_2 &= x_2 - x_2^{(k)} + s_2 \\ &\vdots \\ u_n &= x_n - x_n^{(k)} + s_n \end{aligned}$$

用 $\boldsymbol{u}$ 表示出 $\boldsymbol{x}$：

$$\boldsymbol{x} = \boldsymbol{u} + \boldsymbol{x}^{(k)} - \boldsymbol{s} \tag{4-50}$$

并将此式代入式(4-47)、(4-48) 得到新的线性规划问题：

$$\left.\begin{aligned} &\min f^{(k)}(\boldsymbol{u}) = f(\boldsymbol{x}^{(k)}) + \nabla^{\mathrm{T}} f(\boldsymbol{x}^{(k)})(\boldsymbol{u} - \boldsymbol{s}) \\ &\text{s. t. } h_i^{(k)}(\boldsymbol{u}) = h_i(\boldsymbol{x}^{(k)}) + \nabla^{\mathrm{T}} h_i(\boldsymbol{x}^{(k)})(\boldsymbol{u} - \boldsymbol{s}) \leqslant 0 \\ &\qquad\qquad\qquad\qquad\qquad\qquad i = 1,2,\cdots,m \end{aligned}\right\} \tag{4-51}$$

及

$$\boldsymbol{u} \geqslant \boldsymbol{0}, \quad \boldsymbol{u} \leqslant 2\boldsymbol{s}$$

后一个约束条件 $\boldsymbol{u} \leqslant 2\boldsymbol{s}$ 可以作为普通的线性约束条件增加到单纯形表中，还可以采用变量有上界的特殊线性规划算法直接求解式(4-51)。

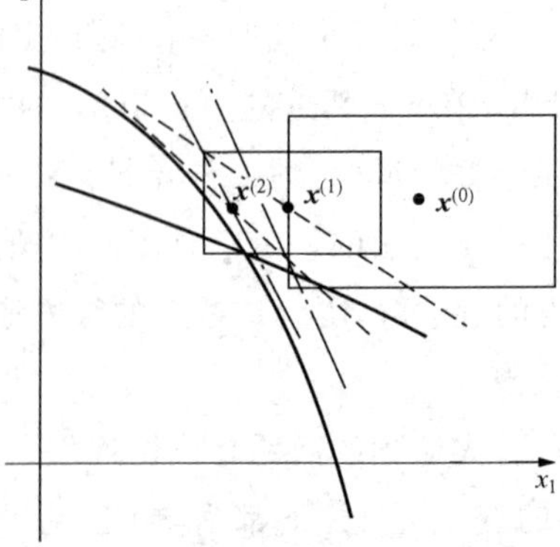

图 4-7

在运动极限法中，运动极限 $\boldsymbol{s}$ 的取法是很值得商讨的。如果取得太大，很可能造成设计点跳动的现象；如果取得太小，迭代历史虽然比较平稳，但可能要迭代许多次才能收敛到最优解。在文献中已经有很多关于这个问题的讨论。一种常用的方法是规定一个百分数，如百分之十左右，每次的运动极限 $\boldsymbol{s}_i$ 不大于当时的工作点坐标 $x_i^{(k)}$ 乘以该百分数。另一种方法是让程序自动计算运动极限，每次求得一个近似的最优解 $\boldsymbol{x}^{(k+1)}$ 后，利用泰勒展开得到约束及目标的线性近似值：

$$\begin{aligned} f(\boldsymbol{x}^{(k+1)}) &\approx f(\boldsymbol{x}^{(k)}) + \nabla^{\mathrm{T}} f(\boldsymbol{x}^{(k)})(\boldsymbol{x}^{(k+1)} - \boldsymbol{x}^{(k)}) \equiv \bar{f}_{k+1} \\ h_i(\boldsymbol{x}^{(k+1)}) &\approx h_i(\boldsymbol{x}^{(k)}) + \nabla^{\mathrm{T}} h_i(\boldsymbol{x}^{(k)})(\boldsymbol{x}^{(k+1)} - \boldsymbol{x}^{(k)}) \equiv \bar{h}_{i,k+1} \end{aligned} \tag{4-52}$$

然后对 $\boldsymbol{x}^{(k+1)}$ 计算该点的目标函数值 $f(\boldsymbol{x}^{(k+1)})$ 和约束函数值 $h_i(\boldsymbol{x}^{(k+1)})$（这些值总是要计算的，并不增加计算工作量），和式(4-52)的值比较就得到目标函数和约束函数的相对非线性偏离：

$$\frac{f(\boldsymbol{x}^{(k+1)}) - \bar{f}_{k+1}}{f(\boldsymbol{x}^{(k+1)})} \quad \text{和} \quad \frac{h_i(\boldsymbol{x}^{(k+1)}) - \bar{h}_{i,k+1}}{h_i(\boldsymbol{x}^{(k+1)})} \tag{4-53}$$

它们反映了目标函数等值面和约束曲面在当前设计点邻近和相应的切平面的偏离程度，如果这些值大于某一个事先规定的百分比，这就说明刚才的步长 $|\boldsymbol{x}^{(k+1)} - \boldsymbol{x}^{(k)}|$ 跨得太大，泰勒展式因而精度很低，下一次迭代时应当适当地缩小运动极限。例如取下一次迭代的运动极限 $\boldsymbol{s}^{(k+1)} = \eta \boldsymbol{s}^{(k)}$，其中 $\eta < 1$，η 既可以根据经验来确定，也可以按式(4-53)算出的相对非线性偏离的大小来确定。

确定运动极限时，要注意的另一个问题是应该对运动极限的最小值有一个规定。举例来说，如果设计变量是桁架杆件的断面积，则运动极限的最小值就不应该远小于制造断面积的允许公差。对于一个设计人员来说，断面积的差异小于规定的公差是毫无意义的。

采用附加有运动极限的序列线性规划算法，在工程结构优化设计中是相当广泛的，除了这个方法简单，还因为已经有大量线性规划的软件可供使用。特别是在结构形状优化的研究中，最常用的算法就是序列线性规划算法。对于以断面积为设计变量的桁架类结构优化，如果取用断面积的倒数作设计变量，则泰勒展式精度很高，序列线性规划等类算法也很有效。下面我们仅简单介绍采用变量替换的方法得到高精度的线性近似的概念。

3. 高精度的线性近似（变量替换法和函数变换法）

前面我们已说过由于在泰勒展式中，截取线性项只适用于工作点邻近，简单的序列线性化方法会引起近似设计点跳跃，需要采用运动极限等方法，运动极限的大小应当反映约束函数和目标函数的非线性程度，亦即泰勒展式中取线性项的适用范围。在结构优化的研究中发现，选取适当的设计变量往往可改变约束函数的非线性程度，对这样的函数再作泰勒展开往往可得到高精度的线性近似，从而使序列线性规划方法十分有效。对于桁架这一类结构刚度和设计变量成正比的结构物，这样的设计变量就是倒数设计变量。事实上，对于静定桁架，位移约束条件是$\frac{1}{A_i}$（A_i为i单元断面积）的线性函数；对于超静定桁架，只要是正常型结构，作为$\frac{1}{A_i}$的函数的位移约束条件的非线性程度也可能较低。关于这一点，读者可参看第2章。对约束函数和目标函数作适当的变换也可能降低它们的非线性程度，从而使它们的线性展开具有更高的精度。例如，我们在第2章讨论时曾指出，对正常型结构，内力是一个随桁架结构断面积变化较小的结构响应量，内力的线性展开也会有更高的精度。选择适当的变量变换和函数变换都需要力学知识和技巧，而且是和所研究的问题有关的。

最后，值得强调的是，高精度线性近似和运动极限这两种处理手段不仅适用于序列线性化方法，而且适用于任何一种利用梯度信息的算法。虽然对于一些问题,加上运动极限后会使迭代速度降低,但一般地说是使收敛平稳,使得算法可以适用于十分广泛的一类实际问题,这就是所谓的**鲁棒性**(robust)。随着计算机速度的提高,鲁棒性的算法将更受欢迎。原因是如果一个算法缺乏鲁棒性,用户使用算法时就可能失败多次才找到某些控制算法的参数的较佳值,每失败一次用户就要浪费大量的人力和机时,莫不如麻烦一次而一劳永逸。

4.5 二次规划

二次规划定义为:求设计变量 $\boldsymbol{x} \in \mathbf{R}^n$,

$$\left.\begin{aligned} &\min f(\boldsymbol{x}) = \frac{1}{2}\boldsymbol{x}^{\mathrm{T}}\boldsymbol{a}\boldsymbol{x} + \boldsymbol{b}^{\mathrm{T}}\boldsymbol{x} \\ &\text{s.t. } \boldsymbol{c}\boldsymbol{x} \leqslant \boldsymbol{d} \\ &\qquad \boldsymbol{x} \geqslant \boldsymbol{0} \end{aligned}\right\} \tag{4-54}$$

式中 $\boldsymbol{a}$—— 给定的 $n \times n$ 矩阵;

$\boldsymbol{c}$—— 给定的 $m \times n$ 矩阵;

$\boldsymbol{b} = (b_1, b_2, \cdots, b_n)^{\mathrm{T}}$;$\boldsymbol{d} = (d_1, d_2, \cdots, d_m)^{\mathrm{T}}$。

和线性规划相比,二次规划虽然要求约束条件是设计变量的线性函数,但目标函数可以是更一般的二次型而不必是线性函数。由于约束是线性的,可行域是凸的,如果矩阵 $\boldsymbol{a}$ 是半正定的,则目标函数也是凸的,整个问题就是一个凸规划。凸规划的优点我们已在前面介绍过,不仅有唯一的最优解(局部最优也就是全局最优),而且库-塔克条件是最优化的充分必要条件。二次规划的算法很多,这里我们介绍一种利用单纯形法的推广的算法,它首先要求我们建立二次规划的最优化必要条件,为此目的可以采用库-塔克条件。

对问题(4-54)引入拉格朗日乘子 $\boldsymbol{\lambda}$ 和 $\boldsymbol{\mu}$，构造拉格朗日函数 L：

$$L = \frac{1}{2}\boldsymbol{x}^{\mathrm{T}}\boldsymbol{a}\boldsymbol{x} + \boldsymbol{b}^{\mathrm{T}}\boldsymbol{x} + \boldsymbol{\lambda}^{\mathrm{T}}(\boldsymbol{c}\boldsymbol{x} - \boldsymbol{d}) - \boldsymbol{\mu}^{\mathrm{T}}\boldsymbol{x} \tag{4-55}$$

式中　$\boldsymbol{\lambda} = (\lambda_1, \lambda_2, \cdots, \lambda_m)^{\mathrm{T}}, \boldsymbol{\mu} = (\mu_1, \mu_2, \cdots, \mu_n)^{\mathrm{T}}$。

按库－塔克条件，$\boldsymbol{x}$ 是问题(4-54)的最优解的充要条件为

$$\left.\begin{aligned} &\nabla_x L = \boldsymbol{a}\boldsymbol{x} + \boldsymbol{b} + \boldsymbol{c}^{\mathrm{T}}\boldsymbol{\lambda} - \boldsymbol{\mu} = \boldsymbol{0} \\ &\boldsymbol{c}\boldsymbol{x} - \boldsymbol{d} \leqslant \boldsymbol{0}, \quad \boldsymbol{x} \geqslant \boldsymbol{0} \\ &\boldsymbol{\lambda}^{\mathrm{T}}(\boldsymbol{c}\boldsymbol{x} - \boldsymbol{d}) = 0, \boldsymbol{\mu}^{\mathrm{T}}\boldsymbol{x} = 0, \boldsymbol{\lambda} \geqslant \boldsymbol{0}, \boldsymbol{\mu} \geqslant \boldsymbol{0} \end{aligned}\right\} \tag{4-56}$$

如果引入松弛变量 $\boldsymbol{v} = (v_1, v_2, \cdots, v_m)^{\mathrm{T}}, \boldsymbol{v} \geqslant \boldsymbol{0}$，则可将式(4-56)进一步写成

$$\left.\begin{aligned} &\boldsymbol{I}_m\boldsymbol{v} + \boldsymbol{c}\boldsymbol{x} = \boldsymbol{d} \\ &\boldsymbol{I}_n\boldsymbol{\mu} - \boldsymbol{c}^{\mathrm{T}}\boldsymbol{\lambda} - \boldsymbol{a}\boldsymbol{x} = \boldsymbol{b} \\ &\boldsymbol{\lambda}^{\mathrm{T}}\boldsymbol{v} = 0, \quad \boldsymbol{\mu}^{\mathrm{T}}\boldsymbol{x} = 0 \\ &\boldsymbol{\lambda} \geqslant \boldsymbol{0}, \quad \boldsymbol{v} \geqslant \boldsymbol{0}, \quad \boldsymbol{\mu} \geqslant \boldsymbol{0}, \quad \boldsymbol{x} \geqslant \boldsymbol{0} \end{aligned}\right\} \tag{4-57}$$

其中，$\boldsymbol{I}_n$ 和 $\boldsymbol{I}_m$ 分别为 n, m 阶单位方阵。

至此，求解二次规划问题(4-54)可化为求解式(4-57)，式(4-57)中只有条件 $\lambda_j v_j = \mu_i x_i = 0$ 是非线性的，因为它们涉及两项的乘积。为了求解这个问题，下面介绍兰姆克(Lemke)的求解线性互补问题的算法[30]。

线性互补问题定义为：求 $\boldsymbol{w} = (w_1, w_2, \cdots, w_n)^{\mathrm{T}}, \boldsymbol{z} = (z_1, z_2, \cdots, z_n)^{\mathrm{T}}$，使得

$$\boldsymbol{w} - \tilde{\boldsymbol{a}}\boldsymbol{z} = \boldsymbol{q} \tag{4-58}$$

$$w_j \geqslant 0, z_j \geqslant 0, \quad j = 1, 2, \cdots, n \tag{4-59}$$

$$w_j z_j = 0, \quad j = 1, 2, \cdots, n \tag{4-60}$$

式中　$\tilde{\boldsymbol{a}}$——$n \times n$ 的方阵；

　　$\boldsymbol{q}$——$n \times 1$ 的列阵；

(w_j, z_j)—— 一对**互补变量**；

$w_j z_j = 0$ 称为互补性条件。

拿线性互补问题的定义(4-58)～(4-60)和二次规划的库-塔克条件式(4-57)相比可见，二次规划的求解可以通过库-塔克条件化成线性互补问题，只要作下面记号上的变换：

$$\boldsymbol{w} = \begin{pmatrix} \boldsymbol{v} \\ \boldsymbol{\mu} \end{pmatrix}, \quad \tilde{\boldsymbol{a}} = \begin{pmatrix} \boldsymbol{0} & -\boldsymbol{c} \\ \boldsymbol{c}^{\mathrm{T}} & \boldsymbol{a} \end{pmatrix}$$

$$\boldsymbol{q} = \begin{pmatrix} \boldsymbol{d} \\ \boldsymbol{b} \end{pmatrix}, \quad \boldsymbol{z} = \begin{pmatrix} \boldsymbol{\lambda} \\ \boldsymbol{x} \end{pmatrix}$$

则式(4-58)～(4-60)完全与式(4-57)一致了。

下面我们来讨论一下线性互补问题的算法。首先回顾线性规划中的概念和算法。可以看到，基本变量和非基本变量只是就约束条件而言的，与目标函数无关。现在问题(4-58)～(4-60)中，除去乘积形式的互补条件外，剩下的就是线性约束，因此亦可以按4.2节中定义1定义基本变量、非基本变量和基本可行解等。但是，由于互补性条件的存在，我们需要补充定义**互补基本可行解**：

如果$(\boldsymbol{w}^{\mathrm{T}}, \boldsymbol{z}^{\mathrm{T}})^{\mathrm{T}}$是方程组(4-58)、(4-59)、(4-60)的一个基本可行解，而且每对互补变量$(w_j, z_j)$$(j = 1, 2, \cdots, n)$中只有一个是基本变量，则$(\boldsymbol{w}^{\mathrm{T}}, \boldsymbol{z}^{\mathrm{T}})^{\mathrm{T}}$称为方程组(4-58)～(4-60)的一组**互补基本可行解**。

下面的例8用来帮助我们理解上面的线性互补问题及互补基本可行解的定义。

例8　求x_1和x_2，

$$\left.\begin{aligned} &\min\ -2x_1 - 6x_2 + x_1^2 - 2x_1x_2 + 2x_2^2 \\ &\text{s.t.}\ x_1 + x_2 \leqslant 2 \\ &\qquad -x_1 + 2x_2 \leqslant 2 \\ &\qquad x_1 \geqslant 0, x_2 \geqslant 0 \end{aligned}\right\}$$

解 对比式(4-54)可知,

$$\boldsymbol{a}=\begin{pmatrix}2 & -2\\ -2 & 4\end{pmatrix},\quad \boldsymbol{b}=\begin{pmatrix}-2\\ -6\end{pmatrix},\quad \boldsymbol{c}=\begin{pmatrix}1 & 1\\ -1 & 2\end{pmatrix}$$

$$\boldsymbol{d}=\begin{pmatrix}2\\ 2\end{pmatrix},\quad \boldsymbol{x}=\begin{pmatrix}x_1\\ x_2\end{pmatrix}$$

式(4-58)中的记号为

$$\tilde{\boldsymbol{a}}=\begin{pmatrix}\boldsymbol{0} & -\boldsymbol{c}\\ \boldsymbol{c}^{\mathrm{T}} & \boldsymbol{a}\end{pmatrix}=\begin{pmatrix}0 & 0 & -1 & -1\\ 0 & 0 & 1 & -2\\ 1 & -1 & 2 & -2\\ 1 & 2 & -2 & 4\end{pmatrix}$$

$$\boldsymbol{q}=\begin{pmatrix}2\\ 2\\ -2\\ -6\end{pmatrix},\quad \boldsymbol{w}=\begin{pmatrix}w_1\\ w_2\\ w_3\\ w_4\end{pmatrix},\quad \boldsymbol{z}=\begin{pmatrix}z_1\\ z_2\\ z_3\\ z_4\end{pmatrix}=\begin{pmatrix}\lambda_1\\ \lambda_2\\ x_1\\ x_2\end{pmatrix}$$

其中,

$$\begin{pmatrix}w_1\\ w_2\end{pmatrix}=\boldsymbol{d}-\boldsymbol{cx}=\begin{pmatrix}2-x_1-x_2\\ 2+x_1-2x_2\end{pmatrix}$$

矩阵形式的线性互补问题可以写成展开形式:

$$\left.\begin{array}{l}w_1 \qquad\qquad\qquad\qquad +z_3+z_4=2\\ \quad w_2 \qquad\qquad\qquad -z_3+2z_4=2\\ \qquad w_3 \qquad -z_1+z_2-2z_3+2z_4=-2\\ \qquad\quad w_4-z_1-2z_2+2z_3-4z_4=-6\end{array}\right\} \tag{4-58$'$}$$

$$\left.\begin{array}{l}w_1\geqslant 0,w_2\geqslant 0,w_3\geqslant 0,w_4\geqslant 0\\ z_1\geqslant 0,z_2\geqslant 0,z_3\geqslant 0,z_4\geqslant 0\end{array}\right\} \tag{4-59$'$}$$

$$w_1z_1=w_2z_2=w_3z_3=w_4z_4=0 \tag{4-60$'$}$$

观察一下该方程组,可以马上发现一个**基本解**:

$$z_1 = z_2 = z_3 = z_4 = 0, w_1 = 2, w_2 = 2, w_3 = -2, w_4 = -6$$

它也满足互补性条件(4-60′),因而是个互补基本解,但它不满足非负性条件(4-59′),因而是不可行的。

如果令 $w_3 = w_4 = z_3 = z_4 = 0$,可以求出

$$w_1 = 2, \quad w_2 = 2, \quad z_1 = \frac{10}{3}, \quad z_2 = \frac{4}{3}$$

这个解满足非负性条件,是一个基本可行解,但是它不满足互补性条件,不是互补基本可行解。

如果令 $w_1 = 0, w_3 = 0, w_4 = 0$ 和 $z_2 = 0$,可以求得

$$w_2 = \frac{2}{5}, \quad z_1 = \frac{14}{5}, \quad z_3 = \frac{4}{5}, \quad z_4 = \frac{6}{5}$$

这个解满足互补性及非负性条件,因而是个互补基本可行解。根据上面的分析,它也就是原问题的最优解。

通过上面的例题可以看出,找出一个互补基本可行解并不是件简单的工作,需要一套系统的算法。如果我们撇开互补性暂且不管,求解方程组(4-58)、(4-59)、(4-60) 的基本可行解这件工作基本上是和两相法中求解初始可行解的第一相一样。当然,为了考虑互补性条件,应对单纯形算法作小小的修改。

现在回过来求解线性互补问题(4-58)～(4-60)。如果右端项 $\boldsymbol{q} \geqslant \boldsymbol{0}$,则显然 $\boldsymbol{z} = \boldsymbol{0}, \boldsymbol{w} = \boldsymbol{q}$ 就是该问题的一组互补基本可行解;如果右端项 $\boldsymbol{q} \ngeqslant \boldsymbol{0}$①,类似于两相法的做法,我们可以引进一个人造变量 z_0 并建立下列方程组,其中 $\boldsymbol{I}$ 是元素为 1 的 $n \times 1$ 的列向量:

$$\boldsymbol{w} - \boldsymbol{a}\boldsymbol{z} - \boldsymbol{I}z_0 = \boldsymbol{q} \tag{4-61}$$

$$w_j \geqslant 0, z_j \geqslant 0, z_0 \geqslant 0, j = 1, 2, \cdots, n \tag{4-62}$$

$$w_j z_j = 0, j = 1, 2, \cdots, n \tag{4-63}$$

对于这样一个系统,马上可以写出一个基本可行解:

---

① 这个条件意味着 $\boldsymbol{q}$ 的分量并不都是大于或等于零的,有的分量为负。

$$z_0 = \max\{-q_i, i = 1,2,\cdots,n\}$$

$$\boldsymbol{z} = \boldsymbol{0} \text{ 和 } \boldsymbol{w} = \boldsymbol{q} + \boldsymbol{I}z_0$$

仍以例 8 为例，将矩阵形式的方程组展开后得到

$$\left.\begin{aligned} w_1 \qquad\qquad\qquad\qquad + z_3 + z_4 - z_0 &= 2 \\ w_2 \qquad\qquad\qquad - z_3 + 2z_4 - z_0 &= 2 \\ w_3 \qquad - z_1 + z_2 - 2z_3 + 2z_4 - z_0 &= -2 \\ w_4 \quad - z_1 - 2z_2 + 2z_3 - 4z_4 - z_0 &= -6 \end{aligned}\right\}$$

它的一个基本可行解为 $z_0 = 6, \boldsymbol{z} = \boldsymbol{0}, w_1 = 8, w_2 = 8, w_3 = 4, w_4 = 0$，但是它并不是原问题的可行解。现在的任务是对方程组(4-61)～(4-63)进行“进基”、“离基”等交换基底的运算，直到变量 z_0 取值为零为止，这时就得到线性互补问题的一个解。当然，交换基底是要考虑互补性条件的。

为了把算法说清楚，我们再补充**几乎互补基本可行解**的定义，它满足下面的三个条件：

(1)$(\boldsymbol{w}, \boldsymbol{z}, z_0)$ 是方程组(4-61)～(4-63)的一个基本可行解；

(2) 对某一个下标 $s \in \{1,2,\cdots,n\}$，w_s 和 z_s 均非基本变量；

(3)z_0 是基本变量，除下标 s 外，对其余所有对互补变量 (w_j, z_j)，都只有其中的一个是基本变量。

显然前面指出的 $z_0 = \max\{-q_i, i = 1,2,\cdots,n\}$，$\boldsymbol{z} = \boldsymbol{0}$ 及 $\boldsymbol{w} = \boldsymbol{q} + \boldsymbol{I}z_0$ 是方程组(4-61)～(4-63)的一个几乎互补基本可行解。

设已经给定一个几乎互补基本可行解$(\boldsymbol{w}, \boldsymbol{z}, z_0)$，其中 w_s 和 z_s 均非基本变量，如果通过交换基底运算将 w_s 和 z_s 中的某一个引入基底，而将除 z_0 外的某一变量逐出基底，则得到一个和原来解**相邻**的几乎互补基本可行解。根据这样的定义方式，很显然，每一几乎互补基本可行解至多有两个相邻的几乎互补基本可行解。如果把 w_s 或 z_s 引入基底时，亦即把它们逐渐从零增大时，使得 z_0 离开了基底或产生一组射线解（见下面的定义）。当 z_0 离开基底时，我们就

得到一个互补基本可行解。

至此，我们可以描述一下兰姆克(Lemke)的算法。这个算法首先引进人工变量 z_0，然后通过基底交换的运算向着相邻的几乎互补基本可行解移动，直到或者求得互补基本可行解或者指出方程组(4-61)～(4-63)所定义的区域无界的一个方向。具体地说，兰姆克算法如下。

1. 初始步

如果 $\boldsymbol{q} \geqslant \boldsymbol{0}$，停止并且得到互补基本可行解 $(\boldsymbol{w},\boldsymbol{z}) = (\boldsymbol{q},\boldsymbol{0})$。如果 $\boldsymbol{q} \ngeqslant \boldsymbol{0}$，将式(4-58)列成表格，找出 q_i 中负得最多的 $q_s = \min\{q_i, 1 \leqslant i \leqslant n\}$，并以处于 z_0 所在列、s 行的元素为枢轴对整个表格进行高斯-若当消元，消元运算使得 z_0 成为基底变量而 w_s 离开基底，从消元后形成的表格可以得到一个基本可行解为 $z_0 = -q_s$，$\boldsymbol{z} = \boldsymbol{0}$ 且 $\boldsymbol{w} = \boldsymbol{q} + \boldsymbol{I}z_0$，它们都是非负的。由于 w_s 离开了基底，下一次进基的变量应该是 z_s，记进基的变量为 y_s，$y_s = z_s$，转入主循环。

2. 主循环

(1) 检查当前要进基的变量 y_s 所在列的各个元素，如果它们全部小于零则转向(5)，否则执行(2)。以下叙述时将 y_s 所在列记成 $\boldsymbol{d}_s$，该列中的元素记作 d_{is}。

(2) 用当前右端项所在列(表格中的最后一列)的各个元素 $\bar{q}_i$ 除以 y_s 所在列的相应元素 d_{is}，从中找出使该比值最小的行号，记作 r，即

$$\frac{\bar{q}_r}{d_{rs}} = \min_{1 \leqslant i \leqslant n}\left\{\frac{\bar{q}_i}{d_{is}}, d_{is} > 0\right\} \tag{4-64}$$

以上比值只对 $d_{is} > 0$ 的行进行。如果发现这样确定的 r 行的基本变量为 z_0，转向(4)；否则执行(3)。

(3) 以表中处于第 r 行、y_s 所在列的元素为枢轴对整个表进行高斯-若当消元。消元运算使得 y_s 成为基底变量，在 r 行的某一基

本变量 w_l 或 z_l 离基($l \neq s$)。如果离基的变量是 w_l，则令下一次迭代时进基的变量 $y_s = z_l$；如果离基的变量是 z_l，则令下一次迭代时进基的变量为 $y_s = w_l$。返回(1)。

(4) 进入这一步表示 y_s 应该进基而 z_0 应该离基，完成这一基底交换，即以 y_s 所在列、z_0 行处的元素为枢轴对全表进行高斯-若当消元，得到一个互补基本可行解。运算结束；

(5) 进入这一步表示 $\boldsymbol{d}_s \leqslant \boldsymbol{0}$。问题(4-61) ~ (4-63) 的解是根射线 $\boldsymbol{R} = \{(\boldsymbol{w},\boldsymbol{z},z_0) + \lambda\boldsymbol{d}, \lambda \geqslant 0\}$，换句话说，对任意的 $\lambda \geqslant 0$，$(\boldsymbol{w},\boldsymbol{z},z_0) + \lambda\boldsymbol{d}$ 都满足方程组(4-61) ~ (4-63)，其中$(\boldsymbol{w},\boldsymbol{z},z_0)$是和最后的表相应的几乎互补可行解，而 $\boldsymbol{d}$ 是一个方向矢量，它在相应于 y_s 位置的元素为 1，在当前基底变量所在的位置为 $-d_s$，其余全部为零。运算结束。

可以证明，在相当一般的条件下，上列算法可以在有限步结束。若得到的是射线解，则说明原二次规划只有无界解，或者约束不协调而无解。下面以例 8 为例来具体地说明上列算法。

按式(4-58′) 排列成表，并把相应于 z_0 的系数及右端项也列入，得

	w_1	w_2	w_3	w_4	z_1	z_2	z_3	z_4	z_0	右端项
w_1	1	0	0	0	0	0	1	1	−1	2
w_2	0	1	0	0	0	0	−1	2	−1	2
w_3	0	0	1	0	−1	1	−2	2	−1	−2
w_4	0	0	0	1	−1	−2	2	−4	[−1]	−6

该表中，最左面的字符表示当前的基底变量是哪些变量，它们应取的值可以立即从右端项所标示的列看出。由于右端项有小于零的项，所以目前这张表给出的是非可行解，要作初始步运算，即从右端项中找出负得最多的值−6，然后以 z_0 所在列、−6 所在行为枢轴，即表中带框的 −1 为枢轴作高斯-若当消元，得

	w_1	w_2	w_3	w_4	z_1	z_2	z_3	z_4	z_0	右端项
w_1	1	0	0	−1	1	2	−1	5	0	8
w_2	0	1	0	−1	1	2	−3	6	0	8
w_3	0	0	1	−1	0	3	−4	$\boxed{6}$	0	4
z_0	0	0	0	−1	1	2	−2	4	1	6

相应于该表的几乎互补基本可行解为

$$w_1 = 8, \quad w_2 = 8, \quad w_3 = 4, \quad w_4 = 0$$

$$z_1 = z_2 = z_3 = z_4 = 0, \quad z_0 = 6$$

由于刚才进基的是 z_0 而离基的是 w_4，按前面讲的规则，下面应让和 w_4 互补的 z_4 进基，而离基变量的决定要观察 z_4 所在列，将右端项各数除以 z_4 所在列相应元素，发现最小比为$\frac{4}{6}$，由 z_4 的第三行提供，故应以 6 为枢轴对该表进行高斯－若当消元，这也就意味着 z_4 要进基，w_3 要离基。经运算后得到新表：

	w_1	w_2	w_3	w_4	z_1	z_2	z_3	z_4	z_0	右端项
w_1	1	0	$-\frac{5}{6}$	$-\frac{1}{6}$	1	$-\frac{1}{2}$	$\boxed{\frac{7}{3}}$	0	0	$\frac{14}{3}$
w_2	0	1	−1	0	1	−1	1	0	0	4
z_4	0	0	$\frac{1}{6}$	$-\frac{1}{6}$	0	$\frac{1}{2}$	$-\frac{2}{3}$	1	0	$\frac{2}{3}$
z_0	0	0	$-\frac{2}{3}$	$-\frac{1}{3}$	1	0	$\frac{2}{3}$	0	1	$\frac{10}{3}$

和该表相应的当前几乎互补基本可行解为

$$w_1 = \frac{14}{3}, \quad w_2 = 4$$

$$w_3 = w_4 = z_1 = z_2 = z_3 = 0$$

$$z_4 = \frac{2}{3}, \quad z_0 = \frac{10}{3}$$

w_3 和 z_3 均为非基本变量，由于刚才离基的是 w_3，所以应让 z_3 进基。

z_3 进基时应离基的变量应由式(4-64)的最小比决定，目前情况下我们发现 $r=1$，应以$\frac{7}{3}$为枢轴作高斯-若当消元，即让 w_1 离基。作高斯-若当消元后，得

	w_1	w_2	w_3	w_4	z_1	z_2	z_3	z_4	z_0	右端项
z_3	$\frac{3}{7}$	0	$-\frac{5}{14}$	$-\frac{1}{14}$	$\frac{3}{7}$	$-\frac{3}{14}$	1	0	0	2
w_2	$-\frac{3}{7}$	1	$-\frac{9}{14}$	$\frac{1}{14}$	$\frac{4}{7}$	$-\frac{11}{14}$	0	0	0	2
z_4	$\frac{2}{7}$	0	$-\frac{1}{14}$	$-\frac{3}{14}$	$\frac{2}{7}$	$\frac{5}{14}$	0	1	0	2
z_0	$-\frac{2}{7}$	0	$-\frac{3}{7}$	$-\frac{2}{7}$	$\boxed{\frac{5}{7}}$	$\frac{1}{7}$	0	0	1	2

由此表可见，w_1 和 z_1 均为非基底变量，又因为 w_1 才离基，应该 z_1 进基，离基的变量仍应由最小比决定，这次发现是 z_0 应当退基，即以$\frac{5}{7}$为枢轴对该表进行高斯-若当消元。按以前介绍的算法，此时应转入步骤(4)，即完成这个高斯-若当消元，求得下列新表并停止迭代。由该表可以看出，互补基本可行解为

$$w_1=0,\quad w_2=\frac{2}{5},\quad w_3=0,\quad w_4=0$$

$$z_1=\frac{14}{5},\quad z_2=0,\quad z_3=\frac{4}{5},\quad z_4=\frac{6}{5}$$

	w_1	w_2	w_3	w_4	z_1	z_2	z_3	z_4	z_0	右端项
z_3	$\frac{3}{5}$	0	$-\frac{1}{10}$	$\frac{1}{10}$	0	$-\frac{3}{10}$	1	0	$-\frac{3}{5}$	$\frac{4}{5}$
w_2	$-\frac{1}{5}$	1	$-\frac{3}{10}$	$\frac{3}{10}$	0	$-\frac{9}{10}$	0	0	$-\frac{4}{5}$	$\frac{2}{5}$
z_4	$\frac{2}{5}$	0	$\frac{1}{10}$	$-\frac{1}{10}$	0	$\frac{3}{10}$	0	1	$-\frac{2}{5}$	$\frac{6}{5}$
z_1	$-\frac{2}{5}$	0	$-\frac{3}{5}$	$-\frac{2}{5}$	1	$\frac{1}{5}$	0	0	$\frac{7}{5}$	$\frac{14}{5}$

回到例 8 原来的二次规划问题可知最优解为：$x_1 = \frac{4}{5}$，$x_2 = \frac{6}{5}$，将最优解代入目标函数可得目标值为 -7.2。由于 $x_1 > 0$，$x_2 > 0$，与它们相伴随的拉格朗日乘子 $w_3 = w_4 = 0$，另外由 $z_1 > 0$，$z_2 = 0$，或由 $w_1 = 0$ 和 $w_2 = \frac{2}{5}$ 可见第一个约束，即约束 $x_1 + x_2 \leqslant 2$ 是主动的，即最优点落在这个约束上；而第二个约束：$-x_1 + 2x_2 \leqslant 2$ 是非主动的，即设计点并没有和这个约束接触。图 4-8 给出了这一问题的图解法。带箭头的细折线表示迭代中设计点的途径是：

$$(0,0) \rightarrow (0,\frac{2}{3}) \rightarrow (2,2) \rightarrow (\frac{4}{5},\frac{6}{5})$$

值得注意的是，这个问题中，最优点是目标函数等值面和约束曲面的切点。一般地说，最优点还可以在可行域内部。而在线性规划中，最优点大部分情形在角点，也可以在角点连结所成的边界上。线性规划的这一特点造成用序列线性规划方法时设计点跳动。

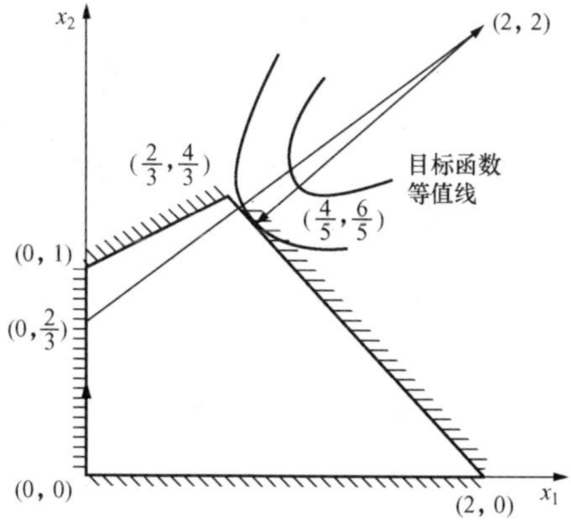

图 4-8

为了说明遇到射线解时的情况，我们研究下面的例题。

例 9 求 x_1 和 x_2，

$$\left.\begin{aligned} &\min -2x_1-4x_2+x_1^2-2x_1x_2+x_2^2 \\ &\text{s.t.}\ -x_1+x_2\leqslant 1 \\ &\qquad x_1-2x_2\leqslant 4 \\ &\qquad x_1\geqslant 0, x_2\geqslant 0 \end{aligned}\right\}$$

和问题(4-54) 对比可见：

$$\boldsymbol{a}=\begin{pmatrix} 2 & -2 \\ -2 & 2 \end{pmatrix}, \boldsymbol{b}=\begin{pmatrix} -2 \\ -4 \end{pmatrix}, \boldsymbol{c}=\begin{pmatrix} -1 & 1 \\ 1 & -2 \end{pmatrix}, \boldsymbol{d}=\begin{pmatrix} 1 \\ 4 \end{pmatrix}$$

而式(4-58) 中的$\tilde{\boldsymbol{a}}$ 和 $\boldsymbol{q}$ 为

$$\tilde{\boldsymbol{a}}=\begin{pmatrix} 0 & 0 & 1 & -1 \\ 0 & 0 & -1 & 2 \\ -1 & 1 & 2 & -2 \\ 1 & -2 & -2 & 2 \end{pmatrix}, \quad \boldsymbol{q}=\begin{pmatrix} 1 \\ 4 \\ -2 \\ -4 \end{pmatrix}$$

按照上列算法要求列出的初始表格为

	w_1	w_2	w_3	w_4	z_1	z_2	z_3	z_4	z_0	右端项
w_1	1	0	0	0	0	0	-1	1	-1	1
w_2	0	1	0	0	0	0	1	-2	-1	4
w_3	0	0	1	0	1	-1	-2	2	-1	-2
w_4	0	0	0	1	-1	2	2	-2	$\boxed{-1}$	-4

按照前面描写的算法，z_0 应进基而 w_4 应离基，-1 是高斯-若当消元的枢轴，进行高斯-若当消元求得新表：

	w_1	w_2	w_3	w_4	z_1	z_2	z_3	z_4	z_0	右端项
w_1	1	0	0	-1	1	-2	-3	3	0	5
w_2	0	1	0	-1	1	-2	-1	0	0	8
w_3	0	0	1	-1	2	-3	-4	$\boxed{4}$	0	2
z_0	0	0	0	-1	1	-2	-2	2	1	4

在这个新表中，w_4 已经是非基本变量，z_4 因此是应该进基的变量，该列的元素$(3,0,4,2)^{\mathrm{T}}$ 中，4 应该选作枢轴。进行高斯-若当消元，得

	w_1	w_2	w_3	w_4	z_1	z_2	z_3	z_4	z_0	右端项
w_1	1	0	$-\frac{3}{4}$	$-\frac{1}{4}$	$-\frac{1}{2}$	$\frac{1}{4}$	0	0	0	$\frac{7}{2}$
w_2	0	1	0	-1	1	-2	-1	0	0	8
z_4	0	0	$\frac{1}{4}$	$-\frac{1}{4}$	$\frac{1}{2}$	$-\frac{3}{4}$	-1	1	0	$\frac{1}{2}$
z_0	0	0	$-\frac{1}{2}$	$-\frac{1}{2}$	0	$-\frac{1}{2}$	0	0	1	3

现在 w_3 成了非基本变量，z_3 应当进基，但 z_3 所在列非正，所以得到射线解。为了理解这一点，需要回到这个表格的含义：每一行表示了一个方程。以第二行为例，它表示：

$$w_2 - w_4 + z_1 - 2z_2 - z_3 = 8$$

由于 w_3, w_4, z_1 和 z_2 是非基本变量，令它们为零，得

$$w_2 = 8 + z_3$$

类似地处理该表的第一、三和四行后，得

$$w_1 = \frac{7}{2}, \quad z_4 = \frac{1}{2} + z_3, \quad z_0 = 3$$

z_3 可以取用任意的非负实数，如果记 z_3 为 λ，则上面的解可写成

$$(w_1, w_2, w_3, w_4, z_1, z_2, z_3, z_4, z_0)^T$$
$$= \left(\frac{7}{2}, 8, 0, 0, 0, 0, 0, \frac{1}{2}, 3\right)^T + \lambda(0,1,0,0,0,0,1,1,0)^T, \lambda \geqslant 0$$

回到原问题的设计变量得到 $x_1 = z_3 = \lambda, x_2 = \frac{1}{2} + \lambda$。简单的验算表明它们满足所有的约束，目标函数可表成只依赖于 λ：

$$-2x_1 - 4x_2 + x_1^2 - 2x_1x_2 + x_2^2 = -6\lambda - \frac{7}{4}$$

该式当 $\lambda = \infty$ 时给出无界的极小值。

图 4-9 给出了这个问题的几何意义，可行域是无界的，目标函数在无穷远处取极小$\left(\text{沿着直线 } R: x_2 - x_1 = \frac{1}{2}\right)$。

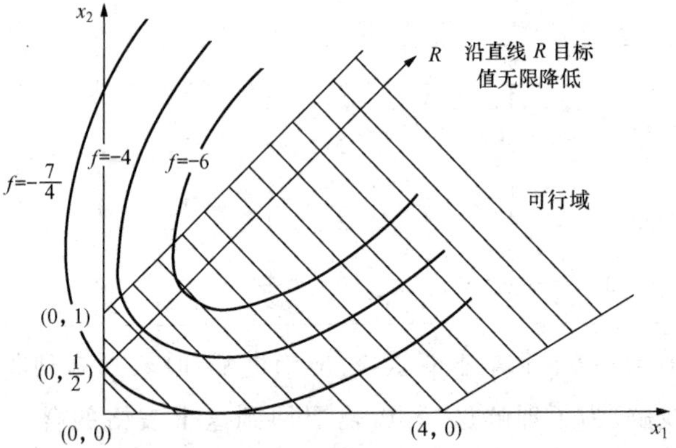

图 4-9　射线解现象

最后要指出，如果原来的二次规划中的约束 $\boldsymbol{cx} \leqslant \boldsymbol{d}$ 不是协调的，也会产生射线解的现象。

除了兰姆克算法还有其他求解二次规划的有效算法，例如第 3 章介绍的可行方向法也可以用来求解二次规划，读者可以参考文献[30]。

类似序列线性规划方法可以建立序列二次规划算法，这就是把一个非线性规划问题化成一系列二次规划问题。每次在一个指定的工作点将约束函数线性化，将目标函数展成泰勒级数并截取到二次项，对这样建立的二次规划求解，而把得到的最优设计取作新的工作点，重复上列过程，直到某种指定的收敛准则得到满足。当然，也需要采取运动极限等措施。和序列线性规划方法相比，由于目标函数近似的精度比较高，收敛应该说可能比序列线性规划方法快，但每次要计算一个二次规划，工作量较大。两种方法的取舍还应该进一步具体地研究。

习 题

1. 利用单纯形法求解线性规划问题：

$$\left.\begin{aligned} &\min\ -x_1+3x_2 \\ &\text{s.t.}\ 3x_1+2x_2\leqslant 60 \\ &\quad\ 0.5x_1+x_2\leqslant 20 \\ &\quad\ x_1\geqslant 0, x_2\geqslant 0 \end{aligned}\right\}$$

2. 利用两相法求解线性规划问题：

$$\left.\begin{aligned} &\max\ 3x_1+4x_2 \\ &\text{s.t.}\ 5x_1+4x_2\geqslant 100 \\ &\quad\ 3x_1+5x_2\leqslant 150 \\ &\quad\ 5x_1+4x_2\leqslant 200 \\ &\quad\ x_1\geqslant 0, x_2\geqslant 0 \end{aligned}\right\}$$

3. 求解二次规划：

$$\left.\begin{aligned} &\min\ 3x_1^2+2x_1x_2+x_2^2-30x_1-14x_2 \\ &\text{s.t.}\ x_1+x_2\leqslant 3 \\ &\quad\ 2x_1-x_2\leqslant 4 \\ &\quad\ x_2\leqslant 2 \\ &\quad\ x_1\geqslant 0, x_2\geqslant 0 \end{aligned}\right\}$$

5

序列近似规划法

前面几章中，我们先后介绍了准则设计法和数学规划法，本章将研究这两类方法的联系，提出将这两类方法结合的序列近似规划法(Sequential Approximate Programming)，并介绍适用于求解更一般的优化问题的序列近似凸规划法(Sequential Approximate Convex Programming)和移动渐近线方法(Method of Moving Asymptotes)，最后我们要介绍序列近似规划法中建立的子规划问题的有效求解方法，包括对偶算法和原算法。

适用于处理非线性规划问题的数学规划法，在它长期发展过程中已经形成了适应各种情况的不同算法，因此可用于求解工程结构优化中遇到的各种问题，具有一般性。数学规划中这些算法的理论往往比较严格，在满足规定的条件下往往可以收敛到局部最优解，把它们用来解决工程结构优化问题使人感到比较可靠。但是，一般地说，这些方法需要较多次迭代重分析，对于每分析一次工作量花费昂贵的大型结构优化，这是一个十分致命的弱点。

准则设计法成功地应用于杆系结构的截面积优化。但是，它的算法有的基于感性的准则，有的基于库-塔克条件，构造迭代算法时引入了经验和技巧，求得的设计不一定是最优解，有的可以近似地满足库-塔克条件。但是，工程实践证明，对许多问题准则设计法收敛较快，要求的迭代次数与设计变量个数关系不大，而且收敛到的解也往往十分接近最优解。准则设计法的这个优点使它深受研究人员的欢迎。但是，进一步发展准则设计法却面临困难的几个问题，即如何区分主动变量与被动变量，如何区分有效约束与无效约束。

尽管长期以来，这两种方法处于对立的地位，但是20世纪80年代以来结构优化工作方面的成果已使它们日益靠拢、互相渗透。事实上，在准则法中执行的可行性调整、目标值比较已经反映了规划法的特色；在规划法中，应力和位移对设计变量的灵敏度也早已采用了准则法中使用的算法来计算。本章中，我们以在第2章中着重讨论的、以桁架断面积为设计变量的桁架类结构优化为例，对准则设计法加以剖析，吸收规划法和准则法两者的优点，提出将这两类方法结合的序列近似规划法，并介绍适用于求解更一般的优化问题的序列近似凸规划法和移动渐近线方法。对偶规划虽然是数学规划中一个独立的方法，但由于采用对偶规划可以十分有效地求解在这里讨论的序列近似规划法，我们也将其列入本章的内容。

5.1　准则设计法和数学规划法的结合

在第2章中，我们曾讨论受到多变位约束和断面尺寸上、下界约束的桁架最优设计问题，它可以提成：求最优断面积 $A_i(i=1,2,\cdots,n)$，

$$\left.\begin{aligned}&\min W = \sum_{i=1}^{n}\rho_i l_i A_i\\&\text{s.t.}\ \ u_j - \bar{u}_j \leqslant 0,\ j = 1,2,\cdots,J\\&\qquad \underline{A}_i \leqslant A_i \leqslant \bar{A}_i,\ i = 1,2,\cdots,n\end{aligned}\right\}\tag{2-140}$$

对于这样一个含有隐式不等式约束的非线性规划问题，前面两章已经介绍了大量的算法，这中间包括直接处理约束的各种直接法，还包括各种不同类型的转化法，例如序列无约束优化方法、序列线性规划和序列二次规划等算法。回顾第 2 章中介绍的准则法，乍看起来是截然不同的途径。它们之间是否有相同之处呢？这就是下面要讨论的内容。

运用准则设计法时，上列非线性规划问题(2-140)的求解被转化为求解拉格朗日乘子 $\boldsymbol{\lambda}$ 及设计变量 $\mathbf{A}$，满足下列库 - 塔克条件：

$$\left\{\begin{aligned}&\rho_i l_i - \sum_{j=1}^{J}\lambda_j \frac{\tau_{ij}}{A_i^2}\begin{cases}\geqslant 0 & \text{若 } A_i = \underline{A}_i\\ = 0 & \text{若 } \underline{A}_i < A_i < \bar{A}_i\\ \leqslant 0 & \text{若 } A_i = \bar{A}_i\end{cases}\\&\qquad\qquad\qquad\qquad i = 1,2,\cdots,n\\&\lambda_j\left(\sum_{i=1}^{n}\frac{\tau_{ij}}{A_i} - \bar{u}_j\right) = 0,\ j = 1,2,\cdots,J\\&\lambda_j \geqslant 0,\ \sum_{i=1}^{n}\frac{\tau_{ij}}{A_i} \leqslant \bar{u}_j,\ j = 1,2,\cdots,J\end{aligned}\right.\tag{2-144}$$

为了求得满足这个准则的 λ_j 与 A_i，在准则设计法中采用的迭代格式可以概述为：假定已经有了一个最优解的近似的初步设计 $\mathbf{A}^{\circ}$，分析这个设计，求出桁架在各工况下各杆的内力、节点变位及 $\tau_{ij}(\mathbf{A}^{\circ})$ 的值，然后基于库 - 塔克条件构造迭代格式，求改进的设计 A_i^n 满足

$$\begin{cases} \rho_i l_i - \sum_{j=1}^{J} \tilde{\lambda}_j \dfrac{\tau_{ij}(\boldsymbol{A}^{\circ})}{(A_i^{\mathrm{n}})^2} \begin{cases} \geqslant 0 & 若\ A_i^{\mathrm{n}} = \underline{A}_i \\ = 0 & 若\ \underline{A}_i < A_i^{\mathrm{n}} < \overline{A}_i \\ \leqslant 0 & 若\ A_i^{\mathrm{n}} = \overline{A}_i \end{cases} \\ \qquad\qquad\qquad\qquad\qquad i = 1,2,\cdots,n \\ \tilde{\lambda}_j \left(\sum_{i=1}^{n} \dfrac{\tau_{ij}(\boldsymbol{A}^{\circ})}{A_i^{\mathrm{n}}} - \bar{u}_j \right) = 0, j = 1,2,\cdots,J \\ \tilde{\lambda}_j \geqslant 0, \sum_{i=1}^{n} \dfrac{\tau_{ij}(\boldsymbol{A}^{\circ})}{A_i^{\mathrm{n}}} \leqslant \bar{u}_j, j = 1,2,\cdots,J \end{cases} \tag{5-1}$$

上式中的 λ_j 记成 $\tilde{\lambda}_j$ 是为了强调这里求得的只是近似的拉格朗日乘子，而不是精确的值。

式(5-1) 的优点是 A_i^{n} 和 $\tilde{\lambda}_j$ 的系数 $\tau_{ij}(\boldsymbol{A}^{\circ})$ 等均为常数；缺点是哪些断面积 A_i^{n} 主动，哪些约束有效仍属未知，而且并不容易决定它们。为了求解式(5-1)，准则设计法中发展了一些方法来估计主、被动变量和有效、无效约束，例如包络法和最严约束法等，这种办法大多基于经验和直觉，然而采用这些技巧，用求解一系列的问题(5-1) 来代替求解式(2-144) 也正是准则设计法的成功之处。

仔细分析可以看出，求解这一组非线性不等式(5-1) 等价于求解下列近似的非线性规划问题：求 A_i^{n}，

$$\left.\begin{aligned} &\min \sum_{i=1}^{n} \rho_i l_i A_i^{\mathrm{n}} \\ &\text{s. t.} \sum_{i=1}^{n} \frac{\tau_{ij}(\boldsymbol{A}^{\circ})}{A_i^{\mathrm{n}}} \leqslant \bar{u}_j, j = 1,2,\cdots,J \\ &\qquad \underline{A}_i \leqslant A_i^{\mathrm{n}} \leqslant \overline{A}_i, i = 1,2,\cdots,n \end{aligned}\right\} \tag{5-2}$$

事实上，非线性不等式(5-1) 可以从非线性规划(5-2) 的库 - 塔克条件导出。由于非线性规划理论比较成熟，我们求解问题(5-2) 的手段就十分丰富。

至此，我们可以采用如下的序列近似规划法来代替准则法的求解途径(撇开一些次要的技巧)：

假定一个初始设计 $\mathbf{A}^{\circ}$，通过结构分析建立近似规划问题(5-2)，求解(5-2)得到一个改进的设计 $\mathbf{A}^{n}$，对 $\mathbf{A}^{n}$ 和 $\mathbf{A}^{\circ}$ 加以比较，检查收敛是否满足。如不满足，则以 $\mathbf{A}^{n}$ 为 $\mathbf{A}^{\circ}$ 重复上列过程，如已满足便停机。

近似非线性规划问题(5-2)有很显著的特点：所有的约束均为显式。回顾在本书第1章介绍结构优化时，我们曾多次强调隐式约束的困难，就可以看出从式(2-140)到式(5-2)，问题极大地简化了。如果引进倒数设计变量 α_i：

$$\alpha_i = \frac{1}{A_i^{n}},\quad i = 1,2,\cdots,n \tag{5-3}$$

则近似规划问题(5-2)可写成：求 α_i，$i = 1,2,\cdots,n$，

$$\left.\begin{aligned} &\min \sum_{i=1}^{n} \frac{\rho_i l_i}{\alpha_i} \\ &\text{s. t.}\ \sum_{i=1}^{n} \tau_{ij}(\mathbf{A}^{\circ})\alpha_i \leqslant \bar{u}_j,\ j = 1,2,\cdots,J \\ &\underline{\alpha}_i \leqslant \alpha_i \leqslant \bar{\alpha}_i,\ i = 1,2,\cdots,n \end{aligned}\right\} \tag{5-4}$$

式中 $\underline{\alpha}_i = \dfrac{1}{\bar{A}_i}$；$\bar{\alpha}_i = \dfrac{1}{\underline{A}_i}$。

以 α_i 为设计变量的非线性规划问题(5-4)更有特点：约束函数不仅为显式，而且是设计变量的线性函数，只有目标函数是非线性的。即问题(5-4)是线性约束下的非线性规划问题。众所周知，对于线性约束下的非线性规划问题，存在很多有效的优化算法。

问题(5-4)中的约束函数是设计变量的线性函数这一特点，使我们很容易联想到序列线性规划法和序列二次规划法，在这些方法中原来的非线性规划也是用一系列近似规划来代替的，每一次

求解的近似规划也都是线性约束下的规划问题，正如第4章中介绍的那样，这些线性约束是将原非线性约束在数学上作泰勒展开后取线性近似得到的。下面我们来说明，式(5-4)中的线性约束 $\sum \tau_{ij}(\boldsymbol{A}^{\circ})\alpha_i \leqslant \bar{u}_j$ 是原约束 $u_j \leqslant \bar{u}_j$ 在倒数设计空间中作泰勒展开后的线性近似。

由式(2-62)和(2-69)可知，位移及其对设计变量的导数可写成

$$u_j = \sum_{i=1}^{n} \frac{\tau_{ij}}{A_i}$$

$$\frac{\partial u_j}{\partial A_i} = -\frac{\tau_{ij}}{A_i^2}$$

引入倒数设计变量 $\alpha_i = \dfrac{1}{A_i}$：

$$u_j = \sum_{i=1}^{n} \tau_{ij}\alpha_i \tag{5-5}$$

$$\frac{\partial u_j}{\partial \alpha_i} = \frac{\partial u_j}{\partial A_i}\frac{\partial A_i}{\partial \alpha_i} = \tau_{ij} \tag{5-6}$$

因此，如在倒数设计空间的设计点 $\alpha_i^{\circ} = \dfrac{1}{A_i^{\circ}}$ 邻近将位移函数 u_j 作线性近似，可得

$$\begin{aligned} u_j &\approx u_j^{\circ} + \sum_{i=1}^{n} \left.\frac{\partial u_j}{\partial \alpha_i}\right|_{\boldsymbol{\alpha}^{\circ}} (\alpha_i - \alpha_i^{\circ}) \\ &= \sum_{i=1}^{n} \tau_{ij}(\boldsymbol{\alpha}^{\circ})\alpha_i^{\circ} + \sum_{i=1}^{n} \tau_{ij}(\boldsymbol{\alpha}^{\circ})(\alpha_i - \alpha_i^{\circ}) \\ &= \sum_{i=1}^{n} \tau_{ij}(\boldsymbol{\alpha}^{\circ})\alpha_i = \sum_{i=1}^{n} \frac{\tau_{ij}(\boldsymbol{A}^{\circ})}{A_i} \end{aligned} \tag{5-7}$$

这也就是近似规划问题(5-2)中所用位移函数的近似表达式。

经过以上分析后可以看到，准则设计法采用的求解途径和序列线性规划、序列二次规划法等很接近，差别在于对设计变量的选

择及目标函数的处理。准则法可以等价于下列序列近似规划法(除去一些技巧和细节):

假定一个初始设计 $\mathbf{A}^{\circ}$,通过结构分析求出结构响应 u_j° 及其对设计变量倒数的灵敏度$\left.\frac{\partial u_j}{\partial \alpha_i}\right|_{\mathbf{A}^{\circ}}=\left.\frac{\partial u_j}{\partial A_i}\frac{\partial A_i}{\partial \alpha_i}\right|_{\mathbf{A}^{\circ}}=\tau_{ij}(\mathbf{A}^{\circ})$,建立如下近似规划问题:求 $A_i,i=1,2,\cdots,n$,

$$\left.\begin{aligned}&\min\ \sum_{i=1}^{n}\rho_i l_i A_i\\&\text{s. t.}\ \ u_j^{\circ}+\sum\left.\frac{\partial u_j}{\partial \alpha_i}\right|_{\mathbf{A}^{\circ}}\left(\frac{1}{A_i}-\frac{1}{A_i^{\circ}}\right)\leqslant \bar{u}_j,j=1,2,\cdots,J\\&\qquad \underline{A}_i\leqslant A_i\leqslant \overline{A}_i,i=1,2,\cdots,n\end{aligned}\right\}\tag{5-8}$$

求解式(5-8)得到一个改进的设计 $\mathbf{A}^{n}$,对 $\mathbf{A}^{n}$ 和 $\mathbf{A}^{\circ}$ 加以比较,检查收敛是否满足。如不满足,则以 $\mathbf{A}^{n}$ 为 $\mathbf{A}^{\circ}$ 重复上列过程,如已满足便停机。

我们要强调,设计变量的选择可以改变泰勒展式的形式,影响基于泰勒展式的线性近似的精度。虽然无法证明,但可以通过数值例子及力学分析来说明,很多情况下采用倒数变量 α_i 给出的线性近似精度较高。事实上如果在原空间中(即以断面积 A_i 为设计变量)写出位移函数 u_j 在设计点 $\mathbf{A}^{\circ}$ 附近的线性近似:

$$u_j\approx u_j^{\circ}+\sum_{i=1}^{n}\left.\left(-\frac{\tau_{ij}}{A_i^2}\right)\right|_{\mathbf{A}^{\circ}}(A_i-A_i^{\circ})\tag{5-9}$$

该表达式和式(5-7)相比有若干弱点。例如,如2.4节中指出的:由于对静定桁架 τ_{ij} 是常数,因此表达式(5-7)对静定桁架是精确的;当设计变量沿着过原点的射线变化时,τ_{ij} 也是常数,因而近似式(5-7)也是精确的。这些说法对式(5-9)均不成立。

下面的例1说明近似式(5-7)比(5-9)给出更为精确的近似。例2给出了引入倒数设计变量后的序列近似规划迭代算法的数值例子。

例 1 如图 5-1 所示的桁架中，1，2，3 和 4 杆截面积相同，均为 A_1，5，6 杆截面积为 A_2。外荷载 $P=20$，杨氏模量 E 取成 20。在点 $\mathbf{A}^0=(0.6,0.7)^T$ 处分析该结构，求得节点位移为

$$(u_a,v_a,u_b,v_b)\big|_{\mathbf{A}^0}=(3.401\,0,-0.953\,9,2.937\,6,0.823\,9)^T$$

其导数为

$$\begin{pmatrix} \dfrac{\partial u_a}{\partial A_1} & \dfrac{\partial u_a}{\partial A_2} \\ \dfrac{\partial v_a}{\partial A_1} & \dfrac{\partial v_a}{\partial A_2} \\ \dfrac{\partial u_b}{\partial A_1} & \dfrac{\partial u_b}{\partial A_2} \\ \dfrac{\partial v_b}{\partial A_1} & \dfrac{\partial v_b}{\partial A_2} \end{pmatrix}=\begin{pmatrix} -2.3438 & -2.8667 \\ 1.652\,6 & -0.055\,6 \\ -1.606\,8 & -2.825\,5 \\ -1.310\,3 & -0.055\,6 \end{pmatrix}$$

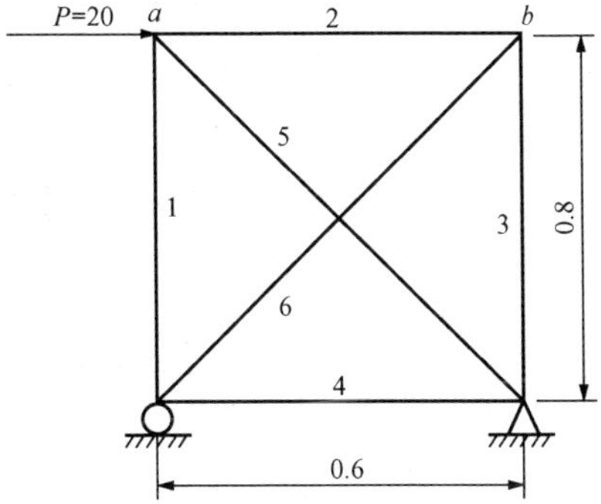

图 5-1

如果按倒数空间里的线性近似(5-7)估计设计点 $\mathbf{A}^{(1)}=(0.3,0.5)^T$ 的位移，得

$$(u_a,v_a,u_b,v_b)\big|_{\mathbf{A}^{(1)}}\approx(5.607\,2,-1.929\,9,4.693\,0,1.625\,7)^T$$

如在原设计空间中作线性近似(5-8)，可近似求得 $\mathbf{A}^{(1)}$ 的位移为

$$(u_a,v_a,u_b,v_b)^T\big|_{\mathbf{A}^{(1)}}\approx(4.675\,5,-1.438\,5,3.984\,7,1.228\,1)^T$$

经过结构分析，可以求出 $\boldsymbol{A}^{(1)}$ 点的精确位移为

$$(u_a, v_a, u_b, v_b)^{\mathrm{T}}\big|_{\boldsymbol{A}^{(1)}} \approx (5.6039, -1.9357, 4.6924, 1.6204)^{\mathrm{T}}$$

比较一下，原空间中的线性近似平均误差为 20.4%，倒数空间中的线性近似平均误差为 0.18%，两者相差很大。

在很多情况下，在倒数设计变量空间中的线性近似具有很高的精度，这是准则法具有很高效率的一个原因。采用近似规划(5-8)式的序列非线性规划求解桁架结构的断面积优化，和准则法一样，在很多情况具有收敛较快的优点。

例 2 我们以 4.4 节的例 7 为例，原问题可以写成：求 $\alpha_i, i=1, 2$，

$$\left.\begin{aligned}
&\min W = 10\left(\frac{2\sqrt{2}}{\alpha_1}+\frac{1}{\alpha_2}\right)\\
&\text{s.t. } h_1(\alpha_1,\alpha_2)=\frac{1}{\alpha_2}+\frac{\sqrt{2}}{\alpha_1}-\frac{\sqrt{2}}{\alpha_1^2}-\frac{2}{\alpha_1\alpha_2}\leqslant 0\\
&\qquad h_3(\alpha_1,\alpha_2)=\frac{4}{\alpha_2}-\frac{3\sqrt{2}}{\alpha_1^2}-\frac{6}{\alpha_1\alpha_2}\leqslant 0\\
&\qquad 0<\alpha_i\leqslant 100, i=1,2
\end{aligned}\right\}\tag{1}$$

其中，$\alpha_1=\dfrac{1}{A_1}, \alpha_2=\dfrac{1}{A_2}$。

为了将约束在倒数设计变量空间中进行线性展开，我们求得约束函数的梯度为

$$\nabla h_1=\left(\frac{-\sqrt{2}}{\alpha_1^2}+\frac{2\sqrt{2}}{\alpha_1^3}+\frac{2}{\alpha_1^2\alpha_2}, \frac{-1}{\alpha_2^2}+\frac{2}{\alpha_1\alpha_2^2}\right)^{\mathrm{T}}\tag{2}$$

$$\nabla h_3=\left(\frac{6\sqrt{2}}{\alpha_1^3}+\frac{6}{\alpha_1^2\alpha_2}, \frac{-4}{\alpha_2^2}+\frac{6}{\alpha_1\alpha_2^2}\right)^{\mathrm{T}}\tag{3}$$

作为初始猜测，我们取 $\boldsymbol{A}^{(0)}=(1,1)^{\mathrm{T}}$，在倒数空间中初始值为 $\boldsymbol{\alpha}^{(0)}=(1,1)^{\mathrm{T}}$，目标值 $W^{(0)}=38.28$，以它为工作点进行展开，得

$$h_1^{(0)}=-1+(2+\sqrt{2})(\alpha_1-1)+(\alpha_2-1)\leqslant 0$$

$$h_3^{(0)}=-2-3\sqrt{2}+(6\sqrt{2}+6)(\alpha_1-1)+2(\alpha_2-1)\leqslant 0$$

代入得到近似规划问题。注意，我们此时不将原问题的目标函数线性化为线性近似，所以这个子规划是在线性约束下的非线性规划。

求 α_1,α_2，

$$\left.\begin{aligned}&\min\ \frac{20\sqrt{2}}{\alpha_1}+\frac{10}{\alpha_2}\\&\text{s. t.}\ \ (2+\sqrt{2})\alpha_1+\alpha_2\leqslant 4+\sqrt{2}\\&\qquad\ (6\sqrt{2}+6)\alpha_1+2\alpha_2\leqslant 10+9\sqrt{2}\\&\qquad\ 0<\alpha_1\leqslant 100,0<\alpha_2\leqslant 100\end{aligned}\right\}$$

为求解这个问题的最优解，我们采用图解法。从图 5-2(a) 中可以看出最优解是目标函数等高线和约束曲线 $h_1^{(0)}=0$ 的切点。目标函数等高线在(α_1,α_2)点的切线斜率为

$$\frac{\mathrm{d}\alpha_2}{\mathrm{d}\alpha_1}=-2\sqrt{2}\left(\frac{\alpha_2}{\alpha_1}\right)^2$$

与约束 $h_1^{(0)}=0$ 的切点满足下列方程组

$$\begin{cases}-2\sqrt{2}\left(\dfrac{\alpha_2}{\alpha_1}\right)^2=-(2+\sqrt{2})\\(2+\sqrt{2})\alpha_1+\alpha_2=4+\sqrt{2}\end{cases}$$

可以求得最优解为 $\alpha_1^{(1)}=1.20,\alpha_2^{(1)}=1.32,W^{(1)}=31.2$。

第一次迭代从 $\alpha_1^{(1)}=1.20,\alpha_2^{(1)}=1.32$ 处出发，在该点展开得到约束在倒数空间中的线性近似：

$$h_1^{(1)}=-0.31+1.71(\alpha_1-1.20)+0.384(\alpha_2-1.32)\leqslant 0$$

$$h_3^{(1)}=-4.44+8.07(\alpha_1-1.20)+0.576(\alpha_2-1.32)\leqslant 0$$

由图解法可以看出(图 5-2(b))，最优解是约束曲面 $h_1^{(1)}=0$ 与目标函数等值线的切点，满足下列方程：

$$-2\sqrt{2}\left(\frac{\alpha_2}{\alpha_1}\right)^2=-4.45$$

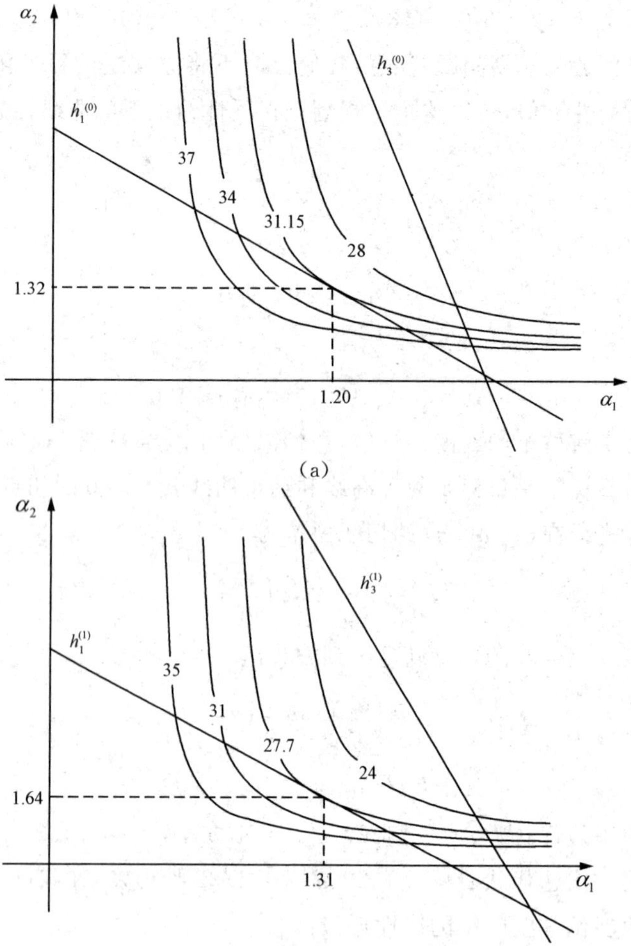

图 5-2

$$-0.31+1.71(\alpha_1-1.20)+0.384(\alpha_2-1.32)=0$$

这个问题的最优解是

$$\alpha_1^{(2)}=1.31,\quad \alpha_2^{(2)}=1.64\quad (A_1^{(2)}=0.764, A_2^{(2)}=0.609)$$

$$W^{(2)}=27.7$$

第二次迭代在 $\alpha_1^{(2)}=1.31, \alpha_2^{(2)}=1.64$ 处展开得

$$h_1^{(2)} = -0.0674 + 1.15(\alpha_1 - 1.31) + 0.196(\alpha_2 - 1.64) \leqslant 0$$

$$h_3^{(2)} = -3.79 + 5.92(\alpha_1 - 1.31) + 0.218(\alpha_2 - 1.64) \leqslant 0$$

由图解法可以给出最优解处于约束曲面 $h_1^{(2)} = 0$ 和目标函数等值线的切点，满足

$$-2\sqrt{2}\left(\frac{\alpha_2}{\alpha_1}\right)^2 = -5.85$$

$$-0.0674 + 1.15(\alpha_1 - 1.32) + 0.196(\alpha_2 - 1.64) = 0$$

问题的最优解是

$$\alpha_1^{(3)} = 1.32, \quad \alpha_2^{(3)} = 1.90 \quad (A_1^{(3)} = 0.756, A_2^{(3)} = 0.526)$$

$$W^{(3)} = 26.7$$

第三次迭代在 $\alpha_1^{(3)} = 1.32, \alpha_2^{(3)} = 1.90$ 处展开，得到最优解是

$$\alpha_1^{(4)} = 1.31, \quad \alpha_2^{(4)} = 2.08 \quad (A_1^{(4)} = 0.766, A_2^{(4)} = 0.481)$$

$$W^{(4)} = 26.5$$

如此下去得到的近似最优解序列可见表 5-1。

表 5-1

迭代次数	α_1	α_2	A_1	A_2	W
0	1.0	1.0	1.0	1.0	38.28
1	1.20	1.32	0.833	0.759	31.2
2	1.31	1.64	0.764	0.609	27.7
3	1.32	1.90	0.756	0.526	26.7
4	1.32	2.08	0.766	0.481	26.5
5	1.29	2.20	0.773	0.455	26.4
6	1.29	2.28	0.778	0.439	26.4
7	1.28	2.33	0.782	0.429	26.4
8	1.28	2.37	0.784	0.422	26.4
9	1.27	2.40	0.786	0.418	26.4

注：为了简洁，表中部分数据进行四舍五入，只给出三位有效数字。

迭代 9 次后得到的近似解和精确最优解（$A_1 = 0.789, A_2 = 0.408, W = 26.39$）相当接近。和 4.4 节的序列线性规划法相比，收

敛速度显著改善。此外，迭代过程中得到的近似解都是可行解，是保守的设计，易于被设计人员使用。

需要再一次强调的是，上面每一迭代步得到的是线性约束下的非线性规划，这里采用图解法求解。由于这一非线性规划是可分离规划，可以采用本章后面介绍的对偶算法和原算法求解，并不需要采用图解法求解。

如果结构的设计还受到频率及总体稳定约束，或者结构的单元刚度与设计变量不成线性关系，例如采用节点坐标作设计变量时的桁架最小重量设计，采用梁柱断面尺寸作设计变量的框排架优化，对这些问题，我们可以根据结构的特点研究哪一种设计变量更优，以及在哪一个设计空间内将非线性约束作泰勒展式更优，但是在采用准则法求解这类问题时，通常就在原设计变量的空间内作泰勒展开以获得约束近似显式，2.7 节对频率约束的处理就是采用这种方法。这样做时，如果目标函数是设计变量的线性函数，则准则设计法的求解途径就可以等价于一个序列线性规划算法；如果目标函数是设计变量的二次函数，则准则设计法的求解途径就可以等价于序列二次规划算法[43]。

5.2　序列近似规划法

在第一节中我们以受到位移约束的桁架结构杆件断面积优化设计为例，详细介绍了构造的序列近似规划法。在构造这个序列近似规划时，我们利用了桁架结构的特点：单元的刚度与设计变量成正比，可以采用莫尔公式将约束函数 —— 节点位移表示为设计变量的显式；引入断面积的倒数，对设计变量进行变换，可以构造高精度的位移线性近似。这些特点使得构造的近似规划具有下列几个优点：在近似规划中约束和目标函数都是设计变量的显函数；约束和目标函数都是一些项的和，其中每一项都只和一个设计变量有关，即近似规划是可分离规划(见 3.1 节)；近似约束函数是原约束函数的高精度近似。由于这些优点，近似规划可以高效求解。受到平面内荷载作用的膜结构的厚度优化，也具有同样特点，也可采用同样的方法处理。但是，结构优化问题的设计变量可以是几何尺寸，也可以是复合材料纤维铺层角度，约束也不限于位移，例如是对振动频率和稳定性临界荷载的约束，这些问题和受到位移约束的桁架结构杆件断面积优化设计有很大差别；另一方面，这些问题和桁架结构优化有相同特点：函数值计算需要采用有限元分析方法，工作量大，灵敏度计算则可以采用拟荷载或虚荷载等高效算法。考虑这些特点，将前面介绍的序列近似规划改进以适用于更广泛的工程结构优化问题，成为结构优化领域 20 世纪末研究的一个热点。

Fleury[44] 的研究表明，构造的序列近似规划内层的规划应该是可分离的凸规划，而为了使得内层规划成为凸规划，应该根据灵敏度的不同符号，对不同的设计变量采用不同的变量变换。在 Fleury 序列凸规划研究工作的基础上，Svanburg 提出移动渐近线法[10]，引入移动的渐近线控制内层近似规划的凸性和保守性，使得算法既稳定又加速了收敛速度。本节主要内容引自 Svanberg[10]，该文给出了这个方法最基本的算法。近年来，该方法仍在不断地改进。

5.2.1 序列凸规划[45]

求解式(5-8)的近似规划有时会遇到困难。我们下面对近似规划(5-8)的凸性进行分析。该式中近似约束函数 u_j 的海森矩阵是一个对角矩阵，对角元素为

$$\mathrm{Diag}\ (H(\boldsymbol{A}^{\circ})) = \left(\frac{2\tau_{1j}(\boldsymbol{A}^{\circ})}{A_1^3}, \frac{2\tau_{2j}(\boldsymbol{A}^{\circ})}{A_2^3}, \cdots, \frac{2\tau_{nj}(\boldsymbol{A}^{\circ})}{A_n^3}\right)^{\mathrm{T}} \tag{5-10}$$

对于杆系结构的截面尺寸优化，注意位移对设计变量的灵敏度为

$$\frac{\partial u_j}{\partial A_i}=-\frac{\tau_{ij}}{A_i^2}$$

大部分情况下断面积的增加引起位移的减小，因此大部分情况下 $\tau_{ij}(\boldsymbol{A}^{\circ})$ 为正值，此时，近似约束函数的海森矩阵正定，近似约束函数为凸函数。如果所有约束函数都是凸函数，则近似规划(5-8)是凸规划。对于凸规划，局部最优解也就是全局最优解，一般地说可以高效地求解。但是，如果某一个 $\tau_{ij}(\boldsymbol{A}^{\circ})$ 取负值，则近似规划不是凸规划，很多求解算法不能收敛到最优解。因此，Fleury 等提出构造的近似规划不仅应该是显式的可分离规划，还应该是凸规划。对于一般的非线性约束优化问题 P：

$$\left.\begin{aligned}&\min\ f_0(\boldsymbol{x})\\&\text{s.t.}\ \ f_j(\boldsymbol{x})\leqslant\hat{f}_j,j=1,2,\cdots,m\\&\qquad \underline{x}_i\leqslant x_i\leqslant\overline{x}_i,\ i=1,2,\cdots,n\end{aligned}\right\}\tag{5-11}$$

Fleury 提出在构造某个约束函数的近似函数时，如果该约束对设计变量 i 的导数大于零，我们在原设计变量空间中进行线性近似；如果该约束对设计变量 i 的导数小于零，则在倒数设计变量空间中进行线性近似。具体来说，在给定的迭代点 $\boldsymbol{x}^k$，近似约束函数 $\widetilde{f}_j(\boldsymbol{x})$ 取为如下形式

$$\begin{aligned}f_j(\boldsymbol{x})\approx\widetilde{f}_j(\boldsymbol{x})=f_j(\boldsymbol{x}^k)+\sum_{i\in I^+}\frac{\partial f_j(\boldsymbol{x}^k)}{\partial x_i}(x_i-x_i^k)-\\\sum_{i\in I^-}\frac{\partial f_j(\boldsymbol{x}^k)}{\partial x_i}\left(\frac{1}{x_i}-\frac{1}{x_i^k}\right)(x_i^k)^2\end{aligned}\tag{5-12}$$

其中，

$$I^+=\{i\,|\,i=1,2,\cdots,n;\frac{\partial f_j(\boldsymbol{x}^k)}{\partial x_i}\geqslant 0\}$$

$$I^{-}=\{i \mid i=1,2,\cdots,n;\frac{\partial f_j(\boldsymbol{x}^k)}{\partial x_i}<0\}$$

式(5-12)右端的第一个求和号只对$\frac{\partial f_j(\boldsymbol{x}^k)}{\partial x_i}\geqslant 0$的变量执行，第二个求和号只对$\frac{\partial f_j(\boldsymbol{x}^k)}{\partial x_i}<0$的变量执行。很容易证明

$$f_j(\boldsymbol{x}^k)=\widetilde{f}_j(\boldsymbol{x}^k);\quad \frac{\partial f_j(\boldsymbol{x}^k)}{\partial x_i}=\frac{\partial \widetilde{f}_j(\boldsymbol{x}^k)}{\partial x_i};$$

$$\frac{\partial^2 \widetilde{f}_j(\boldsymbol{x}^k)}{\partial x_i^2}=\begin{cases}0 & \text{若 } \frac{\partial \widetilde{f}_j(\boldsymbol{x}^k)}{\partial x_i}\geqslant 0\\ -\frac{2}{x_i^k}\frac{\partial \widetilde{f}_j(\boldsymbol{x}^k)}{\partial x_i} & \text{若 } \frac{\partial \widetilde{f}_j(\boldsymbol{x}^k)}{\partial x_i}<0\end{cases} \tag{5-13}$$

$$\frac{\partial^2 \widetilde{f}_j(\boldsymbol{x}^k)}{\partial x_i \partial x_l}=0,\quad i\neq l$$

$$j=1,2,\cdots,m;\ i=1,2,\cdots,n;\ l=1,2,\cdots n$$

即在当前设计点 $\boldsymbol{x}^k$，近似约束函数和原函数具有相同的函数值和一阶导数值，海森矩阵为对角阵，且当设计变量非负时(桁架截面积优化中截面积非负)海森矩阵正定，因此近似约束函数为凸函数。将式(5-11)中的所有的约束函数和目标函数用近似函数(5-12)代替，我们的内层的近似规划就成为具有显式的、可分离的凸规划，对于求解具有很好的性质。

5.2.2 移动渐近线法

Svanberg 进一步改进序列凸规划法[10]，将目标函数和约束函数近似为

$$\widetilde{f}_j^k(\boldsymbol{x})=r_j^k+\sum_{i=1}^{n}\left(\frac{p_{ji}^k}{U_i^k-x_i}+\frac{q_{ji}^k}{x_i-L_i^k}\right) \tag{5-14}$$

其中，

$$p_{ji}^{k}=\begin{cases}(U_{i}^{k}-x_{i}^{k})^{2}\dfrac{\partial f_{j}}{\partial x_{i}} & 若\ \dfrac{\partial f_{j}}{\partial x_{i}}>0\\ 0 & 若\dfrac{\partial f_{j}}{\partial x_{i}}\leqslant 0\end{cases}\tag{5-15}$$

$$q_{ji}^{k}=\begin{cases}0 & 若\dfrac{\partial f_{j}}{\partial x_{i}}\geqslant 0\\ -(x_{j}^{k}-L_{j}^{k})^{2}\dfrac{\partial f_{j}}{\partial x_{i}} & 若\ \dfrac{\partial f_{j}}{\partial x_{i}}<0\end{cases}\tag{5-16}$$

$$r_{j}^{k}=f_{j}(\boldsymbol{x}^{k})-\sum_{i=1}^{n}\left(\frac{p_{ji}^{k}}{U_{i}^{k}-x_{i}^{k}}+\frac{q_{ji}^{k}}{x_{i}^{k}-L_{i}^{k}}\right)\tag{5-17}$$

其中的导数$\dfrac{\partial f_{j}}{\partial x_{i}}$都是在当前设计点$\boldsymbol{x}^{k}$计算。可以证明在当前设计点$\boldsymbol{x}^{k}$,近似函数(5-14)和原函数的函数值和一阶导数值相等,即

$$\tilde{f}_{j}^{k}(\boldsymbol{x}^{k})=f_{j}(\boldsymbol{x}^{k}),\quad \frac{\partial\,\tilde{f}_{j}^{k}(\boldsymbol{x}^{k})}{\partial x_{i}}=\frac{\partial f_{j}(\boldsymbol{x}^{k})}{\partial x_{i}}\tag{5-18}$$

此外,近似函数的二阶导数为

$$\frac{\partial^{2}\,\tilde{f}_{j}^{k}(x)}{\partial x_{i}^{2}}=\frac{2p_{ji}^{k}}{(U_{i}^{k}-x_{i})^{3}}+\frac{2q_{ji}^{k}}{(x_{i}-L_{i}^{k})^{3}}$$

$$\frac{\partial^{2}\,\tilde{f}_{j}^{k}(x)}{\partial x_{i}\partial x_{l}}=0,\quad i\neq l\tag{5-19}$$

因为$p_{ji}^{k}\geqslant 0, q_{ji}^{k}\geqslant 0$,所以只要$L_{i}^{k}<x_{i}<U_{i}^{k}$,近似函数的海森矩阵是正定的,近似函数是凸函数。特别地,在当前设计点$\boldsymbol{x}^{k}$,我们有

$$\frac{\partial^{2}\,\tilde{f}_{j}^{k}(\boldsymbol{x}^{k})}{\partial x_{i}^{2}}=\begin{cases}\dfrac{2\partial f_{j}(\boldsymbol{x}^{k})/\partial x_{i}}{U_{i}^{k}-x_{i}^{k}} & 若\dfrac{\partial f_{j}(\boldsymbol{x}^{k})}{\partial x_{i}}>0\\ \dfrac{-2\partial f_{j}(\boldsymbol{x}^{k})/\partial x_{i}}{x_{i}^{k}-L_{i}^{k}} & 若\dfrac{\partial f_{j}(\boldsymbol{x}^{k})}{\partial x_{i}}<0\end{cases}\tag{5-20}$$

因此,L_{i}^{k},U_{i}^{k}越靠近x_{i}^{k},这些二阶导数越大,近似函数$\tilde{f}_{j}^{k}(\boldsymbol{x})$曲率越大,原函数的近似越保守。更准确地说,如果$\tilde{f}_{j}^{k}(\boldsymbol{x})$,$\hat{f}_{j}^{k}(\boldsymbol{x})$是两个近似函数,分别相应于在式(5-14)中用$\tilde{L}_{i}^{k}$,$\tilde{U}_{i}^{k}$或$\hat{L}_{i}^{k}$,$\hat{U}_{i}^{k}$代替$L_{i}^{k}$,

U_i^k，且对所有设计变量我们有$\widetilde{L}_i^k \leqslant \hat{L}_i^k < x_i^k < \hat{U}_i^k \leqslant \widetilde{U}_i^k$，则$\widetilde{f}_j^k(\boldsymbol{x}) \leqslant \hat{f}_j^k(\boldsymbol{x})$。相应地，如果 $\boldsymbol{L}^k$，$\boldsymbol{U}^k$ 离开 $\boldsymbol{x}^k$ 越远，二阶导数越小，近似函数越接近线性函数，而如果 $\boldsymbol{L}^k = -\infty$，$\boldsymbol{U}^k = +\infty$，近似函数就是一个原函数在原设计变量空间内的线性近似，序列近似规划也就是序列线性规划。如果对所有的设计变量 x_i 有$L_i^k = 0$，$U_i^k = +\infty$，$\widetilde{f}_j^k(\boldsymbol{x})$和式(5-12) 的近似函数一致，对$\dfrac{\partial f_j(\boldsymbol{x}^k)}{\partial x_i} \geqslant 0$ 的设计变量 x_i，近似函数线性依赖于 x_i；对$\dfrac{\partial f_j(\boldsymbol{x}^k)}{\partial x_i} < 0$ 的设计变量 x_i，近似函数是凸的。

由于L_i^k，U_i^k 总取有限值，除了对$\dfrac{\partial f_j(\boldsymbol{x}^k)}{\partial x_i} = 0$的设计变量 x_i 外，$\widetilde{f}_j^k(\boldsymbol{x})$ 是严格的凸函数。由于 L_i^k，U_i^k 的取值影响近似函数的凸性和保守程度，也影响这个方法所构造的序列近似规划的收敛特性，L_i^k，U_i^k 称为渐近线。在实际使用这个方法时，可以适当调整其取值，移动其覆盖的区间，所以 Svanberg 称该方法为移动渐近线方法。

归纳起来，采用移动渐近线法时，近似规划可写成 P^k：

$$\left.\begin{aligned}
&\min\ \widetilde{f}_0^k(\boldsymbol{x}) = r_0^k + \sum_{i=1}^{n}\left(\frac{p_{0i}^k}{U_i^k - x_i} + \frac{q_{0i}^k}{x_i - L_i^k}\right) \\
&\text{s. t.}\ \ \widetilde{f}_j^k(\boldsymbol{x}) = r_j^k + \sum_{i=1}^{n}\left(\frac{p_{ji}^k}{U_i^k - x_i} + \frac{q_{ji}^k}{x_i - L_i^k}\right) \leqslant \hat{f}_j \\
&\qquad\qquad\qquad\qquad\qquad j = 1,2,\cdots,m \\
&\qquad \max\{\underline{x}_i, \alpha_i^k\} \leqslant x_i \leqslant \min\{\overline{x}_i, \beta_i^k\},\quad i = 1,2,\cdots,n
\end{aligned}\right\} \tag{5-21}$$

其中的参数 α_i^k，β_i^k 是运动极限，随迭代进程而修改。在序列线性规划一节中我们曾经对运动极限的取值进行了讨论。

为了保证在设计变量当前允许取值区间 (α_i^k, β_i^k) 内函数的凸性，渐近线 L_i^k，U_i^k 的取值应该满足 $L_i^k < \alpha_i^k \leqslant x_i^k \leqslant \beta_i^k < U_i^k$。如果所需优化的问题是桁架结构杆件断面积优化设计，可取 $L_i^k = 0$，U_i^k 为

大数。如果迭代过程中设计点振荡，可以将渐近线 L_i^k, U_i^k 更靠拢当前设计点；如果迭代过程单调但缓慢，可以扩大渐近线 L_i^k, U_i^k 的区间，远离当前设计点。对于更困难的问题，随迭代调节渐近线 L_i^k, U_i^k 的方法需要用户积累经验。

类似于线性规划的求解一样，采用上列序列近似规划法时，初始设计的选择对算法的收敛也有影响。为了避免初始设计不可行对求解带来困难，我们也可以对所需求解的近似规划加以改造：每个约束引进非负的人工变量 $z_j(j=1,2,\cdots,m)$，将相应约束松弛，并在目标函数中增加对松弛量的惩罚。具体来说，我们在第 k 轮迭代求解的近似规划为 P^k：

$$\left.\begin{aligned}&\min \sum_{i=1}^{n}\left(\frac{p_{0i}}{U_i-x_i}+\frac{q_{0i}}{x_i-L_i}\right)+\sum_{j=1}^{m}(d_jz_j+d_jz_j^2)+r_0\\&\text{s. t. } \sum_{i=1}^{n}\left(\frac{p_{ji}}{U_i-x_i}+\frac{q_{ji}}{x_i-L_i}\right)-z_j\leqslant b_j,\quad j=1,2,\cdots,m\\&\qquad \alpha_i\leqslant x_i\leqslant\beta_i, i=1,2,\cdots,n\\&\qquad z_j\geqslant 0, j=1,2,\cdots,m\end{aligned}\right\}\tag{5-22}$$

在从式(5-21)改写成式(5-22)时，我们为了表达更清晰，省略了表示迭代次数的上标 k，用 b_j 代替 $\hat{f}_j-r_j$，设计变量的上下界也用 α_i 代替 $\max\{\underline{x}_i,\alpha_i\}$，$\beta_i$ 代替 $\max\{\overline{x}_i,\beta_i\}$。显然，如果所有的人工变量 $z_j=0(j=1,2,\cdots,m)$，则式(5-22)的解就是式(5-21)的解。选用逐渐增加的 d_j 求解式(5-22)就可以逐渐减少 z_j。

由于移动渐近线方法所构造的近似规划是一个约束和目标都为显式的可分离凸规划，下一节介绍的对偶算法是一类非常适用的算法。

5.3 对偶规划

上节指出了在基本的求解途径上，准则设计法和某些数学规划方法的相同之处，其实两者之间还有更多的共同之处。事实上，求解问题(2-140)时，准则设计法采用的改进断面积的迭代公式(2-146)，也可采用数学规划中的对偶规划理论建立起来。为了说明这一点，本节将介绍对偶规划的基本理论。对偶规划理论的用处很多，对线性规划和二次规划，均可依据对偶规划理论建立有效的对偶规划算法，本节也作一介绍。

一般地，对已知的一个非线性规划问题，可以依据一定的规则构造出另一个非线性规划问题，在某些凸性的假设下，这两个非线性规划问题具有相等的目标值。在数学规划理论中，称已知的非线性规划问题为**原问题**，称后来构造出来的问题为**对偶问题**。由于在一定的条件下原问题和对偶问题具有相同的目标值，常常可以通过求解原问题和对偶问题之中比较简单的一个来求解另一个；有时也可以同时近似地求解原问题和对偶问题，以得到对目标值更好的估计。

由于构造对偶问题的方法不同，同一问题可以有不同的对偶问题，这里只介绍常见的拉格朗日对偶规划。

5.3.1 拉格朗日对偶规划[30]

设已经给定的原问题(Primal)是非线性规划问题 P：

$$\left.\begin{aligned} &\min\ f(\boldsymbol{x}) \quad \boldsymbol{x} \in X \\ &\text{s. t.}\ \ h_i(\boldsymbol{x}) \leqslant 0, i = 1,2,\cdots,m \\ &\qquad\ g_j(\boldsymbol{x}) = 0, j = 1,2,\cdots,k \end{aligned}\right\} \tag{5-23}$$

该问题相应的拉格朗日对偶规划(Dual)可以写成如下的非线性规划问题 D：

$$\left.\begin{aligned} &\max\ \varphi(\boldsymbol{u},\boldsymbol{v}),\boldsymbol{u}=\{u_1,u_2,\cdots,u_m\}^{\mathrm{T}}\\ &\qquad\qquad\qquad \boldsymbol{v}=\{v_1,v_2,\cdots,v_k\}^{\mathrm{T}}\\ &\text{s.t.}\ \ \boldsymbol{u}\geqslant\mathbf{0}\end{aligned}\right\}\tag{5-24}$$

其中,对偶问题的目标函数 $\varphi(\boldsymbol{u},\boldsymbol{v})$ 定义为

$$\varphi(\boldsymbol{u},\boldsymbol{v})=\min_{x\in X}\{f(\boldsymbol{x})+\sum_{i=1}^{m}u_ih_i(\boldsymbol{x})+\sum_{j=1}^{k}v_jg_j(\boldsymbol{x})\}\tag{5-25}$$

也就是对于每一组固定的 $\boldsymbol{u},\boldsymbol{v}$ 值,让 $\boldsymbol{x}$ 取遍集合 X 中的所有值,对每一个 $\boldsymbol{x}$ 值计算

$$L(\boldsymbol{x},\boldsymbol{u},\boldsymbol{v})=f(\boldsymbol{x})+\sum_{i=1}^{m}u_ih_i(\boldsymbol{x})+\sum_{j=1}^{k}v_jg_j(\boldsymbol{x})\tag{5-26}$$

这些值中的最小值便定义为函数 φ 在 $\boldsymbol{u},\boldsymbol{v}$ 处的值。注意,函数 $L(\boldsymbol{x},\boldsymbol{u},\boldsymbol{v})$ 和我们在前面讨论库-塔克条件时引入的拉格朗日函数形式完全一样,但是 u_i,v_j 在这里称为对偶变量。其中,u_i 是与不等式约束 $h_i\leqslant 0$ 相对应的,必须取非负值,而与等式约束 $g_j=0$ 相对应的对偶变量 v_j 可以取任意实数值。

仔细观察一下,对偶问题 D 实际上是对式(5-26) 中定义的函数 $L(\boldsymbol{x},\boldsymbol{u},\boldsymbol{v})$ 在集合 X 上的最小值求最大值,即

$$\max_{\boldsymbol{u}\geqslant\mathbf{0}}\min_{x\in X}L(\boldsymbol{x},\boldsymbol{u},\boldsymbol{v})\tag{5-27}$$

所以也常把拉格朗日对偶问题 D 称为最大-最小问题(max-min 问题)。

下面是一个原问题与其拉格朗日对偶问题的例子。

例 3 原问题[30] 为

$$\left.\begin{aligned}&\min\ f(\boldsymbol{x})=x_1^2+x_2^2,\quad \boldsymbol{x}=(x_1,x_2)\in X\\ &\text{s.t.}\ \ h(\boldsymbol{x})=-x_1-x_2+1\leqslant 0\end{aligned}\right\}$$

其中,集合 X 定义为

$$X=\left\{\boldsymbol{x}\,\middle|\,\frac{1}{4}\leqslant x_i\leqslant 1,i=1,2\right\}$$

这个问题的最优点由图 5-3 可见为 $x_1^*=x_2^*=\dfrac{1}{2}$,相应的目标值

是 $f(\boldsymbol{x}^*)=\dfrac{1}{2}$。

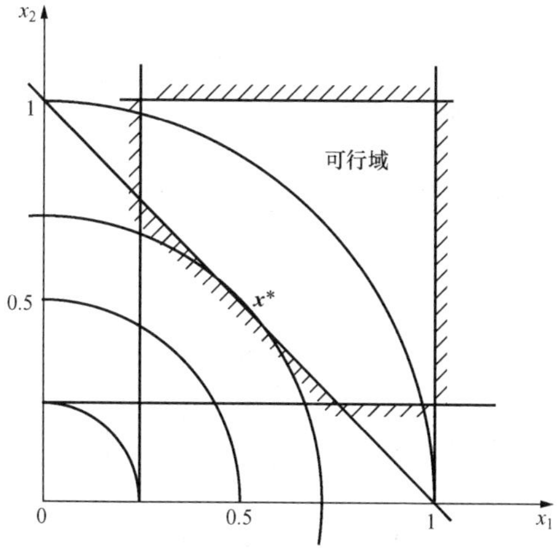

图 5-3

根据上面介绍的对偶规划的构造方法，该问题的对偶问题的目标函数 $\varphi(u)(u\geqslant 0)$，应该由下列极小值问题求得：

$$\varphi(u)=\min_{x\in X}\{L(x_1,x_2,u)\}=\min_{x\in X}\{x_1^2+x_2^2+u(-x_1-x_2+1)\}$$

由于 $\boldsymbol{x}$ 定义在一个闭区域上，对 $u\geqslant 0$ 不同的值得到 $\varphi(u)$ 的不同表达式：

当 $0\leqslant u<\dfrac{1}{2}$ 时，$x_1=x_2=\dfrac{1}{4}$，$\varphi(u)=\dfrac{u}{2}+\dfrac{1}{8}$

当 $\dfrac{1}{2}\leqslant u\leqslant 2$ 时，$x_1=x_2=\dfrac{u}{2}$，$\varphi(u)=u-\dfrac{u^2}{2}$

当 $u>2$ 时，$x_1=x_2=1$，$\varphi(u)=2-u$

根据 $\varphi(u)$ 的分段表达式，图 5-4 给出了 $\varphi(u)\sim u$ 的曲线，由该图可见，在分段表达式的交界处，即 $u=\dfrac{1}{2}$ 及 $u=2$ 处，函数值 $\varphi(u)$ 及其导数 $\dfrac{\mathrm{d}\varphi}{\mathrm{d}u}$ 都是连续的，但是 $\dfrac{\mathrm{d}^2\varphi}{\mathrm{d}u^2}$ 却不连续，对偶问题的这种特点

使得我们必须研究特别的解法来求解它们。

最后，对偶问题

$$\max \varphi(u),\quad u \geqslant 0$$

的解，从图 5-4 可以看出为 $u=1, \varphi(1)=\dfrac{1}{2}$。在这个问题中原问题和对偶问题具有相同的目标值。

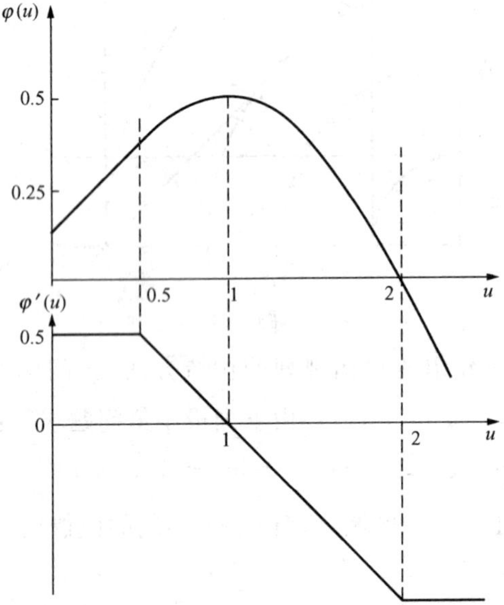

图 5-4

5.3.2 对偶问题的几何解释[30]

为了更好地理解原问题和对偶问题的关系，下面就一简单情况给出几何解释。

我们来考虑只具有一个不等式约束而无等式约束的非线性规划问题：

$$\left.\begin{aligned} &\min\ f(\boldsymbol{x}), \boldsymbol{x} \in X \\ &\text{s.t.}\ \ h(\boldsymbol{x}) \leqslant 0 \end{aligned}\right\} \tag{5-28}$$

对于集合 X 中的每一个 $\boldsymbol{x}$ 值，可以求出 $f(\boldsymbol{x})$ 和 $h(\boldsymbol{x})$ 这两个函数的值。定义 $z_1 = h(\boldsymbol{x})$，$z_2 = f(\boldsymbol{x})$，则当 $\boldsymbol{x}$ 取遍 X 中的每一值时，相应的点 (z_1, z_2) 在 (z_1, z_2) 平面上形成一个集合 G：

$$G = \{(z_1, z_2)^{\mathrm{T}} \mid z_1 = h(\boldsymbol{x}), z_2 = f(\boldsymbol{x}), \boldsymbol{x} \in X\}^{①} \quad (5\text{-}29)$$

由于约束 $h(\boldsymbol{x}) \leqslant 0$ 的要求，上列原问题就是要求我们在集合 G 的 z_2 轴左边部分求一点，使其纵坐标 $z_2 = f(\boldsymbol{x})$ 最小。显然，对于图 5-5 那样形状的 G，最优点应该是 $(0, z_2^*)^{\mathrm{T}}$，原问题的目标值为 z_2^*。

现在我们来研究这个原问题所对应的拉格朗日对偶问题 D：

$$\left.\begin{aligned} &\max \varphi(u) \\ &\text{s.t.}\ \ u \geqslant 0 \\ &\text{其中}, \varphi(u) = \min_{\boldsymbol{x} \in X}\{f(\boldsymbol{x}) + uh(\boldsymbol{x})\} \end{aligned}\right\} \quad (5\text{-}30)$$

为了给出这个问题的几何解释，先考虑对于给定的 $u \geqslant 0$，求 $\varphi(u)$，即对给定的 $u \geqslant 0$，$f(\boldsymbol{x}) + uh(\boldsymbol{x}) = z_2 + uz_1$，为了在图上表示出这个值 $z_2 + uz_1$，可以通过点 (z_1, z_2) 作斜率为 $-u$ 的直线，通过很简单的计算就可以验证这根直线在 z_2 轴的截距 a 就是 $z_2 + uz_1$：

$$z_2 + uz_1 = a$$

于是对一个固定的 $u \geqslant 0$，当 $\boldsymbol{x}$ 变动时就得到一族通过 $(z_1, z_2) \in G$ 的互相平行的直线，它们的斜率均为 $-u$。为了求得 $f(\boldsymbol{x}) + uh(\boldsymbol{x})$ 的最小值，只要求出这些直线在 z_2 轴上的截距的最小值。这可以平行地往下移动斜率为 $-u$ 的直线，直到区域 G 位于这根直线的上面，同时又和该直线相切为止。这时的切截距就是 $\varphi(u)$ 的值（图 5-5）。而求上列对偶问题的解 $(\max\limits_{u \geqslant 0} \varphi(u))$ 就等价于在具有不同斜率（相应于不同的 u）的这些切线中找出一根切线，它在 z_2 轴上

---

① 这里采用了集合论中的记号。为了表示集合 X 是具有性质 A 的点 x 的集合，集合论中记 $X = \{\boldsymbol{x} \mid A\}$。

的截距最大。此时的最大截距便是对偶问题的目标值，而相应的斜率的负值就是对偶变量 u 的最优值。在图 5-5 上，这样的切线的斜率为 $-u^*$，且在 $(0, z_2^*)$ 和集合 G 相切，相应截距就是 z_2^*。于是，对偶问题的解为 u^*，最优目标值 $\varphi(u^*) = z_2^*$。

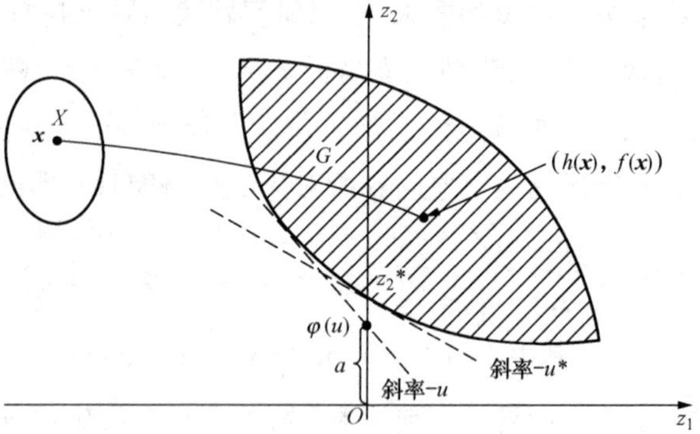

图 5-5

下面，我们仍以例 1 为例。为了求出区域 G 的边界，应该对每一给定的 z_1^*，求出 z_2^* 的最小值和最大值，即分别求解下列两个问题：

$$\left.\begin{aligned} &\min \alpha(z_1) = x_1^2 + x_2^2, \quad \frac{1}{4} \leqslant x_1 \leqslant 1, \quad \frac{1}{4} \leqslant x_2 \leqslant 1 \\ &\text{s.t.} \ -x_1 - x_2 + 1 = z_1 \end{aligned}\right\}$$

和

$$\left.\begin{aligned} &\max \beta(z_1) = x_1^2 + x_2^2, \quad \frac{1}{4} \leqslant x_1 \leqslant 1, \quad \frac{1}{4} \leqslant x_2 \leqslant 1 \\ &\text{s.t.} \ -x_1 - x_2 + 1 = z_1 \end{aligned}\right\}$$

注意到 x_1 和 x_2 受约束的情形，在我们感兴趣的范围内①：

① 第 2 章的习题中曾经求过 $\beta(z_1)$ 和 $\alpha(z_1)$。

$$\begin{cases} z_2 = \alpha(z_1) = \dfrac{(1-z_1)^2}{2} & -1 \leqslant z_1 \leqslant 0 \\ z_2 = \beta(z_1) = \begin{cases} 1 + z_1^2 & -1 \leqslant z_1 \leqslant -0.25 \\ \dfrac{1}{16} + \left(\dfrac{3}{4} - z_1\right)^2 & -0.25 \leqslant z_1 \leqslant 0 \end{cases} \end{cases}$$

G 的区域形状如图 5-6 所示。

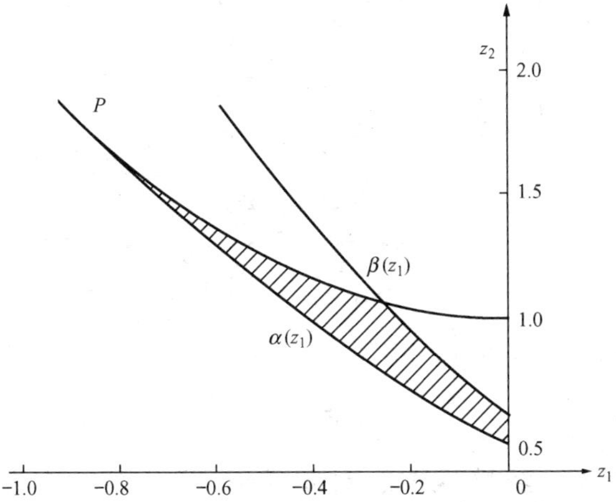

图 5-6

从图 5-6 可见，和区域 G 的 $z_1 < 0$ 部分相切且使全部 G 在其上面的直线，当其斜率 λ 小于 -2 时，均通过 P 点，该点是 $\alpha(z_1)$ 和 $\beta(z_1)$ 的交点，坐标为$(-1,2)$。当其斜率大于 -2 但小于 -1 时，切点随斜率改变而移动，截距为 $-\lambda - \dfrac{\lambda^2}{2}$。十分明显，截距的最大值在 $\lambda = -1$ 时取得，为 $\dfrac{1}{2}$。原问题与对偶问题具有相同的目标值 $z_2^* = \dfrac{1}{2}$。

但是，并非对所有问题来说，原问题与对偶问题都永远具有相同的目标值。如果区域 G（仍假定所讨论的问题只有一个不等式约束而无等式约束)形状如图5-7所示,显然,原问题的目标值为图中点 B 之纵坐标,对偶问题的目标值为图中点 A 之纵坐标,两者并不相等。原问题与对偶问题的目标值之差称为**对偶间隙**(Duality gap)。在原问题的目标函数、约束函数及设计变量的定义域 $\boldsymbol{X}$ 满足一定凸性的要求下,对偶间隙为零,这就是对偶理论中的所谓的"强对偶原理",这里我们不作详细介绍了。

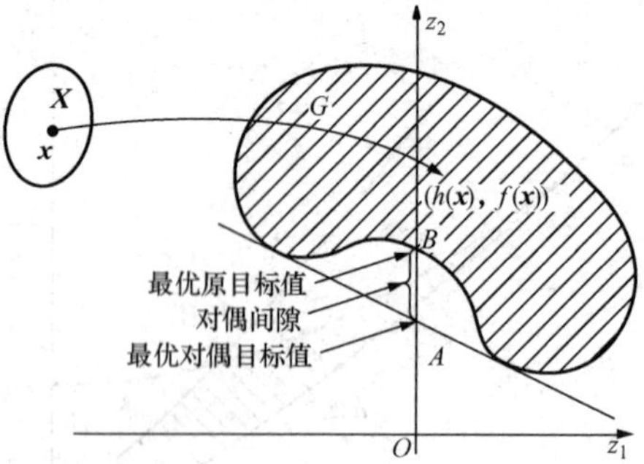

图 5-7

5.3.3 线性规划的对偶规划

考虑线性规划问题,标准的线性规划问题LP可提成

$$\left.\begin{aligned}&\min \boldsymbol{c}^{\mathrm{T}}\boldsymbol{x}, \quad \boldsymbol{x}=(x_1,x_2,\cdots,x_n)^{\mathrm{T}}\\&\text{s.t. } \boldsymbol{ax}=\boldsymbol{b}, \quad \boldsymbol{x}\geqslant \boldsymbol{0}\end{aligned}\right\} \tag{5-31}$$

式中 $\boldsymbol{c}$——根据研究问题的不同,除了前面提到的成本向量、耗费向量,也可称为价格向量。

约束条件中的矩阵 $\boldsymbol{a}$ 及右端项 $\boldsymbol{b}$ 为

$$\boldsymbol{a}=\begin{pmatrix}a_{11} & a_{12} & \cdots & a_{1n}\\a_{21} & a_{22} & \cdots & a_{2n}\\\vdots & \vdots & & \vdots\\a_{m1} & a_{m2} & \cdots & a_{mn}\end{pmatrix}, \quad \boldsymbol{b}=\begin{pmatrix}b_1\\b_2\\\vdots\\b_m\end{pmatrix}$$

把设计变量 $\boldsymbol{x}$ 的定义域定义为 $X=\{\boldsymbol{x}\mid\boldsymbol{x}\geqslant\boldsymbol{0}\}$,则按前面介绍的拉

格朗日对偶规划构造方法，上列 LP 规划的对偶问题 LD 为

$$\left.\begin{aligned}&\max\ \varphi(\boldsymbol{\lambda})\\&\text{其中}\ \varphi(\boldsymbol{\lambda})=\min_{\boldsymbol{x}\in X}\{\boldsymbol{c}^{\mathrm{T}}\boldsymbol{x}+\boldsymbol{\lambda}^{\mathrm{T}}(\boldsymbol{b}-\boldsymbol{a}\boldsymbol{x})\}\\&\text{或}\ \varphi(\boldsymbol{\lambda})=\min_{\boldsymbol{x}\in X}\{(\boldsymbol{c}^{\mathrm{T}}-\boldsymbol{\lambda}^{\mathrm{T}}\boldsymbol{a})\boldsymbol{x}+\boldsymbol{\lambda}^{\mathrm{T}}\boldsymbol{b}\}\end{aligned}\right\}\tag{5-32}$$

显然，

$$\varphi(\boldsymbol{\lambda})=\begin{cases}\boldsymbol{\lambda}^{\mathrm{T}}\boldsymbol{b} & \text{若}\ \boldsymbol{c}^{\mathrm{T}}-\boldsymbol{\lambda}^{\mathrm{T}}\boldsymbol{a}\geqslant\boldsymbol{0}\\-\infty & \text{若}\ \boldsymbol{c}^{\mathrm{T}}-\boldsymbol{\lambda}^{\mathrm{T}}\boldsymbol{a}\ngeqslant\boldsymbol{0}\end{cases}\tag{5-33}$$

注意，这里的条件是对一个向量的各分量提出的条件，意味着共有 n 个不等式。$\boldsymbol{c}^{\mathrm{T}}-\boldsymbol{\lambda}^{\mathrm{T}}\boldsymbol{a}\geqslant\boldsymbol{0}$ 要求各个 $\boldsymbol{c}^{\mathrm{T}}-\boldsymbol{\lambda}^{\mathrm{T}}\boldsymbol{a}$ 的分量均满足大于等于零的条件，只要有一个分量不满足该式，将相应的 x_i 取成正无穷大，便得到负无穷大的 $\varphi(\boldsymbol{\lambda})$ 值。因此对偶问题 LD 又可写成

$$\left.\begin{aligned}&\max\ \boldsymbol{\lambda}^{\mathrm{T}}\boldsymbol{b}\\&\text{s.t.}\ \ \boldsymbol{a}^{\mathrm{T}}\boldsymbol{\lambda}\leqslant\boldsymbol{c}\end{aligned}\right\}\tag{5-34}$$

例 4　写出下列线性规划的对偶问题：

$$\left.\begin{aligned}&\min_{\boldsymbol{x}}\ 2x_1+x_2+4x_3\\&\text{s.t.}\ \ x_1+x_2+2x_3=3\\&\qquad 2x_1+x_2+3x_3=5\\&\qquad x_1\geqslant 0,x_2\geqslant 0,x_3\geqslant 0\end{aligned}\right\}$$

按式(5-31)，

$$\boldsymbol{c}=(2,1,4)^{\mathrm{T}},\ \boldsymbol{b}=(3,5)^{\mathrm{T}},\ \boldsymbol{a}=\begin{pmatrix}1&1&2\\2&1&3\end{pmatrix}$$

按式(5-34) 可写出对偶线性规划 LD：

$$\left.\begin{aligned}&\max_{\boldsymbol{\lambda}}\ 3\lambda_1+5\lambda_2\\&\text{s.t.}\ \ \lambda_1+2\lambda_2\leqslant 2\\&\qquad \lambda_1+\lambda_2\leqslant 1\\&\qquad 2\lambda_1+3\lambda_2\leqslant 4\end{aligned}\right\}$$

与原问题 LP 比较，原问题的价格向量成了对偶问题约束条件中的右端项，原问题的约束条件中的右端项成了对偶问题中的价格向量。进一步，原问题的设计变量数和约束条件数，在对偶问题中分别成了约束条件数和设计变量数。下面我们来证明：若原问题(5-31) 和对偶问题(5-34) 之中的一个有有限的最优解，那么另一个也有最优解，而且相应的目标函数值相等；若任一问题有无界的目标函数值，那么另一个问题就没有可行解。

首先我们证明，原问题的任意一个可行解 $\boldsymbol{x}$ 的目标值 $\boldsymbol{c}^{\mathrm{T}}\boldsymbol{x}$ 与对偶问题的任意一个可行解 $\boldsymbol{\lambda}$ 的目标值 $\boldsymbol{\lambda}^{\mathrm{T}}\boldsymbol{b}$ 有简单的关系：$\boldsymbol{\lambda}^{\mathrm{T}}\boldsymbol{b} \leqslant \boldsymbol{c}^{\mathrm{T}}\boldsymbol{x}$。事实上，在问题(5-31) 的约束条件两端同时左乘行向量 $\boldsymbol{\lambda}^{\mathrm{T}}$，得

$$\boldsymbol{\lambda}^{\mathrm{T}}\boldsymbol{b} = \boldsymbol{\lambda}^{\mathrm{T}}\boldsymbol{a}\boldsymbol{x}$$

由于 $\boldsymbol{\lambda}^{\mathrm{T}}\boldsymbol{a}\boldsymbol{x}$ 是个标量，它也可写成 $\boldsymbol{x}^{\mathrm{T}}\boldsymbol{a}^{\mathrm{T}}\boldsymbol{\lambda}$，利用式(5-34) 的约束条件，再注意到 $\boldsymbol{x}$ 是非负的，可导出

$$\boldsymbol{\lambda}^{\mathrm{T}}\boldsymbol{b} = \boldsymbol{\lambda}^{\mathrm{T}}\boldsymbol{a}\boldsymbol{x} = \boldsymbol{x}^{\mathrm{T}}\boldsymbol{a}^{\mathrm{T}}\boldsymbol{\lambda} \leqslant \boldsymbol{x}^{\mathrm{T}}\boldsymbol{c} = \boldsymbol{c}^{\mathrm{T}}\boldsymbol{x}$$

由于 $\boldsymbol{\lambda}^{\mathrm{T}}\boldsymbol{b} \leqslant \boldsymbol{c}^{\mathrm{T}}\boldsymbol{x}$ 对任意一个问题(5-31) 的可行解 $\boldsymbol{x}$ 及(5-34) 的可行解 $\boldsymbol{\lambda}$ 都成立，显然，如果找到问题(5-31) 的一个可行解 $\boldsymbol{x}^*$ 及问题(5-34) 的一个可行解 $\boldsymbol{\lambda}^*$ 满足 $\boldsymbol{\lambda}^{*\mathrm{T}}\boldsymbol{b} = \boldsymbol{c}^{\mathrm{T}}\boldsymbol{x}^*$，则 $\boldsymbol{\lambda}^*$ 和 $\boldsymbol{x}^*$ 分别是对偶问题及原问题的最优解。

现在来考虑原问题和对偶问题之中的一个具有无界的目标值的情形。为确定起见，设问题(5-31) 的目标值 $\boldsymbol{c}^{\mathrm{T}}\boldsymbol{x}$ 是负无穷大，则对任意大的正实数 M，对偶问题(5-34) 的任意一个可行解 $\boldsymbol{\lambda}$，由于 $\boldsymbol{\lambda}^{\mathrm{T}}\boldsymbol{b} \leqslant \boldsymbol{c}^{\mathrm{T}}\boldsymbol{x}$，应该有 $\boldsymbol{\lambda}^{\mathrm{T}}\boldsymbol{b} \leqslant -M$，这是不可能的，因此对偶问题(5-34) 不可能有可行解。类似地可以证明，对偶问题(5-34) 有无界解时，原问题不可行。

现在假定原问题(5-31) 具有最优基本可行解 $\boldsymbol{x}^*$，它相应的目标值是有界的，为 $\boldsymbol{c}^{\mathrm{T}}\boldsymbol{x}^*$。按第 4 章介绍的线性规划理论，把 $\boldsymbol{x}^*$ 这一最优基本可行解分量适当地重新排列后，可以表示成如下形式：

$$\boldsymbol{x}^* = \begin{pmatrix} \boldsymbol{x}_B^* \\ \boldsymbol{x}_N^* \end{pmatrix}, \text{且 } \boldsymbol{x}_N^* = 0, \boldsymbol{x}_B^* \geqslant 0 \tag{5-35}$$

其中，$\boldsymbol{x}_B^*$ 和 $\boldsymbol{x}_N^*$ 分别是基本变量和非基本变量。

注意到 $\boldsymbol{x}$ 中的每一分量 x_i 和 $\boldsymbol{a}$ 中的某一列对应，相应于 $\boldsymbol{x}^*$ 的这种重新排列，矩阵 $\boldsymbol{a}$ 也可划分成

$$\boldsymbol{a} = (\boldsymbol{a}_B, \boldsymbol{a}_N)$$

类似地可以把价格向量划分成

$$\boldsymbol{c} = \begin{pmatrix} \boldsymbol{c}_B \\ \boldsymbol{c}_N \end{pmatrix}$$

而由第 4 章的线性规划理论可知，最优解中的基本变量可以表成

$$\boldsymbol{x}_B^* = \boldsymbol{a}_B^{-1}\boldsymbol{b} \tag{5-36}$$

而最优目标值为

$$\boldsymbol{c}_B^T\boldsymbol{x}_B^* = \boldsymbol{c}_B^T\boldsymbol{a}_B^{-1}\boldsymbol{b} \tag{5-37}$$

由于 $\boldsymbol{x}^*$ 是最优解，按第 4 章线性规划理论的介绍，这时相应的相对耗费系数 r_p 应该全部大于零，见式(4-31)。在那里也指出了求得这些相对耗费系数的方法，就是把目标函数表示成只是非基本变量 $\boldsymbol{x}_N$ 的函数。为此，先由约束条件 $\boldsymbol{ax} = \boldsymbol{b}$ 求出：

$$\boldsymbol{x}_B = \boldsymbol{a}_B^{-1}\boldsymbol{b} - \boldsymbol{a}_B^{-1}\boldsymbol{a}_N\boldsymbol{x}_N \tag{5-38}$$

把它代入目标函数中，得

$$\boldsymbol{c}^T\boldsymbol{x} = \boldsymbol{c}_B^T\boldsymbol{x}_B + \boldsymbol{c}_N^T\boldsymbol{x}_N = \boldsymbol{c}_B^T\boldsymbol{a}_B^{-1}\boldsymbol{b} + (\boldsymbol{c}_N^T - \boldsymbol{c}_B^T\boldsymbol{a}_B^{-1}\boldsymbol{a}_N)\boldsymbol{x}_N \tag{5-39}$$

其中，$\boldsymbol{c}_N^T - \boldsymbol{c}_B^T\boldsymbol{a}_B^{-1}\boldsymbol{a}_N$ 就是相对耗费系数 r_p。

由于 $\boldsymbol{x}^*$ 是最优解，增加非基本变量 $\boldsymbol{x}_N$ 的任意一个分量都不可能减少目标值，因此，

$$\boldsymbol{c}_N^T - \boldsymbol{c}_B^T\boldsymbol{a}_B^{-1}\boldsymbol{a}_N \geqslant \boldsymbol{0}$$

或

$$\boldsymbol{c}_N^T \geqslant \boldsymbol{c}_B^T\boldsymbol{a}_B^{-1}\boldsymbol{a}_N \tag{5-40}$$

下面我们指出 $\boldsymbol{c}_B^T\boldsymbol{a}_B^{-1} = \boldsymbol{\lambda}^T$ 就是对偶问题的最优解。先证明它满

足对偶问题中的约束条件，计算：

$$\boldsymbol{\lambda}^{\mathrm{T}}\boldsymbol{a}=\boldsymbol{c}_{\mathrm{B}}^{\mathrm{T}}\boldsymbol{a}_{\mathrm{B}}^{-1}(\boldsymbol{a}_{\mathrm{B}},\boldsymbol{a}_{\mathrm{N}})=(\boldsymbol{c}_{\mathrm{B}}^{\mathrm{T}},\boldsymbol{c}_{\mathrm{B}}^{\mathrm{T}}\boldsymbol{a}_{\mathrm{B}}^{-1}\boldsymbol{a}_{\mathrm{N}})\leqslant(\boldsymbol{c}_{\mathrm{B}}^{\mathrm{T}},\boldsymbol{c}_{\mathrm{N}}^{\mathrm{T}}) \tag{5-41}$$

其中，最后一个不等号是利用式(5-40)导出的。上式还可写成

$$\boldsymbol{a}^{\mathrm{T}}\boldsymbol{\lambda}\leqslant\boldsymbol{c}$$

再来计算相应于 $\boldsymbol{\lambda}^{\mathrm{T}}=\boldsymbol{c}_{\mathrm{B}}^{\mathrm{T}}\boldsymbol{a}_{\mathrm{B}}^{-1}$ 的对偶问题的目标值：

$$\boldsymbol{\lambda}^{\mathrm{T}}\boldsymbol{b}=\boldsymbol{c}_{\mathrm{B}}^{\mathrm{T}}\boldsymbol{a}_{\mathrm{B}}^{-1}\boldsymbol{b}=\boldsymbol{c}_{\mathrm{B}}^{\mathrm{T}}\boldsymbol{x}_{\mathrm{B}}^{*} \tag{5-42}$$

可见它等于原问题的目标值。这样 $\boldsymbol{\lambda}^{\mathrm{T}}=\boldsymbol{c}_{\mathrm{B}}^{\mathrm{T}}\boldsymbol{a}_{\mathrm{B}}^{-1}$ 就是对偶问题的最优解，且和原问题具有相同目标值。

例 5　原问题为

$$\left.\begin{aligned}&\min\ 4x_1+x_2+x_3\\&\text{s. t.}\ \ 2x_1+x_2+2x_3=4\\&\qquad\ 3x_1+3x_2+x_3=3\\&\qquad\ x_1\geqslant0,x_2\geqslant0,x_3\geqslant0\end{aligned}\right\}$$

按照前面问题(5-31)的向量写法，有

$$\boldsymbol{x}=\begin{pmatrix}x_1\\x_2\\x_3\end{pmatrix},\quad\boldsymbol{c}=\begin{pmatrix}4\\1\\1\end{pmatrix},\quad\boldsymbol{a}=\begin{pmatrix}2&1&2\\3&3&1\end{pmatrix},\quad\boldsymbol{b}=\begin{pmatrix}4\\3\end{pmatrix}$$

采用单纯形法，可求得最优解为

$$x_1^*=0,\quad x_2^*=\frac{2}{5},\quad x_3^*=\frac{9}{5}$$

按照前面基本变量和非基本变量的划分方法，x_2,x_3 属于基本变量，x_1 属于非基本变量，则

$$\boldsymbol{a}_{\mathrm{B}}=\begin{pmatrix}1&2\\3&1\end{pmatrix},\quad\boldsymbol{c}_{\mathrm{B}}=\begin{pmatrix}1\\1\end{pmatrix}$$

$$\boldsymbol{a}_{\mathrm{B}}^{-1}=\begin{pmatrix}-\dfrac{1}{5}&\dfrac{2}{5}\\\dfrac{3}{5}&-\dfrac{1}{5}\end{pmatrix}$$

可以验证

$$\begin{pmatrix} x_2^* \\ x_3^* \end{pmatrix} = \boldsymbol{a}_{\mathrm{B}}^{-1}\boldsymbol{b} = \begin{pmatrix} -\frac{1}{5} & \frac{2}{5} \\ \frac{3}{5} & -\frac{1}{5} \end{pmatrix}\begin{pmatrix} 4 \\ 3 \end{pmatrix} = \begin{pmatrix} \frac{2}{5} \\ \frac{9}{5} \end{pmatrix}$$

最优目标值为$\frac{11}{5}$。

按照前面对偶问题(5-34) 的构造方法，该线性规划的对偶规划为

$$\left.\begin{aligned} &\max\ 4\lambda_1 + 3\lambda_2 \\ &\text{s. t.}\ \ 2\lambda_1 + 3\lambda_2 \leqslant 4 \\ &\qquad\ \ \lambda_1 + 3\lambda_2 \leqslant 1 \\ &\qquad\ \ 2\lambda_1 + \lambda_2 \leqslant 1 \end{aligned}\right\}$$

利用前面的结果，对偶问题的最优解为

$$\begin{pmatrix} \lambda_1^* \\ \lambda_2^* \end{pmatrix}^{\mathrm{T}} = (1,1)\begin{pmatrix} -\frac{1}{5} & \frac{2}{5} \\ \frac{3}{5} & -\frac{1}{5} \end{pmatrix} = \begin{pmatrix} \frac{2}{5} \\ \frac{1}{5} \end{pmatrix}^{\mathrm{T}}$$

而对偶问题目标值为 $4\lambda_1^* + 3\lambda_2^* = \frac{11}{5}$。

由于解线性规划的单纯形法在约束数少于设计变量数时比较有效，所以在原问题 LP 和对偶问题 LD 中便可选择约束较少的一个来求解，在专著[20] 中，这种做法被多次运用。

5.3.4 二次规划的对偶规划

下面我们再考虑一下二次规划。一般的二次规划 QP 可提成

$$\left.\begin{aligned} &\min\ \frac{1}{2}\boldsymbol{x}^{\mathrm{T}}\boldsymbol{H}\boldsymbol{x} + \boldsymbol{d}^{\mathrm{T}}\boldsymbol{x}, \quad \boldsymbol{x} = (x_1, x_2, \cdots, x_n)^{\mathrm{T}} \in \mathbf{R}^n \\ &\text{s. t.}\ \ \boldsymbol{a}\boldsymbol{x} \leqslant \boldsymbol{b} \end{aligned}\right\} \tag{5-43}$$

其中，矩阵 $\boldsymbol{H}$,$\boldsymbol{a}$ 和向量 $\boldsymbol{d}$,$\boldsymbol{b}$ 分别为

$$\boldsymbol{H}=\begin{pmatrix} h_{11} & h_{12} & \cdots & h_{1n} \\ h_{21} & h_{22} & \cdots & h_{2n} \\ \vdots & \vdots & & \vdots \\ h_{n1} & h_{n2} & \cdots & h_{nn} \end{pmatrix},\quad \boldsymbol{d}=\begin{pmatrix} d_1 \\ d_2 \\ \vdots \\ d_n \end{pmatrix}$$

$$\boldsymbol{a}=\begin{pmatrix} a_{11} & a_{12} & \cdots & a_{1n} \\ a_{21} & a_{22} & \cdots & a_{2n} \\ \vdots & \vdots & & \vdots \\ a_{m1} & a_{m2} & \cdots & a_{mn} \end{pmatrix},\quad \boldsymbol{b}=\begin{pmatrix} b_1 \\ b_2 \\ \vdots \\ b_m \end{pmatrix}$$

它的对偶问题是

$$\left.\begin{aligned} &\max_{\boldsymbol{\lambda}} \varphi(\boldsymbol{\lambda}) \\ &\text{s. t.}\ \ \boldsymbol{\lambda} \geqslant \boldsymbol{0} \end{aligned}\right\} \tag{5-44}$$

其中,

$$\varphi(\boldsymbol{\lambda})=\min_{\boldsymbol{x}\in \mathbf{R}^n}\left\{\frac{1}{2}\boldsymbol{x}^{\mathrm{T}}\boldsymbol{H}\boldsymbol{x}+\boldsymbol{d}^{\mathrm{T}}\boldsymbol{x}+\boldsymbol{\lambda}^{\mathrm{T}}(\boldsymbol{a}\boldsymbol{x}-\boldsymbol{b})\right\}$$

可以证明,如果 $\boldsymbol{H}$ 是对称正定阵,函数 $\frac{1}{2}\boldsymbol{x}^{\mathrm{T}}\boldsymbol{H}\boldsymbol{x}+\boldsymbol{d}^{\mathrm{T}}\boldsymbol{x}+\boldsymbol{\lambda}^{\mathrm{T}}(\boldsymbol{a}\boldsymbol{x}-\boldsymbol{b})$ 在满足下式的一点上(对固定的 $\boldsymbol{\lambda}$) 取极小:

$$\boldsymbol{H}\boldsymbol{x}+\boldsymbol{a}^{\mathrm{T}}\boldsymbol{\lambda}+\boldsymbol{d}=\boldsymbol{0}$$

所以上列对偶问题也可以写成

$$\left.\begin{aligned} &\max_{\boldsymbol{\lambda}\geqslant \boldsymbol{0}}\ \ \frac{1}{2}\boldsymbol{x}^{\mathrm{T}}\boldsymbol{H}\boldsymbol{x}+\boldsymbol{d}^{\mathrm{T}}\boldsymbol{x}+\boldsymbol{\lambda}^{\mathrm{T}}(\boldsymbol{a}\boldsymbol{x}-\boldsymbol{b}) \\ &\text{s. t.}\ \ \boldsymbol{H}\boldsymbol{x}+\boldsymbol{a}^{\mathrm{T}}\boldsymbol{\lambda}=-\boldsymbol{d} \end{aligned}\right\} \tag{5-45}$$

如果从上面的对偶问题的约束条件中把 $\boldsymbol{x}$ 解出来,就可以得到形式更为方便的对偶问题,即求出:

$$\boldsymbol{x}=-\boldsymbol{H}^{-1}(\boldsymbol{d}+\boldsymbol{a}^{\mathrm{T}}\boldsymbol{\lambda}) \tag{5-46}$$

将它代入式(5-45) 的第一式得到对偶问题的目标函数为

$$\varphi(\boldsymbol{\lambda})=\frac{1}{2}\boldsymbol{\lambda}^{\mathrm{T}}\boldsymbol{D}\boldsymbol{\lambda}+\boldsymbol{\lambda}^{\mathrm{T}}\boldsymbol{c}-\frac{1}{2}\boldsymbol{d}^{\mathrm{T}}\boldsymbol{H}^{-1}\boldsymbol{d} \tag{5-47}$$

式中 $\boldsymbol{D}=-\boldsymbol{a}\boldsymbol{H}^{-1}\boldsymbol{a}^{\mathrm{T}}$；$\boldsymbol{c}=-\boldsymbol{b}-\boldsymbol{a}\boldsymbol{H}^{-1}\boldsymbol{d}$

于是得到一个准无约束二次规划形式的对偶问题：

$$\max_{\boldsymbol{\lambda}\geqslant\mathbf{0}} \frac{1}{2}\boldsymbol{\lambda}^{\mathrm{T}}\boldsymbol{D}\boldsymbol{\lambda}+\boldsymbol{\lambda}^{\mathrm{T}}\boldsymbol{c}-\frac{1}{2}\boldsymbol{d}^{\mathrm{T}}\boldsymbol{H}^{-1}\boldsymbol{d} \tag{5-48}$$

当矩阵 $\boldsymbol{H}$ 满足一定条件时，对偶问题(5-48) 与原问题具有相同的目标值，因此可以根据求解的方便程度在(5-43) 和(5-48) 中选择一个来求解。对偶问题(5-48) 的特点是设计变量 $\boldsymbol{\lambda}$ 的个数等于原问题(5-43) 中的约束个数，而且是个准无约束问题，但是为了由原问题构造出对偶问题，需要求出 $\boldsymbol{H}^{-1}$ 及完成一定的矩阵运算，所以如果原问题(5-43) 中的约束数少于设计变量 $\boldsymbol{x}$ 的维数而且 $\boldsymbol{H}$ 很易求逆时，采用问题(5-48) 求解才是有效的。如果 $\boldsymbol{H}^{-1}$ 很难求得，则求解原问题往往更简捷。

5.4 序列近似规划的对偶算法与原算法

5.4.1 对偶算法[44]

5.3 节中给出了对偶规划的初步理论，基于这些理论建立起来的对偶算法常常很有效，以线性规划为例，当约束数远多于设计变量数时，一个经常采用的技巧是不直接求解原问题而去求解其对偶问题。为了求解前面遇到的序列近似规划(5-2)，对偶算法也是十分有效的。

根据 5.3 节，式(5-2) 的对偶规划为：求 $\boldsymbol{\lambda}$，

$$\max_{\boldsymbol{\lambda}\geqslant\mathbf{0}} \varphi(\boldsymbol{\lambda})$$

式中 $\boldsymbol{\lambda}=(\lambda_1,\lambda_2,\cdots,\lambda_J)^{\mathrm{T}}$，$J$ 是式(5-2) 中的位移约束数；

$\varphi(\boldsymbol{\lambda})$—— 为下列规划问题的解：

$$\varphi(\boldsymbol{\lambda})=\min_{\underline{\boldsymbol{A}}\leqslant\boldsymbol{A}\leqslant\bar{\boldsymbol{A}}} L(\boldsymbol{A},\boldsymbol{\lambda}) \tag{5-49}$$

式中 $\underline{\boldsymbol{A}}=(\underline{A}_1,\underline{A}_2,\cdots,\underline{A}_n)^{\mathrm{T}}$；

$$\bar{\mathbf{A}}=(\bar{A}_1,\bar{A}_2,\cdots,\bar{A}_n)^{\mathrm{T}};$$

$$L(\mathbf{A},\boldsymbol{\lambda})=\sum_{i=1}^{n}\rho_i A_i l_i+\sum_{j=1}^{J}\lambda_j\left(\sum_{i=1}^{n}\frac{\tau_{ij}(\mathbf{A}^{\circ})}{A_i}-\bar{u}_j\right)。$$

形式上看，上述问题比(5-2)更复杂，但由于$L(\mathbf{A},\boldsymbol{\lambda})$的特殊形式，问题(5-49)是易于求解的。事实上，$L(\mathbf{A},\boldsymbol{\lambda})$可以改写成

$$L(\mathbf{A},\boldsymbol{\lambda})=\sum_{i=1}^{n}\left[\rho_i A_i l_i+\sum_{j=1}^{J}\lambda_j\frac{\tau_{ij}(\mathbf{A}^{\circ})}{A_i}\right]\tag{5-50}$$

在改写成式(5-50)时，$-\sum_{j=1}^{J}\lambda_j\bar{u}_j$项被忽略，这是因为在求问题(5-49)时，$\boldsymbol{\lambda}$认为是固定的，上述项因而可看作常数而舍弃。形式(5-50)表示L可以写成n项的和，其第i项仅仅依赖于A_i而与$A_j(j\neq i)$无关，因此，问题(5-49)是个**可分离规划**问题，其解为(对固定的$\boldsymbol{\lambda}$)：

$$A_i=\begin{cases}\left(\dfrac{1}{\rho_i l_i}\sum\limits_{j=1}^{J}\tau_{ij}\lambda_j\right)^{\frac{1}{2}} & 若\ \rho_i l_i(\underline{A}_i)^2<\sum\limits_{j=1}^{J}\tau_{ij}\lambda_j<\rho_i l_i(\bar{A}_i)^2\\ \underline{A}_i & 若\ \sum\limits_{j=1}^{J}\tau_{ij}\lambda_j\leqslant\rho_i l_i(\underline{A}_i)^2\\ \bar{A}_i & 若\ \sum\limits_{j=1}^{J}\tau_{ij}\lambda_j\geqslant\rho_i l_i(\bar{A}_i)^2\end{cases}\tag{5-51}$$

将式(5-51)和(2-128a～c)比较，可以看出它们的形式是一致的，所不同的是，现在的结果是基于严格的对偶理论。进而，如何求得$\boldsymbol{\lambda}$的精确值的方法现在也有了更为严格的理论基础。这就是说，对每一组近似的$\boldsymbol{\lambda}\geqslant\mathbf{0}$的值，可以按式(5-51)计算$A_i$，将它们代入式(5-49)便求得$\varphi(\boldsymbol{\lambda})$的值，接着就应当修改$\boldsymbol{\lambda}$使$\varphi$极大，也即应当求解$\varphi(\boldsymbol{\lambda})$的极大化问题(5-48)。

存在着很多求解$\varphi(\boldsymbol{\lambda})$的极大化问题(5-48)的方法，这里不再作详细的介绍。下面我们指出$\varphi(\boldsymbol{\lambda})$的梯度是十分易于求得的，事实

上，

$$\varphi(\boldsymbol{\lambda}) = \sum_{i=1}^{n}\rho_i l_i A_i(\boldsymbol{\lambda}) + \sum_{j=1}^{J}\lambda_j\left(\sum_{i=1}^{n}\frac{\tau_{ij}(\boldsymbol{A}^{\circ})}{A_i(\boldsymbol{\lambda})} - \bar{u}_j\right) \qquad (5\text{-}52)$$

其中 $A_i(\boldsymbol{\lambda})$ 的函数关系是由对固定的 $\boldsymbol{\lambda}$ 极小化 L 而求得的，在目前条件下就是式(5-51)。由式(5-52) 可知，

$$\frac{\partial\varphi}{\partial\lambda_j} = \sum_{i=1}^{n}\left[\rho_i l_i - \sum_{j=1}^{J}\lambda_j\frac{\tau_{ij}(\boldsymbol{A}^{\circ})}{A_i^2}\right]\frac{\partial A_i}{\partial\lambda_j} + \left(\sum_{i=1}^{n}\frac{\tau_{ij}(\boldsymbol{A}^{\circ})}{A_i} - \bar{u}_j\right)$$

根据式(5-51)，上式中的第一项在任何情况下均为零，因而

$$\frac{\partial\varphi}{\partial\lambda_j} = \sum_{i=1}^{n}\frac{\tau_{ij}(\boldsymbol{A}^{\circ})}{A_i} - \bar{u}_j \qquad (5\text{-}53)$$

该式表明 $\varphi(\boldsymbol{\lambda})$ 的梯度就是相应约束和当前设计点的“距离”，反映了约束满足的程度。有了 $\varphi(\boldsymbol{\lambda})$ 的梯度，马上就可以写出问题(5-48) 的最优化必要条件：

$$\frac{\partial\varphi}{\partial\lambda_j} = \begin{cases}\displaystyle\sum_{i=1}^{n}\frac{\tau_{ij}(\boldsymbol{A}^{\circ})}{A_i} - \bar{u}_j = 0 & \text{若 } \lambda_j > 0\\ \displaystyle\sum_{i=1}^{n}\frac{\tau_{ij}(\boldsymbol{A}^{\circ})}{A_i} - \bar{u}_j \leqslant 0 & \text{若 } \lambda_j = 0\end{cases} \qquad (5\text{-}54)$$

这个条件和准则法中建立的拉格朗日乘子和相应约束的关系是一致的。

由于 $\varphi(\boldsymbol{\lambda})$ 的梯度很容易求得，就可以采用梯度类算法修改 $\boldsymbol{\lambda}$ 以达到最大化 φ 的目的，和第 2 章的规划法相比，那里修改 $\boldsymbol{\lambda}$ 的方法是根据满足近似位移约束的条件来建立的，应该说这里提供的方法可以更好地反映问题的本质。

为了得到更有效的修改 $\boldsymbol{\lambda}$ 的公式，可以求得 $\varphi(\boldsymbol{\lambda})$ 的海森矩阵后采用牛顿法。$\varphi(\boldsymbol{\lambda})$ 的海森矩阵可以由式(5-54) 求得，其元素为

$$\frac{\partial^2\varphi}{\partial\lambda_k\partial\lambda_j} = \sum_{i=1}^{n}\tau_{ij}(\boldsymbol{A}^{\circ})\frac{1}{A_i^2}\frac{\partial A_i}{\partial\lambda_k} \qquad (5\text{-}55)$$

问题是 $\boldsymbol{A}$ 和 $\boldsymbol{\lambda}$ 的关系式(5-51) 比较复杂，是个分段表达式，因而

$$\frac{\partial A_i}{\partial \lambda_k}=\begin{cases}0 & 若\sum_{j=1}^{J}\tau_{ij}\lambda_j \geqslant \rho_i l_i(\overline{A}_i)^2\\ 0 & 若\sum_{j=1}^{J}\tau_{ij}\lambda_j \leqslant \rho_i l_i(\underline{A}_i)^2\\ \dfrac{\tau_{ik}}{2\rho_i l_i A_i} & 若\rho_i l_i(\underline{A}_i)^2 < \sum_{j=1}^{J}\tau_{ij}\lambda_j < \rho_i l_i(\overline{A}_i)^2\end{cases} \tag{5-56}$$

$\dfrac{\partial^2\varphi}{\partial\lambda_k\partial\lambda_j}$因而也是不连续的，但在文献中已经有处理的方法。这里不作深入的讨论。

5.4.2 原算法

原算法就是直接求解问题(5-2)，可以采用第3、4章介绍的算法。如果引进倒数设计变量，可以将问题(5-2)化成问题(5-4)，约束全部是线性的，可以采用适用于线性约束的非线性规划算法，也可以采用序列线性规划或序列二次规划的方法求解。其中，序列二次规划的算法[9]在DDDU①等优化程序中应用得很成功，下面大体地描述一下。

首先，由于式(5-4)只是原问题(2-144)的近似，还要迭代多次求解(5-4)才能逐渐逼近(2-144)的解，所以每次求解(5-4)时也就不必过分地追求准确。这样的指导思想在罚函数法中也介绍过。按这样的指导思想代替求解(5-4)，我们把式(5-4)中的目标函数在当前设计点$\boldsymbol{A}^0$展开成泰勒级数，保留到二阶项，得到一个近似的规划：

---

① DDDU是多单元多工况多约束优化程序系统的汉语拼音缩写，该程序系统由大连工学院(现大连理工大学)工程力学所研制。

$$\left.\begin{aligned}&\min_{\boldsymbol{\alpha}} f(\boldsymbol{\alpha})=\sum_{i=1}^{n}\frac{\rho_i l_i}{\alpha_i^{\circ}}+\sum_{i=1}^{n}\frac{\rho_i l_i}{(\alpha_i^{\circ})^2}(\alpha_i^{\circ}-\alpha_i)+\sum_{i=1}^{n}\frac{\rho_i l_i}{(\alpha_i^{\circ})^3}(\alpha_i^{\circ}-\alpha_i)^2\\&\text{s. t.}\ \sum_{i=1}^{n}\tau_{ij}(\alpha^{\circ})\alpha_i\leqslant\bar{u}_j,j=1,2,\cdots,J\\&\qquad\underline{\alpha}_i\leqslant\alpha_i\leqslant\bar{\alpha}_i,i=1,2,\cdots,n\end{aligned}\right\}$$

(5-57)

这是一个二次规划问题，如果写成标准的二次规划形式(5-43)，就可以看出相应的 $\boldsymbol{H}$ 阵是个对角阵，主对角线元素为

$$H_{ii}=\frac{\rho_i l_i}{(\alpha_i^{\circ})^3} \tag{5-58}$$

因此 $\boldsymbol{H}$ 的求逆十分容易，适宜于将上列规划(5-57)用其对偶形式来解。当由(5-57)求得 α_i 后，将它作为新的 α_i°，进行结构分析得到 $\tau_{ij}(\alpha^{\circ})$，之后就可建立一个新的二次规划(5-57)，如此重复，直到某种收敛要求满足。实践证明，这个基本算法和第 6 章介绍的措施结合可以得到十分有效的算法。

基于上面介绍的对偶算法和原算法，20 世纪 80 年代建立起一些通用的大型优化程序，如国外的 ACCESS3 和国内的 DDDU[8]，这些程序的基本思想、方法和技巧现在仍然有重要的参考价值。

习　题

1. 写出第 4 章习题 1 的对偶规划，注意不等式约束要先转化为等式约束。

2. 写出第 4 章习题 3 的对偶规划。

3. 给出用最速上升法求解问题(5-45)时修改 $\boldsymbol{\lambda}$ 的公式。

4. 忽略对 α_i 的上下限约束，写出二次规划(5-44)的对偶规划。

6

结构优化的若干方法和技巧

本书前面几章对结构优化的基本概念、理论和方法的介绍和研究，大部分是以桁架结构尺寸优化为对象，这些概念、理论和方法对一般的优化问题也是适用的。但是，一是实际工程结构设计中遇到的结构优化问题类型非常多，不同类型的问题需要的方法也各有特点；二是随着计算能力的快速发展，人们对各类方法性能的比较有新的认识。本章将简单介绍作者相对熟悉的若干优化问题和方法，讨论提高结构优化效率的一些有效技术。

6.1 多目标优化

前面各章我们研究的优化问题都只有一个目标函数，属于单目标优化问题。大量的实际工程中设计者和用户追求多个目标的最优。例如，各类运载器设计需要考虑制造成本，还要考虑运行成本、能源消耗、乘员安全和舒适等多个目标。这些目标往往互相冲突，例如，降低运载器制造成本往往降低其运行的安全性。很多情况下，这些目标有不同的量纲，例如，制造成本的单位是“元”，乘员的安全则无法用钱来度量。

6.1.1 多目标优化问题的列式和基本概念

多目标优化问题的数学列式可以写成：求 $\boldsymbol{x}$，

$$\left.\begin{array}{l}\min \boldsymbol{f}=(f_1,f_2,\cdots,f_s)^{\mathrm{T}},\boldsymbol{x}=(x_1,x_2,\cdots,x_n)^{\mathrm{T}}\\ \text{s. t. } \boldsymbol{x}\in X=\{\boldsymbol{x}\,|\,h_j(\boldsymbol{x})\leqslant 0,j=1,2,\cdots,m\}\end{array}\right\}\qquad(6\text{-}1)$$

下面我们首先给出这一多目标优化问题的最优解、有效解和弱有效解的定义。

定义 1 对于上述问题，如果我们能找到一个解 $\boldsymbol{x}^*\in X$，对于在其邻域的所有可行设计 $\boldsymbol{x}\in X$，所有的分目标都满足 $\boldsymbol{f}(\boldsymbol{x}^*)\leqslant\boldsymbol{f}(\boldsymbol{x})$，则 $\boldsymbol{x}^*$ 是原问题(6-1) 的最优解。

由于这 s 个目标往往是互相冲突的，我们通常不可能找到一个设计，使所有分目标函数都达到不考虑其他分目标时该目标能达到的最优值，所以对于多数多目标优化问题，按定义 1 定义的最优解并不存在。多目标问题的“最优解”只能是满意解，在多目标优化中这样的解又称为有效解或 Pareto 解。有效解还可以分成全局有效解和局部有效解。局部有效解的最优性只和其邻域内的其他解比较。

定义 2 设计 $\boldsymbol{x}^*\in X$ 是有效解，当且仅当在其邻域不存在另一个可行设计 $\boldsymbol{x}\in X$，使得 $\boldsymbol{f}(\boldsymbol{x})\leqslant\boldsymbol{f}(\boldsymbol{x}^*)$。

定义 3 设计 $\boldsymbol{x}^*\in X$ 是弱有效解，当且仅当在其邻域不存在另一个可行设计 $\boldsymbol{x}\in X$，使得 $\boldsymbol{f}(\boldsymbol{x})\leqslant\boldsymbol{f}(\boldsymbol{x}^*)$，且至少对于一个分目标有 $f_i(\boldsymbol{x})<f_i(\boldsymbol{x}^*)$。

在上列定义中，出现了两侧都是向量的不等式，这是要求向量的所有分量都满足这一不等式。上列定义可以用通俗的语言描述，Pareto 解或有效解是指，如果修改这一解可以改善某一个目标函数，必然损害其他目标函数。

一般地说，一个多目标优化问题具有无穷多个有效解，这些有效解构成一个有效解集。类似地可以定义弱有效解集。在下面的叙述中，为了简单起见，我们不严格区分有效解和弱有效解。

在前几章研究单目标优化问题时，我们引入了设计空间、约束曲面和可行域等几何概念，帮助我们理解结构优化的概念、理论和算法。与此类似，在多目标优化问题中我们引进象空间的概念。象空间是以各个分目标函数为坐标所张成的空间，对于具有 s 个分目标的优化问题，象空间为 s 维。当设计变量在设计空间的可行域内变化时，它们的目标值在象空间内对应的象点构成的区域称为可达域。图 6-1 给出了有两个设计变量的双目标优化问题的几何表示，其中图 6-1(a) 是设计变量空间和问题的可行域 Ω_f，图 6-1(b) 是象空间和问题的可达域 Ω_a。根据可达域的定义，可行域中每一个可行设计都和可达域中的一个象点对应。但是，可达域中的每一个象点可以对应于一个或一个以上的可行设计，这是因为不同的设计可以有相同的目标值。可达域可以是非凸域，也可以是非光滑的，甚至在某一坐标方向是间断的。象空间中的可达域边界曲线(高维时为曲面)Γ 的一部分 Γ_a，由平行于两个坐标的直线和可达域边界相切的切点为其端点，其上的每一点对应于原问题的一个有效解，在图 6-1(b) 上我们用粗线条标出。但是，在有效解集相应的边界上的每一点，例如图 6-1(b) 和图 6-2 中的 $\boldsymbol{f}^*$，如果以它为原点建立一个平行于象空间坐标轴的局部坐标系，则该局部坐标系由斜线区划出的象限(对于高维空间，这一象限的特征是在该象限内的点的局部坐标值均为负值) 不应该和可达域有交集。否则，我们可以在该点邻域找到所有分目标函数值都比它更优的设计。

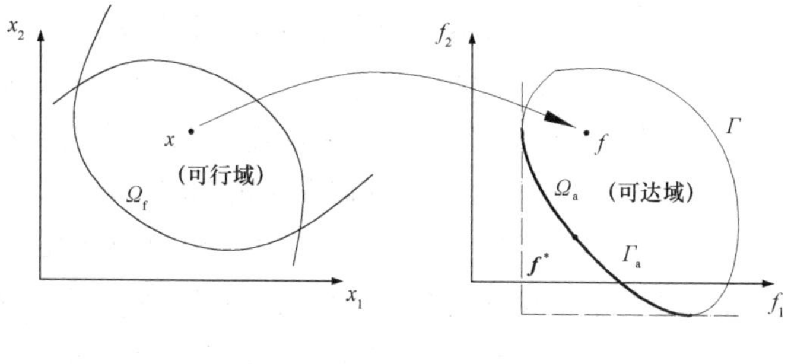

(a) 设计空间和可行域　　(b) 象空间、可达域和有效解

图 6-1

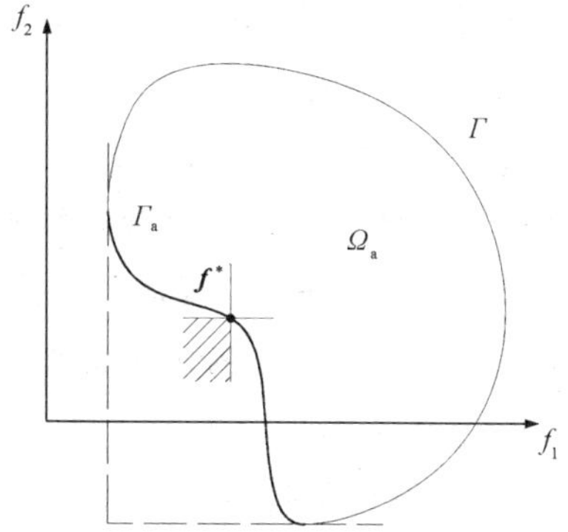

图 6-2　有效解的几何特征

6.1.2　多目标优化问题的求解

求解多目标优化问题就是要获得有效解集，供设计者或设计者和用户构成的设计团队在这一解集中进行选择、比较和决策，从中选择他们最满意的解。由于一般地说有效解有无限多个，求出全部有效解是不可能的。对于工程结构优化问题，结构性能分析要采用复杂的有限元计算，求出很多有效解也是计算量很大的工作。因此，如何结合实际情况求解多目标优化问题，最终为设计者提供决

策，就是一个非常重要的问题。已经有多种途径旨在回答这个问题。在有些情况下，设计者可以事先提出哪个分目标更重要，在建立优化问题时，可以根据分目标的重要程度，将次要的分目标放入约束中，或者如后面介绍的那样，将多目标优化问题中的分目标给以不同的权重加以组合，化成单目标问题求解。在很多情况下，设计者无法给出分目标重要程度的估计，这一决策过程就需要迭代，即先求出部分有效解供设计团队选择决策；当设计团队中的个人做出决策时，他们必然会依据个人不同的经验背景提出不同的标准。这些标准有时可以用数量来表达，有时需要用语言来描述，但有时标准属于只可意会不可言传。但是，通过这一选择、比较和决策的讨论，我们有可能获得设计者对这些目标的重要程度的潜在的看法，综合这些观点提供的信息，我们可以再求解原多目标优化问题，补充一些新的有效解，供进一步选择决策。

由于我们前面提到的各个分目标函数量纲不一，应该将它们无量纲化。在无量纲化后，各个分目标函数的数值仍然可以相差很大，甚至相差几个量阶，会给下一步的优化带来数值困难，需要将各分目标进一步归一化。为了同时完成无量纲化和归一化，一个方法是先求解如下 s 个单目标优化问题。对于 $i=1,2,\cdots,s$，求 $\boldsymbol{x}$，

$$\left.\begin{aligned}&\min\ f_i(\boldsymbol{x})\\&\text{s. t. }\ \boldsymbol{x}\in X=\{\boldsymbol{x}\,|\,h_j(\boldsymbol{x})\leqslant 0,j=1,2,\cdots,m\}\end{aligned}\right\}\tag{6-2}$$

如果得到该问题的最优解为 $\boldsymbol{x}_i^*$ 的目标值为 $f_i^*=f_i(\boldsymbol{x}_i^*)$，$i=1,2,\cdots,s$，可将原多目标优化问题改写为归一化形式：求 $\boldsymbol{x}$，

$$\left.\begin{aligned}&\min\ \bar{\boldsymbol{f}}=(f_1/f_1^*,f_2/f_2^*,\cdots,f_s/f_s^*)^{\mathrm{T}}\\&\text{s. t. }\ \boldsymbol{x}\in X=\{\boldsymbol{x}\,|\,h_j(\boldsymbol{x})\leqslant 0,j=1,2,\cdots,m\}\end{aligned}\right\}\tag{6-3}$$

由式(6-2)求得的分目标最优值排列而成的向量为

$$\boldsymbol{f}^*=(f_1^*,f_2^*,\cdots,f_s^*)^{\mathrm{T}}\tag{6-4}$$

在象空间内相应的点称为**理想点**（文献中又称**乌托邦点**），因

为对大多数问题没有一个可行设计可以实现这样的目标值。

上述方法的工作量太大。为了减少工作量，我们也可选择一个合理的初始可行设计，计算其所有分目标函数值 f_i^* $(i=1,2,\cdots,s)$，采用这些值构造优化问题(6-3)。

在本节余下部分我们约定，所有目标函数表达式都已经用某种方式归一化。

求解多目标优化问题的一个最简单的方法是构造原多目标问题的一个单值评价函数，将多目标优化问题化为单目标优化问题。构造的评价函数满足一定条件，这个评价函数的最优解就是原多目标优化问题的一个有效解。

文献中已经提出了很多不同的评价函数。最常用的评价函数是线性加权评价函数。以双目标的优化问题为例，采用线性加权评价函数时，构造的单目标优化问题为

$$\left.\begin{aligned}&\min_{\boldsymbol{x}} f(\boldsymbol{x})=\alpha_1 f_1(\boldsymbol{x})+\alpha_2 f_2(\boldsymbol{x}),\ \alpha_1\geqslant 0,\alpha_2\geqslant 0,\alpha_1+\alpha_2=1\\&\text{s. t. }\ \boldsymbol{x}\in X=\{\boldsymbol{x}\,|\,h_j(\boldsymbol{x})\leqslant 0,j=1,2,\cdots,m\}\end{aligned}\right\}\tag{6-5}$$

α_1,α_2 是给定的权系数，表示了两个目标的相对重要程度。在多数多目标优化问题中，需要采用一系列权重系数求解上列单目标问题得到一系列的解，一般情况下希望它们就是原问题的有效解，利用它们可以近似构造有效解集。对于单目标函数的优化问题(6-5)，可采用常规的单目标优化求解方法进行求解。

在象空间中观察，可以给出线性加权评价函数法的几何解释：对于给定的 α_1,α_2，作一系列 $\alpha_1 f_1+\alpha_2 f_2=$ 常数的等值线，其中和有效解曲线段相切的切点就是我们求得的有效解的象点，如图6-3(a) 所示。

线性加权方法因为简单方便，已被广泛应用。但是这个方法有明显的缺点。首先，在实际使用中，受到计算量的限制，人们往往只

选择少数几个权系数组合得到几个有效解。这样做时，关键在于如何寻找合理的权系数，以反映各个单目标在整个多目标问题中的重要程度，使原多目标优化问题较合理地转化为单目标优化问题。其次，根据上面的几何解释可以看出，如果有效解曲线段是非凸的，无论如何改变权系数，线性加权的方法不可能获得所有的有效解，如图 6-3(b) 中，有效解曲线是非凸的，*BCD* 曲线段上的有效解很难获得。此外，当有效解的部分曲线段基本平行于坐标轴时，也会遇到困难，权系数的微小改变可以引起象点的巨大变动，均匀变化的权系数并不能保证在有效解曲线上得到均匀分布的有效解，而在有效解曲线上得到均匀分布的有效解对于选择决策是非常有帮助的。

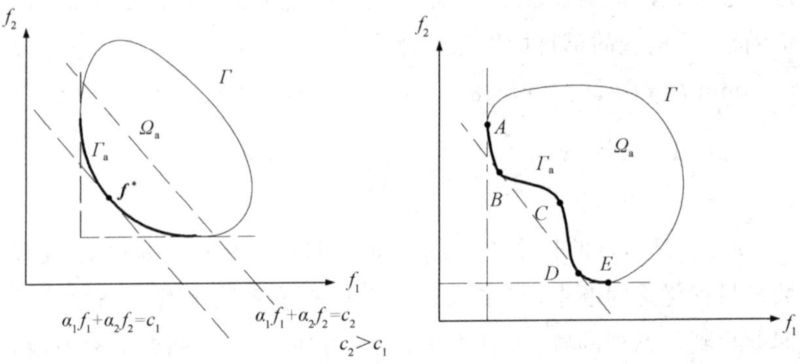

(a) 线性加权得到的有效解　　(b) 非凸的有效解曲线和线性加权的困难

图 6-3

除了式(6-5) 的线性加权形式，评价函数可以有很多不同的形式。例如，我们可以取两个目标函数的加权平方和开方，即

$$f(\boldsymbol{x}) = [\alpha_1(f_1(\boldsymbol{x}) - f_1^*)^2 + \alpha_2(f_2(\boldsymbol{x}) - f_2^*)^2]^{\frac{1}{2}}$$

$$\alpha_1 \geqslant 0, \alpha_2 \geqslant 0, \quad \alpha_1 + \alpha_2 = 1 \tag{6-6}$$

其中，f_1^*，f_2^* 是由用户选择的参考值。在上式中，如果我们选用理

想点(即乌托邦点)作为参考点,这一评价函数称为理想点法的评价函数。我们还可选用分目标函数的乘积形式,即

$$f(\boldsymbol{x}) = f_1(\boldsymbol{x}) f_2(\boldsymbol{x}) \tag{6-7}$$

如果对目标函数(6-7)做对数变换,可以看出这是分目标函数在对数变换后的线性加权组合,两个分目标函数给予相同的权重。当分目标函数的变化幅度很大时,这样的评价函数可能比直接的线性加权更好。

将多目标优化问题化为单目标优化问题的评价函数还可取成极大值函数,即取评价函数为

$$f(\boldsymbol{x}) = \max\{f_1(\boldsymbol{x}), f_2(\boldsymbol{x}), \cdots, f_s(\boldsymbol{x})\} \tag{6-8}$$

极大值函数看似简单,但由于对不同的 $\boldsymbol{x}$ 值,f 可能取不同的分目标函数的值,即使每个分目标都是连续可微的光滑函数,极大值函数通常是非光滑函数。为了避免这一困难,可以采用界限法(Bound method)求解,即化归:求 $\boldsymbol{x}, \beta$,

$$\left.\begin{aligned} &\min \beta \\ &\text{s. t. } f_i(\boldsymbol{x}) - f_i^* \leqslant c_i \beta, i = 1, 2, \cdots, s \\ &\qquad \boldsymbol{x} \in X = \{\boldsymbol{x} \mid h_j(\boldsymbol{x}) \leqslant 0, j = 1, 2, \cdots, m\} \end{aligned}\right\} \tag{6-9}$$

其中,$f_1^*, f_2^*, \cdots, f_s^*$ 是用户适当选用的参考值。$c_1, c_2, \cdots, c_s$ 是权系数。

为了在Pareto曲线上获得均匀分布的Pareto解,Das和Dennis提出了法向边界截点法(Normal boundary intersec tion method),Messac提出了边界约束法。张卫红通过构造子规划问题求解有效解曲线的切线和法线方向,在此基础上采取自适应技术,可以获得相对均匀分布的有效解点序列[46]。

6.2 凝聚函数在结构优化中的应用

在优化问题中，约束和目标函数同等重要。由于最优设计往往在可行域的边界取得，如果将实际设计问题抽象为工程结构优化的数学模型时，没有包括必须考虑的约束，得到的最优设计很可能就违反这个约束。因此，在建立优化问题的数学模型中如果忽视了必要的约束，往往产生严重的问题。但是，如果在建立数学模型时包括了太多的约束，不仅优化求解需要的时间可能非常长，而且还有优化迭代失败的可能。因此，约束的选择和处理非常重要。约束的暂时删除和凝聚是两个常用的技巧。本节先介绍约束的凝聚，约束的暂时删除将在本章第 5 节介绍。

减少约束数量的一个方法是将多个约束凝聚为一个约束。考虑非线性规划：

$$\left.\begin{array}{l}\min\limits_{\boldsymbol{x}} f(\boldsymbol{x}),\ \boldsymbol{x}\in X\\ \text{s.t.}\ \ h_i(\boldsymbol{x})\leqslant 0, i=1,2,\cdots,m\end{array}\right\} \tag{6-10}$$

我们可以将这 m 个约束凝聚为一个约束，而将上列非线性规划写成只受到一个约束的非线性规划

$$\left.\begin{array}{l}\min\limits_{\boldsymbol{x}} f(\boldsymbol{x}),\ \boldsymbol{x}\in X\\ \text{s.t.}\ \ h_0(\boldsymbol{x})\leqslant 0\end{array}\right\} \tag{6-11}$$

凝聚函数可以有很多不同的形式，例如可取最大值函数，即

$$h_0(\boldsymbol{x}) = h_{\max}(\boldsymbol{x}) = \max\{h_1(\boldsymbol{x}), h_2(\boldsymbol{x}), \cdots, h_m(\boldsymbol{x})\} \tag{6-12}$$

而将式(6-10) 化为等价的如下非线性规划形式

$$\left.\begin{array}{l}\min\limits_{\boldsymbol{x}} f(\boldsymbol{x}),\ \boldsymbol{x}\in X\\ \text{s.t.}\ \ h_{\max}(\boldsymbol{x})\leqslant 0\end{array}\right\} \tag{6-13}$$

但是，这样定义的 $h_{\max}(\boldsymbol{x})$ 虽然看来简单，但不是光滑函数，一阶导数会发生间断，采用基于梯度的优化算法会遇到麻烦。

另一个常用的约束凝聚方法，是考虑原来约束的一个凸组合(文献中称其为代理约束)

$$h_\lambda(\boldsymbol{x}) = \sum_{i=1}^{m} \lambda_i h_i(\boldsymbol{x}) \tag{6-14}$$

其中的参数 $\lambda_i(i=1,2,\cdots,m)$ 在单纯形 Δ 内取值，即满足

$$\boldsymbol{\lambda} \in \Delta = \left\{ \boldsymbol{\lambda} \,\middle|\, \sum_{i=1}^{m} \lambda_i = 1, \lambda_i \geqslant 0, i = 1,2,\cdots,m \right\} \tag{6-15}$$

如果参数 $\lambda_i(i=1,2,\cdots,m)$ 不依赖于 $\boldsymbol{x}$，式(6-14)的凝聚函数一般情况下并不等价于最大值函数。因此，我们要寻找适当的函数 $\lambda_i(\boldsymbol{x})(i=1,2,\cdots,m)$，使得 $h_\lambda(\boldsymbol{x})$ 尽可能接近 $h_{\max}(\boldsymbol{x})$，即应该求解如下问题：

$$\max_{\boldsymbol{\lambda}(\boldsymbol{x}) \in \Delta} \sum_{i=1}^{m} \lambda_i h_i(\boldsymbol{x}) \tag{6-16}$$

但是遗憾的是，直接解上述问题得不到关于 $\lambda_i(\boldsymbol{x})(i=1,2,\cdots,m)$ 的有用信息。李兴斯[47] 为了解决这个问题，将 $\lambda_i(\boldsymbol{x})$ 解释为约束函数 $h_i(\boldsymbol{x})$ 可能等于最大值约束 $h_{\max}(\boldsymbol{x})$ 的概率，根据香农(Shanon)最大熵原理，这一概率分布除满足式(6-15)的要求外，应该使下列香农熵最大：

$$\max_{\boldsymbol{\lambda} \in \Delta} H(\boldsymbol{\lambda}) = -\sum_{i=1}^{m} \lambda_i \ln \lambda_i \tag{6-17}$$

将以上两个条件合并，引入一个加权因子 p 构成下列复合的函数

$$h_p(\boldsymbol{x}) = \sum_{i=1}^{m} \lambda_i h_i(\boldsymbol{x}) - \frac{1}{p} \sum_{i=1}^{m} \lambda_i \ln \lambda_i \tag{6-18}$$

式(6-18)在条件(6-15)下求极大。采用拉格朗日乘子法，可以求得

$$\lambda_i(\boldsymbol{x}) = \frac{\exp(p h_i(\boldsymbol{x}))}{\sum_{i=1}^{m} \exp(p h_i(\boldsymbol{x}))} \tag{6-19}$$

将式(6-19)代回复合的目标函数(6-18)，我们就得到如下的

凝聚函数

$$h_p(\boldsymbol{x}) = \frac{1}{p}\ln\left\{\sum_{i=1}^{m}\exp(ph_i(\boldsymbol{x}))\right\}, \quad p > 0 \tag{6-20}$$

对于有限的 p 值，式(6-20) 给出的凝聚函数 $h_p(\boldsymbol{x})$ 是一个光滑函数。当参数 p 足够大时，该凝聚函数接近最大值函数并具有下列性质：

(a) $h_{\max}(\boldsymbol{x}) \leqslant h_p(\boldsymbol{x}) \leqslant h_{\max}(\boldsymbol{x}) + \dfrac{\ln m}{p}$ (6-21)

(b) $\lim\limits_{p\to\infty} h_p(\boldsymbol{x}) = h_{\max}(\boldsymbol{x})$ (6-22)

(c) $h_q(\boldsymbol{x}) \leqslant h_p(\boldsymbol{x}), \ \forall\, p \leqslant q$ (6-23)

(d) $h_p(\boldsymbol{x})$ 是凸函数，如果 $h_i(\boldsymbol{x})(i = 1,2,\cdots,m)$ 都是凸函数。 (6-24)

当参数 p 足够大时，为了避免出现计算机溢出，在计算 $h_p(\boldsymbol{x})$ 的函数值及其梯度时均应在 $h_i(\boldsymbol{x})$ 上减去一个大数。

式(6-20) 给出的这一凝聚函数在文献中也称为 K-S 函数[48]，是由 Kreisselmeier 和 Steinhauser 在一次学术会议上提出的。在此凝聚函数的基础上，可以将相关算法应用到罚函数法和多目标优化等。

采用凝聚函数(6-20) 将多约束下的非线性规划转换为单一约束下的非线性规划进行求解时，仍然需要计算所有约束函数。如果采用基于灵敏度的优化算法，仍然需要计算所有约束函数的灵敏度。但是，即使这样，由于采用的凝聚函数(6-20) 的性质，求解时可以不依赖于紧约束策略，避免了区分主被动约束带来的算法复杂性与数值波动，统一处理所有约束。为了提高计算效率，当然也可以将凝聚函数法和本章第 5 节将介绍的约束的暂时删除方法结合起来使用。

6.3 代理模型和黑箱方法

如本书多次指出，对于稍稍复杂的结构，结构性能是设计变量的隐函数，需要进行有限元分析才能求得，这是结构优化设计的困难之一。随着技术的进步，工业部门对结构性能的要求日益提高，为了精确预测结构复杂的性能，依靠数字化工具进行精细化的结构分析是普遍的趋势，结构有限元分析模型的自由度很容易达到数以万计。计算机技术的不断进步使我们求解问题的规模和速度迅速提高，但是，对于大型复杂的工程结构优化问题，分析结构性能所需的时间仍然成为这些方法和软件应用的瓶颈。如果问题涉及动力学性能、几何非线性(大变形和大应变)、物理非线性(弹塑性、黏塑性)、接触、断裂及多场耦合，数值分析的工作量更大。对于这些问题，结构性能对设计变量的灵敏度只能用有限差分法求得，计算工作量非常大。因此，提高优化的效率，减少需要的结构分析次数，仍然是克服这一困难的一个途径；而另一个途径也受到广泛的重视。这个途径就是将高精度结构分析软件作为黑箱，利用这一黑箱对一批设计样本点产生高精度的结构性能，在此基础上构造高精度结构分析模型的代理模型。所谓代理模型是指计算量小，但其计算结果和原高精度结构分析模型结果相近的分析模型。代理模型在结构优化设计中的应用除了以小的计算量获得近似的优化设计外，还可以帮助设计者对整个设计空间内的结构的性能进行概览。很多领域的应用都需要构造原模型高精度的代理模型。一般地说，采用代理模型进行优化的工程问题应该具有连续的目标和约束函数。

基于代理模型进行结构优化设计时，代理模型用来对优化迭代过程中产生的每一个设计进行快速分析，获得作为优化问题中目标或约束的结构性能的近似值和灵敏度，从而大大提高优化的效率。为了满足这样的需要，所建立的代理模型在设计变量允许取值的范围内对不同的设计点应该有大体相同的精度。

基于代理模型的结构优化一般包括了以下步骤：

(1) 用某种抽样方法在设计空间中产生一批设计样本点。

(2) 用高精度结构分析模型对设计样本点进行分析，获得相应于这些样本的结构性能。

(3) 选择合适的简化模型，采用某种拟合或插值的方式，根据在第2步获得的输入(设计样本)和输出(结构性能)，建立设计和性能之间映射关系的简化模型。

(4) 采用这一简化模型代替原模型进行结构优化设计。

(5) 对在第 4 步由代理模型得到的优化设计，采用原模型进行分析，确认其可行性和最优性。如果结果不满意，可以增加设计样本点，修改代理模型，返回第 4 步。

设计样本在设计空间的布局和数量对整个方法的计算效率和有效性有很大影响，因此有很多深入的研究。在设计空间产生样本的方法很多，常用的试验设计方法(Design Of Experiments，简称DOE) 有正交试验设计、拉丁超立方方法、均匀试验方法、中心复合试验设计和随机投点法等。在有的方法中，选用的全部设计样本点是在开始构造模型时按照试验设计方法确定的。但是，在有的方法中，随着构造代理模型及优化的进程，根据得到的优化结果的特点，我们可以按一定规则添加设计样本点，完善或更新代理模型，以改进优化结果。例如，如果通过一定次数的优化迭代，我们的设计已经处于局部最优解的邻近，为了提高优化设计的精度，我们可以在这邻近按一定规则添加设计样本点，更新和完善代理模型。再如，如果我们感到已建立的代理模型对结构性能在整个设计空间的了解不够精确，我们也可在整个设计空间内补充设计样本点，修改代理模型。已经有很多论述添加设计样本点方法的文献，最大化期望提高加点(Expected Improvement,简称 EI)准则是其中比较流行的方法。[49]

对设计样本进行分析是建立代理模型的几个步骤中相对独立的。由于即使是高精度的原结构分析模型也仍然是实际问题的近似,因此,如果对实际结构进行了现场实测、实验等获得了结构性能的数据,这些数据也可以而且应该用来构造和修正代理模型。由不同方法获得的结构性能数据,往往具有不同的精度,使用多种不同保真度的数据构造代理模型时,应该对已有的代理模型做一定修改。

根据构造的简化模型的不同,主要的代理模型法[17]有多项式响应曲面法(Response Surface Method,简称 RSM),克立金(Kriging)法,径向基函数方法(Radial Base Method),支撑向量方法(Supporting Vector Method)。其中响应曲面法、径向基函数法给出的代理模型中,结构性能都表示为设计变量的显式。值得说明的是,这些方法有着各自的特点,但是就目前的研究来看,没有一种方法具有真正的普遍适用性。如果设计者对于优化问题中的目标或约束函数的性状有一定的经验,可有助于选用合适的代理模型。

结构分析模型的精度与采用的代理模型类型和复杂程度应该匹配。例如,对于降低连续体结构内最大应力为目标的结构边界形状优化设计问题,我们需要采用有限元方法计算结构中最大应力。众所周知,结构中最大应力往往出现在结构边界,最大应力所在的边界点周围的有限元网格密度和质量,对最大应力值有显著的影响。但是,对于不同的设计我们很难保证构造的有限元模型具有相同的精度,这是由于网格质量、计算舍入误差等带来的数值噪音而造成的。代理模型选择的合适,可以帮助我们过滤噪音,得到更为真实的结构性能。这也是采用代理模型的一个重要的优点。

基于代理模型的优化方法的一个显著优点是在优化过程中不需要原模型的灵敏度信息，因此可以把由设计变量值计算响应值的软件作为黑箱使用。这样的一大类优化方法称为“黑箱方法”。所谓的“黑箱方法”(又称系统辨识)是一种通过考察系统的输入与输出关系认识系统功能的研究方法。它是探索复杂工程系统的重要工具。所谓“黑箱”的概念是相对的。控制论把可以对内部结构进行直接观察的系统称为“白箱”，把完全无法对内部结构进行直接观察的系统称为“黑箱”。黑箱方法是指利用从系统外部进行观测、考察系统的输入、输出信息及其动态过程，来定量地认识该系统的功能、特性和行为方式，以及探索其内部结构和机理的一种研究方法。由于现代工程问题的物理和数学模型十分复杂，很多问题只能分析出特定输入的系统响应值，难于建立显式优化模型，使基于显函数和梯度类的白箱优化方法失效，黑箱方法应运而生。当代最优化方法领域的著名专家 M. J. D. Powell 教授等都对多元无约束优化直接方法的研究倾注了大量的精力，近年来，他们的研究工作都是围绕求解极小化问题的不用导数(只用函数值)的方法。由于在实际应用中导数信息一般不可知，这类只用函数值的方法被称为最有用的算法。

常用的黑箱优化方法可以分为基于确定性抽样的代理模型类算法和基于随机抽样的启发式算法。我们前面已经介绍了代理模型类算法。启发式算法又称智能类算法，包括遗传算法[11,50,51](Genetic Algorithm，简称 GA)、模拟退火算法[12](Simulating Annealing)、禁忌搜索算法(Tabo Search)，蚁群算法[13](Ant Colony Optimization)和粒子群算法(Particle Swarm Optimizer)等。本章第 4 节将对遗传算法进行扼要的介绍。

得到代理模型后的优化可以采用数学规划法，很多商用软件有丰富的优化程序可供使用。由于代理模型的计算工作量小，本书介绍的只使用函数值的单纯形法、复形法都可以使用。如果原问题的性能是设计变量的光滑函数，由于代理模型的函数计算工作量小，即使用有限差分计算灵敏度，灵敏度的计算工作量也可以接受，可以选择采用基于梯度的算法，包括牛顿法、最速下降法、拟牛顿法和约束优化方法。但是，在很多情况下，采用代理模型进行结构优化设计的问题往往是多峰的，即有多个局部最优解，为了搜索全局最优解，也可采用如遗传算法、模拟退火算法及蚁群算法等算法，在整个设计空间进行搜索获得全局最优解。这类方法效率相对较低，特别是局部最优解的搜索精度较低。一个解决方法是将这类启发式算法和数学规划算法结合，在局部最优解邻域采用数学规划法求解。对于多目标优化，基于不确定性的优化等与实际工程背景结合更为紧密的问题，基于代理模型的优化方法还需要更多的研究。

6.4 启发式算法

在上面各章介绍的各类算法中，除了本书1.3节中介绍的网格法、图解法及解析解外，其他方法都属于搜索法。搜索法广义上可分为两类：数学规划的确定性搜索方法和启发式优化方法。前者从一个初始设计出发，按照某种方法决定一个可以使目标函数得到改进且满足某种要求的搜索方向，然后再决定沿该方向应当前进的搜索步长，得到一个改进的新设计。判断新设计是否满足收敛准则，如果不满足，以新设计为出发点重复上述过程，直至获得满足收敛准则的设计。准则法可看作搜索满足准则的一个解。数学规划法要求优化函数必须连续，而且梯度类数学规划法还要求目标函数及约束条件的导数。

实际工程优化问题中的目标函数和约束函数往往很复杂，表现为非凸、多峰、不可微，有时甚至难以给出它们关于设计变量的表达式，用数学规划法求解这些问题变得十分困难。除此之外，实际工程优化问题一般包含离散设计变量，比如，构件的型号只能从可用的标准构件库中进行选取，只能取离散值，这使得基于连续设计变量假设的数学规划法无法直接应用，需要采用处理离散变量的专门的优化方法，不过，对于大规模的优化问题，这些方法仍然难以奏效。即使优化模型并不复杂，设计变量也连续，对于某些特殊结构优化问题，比如刚架结构频率约束下最小重量拓扑优化问题，由于可行域不连通和存在奇异最优解的困难，使得这类问题本质上是离散优化问题，使用基于连续变量的数学规划法同样很难获得奇异最优解。

确定性搜索算法的局限性促使研究者不断去发展适合不同优化问题的新优化方法，如启发式方法(Heuristic Algorithm)。启发式方法是根据一定的直观或经验而构造的一类寻优算法，它们通常按照一定的规则并采取随机搜索的方式来模拟生物进化、动物行为等自然现象。有一大类这种方法，包括遗传算法、进化策略(Evolutionary Strategy)、模拟退火算法、蚁群算法、粒子群算法。启发式方法按照一定的规则并采取随机搜索的方式生成设计后，通过比较不同设计的性能来选出最优的设计，整个过程不要求函数连续、可微。由于它们通常采用多点随机并行搜索的形式，因此可以有效避免搜索陷入局部最优的困难，适合处理多峰、非凸的优化问题。相比数学规划法，启发式方法能够比较容易到达全局最优解附近，但由于其微调能力较差，要想获得全局最优解也并不容易。很多情况下，启发式方法得到的是一个近似的全局最优解。考虑到实际工程往往只要求得到一个满意设计，并不一定要求获得全局最优解，因此这样的一个近似全局最优解同样具有重要的应用价值。

由于启发式算法不需要导数信息，只需目标和约束在当前设计点的函数值，可以采用已有的商用结构分析程序作为黑箱计算函数值，算法的编程实现比基于梯度的数学规划法简单很多。前面我们多次谈到建立一个合理的优化模型的重要性，所谓合理的优化模型是指选择了合适的设计变量和目标函数，包括了足够但又必要的约束。采用启发式算法时，使用者在建立或修改优化模型过程中，可以方便地增加或删除一个或多个约束，修改约束和目标函数，快速测试和比较不同的优化模型下的最优设计。从这个角度看，启发式算法可以用来帮助建立合理的优化模型。由于这些算法可以有效地逼近全局最优解，因此还可以用来建立优化问题的标准考题(Benchmark Test)。

遗传算法是根据达尔文“优胜劣汰，适者生存”的生物进化学说，借鉴生物体自然选择和遗传进化机制，而提出的一种全局优化随机搜索方法，其研究历史可追溯到20世纪60年代密歇根大学的Holland教授[11]，1989年Goldberg[51]总结了遗传算法的主要研究成果，全面完整地论述了遗传算法的基本原理。最近的几十年，遗传算法逐渐被应用到各领域，取得很好的效果，成为一类应用最广泛的启发式算法。

遗传算法不对所求解问题的实际变量直接进行操作，而是通过某种编码机制把变量翻译成由特定符号按一定顺序构成的字符串，连接所有变量的字符串形成一条染色体，即个体，用来表示所求解问题的一个可能解，若干个个体构成了种群。根据优化的目标函数对种群中每个个体进行评估，给出个体适应度，以适应度大小为“自然选择”的基础，决定其生存与淘汰。进化开始时，遗传算法可随机产生一个初始种群，并对其内每个个体评估它们的适应度。根据适应度的大小，遗传算法选出种群中的优秀个体用于繁殖后代，然后，对这些优秀的个体执行交叉、变异等遗传运算，包括采用精英策略来产生新一代种群。新种群中的个体由于继承了上代种群的一些优良特性，因而具有更优异的性能。这些操作使得遗传算法能不断搜索出适应度更高的个体，使进化朝着最优解的方向逐渐靠近，最终求得问题的最优解或近似最优解。针对不同的问题，许多学者设计了不同的编码方法来表示问题的可行解，并开发了多种不同的遗传算子来模仿不同环境下的生物遗传进化特性。这些不同的编码方法和不同的遗传算子构成了不同的遗传算法。下面我们介绍的简单遗传算法只使用选择、交叉、变异三种遗传算子，其操作流程介绍如下。

1. 染色体编码

为模拟生物体的进化过程，遗传算法首先要将原优化问题可能的设计映射到算法所能处理的搜索空间。这一过程称为编码，它是使用遗传算法要解决的首要问题，也是设计算法的关键步骤。遗传算法通常用有限长度的数串(可以是二进制数或十进制数）表示优化问题的设计变量，“串”长需要能覆盖设计变量的取值范围，如果设计变量取连续值，则要满足精度要求。所有变量的数串首尾相连组成一个长串，构成一个个体的染色体编码，它对应问题的一个解。串中的每一位数字称为一个基因。通过编码，原设计空间的每个设计被表示为遗传算法空间中的一条染色体。现有的编码方法可分为三大类：符号编码方法、实数编码方法、二进制编码方法。简单遗传算法采用二进制编码方法，它使用二进制符号 0 和 1 构成的二进制字符串来代表个体的基因型。对于离散型的设计变量，二进制编码非常简单。例如，对图 6-4 所示的 15 杆刚架，如果我们给定了使用材料的上限，需要确定最优的结构拓扑，即确定最优结构应该由哪些杆件组成，使得节点 1 处作用的外力在节点 1 处产生的位移最小，约定所有组成结构的杆件具有相同的断面积。对于这个问题，我们可以采用一个 15 位的二进制数表示一个设计，在和杆号相应的数位上如果是0，表示结构中没有该杆；如果是1，表示需要该杆。图6-4中给出了三个不同的设计和相应的染色体。

对于设计变量是实数的情形，也可以设法用二进制编码表示，但也有实数编码方式。编码方法除决定个体染色体的排列形式，还影响交叉、变异等遗传算子的具体操作，在很大程度上决定了种群遗传进化运算的方式和效率[51]。对不同的问题往往需要采用不同的编码方式。

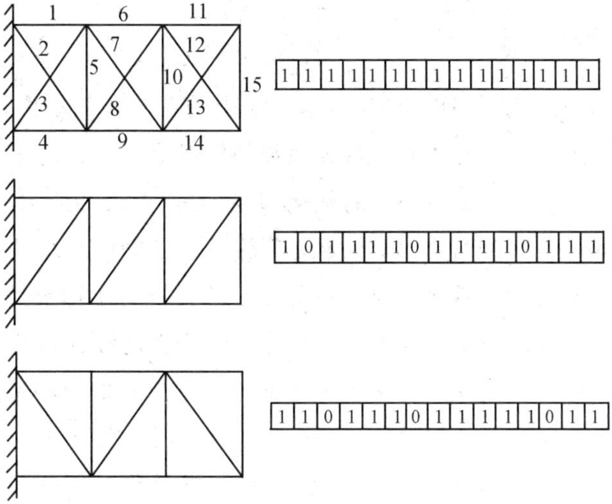

图6-4　15杆刚架的三种不同设计及相应的染色体

2. 初始种群的生成

由于遗传算法的操作特点，必须为遗传操作准备一个由若干初始解组成的初始种群。初始种群中各个体可以随机产生。

3. 适应度函数

适应度的概念源于生物学，用以度量某个物种对其生存环境的适应程度。根据适者生存的法则，适应度高的物种在后代繁殖中将获得更多的机会，适应度低的物种获得繁殖的机会较少，甚至会逐渐灭绝。与此相似，遗传算法也使用适应度的概念来度量种群中每个个体达到或接近最优解的程度。度量个体适应度的函数，称为适应度函数（Fitness Function）。遗传算法以个体适应度的大小来确定该个体被遗传到下一代种群中的概率。个体适应度越大，该个体被遗传到下一代的概率也越大；反之，个体适应度越小，该个体被遗传到下一代群体中的概率也越小。对于无约束的优化问题，如果求解的是目标函数极大问题，我们通常就取设计相应的目标值为该设计的适应度，为了使适应度是个正值，例如可将适应度取成

$$F(X)=\begin{cases} f(X)+C_{\min}, & \text{若 } f(X)+C_{\min}>0 \\ 0, & \text{若 } f(X)+C_{\min}\leqslant 0 \end{cases} \tag{6-25}$$

其中，$C_{\min}$ 为一适当小的数，可采用预先指定的一个较小值，也可采用当前或近几代种群中最小目标函数的绝对值。

对于求目标函数最小值的优化问题，可以做出相应的处理。如果优化问题是有约束的，适应度函数的设计还必须考虑个体满足约束的情况。在遗传算法运行的不同阶段，需要对个体的适应度进行适当的扩大或缩小。这种对个体适应度所作的扩大或缩小变换称为适应度比例变换（Fitness Scaling）。目前常用的个体适应度比例变换方法主要有三种：线性比例变换、乘幂比例变换和指数比例变换。适应度函数的评价是遗传算法中选择操作并繁衍后代的基础，因此适应度函数的设计直接影响遗传算法的性能。

4. 选择操作

生物的遗传和进化满足“优胜劣汰”的机制，仿照这一机制，遗传算法使用选择算子（Selection/Reproduction Operator），按照一定的方式从本代种群中挑选出适应度高的个体，参与下一代的进化。选择算子有多种实现方法，简单遗传算法使用比例选择方法（也叫轮盘赌方法，Roulette Wheel），它是一种回放式随机采样的方法。其基本思想是[51]：各个体被选中的概率与适应度大小成正比。

比例选择方法首先计算种群中个体的适应度占种群总适应度 $F_{sum}=\sum F_i$（F_i表示第 i 个个体的适应度）的比例，并根据这些值划分每个个体在整个轮盘上所占的面积，适应度高的个体在轮盘上占有更大的面积。进而，随机产生 0－1 之间的一个数用以代表指针在轮盘上所指的位置。处于所指位置处的个体被复制到配对库中，作为产生下一代种群的父代。重复产生随机数，直到配对库中个体的数目达到种群的规模。可以看出，比例选择方法能够使种群中那些具有较高适应度的个体被多次复制到配对库中，而那些适应度较低的个体则有可能被完全抛弃。

5. 交叉操作

在生物的自然进化中，两个同源染色体通过交配而重组，形成新的染色体，从而产生新的个体或物种。交配重组是生物遗传和进化过程中的一个主要环节，模仿这个环节，遗传算法中也使用交叉算子来产生新的个体，即通过对两个相互配对的染色体按照某种方式交换其部分基因，从而形成两个新的个体。交叉算子是遗传算法的主要算子，在算法中起着关键的作用，是产生新个体的主要方法。交叉算子的设计需要综合考虑所研究的问题以及所采用的编码方案等因素。常用的交叉算子有单点交叉、两点交叉、多点交叉、均匀交叉、算术交叉等。

简单遗传算法采用单点交叉方法。它首先从配对库中以交叉率 pc 随机选择一对个体构成交叉的父代，进而在父代染色体中随机选择一个交叉点，并将两个父代个体中位于该点以后的所有字符相互交换，产生两个新的子代个体。其操作如图 6-5 所示。

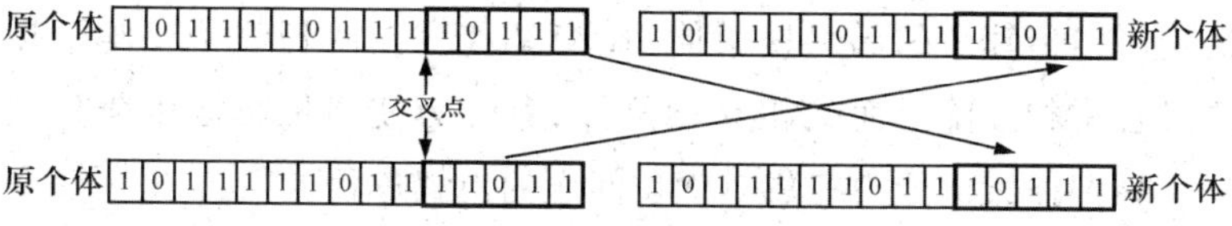

图 6-5　单点交叉操作

6. 变异操作

在生物的遗传和自然进化过程中，其细胞分裂复制环节有可能会因为某些偶然因素的影响而产生一些复制差错，从而导致生物的某些基因发生变异，产生新的染色体，表现出新的生物性状。虽然发生这种变异的可能性比较小，但它也是产生新物种的一个不可忽视的原因。模仿这一环节，遗传算法引入变异算子来产生新的个体。

遗传算法的变异运算是指，将个体染色体编码串中某些基因座上的基因值用该基因座其他可能的基因取值来代替。使用变异操作可以通过改变染色体中的部分基因值，改善遗传算法的局部搜索能力，从局部角度使个体更加接近最优解。变异操作还可以维持种群的多样性，防止出现早熟。常用的变异算子有基本位变异、均匀变异、边界变异、非均匀变异、高斯 - 若当变异等。

简单遗传算法采用基本位变异的方法。它首先从染色体编码串中以变异率 pm 随机选择某个位上的基因值作为变异位，进而对这些变异位上的基因值取反。其操作过程如图 6-6 所示。

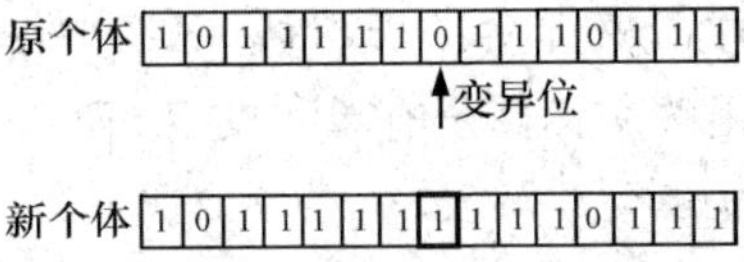

图 6-6　基本位变异操作

从遗传操作产生新个体的能力来说，交叉操作是产生新个体的主要方法，它决定了遗传算法的全局搜索能力。变异操作只是产生新个体的辅助方法，但它也是一个必不可少的运算步骤，因为它决定了遗传算法的局部搜索能力。交叉和变异两种算子在整个搜索过程中相互配合而又相互竞争。二者合力使遗传算法以兼具全局和局部搜索的能力完成对优化问题的求解过程。

在遗传算法中，染色体长度、种群规模、交叉率及变异率是很重要的参数，直接影响算法的效率和有效性。

7. 收敛准则

遗传算法一般通过指定进化代数来终止迭代的进行。除此之外，还可以用其他条件作为收敛准则，常用的有两种：

(1) 连续几代个体平均适应度的差异小于某一极小的阈值。

(2) 群体中所有个体适应度的方差小于某一极小的阈值。

对于遗传算法的深入介绍及其他启发式算法，读者应该参考相应的专著。

遗传算法和其他启发式算法一样，最大的缺点是函数值的计算次数非常大。对于函数值计算需要很大工作量的问题，往往需要先建立原问题的代理模型，再用遗传算法进行优化。

6.5 提高结构优化效率的一些实际考虑

前面我们多次提到过准则设计法效率较高，之所以这样不仅仅是因为准则设计法采用了高精度的约束函数的线性近似，从而将原规划问题化成一系列近似规划问题，还因为在传统的准则法中采用了很多提高优化效率的措施。当我们试图用其他方法求解结构优化及非结构的工程优化问题时，这些措施同样是可以借鉴的。这里，我们综合准则法和其他优化方法的经验，扼要地介绍若干重要措施以提高结构优化方法的效率。

6.5.1 设计变量的选择和分组

设计变量是建立一个结构优化问题的三大要素(设计变量、目标函数和约束函数)之一。在我国经济发展的特定阶段，我国制造业和工程领域大量的产品或是使用沿袭多年的设计，或是从发达国家购买样机、图纸和生产工艺，设计停留在仿制、放大等阶段。在这种社会环境下，我们接触到的企业往往声称要改进设计、优化设计和创新设计，在落实到具体产品时，往往找不出可以修改的设计变量。在我们看来，优化设计首先是设计人员必须具备的理念；其次，优化设计的建模和方法除了可以应用于解决具体工程问题的优化设计，还推动设计人员按这一先进理念来考虑问题。正因为这样，进入新世纪，在建立一个创新型国家的浪潮中，结构优化的研究和应用在我国得到迅速的发展。

在建立一个工程问题的优化模型时，设计变量的选择是一个很关键的问题，设计人员必须回答选择哪些量作为设计变量和选择多少设计变量。对这个问题的简单回答是：应该选择对结构性能和目标函数影响较大、可以由设计人员修改的量作为设计变量；选择设计变量时还需要考虑工艺和制造的可能性，因为这些约束往往不能包括在问题的数学模型中。设计变量的数目太少，会影响优化效益；分析模型过于精细，设计变量数目太多，除了分析和优化的工作量太大，还会使优化迭代陷入局部最优解。为了比较设计变量对结构性能影响的大小，可以采用灵敏度分析，也还可以采用更为复杂的方法，如主成分分析方法。

在实际结构优化的算法中，结构分析常常是采用有限元法来完成的。使用有限元法时，为了计算精确起见，总是要把一个结构划分成许多单元。但是在实际制造这个结构时，常常不可能将每一个单元都制造成不同的尺寸，不同的单元往往具有同一尺寸。网架等杆系结构中，单元的划分是自然的，每根杆一个单元。但是在设计一个网架时，不能所有的杆都具有独立的可调整的尺寸。很难设想，一个有一千多根杆的网架的每根杆都具有不同的断面。如果每根杆断面都不一样，制造、安装及管理的成本将是不可想象的。因此，在结构优化问题中，常常是好几个单元的尺寸都要求它们取相同的值，即由同一个设计变量来控制。例如，如图 6-7 所示的桁架，实际中很可能要求所有的上弦杆都具有相同尺寸，所有下弦杆也都是同一尺寸，而所有的斜杆又是另一尺寸，于是独立的设计变量只有 x_1，x_2 和 x_3。x_1 控制杆件1,2,3,4,5,6,7,8；x_2 控制杆件9,10,11；x_3 控制杆件 12,13,14,15，即

$$A_1 = A_2 = A_3 = A_4 = A_5 = A_6 = A_7 = A_8 = x_1$$

$$A_9 = A_{10} = A_{11} = x_2$$

$$A_{12} = A_{13} = A_{14} = A_{15} = x_3$$

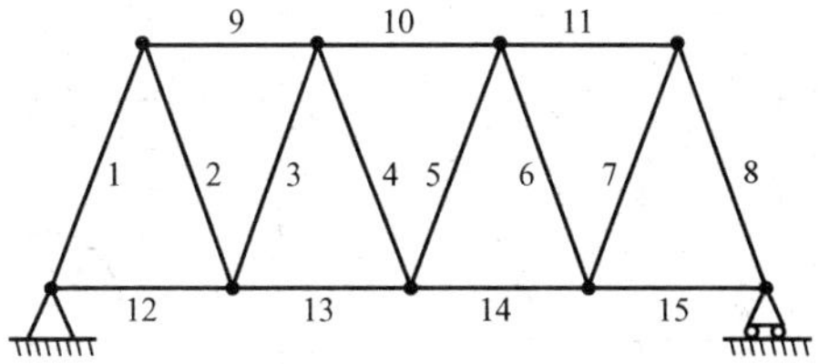

图 6-7　桁架杆件的变量连结

变量之间的这种关系，称为变量连结，也称为变量分组。实际问题中，设计变量的分组通常依靠工程师的经验，对设计的美学考虑等也是变量分组的一个依据，例如，对称结构在美学上更受欢迎，为了得到对称的设计，我们可以将处于对称位置的杆件分在同一组。但是，仅根据经验将设计变量分组有可能使优化得到的设计并不是最优结构。由于减少分组的组数直接影响到结构建造过程中的制造、运输、管理的成本，因此，按照优化的目标，限制分组的总组数对设计变量进行自动分组(Automatic Grouping)，是一类在工程应用中面临的结构优化问题，需要专门的研究。

变量连结的关系可以比上面描述的关系复杂得多。如图 6-8 所示，可能要求一根梁的某一段 AB 间的厚度和 A 点的厚度成某种比例，这样，划分成有限元时，该结构的 6,7,8 和 9 单元的厚度应为

$$h_6 = \alpha_6 h_5,\quad h_7 = \alpha_7 h_5$$

$$h_8 = \alpha_8 h_5,\quad h_9 = \alpha_9 h_5$$

其中，α_6，α_7，α_8 和 α_9 都是给定的常数，只有 h_5 是设计变量。

设计变量的连结使得最优化问题的独立变量减少，从而简化了问题。但是需要注意的是，设计变量的连结要从实际出发，如图6-9所示，如果优化的对象是在平面应力状态下的带孔的板，而且要求孔口的强度得到保证。不适当地强迫区域 A，B，C，D 具有同样的板厚就会导致材料的极大浪费。原因是 A，D 的区域内有应力集中，需要特殊的补强措施。

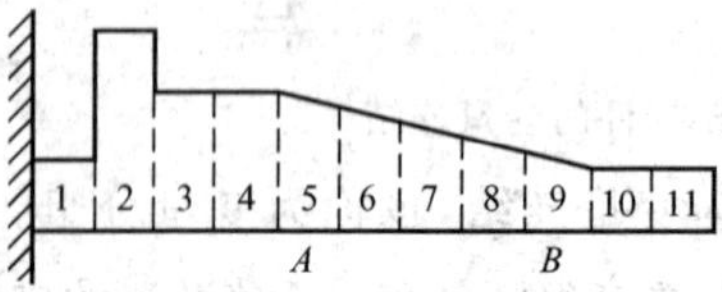

图 6-8

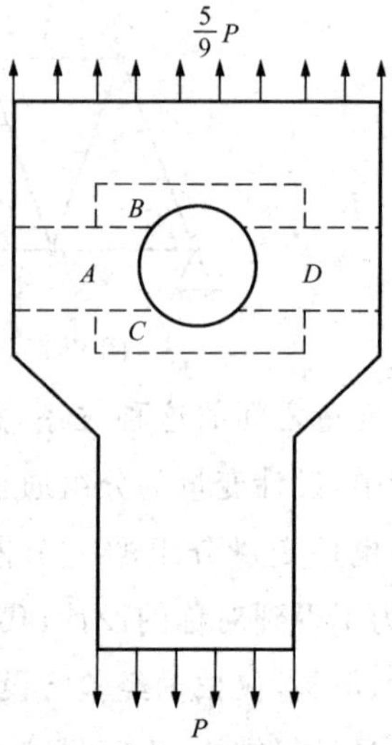

图 6-9

另一方面，还要注意到设计变量的连结缩小了设计空间(设计变量的连结 $A_1 = A_2$ 相当于限制设计点落在一个超平面上)，从而使得从最优设计得到的节省不如原来的大。

在存在变量连结的情况下，为了使用前面介绍的许多优化算法，需要求得结构响应对控制变量的导数，以图6-7的桁架为例，就是要求出响应量 R 的偏导数 $\frac{\partial R}{\partial x_1}$，$\frac{\partial R}{\partial x_2}$，$\frac{\partial R}{\partial x_3}$，这可以采用微积分中的复合函数求导的链式法则求出，但如果引进连结矩阵的概念就可以表达得更简洁。仍以图 6-7 的桁架为例，如果用控制变量 x_1，x_2 和 x_3 表示各杆断面积，可以写成矩阵形式：

$$\boldsymbol{A} = \boldsymbol{L}\boldsymbol{x} \tag{6-26}$$

其中，

$$\boldsymbol{L}^{\mathrm{T}} = \begin{pmatrix} 1 & 1 & 1 & 1 & 1 & 1 & 1 & 1 & 0 & 0 & 0 & 0 & 0 & 0 & 0 \\ 0 & 0 & 0 & 0 & 0 & 0 & 0 & 0 & 1 & 1 & 1 & 0 & 0 & 0 & 0 \\ 0 & 0 & 0 & 0 & 0 & 0 & 0 & 0 & 0 & 0 & 0 & 1 & 1 & 1 & 1 \end{pmatrix}$$

则可以写成

$$\nabla_x \boldsymbol{R} = \boldsymbol{L}^{\mathrm{T}} \nabla_A \boldsymbol{R} \tag{6-27}$$

式中 $\nabla_x \boldsymbol{R} = \left(\dfrac{\partial R}{\partial x_1}, \dfrac{\partial R}{\partial x_2}, \dfrac{\partial R}{\partial x_3}\right)^{\mathrm{T}}$；

$\nabla_A \boldsymbol{R} = \left(\dfrac{\partial R}{\partial A_1}, \dfrac{\partial R}{\partial A_2}, \dfrac{\partial R}{\partial A_3}, \cdots, \dfrac{\partial R}{\partial A_{15}}\right)^{\mathrm{T}}$。

当然在计算机上执行上列运算(6-28)时，可以采用更简单的算法而不必形成矩阵 $\boldsymbol{L}$。

6.5.2 约束的暂时消除

大型结构优化问题中，加在设计上的约束往往是很多的，例如，对每一个设计变量往往都有上、下界的约束；对划分为有限元的结构，每个单元的应力都受到上、下限的约束；在每种工况下，结构的许多节点的变位也都受到约束。虽然我们前面介绍的线性规划算法、二次规划算法和梯度投影法等具有自动区分约束有效、无效的能力，但是如果要把全部约束不加区分地让这些算法来处理，将仍会耗费巨大的计算机内存资源和计算机机时。6.2 节介绍的凝聚函数可以在一定程度上自动处理约束的主被动，但仍然需要计算所有约束的函数值及灵敏度，计算工作量仍然很大。比较切实可行的做法是根据迭代的进展情况，暂时扔掉一部分不重要的约束。这种做法的一个典型便是准则设计中的最严约束法，此种方法中，每次只考虑一个约束。显然，不重要的约束扔掉的越多，计算越简单，但是也更有可能扔掉了**重要的约束**。严格地说，约束的重要与否是不易预测的。

为了决定哪些约束可以舍弃，通常的做法是先将约束标准化为

$$h_j(\boldsymbol{x}) \leqslant 1 \tag{6-28}$$

然后规定一个容差带$[1-\varepsilon,1]$，ε为一指定小正数。在迭代过程中，一旦某一个设计点落入这一容差带，即

$$1-\varepsilon \leqslant h_j(\boldsymbol{x}) \leqslant 1 \tag{6-29}$$

我们就把j号约束称为**可能有效的约束**，它们应当在下一次迭代中予以考虑。至于

$$h_j(\boldsymbol{x}) < 1-\varepsilon \tag{6-30}$$

的约束则暂时可以舍弃而不考虑。随着迭代的进行，可能有效的约束不是固定不变的。

6.5.3　运动极限

在序列线性化算法时我们曾指出，对设计变量的变化加上临时的运动极限是克服迭代过程中出现振荡的有效措施。其实，这个措施几乎适用于一切用迭代求解优化问题的算法。原因很简单，因为大部分的迭代算法是基于对目标函数和约束函数在当前设计点附近的性状作了某种近似，这种近似总是有其适用范围的。超出这个范围来使用这些近似，误差将起主导地位，计算将丧失其原来的意义，导致欲速则不达的现象。这些适用范围就是我们应对设计变量的变化所加上的运动极限。

实践证明，不采取运动极限的措施时，虽然可能发现对于一些例题采用某种算法特别有效，但也可能发现另一些例题使用同样的算法几乎失效。一旦加上了运动极限，很多算法就变得略略缓慢，但是平稳了，鲁棒性强了，而不同算法在效率上的差别也往往

消失了。和运动极限起着相近似作用的措施是在迭代公式中引入一些松弛因子。采用自适应的步长或将对步长的限制作为惩罚项加入目标函数等都是可以使用的措施。

6.5.4 近似重分析技术和合理的精度

实践证明,很多优化算法往往在头几步时非常有效,使设计一下子就得到十分显著的改善,但是随着向最优点的靠近,迭代进展得就很缓慢了,每次设计得到的改善也很少。针对这种情况,有两种处理办法是应该考虑的。

首先是在设计变动不大时,不一定要对新的设计进行结构彻底的重分析,可以利用扰动法、减缩基底法等方法进行近似重分析。

下面介绍几种近似重分析方法。

1. 扰动法

这是利用位移函数的泰勒展式,并通常只取到线性项,对新设计点 A 处的位移作出近似。具体以桁架为例,如在原设计空间里,我们有位移的近似表达式:

$$u_j(\boldsymbol{A}) \approx u_j(\boldsymbol{A}^\circ) + \sum_{i=1}^{n} \left.\frac{\partial u_j}{\partial A_i}\right|_{\boldsymbol{A}^\circ} (A_i - A_i^\circ)$$

$$= u_j(\boldsymbol{A}^\circ) + \sum_{i=1}^{n} \frac{-\tau_{ij}(\boldsymbol{A}^\circ)}{(A_i^\circ)^2}(A_i - A_i^\circ) \qquad (6\text{-}31)$$

如在倒数设计空间里,

$$u_j(\boldsymbol{A}) \approx \sum_{i=1}^{n} \frac{\tau_{ij}(\boldsymbol{A}^\circ)}{A_i} \qquad (6\text{-}32)$$

利用这些表达式,我们可由在 $\boldsymbol{A}^\circ$ 的结构响应不经精确重分析而近似求出邻近点 $\boldsymbol{A}$ 的结构响应。

上列公式是对外荷载不随设计改变而改变的情况导出的。当外荷载随设计改变时要作另行讨论。

2. 迭代法(等效荷载法)

设在设计点从 $\boldsymbol{A}^{\circ}$ 改变到 $\boldsymbol{A}$ 时，整个结构刚度阵从 $\boldsymbol{K}$ 改变为 $\boldsymbol{K}+\Delta\boldsymbol{K}$，假定外荷载不变，我们有

$$\boldsymbol{q}=\boldsymbol{K}\boldsymbol{u}(\boldsymbol{A}^{\circ})=(\boldsymbol{K}+\Delta\boldsymbol{K})\boldsymbol{u}(\boldsymbol{A}) \tag{6-33}$$

其中 $\boldsymbol{u}(\boldsymbol{A}^{\circ})$ 为在设计 $\boldsymbol{A}^{\circ}$ 处的位移，由此我们可得

$$\boldsymbol{K}\boldsymbol{u}(\boldsymbol{A})=\boldsymbol{K}\boldsymbol{u}(\boldsymbol{A}^{\circ})-\Delta\boldsymbol{K}\boldsymbol{u}(\boldsymbol{A}) \tag{6-34}$$

该式右端可看作一个等效荷载，由于 $\boldsymbol{K}^{-1}$ 已经知道(或用三角化方法处理)，可进一步写成

$$\boldsymbol{u}=\boldsymbol{u}(\boldsymbol{A}^{\circ})-\boldsymbol{K}^{-1}\Delta\boldsymbol{K}\boldsymbol{u}(\boldsymbol{A}) \tag{6-35}$$

该式可以迭代地使用，即从一初始解 $\boldsymbol{u}^{(0)}$ 出发，按下式改进其值：

$$\boldsymbol{u}^{(k+1)}=\boldsymbol{u}(\boldsymbol{A}^{\circ})-\boldsymbol{K}^{-1}\Delta\boldsymbol{K}\boldsymbol{u}^{(k)} \tag{6-36}$$

迭代法还可以和扰动法结合使用，即将扰动法得到的值作初始猜测进行迭代。

除此之外还有减缩基底法，有兴趣的读者可以参考文献[20]。

除了近似重分析技术外，另一个要注意的问题是在实际工程结构优化时，工程师追求的并不是一个精确的最优解。工程师们得到由优化方法提供的结果后往往还要加以修改，还要考虑除力学以外的因素改动设计。这样，在实用的优化算法中完全不必把最后的收敛准则控制太严，只要有一个合理的精度便够了。

参考文献

[1] Fox R L. Optimization Methods for Engineering Design. New Jersey: Addison-Wesley Publishing Company, 1971

[2] 孙焕纯,柴山,王跃方,等.离散变量结构优化设计(增定版).大连:大连理工大学出版社,2002

[3] Schmit L A Jr.. Structural Synthesis 1959—1969: a Decade of Progress, in Recent Advances in Matrix Methods of Structural Analysis and Design. Huntsville: University of Alabama Press, 1971

[4] Sander, G., Fleury C.. A Mixed Method in Structural Optimization. International Journal for Numerical Methods in Engineering, 1978, 13: 385-404

[5] Schmit L A, Farshi B. Some approximation concepts for structural synthesis. AIAA J., 1974, 12(5): 692-695

[6] Schmit L A, Miura H. A new structural analysis/synthesis capability-ACCESS-1. AIAA J., 1976, 14: 661-671

[7] Schmit L A, Miura H. An advanced structural

analysis/synthesis capability-ACCESS-2，AIAA/ASME/SAE，17th Structures. Structural dynamics and material conference，1976：432-447

[8] 钱令希，钟万勰，隋允康，等. 多单元、多工况、多约束的结构优化设计 ——DDDU 程序系统. 大连工学院学报，1980(4)：1-18

[9] 钱令希，钟万勰，程耿东，等. 工程结构优化的序列二次规划. 固体力学学报，1983(4)：469-480

[10] Svanberg K. The method of moving asymptotes—A new method for structural optimization. International Journal for Numerical Method in Engineering，1987，24：359-273

[11] Holland J. Adaption in Natural and Artificial Systems. Ann Arbor：University of Michigan Press，1975

[12] Kirkpatrick S，Gelatt C D，Vecchi M P. Optimization by simulating annealing. Science，1983，220：671-680

[13] Dorigo M，Caro G D. The ant colony optimization meta-heuristic// Corne D，Dorigo M ，Glover F. New ideas in optimization(pp. 11-32)，London，McGraw Hill.

[14] 李炳威. 结构的优化设计. 北京：科学出版社，1979

[15] 李为吉，宋笔锋，孙侠生，等. 飞行器结构优化设计. 北京：国防工业出版社，2005

[16] 汪树玉，杨德铨，刘过华，等. 优化原理、方法与工程应用. 杭州：浙江大学出版社，1991

[17] Forrester A I J，Sobester A，Keane A J. Engineering Design via Surrogate Modelling：a Practical Guide. John Wiley & Sons，2008

[18] 丁运亮. 结构优化设计. 航空专业教材编审组出版，南京航空学院印刷厂印制，1984

[19] Spunt L. Optimum Structural Design. Prentice-Hall ,1971
[20] 钱令希.工程结构优化设计.北京:水利电力出版社,1983
[21] Gallagher,R. H. ,Zienkiewicz. Optimum Structural Design, Theory and Approach. John Wiley & Sons, 1973
[22] Haug E J,Arora J S. Applied Optimal Design. John Wiley & Sons,1979
[23] Haftka R T,Gürdal Z,Kamat M P. Elements of Structural Optimization. 2nd Edn. Kluwer Academic Publishers,1990
[24] Pedersen P,Cheng G D,Rasmussen J. On accuracy problems For semi-analytic sensitivity analysis. Mechanics of Structures and Machines,1989,17(3):373-384
[25] Khot N S. Algorithms based on optimality criteria to design minimum weight structures. Eng. Opti. ,1981,5:73-90
[26] 林家浩. 有频率禁区的结构优化设计. 大连工学院学报,1981(1):27-38
[27] 鲁恩伯杰 D G. 线性与非线性规划引论. 北京:科学出版社,1980
[28] 希梅尔布劳 D M. 实用非线性规划. 北京:科学出版社,1981
[29] Wismer D A,Chattergy R. Introduction to Nonlinear Optimization. Elsevier North-Holland,1978
[30] Bazaraa M S,Shetty C M. Nonlinear Programming,Theory and Algorithms. John Wiley & Sons,1979
[31] 席少霖.非线性最优化方法.北京:高等教育出版社,1992
[32] 邓乃扬,等. 无约束最优化计算方法.北京:科学出版社,1982
[33] 唐焕文,秦学志. 实用最优化方法. 大连:大连理工大学出版社,1994
[34] 施光燕,董加礼.最优化方法.北京:高等教育出版社,1999

[35] Wolfe M A. Numerical Methods for Unconstrained Optimization, an Introduction. Van Nostrand Reinhold Company, 1978

[36] Spendley, W., Hext, G. R., Himsworth, F. R.. Sequential applications of simplex designs in optimization and evolutionary operation. Technometrics, 1962, 4: 441-461

[37] Nelder, J. A., Mead, R.. A Simplex method for function minimization. The Computer Journal, 1965, 7: 308-313

[38] Zoutendijk G. Methods of Feasible Directions. Elsevier, Amsterdam, 1960

[39] Fiacco A V, McCormick, Nonlinear Programming: Sequentially Unconstrained Minimization Techniques. John Wiley & Sons, Inc., New York, 1968

[40] Cassis J H, Schmit L A. On implementaion of the extended interior penalty function. International Journal for Numerical Method in Engineering, 1976, 10: 3-23

[41] Bertsekas D P. Multiplier methods: A survey. Automatica, 1976, 12: 113-145

[42] 程耿东. 线性规划在结构优化设计中的一个应用及其稀疏算法. 大连工学院学报, 1979(1): 22-31

[43] 程耿东. 结构动力优化中规划法和准则法的统一. 大连工学院学报, 1982(4): 19-27

[44] Fleury C. Structural weight optimization by dual methods of convex programming. International Journal for Numerical Method in Engineering, 1979, 14: 1761-1783

[45] Fleury C, Braibant V. Structural optimization: A new dual method using mixed variables. International Journal for

Numerical Methods in Engineering, 1986,23:409-428

[46] Zhang W H,Gao T. A min-max method with adaptive weightings for uniformly spaced Pareto optimum points. Computers & Structures, 2006(84):1760-1769

[47] 李兴斯. 解非线性规划的凝聚函数法. 中国科学(A 辑), 1991(12):1283-1288

[48] Kreisselmeier G,Steinhauser R. Systematic controller design by optimizating a vector performance index. Proc. International federation of active controls symposium on computer-aided design of control systems. Zurich, Switzerland,August 29-31,1979

[49] Jones D R, Schonlau M, Welch W J. Efficient global optimization of expensive black-box functions. Journal of Global Optimization, 1998,13(4):445-492

[50] Holland J H. Outline of a logical theory of adaptive systems. ACM,1962,3: 297-314

[51] Goldberg D E. Genetic Algorithms in Search,Optimization and Machine Learning. New York: Addison-Wesley,1989

关键词索引